CONGRÈS INTERNATIONAL FRANCOPHONE
PARIS, DU 26 AU 28 JANVIER 2000

TRANSPORTS ET SOCIÉTÉ DE L'INFORMATION

Cet ouvrage a été réalisé grâce au concours de VIA GTI

ATEC
51 bis, av. de Versailles
75016 PARIS
Tél. : 01 45 24 09 09
Fax : 01 45 24 09 94
ATEC@wanadoo.fr

Presses de l'école nationale des Ponts et chaussées

COMITÉ SCIENTIFIQUE

Président

M. BASSET	Ingénieur général de Ponts et Chaussées, chargé de mission auprès du Directeur de la sécurité et de la circulation routière (DSCR)	FRANCE

Membres du comité

M. BLOSSEVILLE	Directeur DART-INRETS	FRANCE
M. CHAÎNE	Président directeur général de SEMALY	FRANCE
M. CHERIF	Chef du district « BEN AROUS », Société nationale des transports de TUNIS	TUNISIE
M. COLIN	Université de la Méditerranée, CRET-LOG, Aix-en-Provence	FRANCE
M. DELACRETAZ	ITEP-TEA, Lausanne	SUISSE
M. DESCHAMPS	Président de la commission technique de l'ATEC	FRANCE
M. ELLENBERG	CERTU	FRANCE
M. FILDERMAN	Société des ingénieurs de l'automobile	FRANCE
M. GABILLARD	Université des sciences et technologie de Lille	FRANCE
M. GAUDRY	Centre de recherche sur les transports, Montréal	CANADA
M. HAMBYE	Secrétaire général du ministère de l'Équipement et des Transports (MET)	BELGIQUE
M. HENRY	Ingénieur, SODIT, Toulouse	FRANCE
M. NUNES DA SILVA	Institut supérieur technique, CESUR, Lisbonne	PORTUGAL

M. RAUX	Ingénieur de recherche au CNRS-LET	FRANCE
M. SCHILTZ	Administrateur des travaux et des services techniques, ville de Luxembourg	LUXEMBOURG
Mme TAHLI	Office national des transports	MAROC
M. TOINT	FUNDP, Namur	BELGIQUE
M. WITTWER	Président directeur général, Office des transports et de la circulation, Genève	SUISSE

Ainsi que les membres de la commission technique et les présidents des comités techniques de l'ATEC.

COMITÉ D'ORGANISATION

Membres du comité

M. Bernard BORIE	Responsable communication presse de l'ATEC
Mme Anne JALOUX	Directeur déléguée de l'ATEC
M. François MALBRUNOT	Responsable d'ATEXPO 2000 et animateur du sous-comité 5-3

ISBN 2-85978-326-1

Presses de l'école nationale des Ponts et chaussées

28, rue des Saints-Pères
75007 Paris

transport de marchandises

Mercredi 26 janvier

14 h 30 à 17 h 30

Présidente de séance : Mme Touria ZHIRI-OUALALOU
Professeur, université Mohammed V, Rabat, Maroc

LES NOUVELLES DONNES DE LA POLITIQUE MAROCAINE DES TRANSPORTS

Touria Zhiri Oualalou
Économiste, professeur à l'université Mohamed V, Rabat

La fin du XXe siècle a été marquée dans le monde par de grands bouleversements, bouleversements politiques, économiques sociaux et culturels. Ces bouleversements se sont cristallisés autour de l'émergence de la globalisation comme prolongement de l'internationalisation de l'économie qui s'impose aujourd'hui à tous les pays et à tous les peuples, comme un phénomène déterminant, comme une logique qui concerne toutes les sphères de la vie de l'homme.

L'émergence de la société de l'information peut être considérée comme un vecteur majeur de cette globalisation. Intériorisé aujourd'hui par toutes les professions et tous les métiers, l'outil informatique, qui a changé les rapports de l'homme à l'espace et au temps, a développé, par ailleurs, un rapport dialectique au transport : il est à la fois l'instrument de l'amélioration de sa productivité, mais en est également le prolongement. Informatique et transport appartiennent, en effet, à la même famille, celle de la communication, indispensable, aujourd'hui, sous toutes ses formes pour répondre aux exigences de la globalisation et de la libéralisation des services.

C'est dans ce cadre que nous nous proposons dans cette intervention de présenter les réformes du secteur des transports au Maroc. Mais, la question qui se pose à nous est la suivante : un pays en développement peut-il véritablement prétendre avoir une position dans la société d'information ? Pour y parvenir, il doit certes investir dans ce sens, mais surtout réformer les secteurs traditionnels productifs et d'accompagnement, dont le transport. Dans le contexte actuel d'internationalisation et de nouvelles stratégies logistiques, le Maroc a mis en place un ensemble de réformes économiques, politiques, juridiques et sociales visant à moderniser l'économie et à promouvoir l'investissement privé, national et étranger, préparant ainsi sa transition vers ses nouvelles conditions concurrentielles, conformément à ses engagements avec l'OMC de libéralisation de ses échanges ou de création avec l'Union européenne d'une zone de libre échange.

Dans cette communication, à partir d'une présentation des caractéristiques essentielles du secteur des transports au Maroc, nous présenterons des indications sur les changements prévisibles appelés à concerner les principaux modes de transports.

I. LES CONTRAINTES DU MODE DE GESTION ACTUEL DU TRANSPORT AU MAROC

Aujourd'hui encore, l'économie marocaine est largement dominée, au niveau de son organisation par l'offre de transport. Chaque mode de transport, en couplant un réseau spécialisé à une technique de traction spécifique, a développé une offre de transport, éventuellement en concurrence et/ou complémentaire d'un autre, mais avant tout dominée par les contraintes d'exploitation particulières liées au réseau et aux engins mis en œuvre. L'offre de transport résulte ainsi d'une technique qui s'impose à l'usager dont la seule liberté est de choisir l'offre qui lui convient le mieux pour déployer dans l'espace ses activités industrielles et commerciales.

Ainsi, et c'est donc la situation qui prévaut encore, mais qui est de plus en plus remise en cause, parfois par les transporteurs eux-mêmes, nous sommes encore au Maroc dans l'ère de la spécialisation des techniques :

- le transport ferroviaire est réservé quasi uniquement au transport de minerais et à quelques opérations de transport de marchandises diverses, forcément limitées étant donné les limites même de développement du réseau ferré marocain. Ainsi, en 1997, l'ONCF a transporté 21,193 millions de tonnes de phosphates, mais seulement 7,366 millions de tonnes d'autres marchandises : marchandises diverses et produits des industries chimiques ;
- le transport routier, activité à plus large « spectre », par la nature de sa réglementation (monopole public de l'affrètement des véhicules de plus de 8 tonnes de PTC) offre finalement les capacités limitées de petits tonnages (plus de 75 % du parc national, offrant 50 % du tonnage total mais accaparant à eux seuls plus de 60 % de l'ensemble des mouvements), mais intervenant sur un réseau capillaire quasi illimité ;
- les transporteurs maritimes limitent leurs interventions aux mouvements maritimes stricto sensu, se désintéressant largement des pré et post acheminements.

Malgré un désir, déjà ancien de faire collaborer transport ferroviaire et transport routier (l'Office national des transports [ONT] était expressément chargé de favoriser, chaque fois que cela était possible, les opérations de transport combiné, et ce, dès sa création dans les années trente — il s'appelait alors BCT, Bureau central des transports), ces opérations sont restées l'exception, la règle étant la concurrence entre les modes.

En matière de transport international, certains transitaires organisent des opérations de trafics internationaux, mais dans ces cas, ils n'interviennent pas en tant que logisticiens, pratiquant une simple « addition » de modes de transport.

Ainsi, les problèmes rencontrés aujourd'hui par les agents économiques marocains, et notamment par les chargeurs, par les exportateurs et importateurs, sont immenses : ils vivent les contraintes qui leur sont imposées par chacun des intervenants de la chaîne de transport (qui n'en est pas encore une).

I.1. Les contraintes liées aux transports terrestres

I.1.1. Les limites du transport ferroviaire

Le réseau ferroviaire marocain est un réseau rectiligne que se présente sous forme d'un axe reliant Marrakech à Oujda, avec des bretelles vers Tanger, Khouribga, Jorf Lasfar et Safi. Sa longueur totale, en 1997, est de 1 907 km dont seulement 295 à double voie (soit 15,47 % du total) et 1 003 électrifiés (52,60 %).

Réseau minier à l'origine, assurant la liaison des centres d'extraction avec les ports d'évacuation, il garde encore aujourd'hui sa configuration initiale. S'il intervient sur trois marchés de transport de voyageurs, de phosphate et de ses dérivés et de marchandises diverses, cette dernière activité reste accessoire (à peine 7,366 millions de tonnes de marchandises diverses et produits des industries chimiques destinés au groupe OCP, à comparer avec les 21,193 millions de tonnes de phosphates, mais surtout avec les 72 à 80 millions de tonnes réalisés par la route).

Une part également négligeable des trafics de marchandises diverses à l'ONCF est réalisée par conteneurs. Le trafic conteneurs a connu l'évolution suivante au cours des années récentes :

		1996	**1997**	**1998 Variation**	
				1997/1996	**1998/1997**
Conteneurs ONCF	75680	50753	65979	– 32,94	+ 30,00
Conteneurs de particuliers *	147673	169053	625	+ 14,48	– 10,11
Total	223353	219806	217604	– 1,59	– 1,00

Tableau 1. Évolution du trafic ferroviaire de conteners (en tonnes)
(*) Conteneurs vides et chargés. Source : ONCF.

Les ports desservis aujourd'hui par le rail dans le cadre de cette activité sont Casablanca et Tanger. Ils disposent de la logistique adéquate pour la manutention des conteneurs. Seuls les conteneurs des particuliers participent au trafic extérieur du Maroc. Ils y participent d'ailleurs relativement faiblement :

	1996	**1997**	**1998**
Export	115,7	133,6	116,8
Import	11,8	12,0	12,8
Total	127,5	145,6	129,6

Tableau 2. Trafic conteneurs des particuliers (import/export)
(en milliers de tonnes)

Les conteneurs ONCF quant à eux, sont principalement affectés aux transports intérieurs où ils sont un élément de la politique commerciale de l'entreprise qui offre à sa clientèle un service de bout en bout sans rupture de charge, les marchandises étant enlevées et livrées à domicile au moyen de ces conteneurs. Les mouvements sont alors effectués entre les gares de Casa Voyageurs, Safi, Marrakech, Fès, Oujda et Tanger, dotées des moyens logistiques nécessaires : chariots élévateurs, camions et tracteurs. Les tarifs de transport de conteneurs pratiqués en national par l'ONCF sont déterminés en fonction des marchandises transportées et des relations concernées.

Mais les quelques améliorations constatées ces dernières années dans ce domaine sont loin de permettre aux chemins de fer marocains d'être un élément marquant d'une chaîne logistique.

I.1.2. Les limites du transport routier

Le réseau routier marocain couvre l'ensemble du territoire national. En 1997, il s'étendait sur une longueur totale de 57 804 km, revêtu cependant à hauteur de 52,31 % seulement.

Construit au début du siècle par le protectorat français, sa fonction originelle était d'assurer la jonction entre les principaux centres de production et les débouchés maritimes d'une part, et entre les portes d'entrée maritimes et les centres de consommation, soit, principalement Casablanca et accessoirement Kénitra. Si bien évidemment, depuis cette date, le réseau routier marocain a été recentré autour du développement des mouvements intérieurs de circulation, étant donné la politique constante du Maroc d'ouverture sur les marchés extérieurs, il continue à assurer sa fonction première dans le développement des échanges extérieurs et à assurer la liaison avec l'ensemble des ports.

Sauvegarde (maintenance) du patrimoine, adaptation du réseau à l'évolution du trafic en constante progression (au taux annuel moyen de 6 à 8 %) et accompagnement du développement économique et social, tels sont les objectifs du programme d'investissement dans le secteur des infrastructures de transport routier. L'État donne actuellement une priorité absolue à la maintenance du réseau principal et à la construction des routes rurales, se déchargeant sur les sociétés concessionnaires du soin de faire face aux augmentations de capacités des infrastructures en prenant en charge le développement du réseau autoroutier.

A partir de là, la politique routière actuelle comporte cinq axes principaux :

1. La maintenance et la sauvegarde du réseau routier;
2. La modernisation du réseau pour l'adapter au développement du trafic. Cela consiste en :
   - l'élargissement des voies étroites,
   - l'amélioration des grands itinéraires,
   - le contournement des grandes agglomérations, de façon à en améliorer le trafic de transit,
   - des opérations de sécurité dans les zones ou les sections sur lesquelles il existe une concentration anormale d'accidents;
3. L'extension du réseau qui se réalise par le biais du revêtement des pistes;
4. La construction d'une rocade méditerranéenne;
5. Le développement du réseau autoroutier.

La circulation sur ce réseau des marchandises est gérée par des textes d'essence des années 1930, en cours de modification actuellement. Cette « libéralisation » /refonte/réforme du système des transports routiers de marchandises, entamée en 1999 ne deviendra effective que deux années après son approbation par le parlement, c'est-à-dire, au mieux en 2002.

Le principe de base de l'organisation en cours de démantèlement prend appui sur une certaine définition du transport public, et sur l'opposition transport public – transport privé. Le transport public, en tant que « service vendu », ou en tant que « valeur d'échange » n'est le fait que d'entreprises de transport. L'accès à la profession de transporteur public routier est soumis à l'obtention d'un agrément de transport délivré par l'État, document administratif qui donne droit au chargement public, contrôlé en totalité par l'Office national des transports — ONT.

Mais, si l'affrètement est public moyennant redevance, le parc des véhicules agréés est la propriété des transporteurs privés, tout comme bien évidemment le transport libre. L'analyse de la structure du capital engagé dans le secteur des transports de marchandises met en évidence le caractère très atomisé du secteur. En effet, le transport routier de fret est assuré en majorité par des petites unités, équipées chacune d'un à deux véhicules en moyenne. Cette dominance de la petite entreprise, voire de l'artisanat de transport, loin d'être une survivance du passé, constitue une donnée structurelle du secteur : ces structures, qui se reproduisent, sont générées par la nature et les formes d'intervention de l'État dans le secteur et par l'attrait exercé sur les petits capitaux, compte tenu d'une part du postulat de richesse des entreprises de transport routier et d'autre part de son attrait en tant que secteur refuge.

Ce système a été, quasi dès sa mise en place détourné et l'essentiel du transport public de marchandises réalisé en dehors des entreprises de transport agréées, mais par des propriétaires de véhicules non habilités à commercialiser leur capacité de transport. Ces transporteurs pour compte propre, qui mettraient en œuvre, selon certaines estimations, près de 75 % du parc total de marchandises, offriraient quelques 50 % du tonnage total, réaliseraient plus des deux tiers des mouvements de marchandises sur route.

La libéralisation du transport routier de marchandises se résumera en la suppression des agréments et la disparition de cet écran qu'interpose l'ONT entre les chargeurs et les transporteurs. On voudrait qu'elle soit l'occasion d'une réflexion sur une modernisation/mise à niveau du secteur dans son entier. L'ONT mais également la Fédération nationale des syndicats des transporteurs routiers de marchandises ont, chacun de son côté, en projet l'organisation et mise en place de véritables chaînes logistiques capables d'offrir aux chargeurs industriels, aux distributeurs, aux expéditeurs et aux destinataires au moindre coût et au meilleur service rendu la continuité et la fluidité de l'écoulement de leurs marchandises qu'elles soient destinées au marché national ou au marché international et quelle que soit leur provenance, locale ou étrangère.

Bien qu'aucun de ces deux projets n'ait encore réellement pris corps, et que les quelques opérations qui existent de « montage » logistique soient encore des opérations isolées, il apparaît clairement que, pour tout le monde, la conception traditionnelle des transports a fait son temps et que son renouveau passe par l'élaboration de démarche logistique, ce qui valoriserait infiniment le métier de transporteur routier au Maroc.

I.2. Les contraintes liées au transport maritime

A son accession à l'indépendance, le Maroc ne disposait que d'infrastructures portuaires limitées, à l'exception notable du port de Casablanca, le « Grand Havre de Grâce de l'Atlantique », qui, par sa taille, était classé pendant toute la période du protectorat 7e port français et concentrait à lui seul 80 % des échanges extérieurs du Maroc. Les 20 % restants étaient réalisés par les ports de Tanger, spécialisé principalement dans le trafic de passagers, de Kénitra, débouché de la plaine du Gharb et de Safi, port phosphatier.

Ces infrastructures se sont révélées rapidement très insuffisantes pour accompagner le développement du commerce extérieur marocain. D'où leur redéploiement, l'objectif étant de mettre en place les infrastructures de base et les équipements pour la réception des trafics. C'est ainsi que les ports de Nador, puissant pôle de développement économique du Maroc Oriental et d'Agadir-Anza ont vu le jour.

Aujourd'hui, les infrastructures portuaires sont largement dimensionnées et devraient globalement faire face, en terme de capacité, aux années à venir. Mais, le développement spectaculaire de la conteneurisation constaté dans le monde entier, et plus généralement celui des trafics unitarisés, a peu affecté notre pays. Malgré la modification radicale de structure du contenu du commerce extérieur marocain, malgré des taux de croissance relativement élevés, les trafics conteneurs, TIR ou encore Ro-Ro restent marginaux par rapports au transport en vrac, en tonnage, évidemment.

	1991	1992	1993	1994	1995	1996	1997	1998
Vracs liquides	10,99	12,59	12,78	13,55	24,25	23,25	12,55	12,68
Vracs solides	8	5	3	7	8	5	6	5
Conteneurs	17,94	20,49	20,79	16,63	23,00	11,37	25,21	26,83
Ro-Ro	6	2	9	7	4	1	8	7
Divers	1,611	1,630	1,669	1,827	2,060	2,049	2,243	2,584
	1,391	1,439	1,637	1,831	1,764	1,897	2,173	2,582
	3,477	4,151	3,606	4,002	3,920	4,059	3,601	3,499
Total	36,427	40,307	40,494	40,854	55,013	42,634	45,793	48,189

Tableau 3. Évolution des trafics portuaires par type de conditionnement (en milliers de tonnes)
Source : ODEP.

La lecture de ce tableau appelle les commentaires et les compléments suivants :

1. Le trafic conteneurisé des marchandises diverses s'est situé, en 1998 à 2,584 millions de tonnes et a concerné principalement le port de Casablanca et très accessoirement ceux d'Agadir (146571 tonnes) et de Tanger (139485 tonnes) :

- Le port de Casablanca a réalisé en 1998 un trafic conteneurisé de 2,299 millions de tonnes, soit 88,94 % du trafic total du pays. Ce trafic y est en progression rapide depuis le début de la décennie (+ 56,49 % entre 1991 et 1998, soit une progression annuelle de + 8,07 %) et exponentielle : + 13,15 % pour la seule année 1998.

Ce trafic conteneurisé n'a cependant représenté, en 1998, que 11,67 % des trafics du port de Casablanca. Ce chiffre donne une mesure des perspectives de cette activité. D'ailleurs la progression du trafic conteneur en 1998 (+ 13,5 %) a été plus rapide que la progression du trafic global cette même année (+ 8,16 %)

- La conteneurisation, inexistante à ce jour dans le port de Nador, est en progression très rapide dans ceux de Agadir et de Tanger :
  - Si le port de Casablanca se taille la part du lion du trafic conteneurisé marocain, celui d'Agadir est celui qui en connaît la progression la plus rapide : + 125,55 % depuis 1992 soit + 20,86 % par an et + 45,51 % pour la seule année 1998.

    Avec 146 571 tonnes, le conteneur reste une activité marginale à Agadir, non seulement au niveau du trafic conteneur total, mais également de l'activité du port : 8,01 %.
  - Le port de Tanger, où l'activité conteneurs est également en progression, aligne cependant des chiffres moins glorieux que ceux d'Agadir : 139 485 tonnes de produits conteneurisés, progression depuis 1991 de 49,61 % (+ 7,09 % par an), mais + 27,67 % en 1998. La part du conteneur dans le trafic de Tanger n'est que de 5,86 %.

2. Tanger semble consacrer ses capacités au TIR, son unique activité Ro-Ro. Dans ce domaine, l'hinterland du port de Tanger semble couvrir le Maroc entier. Une explication simple à cela : la cadence des liaisons maritimes dans le Détroit, ainsi que la rapidité relative de traitement des camions dans ce port.

   Ainsi, l'activité TIR, qui représente 66,93 % de l'ensemble de l'activité commerciale du port de Tanger, y progresse à un taux moyen annuel de près de 18,97 %.

   Le TIR est moins développé à Casablanca, où il ne représente d'ailleurs que 2,62 % de l'activité du premier port marocain. Il y progresse cependant à un rythme moyen annuel de 8,85 % par an, chiffre toutefois inférieur au rythme de croissance de cette activité dans notre pays, de + 16,86 %.

   Le port de Nador ne pratique le TIR que depuis 1995. Cette activité y est en progression certaine.

Le Maroc, ouvert sur le monde par ses ports, « portes d'entrée et de sortie du pays » doit aujourd'hui faire face au problème de la modernisation de ses transports maritimes qui passe par une modernisation de ses ports, une modernisation de la gestion de ses ports (confié à une autorité unique : l'ODEP) et leur organisation pour faire face aux demandes et besoins de conteneurisation qui, dans le monde entier évoluent plus rapidement que les prévisions les plus optimistes.

Par rapport aux exigences et aux normes minimales de traitement des trafics conteneurisés et Ro-Ro dans le monde, les ports marocains sont confrontés à des problèmes d'adaptation. En effet, compte tenu des caractéristiques et exigences minimales d'un trafic de conteneurs (traitement « industriel » très mécanisé, avec un linéaire de quai plus réduit que celui nécessaire au « General Cargo », peu de main d'œuvre compte tenu de la productivité élevée de manutention mais beaucoup d'espace et un équipement sophistiqué et système de gestion informatisé), les ports marocains présentent des spécificités qui sont les suivantes :

1. Casablanca, port généraliste du Maroc, desservi par de nombreuses lignes régulières le reliant à des avant-pays maritimes diversifiés : Méditerranée occidentale, péninsule Ibérique et Nord continent, côte occidentale d'Afrique, connaît :
   - un trafic assez limité, mais une activité dispersée entre plusieurs sites et notamment deux terminaux à conteneurs ;
   - un trafic de conteneurs assuré pour une part importante par des navires Ro-Ro opérés par manutention horizontale ;
   - des tailles de navires limitées (les plus grands porte-conteneurs actuellement reçus à Casablanca sont de 1 600 EVP environ) ;
   - des trafics d'escale (nombre de conteneurs chargés et déchargés d'un navire) souvent plus faibles sur navires de taille relativement importante qui touchent Casablanca « au passage » que sur les petits navires Ro-Ro pour lesquels Casablanca est le plus souvent le port tête de ligne ;
   - une très forte domination des conteneurs vides à l'exportation.

   La caractéristique la plus importante de l'activité de Casablanca est certainement l'importante proportion de navires qui peuvent pratiquement être vidés et entièrement rechargés.

2. Le port de Tanger, situé dans le Détroit de Gibraltar, principalement desservi par des services rouliers courts transportant des camions TIR et des flux touristiques ou de Marocains résidents à l'étranger, enclavé par la ville, manque d'espace. Il traite essentiellement des navires Ro-Ro qui assurent le franchissement du Détroit de Gibraltar.
3. Le port d'Agadir qui connaît une croissance rapide du fait de l'essor de la demande soutenu par une forte amélioration récente de l'offre de lignes régulières, connaît une croissance très forte des trafics conteneurisés.

Si Casablanca occupe une fonction économique prépondérante au Maroc, c'est Agadir qui a l'activité qui progresse le plus rapidement. Sa desserte en lignes régulières avait été initiée par Maersk, particulièrement intéressé par le transport de produits sous froid conteneurisés, attirant à sa suite d'autres armements.

Le cadre institutionnel et réglementaire du transport maritime intéressant le Maroc est caractérisé par de fortes restrictions fondées sur des accords bilatéraux et des droits de trafic acquis dans un passé déjà ancien par les armements partie prenante. La desserte est ainsi fortement dominée par un petit nombre d'armements (dont des armements marocains) qui opèrent à la fois pour leur compte propre et pour celui d'armements tiers et assurent l'acheminement de trafics de feedering. Les grands armements conteneurisés ne sont donc présents que par le biais d'accords de traction avec les armements du Maroc (excepté Maersk entre autres).

Si ce cadre institutionnel contraignant exclu dans un terme proche des modifications structurelles de la demande adressée aux ports marocains autres que Agadir, cette logique de « desserte » pourrait être remise en cause par l'ouverture future du port de Tanger Atlantique.

Ainsi, un trafic conteneur modeste, des ports à faible tirant d'eau relatif et des équipements portuaires insuffisants, des formalités administratives lourdes — malgré les réelles avancées en matière de douane réalisées ces derniers mois —, une administration portuaire peu efficace (parce que protégée par un monopole) ont été autant d'obstacles au développement d'un trafic de transbordement au Maroc qui, cependant présente cet avantage quasi unique d'être positionner géographiquement au croisement des grandes lignes transocéaniques et intercontinentales.

II. LES OUVERTURES PRÉVISIBLES

Les ouvertures prévisibles se feront très certainement dans trois directions essentielles :

1. L'organisation et la gestion de chaînes logistiques initiées par les transporteurs routiers de marchandises ;
2. La construction par Bouygues d'un nouveau port, Tanger Atlantique, grand port de transbordement du Maroc ;
3. La réalisation d'un port franc, ou port à valeur ajoutée logistique par l'ONT, en partenariat avec COFINTER.

II.1. Des organisateurs-gestionnaires de chaînes de transport au Maroc

Une première grande ouverture viendra très certainement de la libéralisation du transport intérieur de marchandises et de la prise en charge, par les transporteurs routiers des chaînes logistiques. Si ailleurs, en effet, ce sont les grandes entreprises de production qui, confrontées à des marchés exigeants, ont progressivement élaboré une démarche logistique de maîtrise et gestion de la circulation de leurs flux physiques dans laquelle leur transport n'étaient qu'un segment avant d'en confier la gestion à des « spécialistes », au Maroc, ONT (public) et Fédération nationale des syndicats des transporteurs routiers de marchandises (privés), de même que certains transporteurs indépendants (privés également), sont aujourd'hui convaincus que le renouveau de ce secteur et la revalorisation de leur activité viendra de leur prise en charge de chaînes de transport.

Transporteurs routiers, ils ne se détacheront probablement pas, dans une première étape de leur mode d'appartenance, ni n'élargiront leur sphère d'activité au transport combiné, le transport ferroviaire étant encore « indigent » dans notre pays.

Ces « transporteurs modernistes » évaluent actuellement les contraintes logistiques de leurs donneurs d'ordre potentiels pour leur offrir des prestations enrichies, plus ou moins étendues et intégrées : réception des marchandises, manutention, contrôle de quantité et de qualité, stockage, gestion informatisée des stocks, prélèvement et fractionnement, reconditionnement, étiquetage et emballage, traitement informatisé et préparation des commandes, livraison, pré facturation et relance de commandes.

Ils évaluent également les investissements indispensables pour organiser cette activité, investissements en :

- matériels de transport spécialisés par type de trafic ;
- infrastructures terminales pour traiter le fret : réseaux d'entrepôts, de dépôts régionaux et de plates-formes d'éclatement dotés des moyens de manutention et de stockage adéquats. Les donneurs d'ordre modernistes étant le plus souvent

des entreprises exportatrices, on souhaite souvent que ces terminaux soient sous douane, toujours implantés à proximité des ports ou dans des zones industrielles ;

- investissement en moyens humains. L'ONT, tout particulièrement, compte beaucoup sur la formation recyclage pour acquérir les qualifications et compétences requises par un métier où il conviendra de négocier avec des chargeurs de plus en plus exigeants, concevoir de nouvelles prestations, élargir sans cesse son marché…
- moyens de gestion.

Le secteur est en ébullition, les idées nouvelles foisonnent, les commandes d'études se multiplient, le nombre de stages de cadres à l'étrangers s 'accélère : le métier de transporteur routier de marchandises va muter et le secteur se moderniser, se mettre à niveau (pour reprendre la terminologie à la mode), malgré les résistances qui subsistent.

II.2. Tanger atlantique : grand port de transbordement du Maroc

La réalisation du nouveau port de Tanger Atlantique, situé à 20 km au sud de Tanger (sur la côte Atlantique), planifiée par le Ministère de l'équipement a été concédée, après appel d'offres international, au groupement Bouygues.

Le port de Tanger Atlantique, dont la mise en exploitation est prévue pour l'an 2003 aura pour mission le traitement d'un trafic de transit international (transbordement) de 500 000 EVP et d'un trafic local (roulier, céréalier et hydrocarbures) qui sera délocalisé à partir du port actuel de Tanger (111 000 tonnes de trafic conteneurisé et 1 352 000 tonnes de trafic Ro-Ro et TIR).

L'effet attendu de ce nouveau port est qu'il ait un impact sur le développement économique et social des provinces du Nord.

Ses principales caractéristiques sont :

- une superficie interne (plan d'eau et terre plains) de 200 ha ;
- un linéaire de quais de transit de 600 ml devant être porté à 1 000 ml à la cinquième année d'exploitation ;
- un linéaire de quais de 100 ml pour traiter le trafic roulier ;
- des tirants d'eau de 16 ml pour le chenal d'accès, de 14 ml pour les quais pour les navires porte-conteneurs et de 12 ml pour les quais destinés au trafic roulier ;
- des équipements pour traiter un trafic de transbordement de 500 000 EVP par an et un poste Hydrocarbure pouvant recevoir des navires de 50 000 tonnes.

L'objectif poursuivi au lancement de l'appel d'offres international était de parvenir à faire de ce nouveau port marocain une plate-forme de transbordement qui deviendrait rapidement la charnière d'un réseau de lignes maritimes assurant l'interconnexion aussi des norias de relayage à grande échelle (Nord-Sud) et des réseaux de liaisons maritimes de proximité (feeders) mais également de réseaux de connexions terrestres. Un hub, à l'image d'Algésiras.

Mais, si Bouygues, au moment du dépôt de son offre, s'était associé un exploitant : Hessenatie, ce dernier a renoncé à sa participation au projet. Une gestion optimale du port dépendant grandement de son gestionnaire et des capacités de celui-ci à y attirer un trafic de transit international, tant que Bouygues, qui n'est somme toute qu'un promoteur immobilier, n'aura pas trouvé un partenaire gestionnaire portuaire auquel il pourra confier Tanger Atlantique, le projet est dans l'impasse : Les négociations sont d'ailleurs actuellement « en sommeil ».

Même non encore construit, le port de Tanger Atlantique a déjà commencé à produire des effets positifs sur le secteur portuaire marocain. L'ODEP, en situation de monopole jusqu'à présent (monopole qu'il perdra le 1er janvier 2000, quand la gestion du port actuel de Tanger sera confiée à Bouygues, conformément à la convention qui lie celui-ci à l'État marocain), a été amené à se remettre en cause, à revoir sa politique commerciale et tarifaire et finalement à dépasser son attitude de « monopoliste ». Le port au Maroc va enfin pouvoir réintégrer sa fonction réelle d'un lieu de passage.

II.3. Le projet d'implantation au Maroc d'un centre à valeur ajoutée logistique ou port franc

Un certain nombre de facteurs ont contribué, au cours des dernières décennies au développement du commerce mondial dont notamment :

- le désarmement douanier intervenu sous l'impulsion du GATT ;
- le développement des groupements économiques régionaux et l'intensification des échanges à l'intérieur de ces zones ;
- l'internationalisation des entreprises ;
- le progrès des transports et des systèmes d'information.

Avec l'accroissement des échanges mondiaux et la création d'une économie mondiale intégrée qui en a résulté, les entreprises multinationales ont commencé à organiser leurs activités au plan mondial : achats, recherche et développement, production et commercialisation, et, de plus en plus, gestion et financement.

Le développement de ces stratégies globales a nécessité, au préalable, la mise en place de stratégies et moyens logistiques capables de servir les marchés internationaux, non seulement en proposant des moyens de transport fiables et rapides, mais également en répondant aux besoins les plus spécifiques des clients dans un contexte où le respect des délais devient primordial. Les moyens logistiques dont il s'agit (entrepôts et plates-formes) doivent être implantés à proximité des marchés cibles et sur le passage des lignes de transport intercontinentales permettant ainsi une desserte planétaire, à partir de plates-formes de transbordement Nord Sud et Est-Ouest. Ce processus de fonctionnement (éclatement géographique des usines et des centres de distribution) suppose que les fournisseurs logistiques soient complètement intégrés à la chaîne internationale de leurs clients.

Dans ce contexte d'internationalisation et de nouvelles stratégies logistiques, le Maroc a été reconnu disposer de « précieux atouts », parmi lesquels :

- les réformes économiques mises en œuvre par le gouvernement visant à promouvoir l'investissement étranger et à moderniser l'économie nationale ;
- la proximité de l'Union européenne, première zone économique mondiale et la construction avec celle-ci d'une zone de libre échange euro-méditerranée ;
- sa géographie, qui lui offre des débouchés maritimes à la fois sur l'Atlantique et sur la Méditerranée à la croisée des lignes maritimes Nord-Sud et Est-Ouest ;

– la qualité et le coût modéré de sa main d'œuvre ;
– le désarmement douanier en cours.

Le projet de mise en place d'un centre logistique à valeur ajoutée au Maroc est actuellement à l'étude par l'ONT en association avec COFINTER (société française qui a réalisé le port franc de l'Ile Maurice et en assure la gestion). Il vise donc à implanter dans notre pays des centres logistiques européens, à rapatrier au Maroc la valeur ajoutée logistique (transformations industrielles, gestion des commandes et des achats, contrôle qualité, conditionnement...) et d'adapter au Maroc les productions nationales et mondiales destinées aux marchés européens.

Ce projet consiste en la réalisation d'infrastructures logistiques conformes aux normes mondiales pour permettre le stockage des marchandises, les transformations industrielles de premier niveau, un réseau de distribution nationale composé de plates-formes logistiques, l'empotage-dépotage et le transbordement de conteneurs et de remorques routières, des bureaux et centres d'affaires ainsi que l'offre de services connexes (informatisation, organisation de transports de bout en bout, financement de stocks). Les établissements d'import-export appartenant à ce projet seraient placés sous un régime de port franc (contrôle douanier avec exonération des droits et taxes pour les marchandises exportées, liberté de circulation des capitaux et avantages fiscaux offerts aux investisseurs étrangers).

Les études de faisabilité commerciale et de marché ont été achevées par les partenaires au projet. Elles sont parvenues aux conclusions suivantes :

1. La faisabilité économique d'un centre logistique à valeur ajoutée au Maroc est certains ;
2. Le marché potentiel est évalué à plus d'un million de tonnes. Les flux traités par les centres logistiques à valeur ajoutée sont estimés à :
   – 25 000 à 30 000 tonnes de stockage frigorifique,
   – 150 000 tonnes de stockage divers,
   – 100 000 tonnes de stockage conditionné,
   – 350 000 tonnes inter usines ;
3. Sur la base de ces flux, l'organisation logistique proposée serait la suivante :
   – trois ports et entrepôts centraux,
   – cinq plates-formes de distribution régionales,
   – deux ports de transbordement ;
4. Les premiers calculs de dimensionnement correspondent aux surfaces suivantes :
   – Parcs conteneurs : 75 000 m^2,
   – Stockage réfrigéré : 12 000 m^2,
   – Stockage divers : 80 000 m^2,
   – Conditionnement : 10 000 m^2,
   – Usines : 25 000 m^2,
   – Bureaux : 15 000 m^2 ;
5. Les investissements ont été évalués au global, compte non tenu du coût foncier (qu'on espère économiser) à 1,5 milliards de dirhams pour un investissement immobilier de l'ordre de 1 milliard de dirhams, 100 millions de dirhams de matériels, des

frais de premier établissement de 30 millions de dirhams et un rachat de réseaux évalués à 100 millions de dirhams.

Les études ne sont pas terminées : le plan de travail de la seconde étape comporte la recherche des sites, la définition de la forme juridique de la société qui sera finalement créée et l'étude financière proprement dite. Les promoteurs du projet, ONT et COFINTER, voudraient que le port franc du Maroc soit rapidement opérationnel.

En conclusion, depuis la fin de l'ajustement structurel, des réformes qualitatives majeures sont en cours au Maroc, réformes qui, tout au long des deux dernières années, sont devenues de plus en plus concrètes.

Dans certains secteurs, ces mutations ont été plus audacieuses et plus rapides que dans d'autres. Paradoxalement et malgré le potentiel en infrastructures dont dispose le pays, les changements du secteur des transporteurs sont plus lents et plus longs que prévus en raison des résistances à la fois des transporteurs, notamment des petits camionneurs souvent très conservateurs, mais aussi en raison du comportement de monopole des grands offices et organismes publics présents dans quasi tous les modes.

Cependant, les privatisations et démonopolisation ainsi que la politique de concession appliquée notamment aux infrastructures pourraient faire tâche d'huile dans les très proches années à venir. L'accélération des réformes dans le secteur des transports s'impose, en effet, pour deux raisons majeures :

1. Le Maroc se doit trouver rapidement des réponses aux exigences de l'ouverture de son économie.
2. Les acteurs du transport au Maroc ont compris que la fonction du transport dans l'économie d'aujourd'hui et de demain a changé.

L'application des réformes dans le secteur des transports permettra enfin au Maroc de profiter de sa position géographique face à l'Europe, de porte de l'Afrique et en composante majeure de la région de la Méditerranée occidentale. Son adhésion à l'accord d'association avec l'Union européenne dans le cadre de la mise en place d'une zone de libre échange Euro-méditerranéenne permettra certainement aux différents modes de transport, en cas de succès des réformes prévues, d'être les instruments de l'ancrage du Maroc dans le projet européen.

Les chances de succès sont réelles, très certainement liées à cette association transport — société de l'information qui a déjà fait perdre tout son sens aux, désormais archaïques, notions de retard de développement ou encore de théories d'étapes de développement. J'en veux pour preuve deux exemples tirés de l'histoire récente des transports :

Exemple 1 : Le sud de l'Italie est en train d'exploser suite au développement prodigieux du port de transbordement de Gioia Tauro. Créé en 1995, en 1998 il a manutentionné 2,125 millions de EVP, se plaçant ainsi en tête de tous les ports de la Méditerranée, loin devant Marseille (660 000 EVP), Malte et Algésiras (900 000 et 1,826 millions d'EVP), pourtant eux-mêmes grands succès.

Exemple 2 : Le port franc de l'Ile Maurice serait en train de transformer le paysage économique mauricien dans son ensemble. Sa réussite est telle qu'il pourrait très rapidement s'élever au niveau de Djebel Ali, à Dubaï.

Et le rêve devient réalité.

■

LE PROJET IDIOMA ILE-DE-FRANCE

Optimisation du segment routier dans la chaîne intermodale du transport combiné rail-route pour les marchandises en milieu urbain et périurbain

Bernard BORIE
Institut pédagogique du transport et de la logistique, département des études et recherches, AFT-IFTIM

1. LE CONTEXTE DU TRANSPORT COMBINÉ EN FRANCE

Un récent rapport sur un schéma national des plates formes multimodales[1] rappelait que le transport combiné représente l'un des axes stratégiques du développement du transport en Europe. Il est considéré comme un des moyens les plus efficaces de promouvoir un système durable et respectueux de l'environnement.

L'un des obstacles à surmonter pour son développement est l'adaptation des organisations et des matériels aux exigences de ce mode et en particulier la desserte des terminaux ferroviaires aux heures ou le trafic périurbain est le plus important au voisinage des grandes agglomérations.

En se basant sur les tonnes -kilomètres, la part modale du transport combiné, bien que très faible comparée à la route (environ 7 %) doit être analysée en tenant compte de la distance de pertinence qui est de 500 km et plus pour le transport combiné alors qu'elle n'est que de 200 km pour 80 % du transport de fret sur route. Dans ces conditions la part du transport combiné est proche de 14 %. La progression moyenne attendue jusqu'en 2002 est de l'ordre de 10 % par an

2. IDIOMA

IDIOMA est un projet retenu dans le cadre de l'appel d'offres commun DG VII / DG XIII « Transport Intermodal », du 4e programme cadre de Recherche et Développement européen.

Ce projet est destiné à fédérer, de décembre 1998 à février 2001, des expérimentations, sur divers sites Européens, de solutions visant à améliorer le transport de marchandises en zone urbaine par des pratiques intermodales : Nuremberg, la région

1. Schéma national des plates formes multimodales, rapport de mission de Marc Philippe Daubresse, député du Nord, président du Conseil du transport combiné, avril 1997, MELT/DATAR.

de l'Öresund autour de Malmöe en Suède — futur pont sur la Baltique —, la région du Randstad aux Pays-Bas, c'est à dire un cercle des principales villes Néerlandaises, Zurich en Suisse et l'Ile-de-France.

3. IDIOMA ILE-DE-FRANCE

Avec le soutien du GNTC (Groupement National des Transports Combinés), IDIOMA Ile-de-France rassemble autour de l'AFT IFTIM coordinateur du projet, NOVATRANS, opérateur français de transport combiné rail-route et deux transporteurs routiers utilisateurs de cette technique en Ile-de-France : INITIAL ROUCH et TAB (Transports automobiles Brunier).

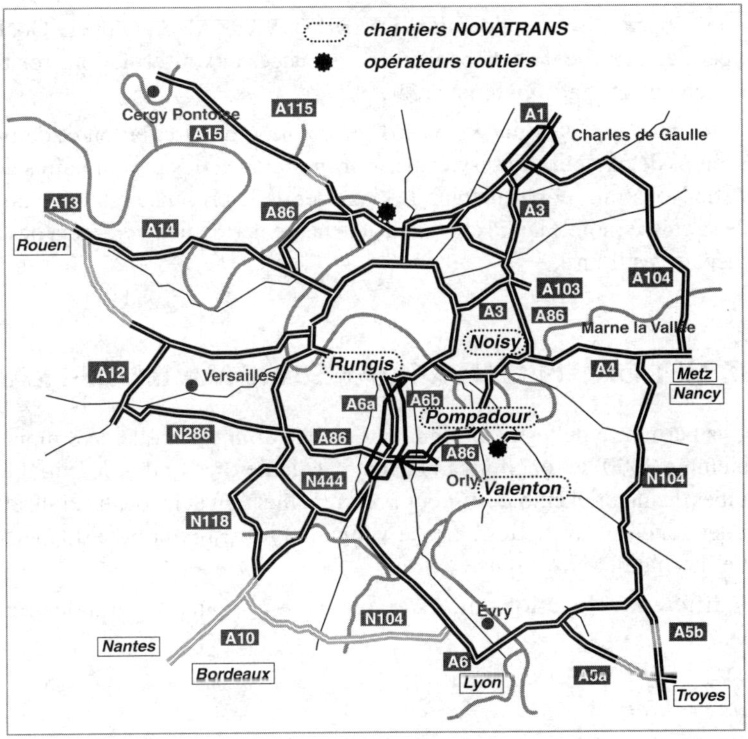

Ce projet constitue une étape supplémentaire dans un processus d'échanges d'information entre ces deux types de partenaires de la chaîne du Transport Combiné, par la mise en œuvre d'un système de transmission de données mobiles, localisation, information de circulation, vers ou depuis des tracteurs routiers équipés d'ordinateurs de bord et d'un système de positionnement par satellite afin d'optimiser leurs mouvements, à l'approche ou au départ (traction primaire ou terminale) des quatre chantiers de transport combiné de la Région parisienne.

Il s'agit avant tout, d'identifier la pertinence, ou les conditions de pertinence, au delà de la communication vocale actuelle du conducteur avec son centre d'exploitation, de l'insertion du couple conducteur — véhicule dans une architecture d'ensemble de système d'information du transport combiné, incluant la localisation des tracteurs en temps réel et leur éventuel déroutement en cas de problème de circulation, l'optimisation des procédures d'entrées et sorties des chantiers et des mouvements sur ces chantiers ainsi que la fiabilisation des opérations de réservations des espaces sur les wagons pour le transport des caisses mobiles amenées par les tracteurs sur les chantiers de transport combinés.

Le projet a pour but de définir, mettre en place et tester, cette partie d'architecture reposant, entre autres,

- sur la communication entre le centre d'exploitation de l'entreprises routière et les conducteurs d'une part, et le centre d'exploitation et les différents « chantiers » Novatrans d'autre part ;
- sur la localisation des tracteurs routiers ;
- sur un service d'information alimenté par NOVATRANS et appelé Goal on line qui permet a sa clientèle de bénéficier d'un accès aux informations relatives à la situation de son trafic en temps réel ;
- sur une interface avec un système d'information de circulation et de prévision des temps de parcours au service des transporteurs et des gestionnaires des chantiers de Novatrans et permettant de s'assurer de la présence effective du camion et de sa caisse mobile sur le chantier à une heure permettant le respect des horaires de départ des trains.

4. QUE MET-ON EN ŒUVRE DANS IDIOMA ILE-DE-FRANCE ?

Le projet va permettre de tester en grandeur réelle sur une période de 8 mois (janvier 2000-septembre 2000) le fonctionnement de 6 véhicules des flottes de Initial Rouch et TAB, équipés de matériel embarqué pour la communication et la localisation, et mettant en œuvre les fonctions réparties entre le véhicule lui même, la base de la société de transport et le chantier Novatrans.

Les différentes fonctions mises en œuvre sont, dans les grandes lignes, les suivantes :

À bord des véhicules

On réalise une communication bilatérale en mode data, entre les véhicules et leur base opérationnelle, au moyen de messages pré-programmés et, en configuration optimale, de messages EDImobiles tels que ceux mis en forme dans le cadre du groupe de travail « transport combiné » d'EDITRANSPORT.

Les données du chronotachygraphe sont transmises ; la localisation (positionnement) est intégrée dans chaque message émis pour une transmission automatique périodique vers la base opérationnelle ou une transmission à l'initiative du conducteur. On étudiera, dans une situation optimale, la possibilité d'interrogation de Goal on line (base de données NOVATRANS), par Internet à partir du véhicule à l'arrêt, d'impression de documents à bord, également d'un accès aux informations de trafic routier avec visualisation sur écran (ou impression à bord) et possibilité d'établir un parcours alternatif en connaissant le temps de parcours

À la base opérationnelle du transporteur

Une interface de l'applicatif de communication embarquée avec les données chronotachygraphe permet une remontées de ces données sur requête de l'exploitant lorsqu'elles elles ne sont pas associées à certains messages prédéfinis.

La localisation des véhicules est transmise sur requête de l'exploitant et est exprimée par rapport à la localité la plus proche (ou lieux remarquables personnalisés : noms de lieux : chantiers, sites clients), ces positions sont visualisées sur fond cartographique.

L'ensemble des données remontées du véhicule est intégré dans les logiciels de suivi et de gestion du dossier transport ainsi que la gestion des conducteurs (gestion sociale) et l'établissement des payes.

On intègre un accès à un serveur d'information routière sur le terminal servant à gérer les dossiers transports et les communications mobiles. On établit un lien entre la base opérationnelle du transporteur et les chantiers NOVATRANS au moyen d'une interface entre l'applicatif de gestion des communication mobile et celui de gestion du dossier transport et un système de transmission de données vers les chantiers NOVATRANS, afin de (re) confirmer les (pré) réservations et d'annoncer l'arrivée avec identification de la caisse, du véhicule et du conducteur. En situation optimale on intégrera la position des véhicules sur la carte visualisant le trafic routier et on couplera ces informations avec un logiciel d'optimisation des trajets qui détermine des itinéraires alternatifs et les temps de parcours qui y correspondent.

Sur les chantiers NOVATRANS

Un écran de visualisation des trafics routiers, destiné aux conducteurs, au départ des chantiers NOVATRANS est installé.

On réalisera dans une configuration optimale l'intégration des données de (re) confirmation des (pré) réservation en provenance de la base opérationnelle des transporteurs dans le système de gestion des opérations sur chantier.

Le chantier Novatrans peut avoir accès à l'information de positionnement des véhicules en approche (annoncés comme apportant une caisse mobile) soit par la dernière position transmise à la base opérationnelle ou bien sur requête. La connaissance du temps de parcours du camion et par conséquent de son heure d'arrivée sur le chantier sera ainsi connue par l'exploitant du chantier grâce au lien avec le service d'information trafic et le logiciel de calcul des temps de parcours.

5. LES RÉSULTATS ATTENDUS

Les principaux résultats attendus de la mise en œuvre d'IDIOMA Ile-de-France et dont l'importance permettra d'évaluer l'impact, peuvent être résumés dans la liste suivante :

- diminution du nombre de caisses mobiles manquantes au moment du départ du train ;
- réduction des délais dans les opérations de ramassage et de livraison des marchandises ;
- réduction des heures supplémentaires des conducteurs ;
- réduction des coûts de communication entre les différents partenaires de la chaîne ;
- optimisation du ratio : Temps de conduite / durée du trajet ;
- possibilité pour le transporteur de suivre les coûts de reviens des missions en temps réel ;
- optimisation du taux d'occupation des wagons ;
- diminution du nombre d'accrochage-décrochage des wagons dus à un manque d'information en temps voulu ;
- amélioration des conditions de travail des conducteurs et du personnel des chantiers de transport combiné.

Ces résultats concernent les acteurs du transport combinés et leurs clients mais il est évident que la rationalisation des déplacements ainsi induite, aura une répercussion sur la consommation de carburant et partant sur le volume des émissions polluantes et donc sur le bien être collectif.

Pour plus d'information sur le projet IDIOMA consultez le site web : www. idioma. gr

■

LES CONTRAINTES URBAINES FACE AUX CONTRAINTES DES TRANSPORTS DE MARCHANDISES

Serge Mathieu
Mairie de Toulouse

Préambule — Comment se font les transports de marchandise à Venise ? Par bateau, force motrice puis à bras, force humaine. Quand les contraintes naturelles sont trop fortes, les choix s'imposent.

Ne peut-on faire un parallèle entre nos villes terrestres et la ville lacustre de Venise. Certainement, les voiries primaires sont les grands canaux, les voiries secondaires, les canaux et les voiries tertiaires, les ruelles où, à Venise aucun véhicule à moteur ne circule.

Nous voyons bien que la première contrainte urbaine réside bien dans la forme et la fonction de la voirie de desserte.

Dans ce cas, ce qu'il faut créer, c'est un régime qui puisse paraître égalitaire aux yeux des usagers.

LES RUES PIÉTONNES

Pourquoi livrer des marchandises dans une rue piétonne avec un véhicule à moteur ? Pour que les règles qui régissent la vie urbaine soient respectées, elles doivent être respectables donc simples, compréhensibles par tous et éviter les passe-droits dont tout le monde veut ensuite bénéficier.

Les rues piétonnes devraient donc faire l'objet :

- soit, d'aménagements appropriés pour les livraisons de marchandises ;
- soit, d'une organisation différente des livraisons intégrant la desserte finale par des engins en accord avec le site (diable, véhicule électrique…).

Il reste bien sûr la desserte des riverains dans les rues piétonnes car se sont bien les habitants de la cité qui génèrent le plus de mouvements de marchandises. Les enquêtes réalisées dans de nombreuses villes ont clairement montré que peu de familles vivaient dans l'hypercentre qui regroupe la majeure partie des aires réservées aux piétons.

LES RUES SEMI-PIÉTONNES OU A PRIORITE PIÉTONS (ZONE 30)

Ce type de rue n'est ni une voie ni une aire piétonne. Elle présente pour la desserte des riverains et l'approvisionnement en marchandises un caractère plus complexe que l'aire piétonne. Tout déménagement, toute livraison en compte propre ou en compte d'autrui se traduit inévitablement par un blocage de la circulation générale. Lorsque les infrastructures et l'interdistance du bâti le permettent, la création d'aires de stationnement peut apporter une solution partielle au problème mais, comment faire respecter ces aires systématiquement envahies par les automobilistes ou les commençants eux-mêmes. Bien sûr, comme pour les rues piétonnes, on peut envisager des micro plateformes ou une organisation différente entre transporteurs et clients.

Dans tous les cas, on peut-être optimiste dans le traitement des livraisons des aires piétonnes ou semi-piétonnes car peu d'idées sont mises en pratique à ce jour.

LES VOIRIES TERTIAIRES

Leur fonction même attire peu de trafic général et par conséquent peu de trafic marchand. Dans ces lieux la bonne volonté des usagers et des livreurs, complétée par des aménagements d'aires de livraisons si nécessaire, donnent en général satisfaction.

LES VOIRIES SECONDAIRES

Parfois soumises à des flux de circulation importants ces voies peuvent être perturbées par les livraisons. L'arsenal réglementaire s'applique en ces lieux mais est-il adapté aux contraintes des transporteurs et des usagers, la réglementation est-elle respectée par l'ensemble de la population ?

Avant de prendre un arrêté de circulation, il faudrait se poser deux questions essentielles :

1. La règle est elle respectable :
   - contrainte/service rendu ;
   - niveau d'utilisation ;
   - tonnage, ou surface, ou volume du véhicule.

2 Les moyens de faire respecter la règle sont-ils disponibles :
   - information, éducation ;
   - agents de surveillance.

LES VOIRIES PRIMAIRES

Systématiquement soumises à des flux de circulation intenses et généralement pendulaires sur les radiales, les voiries primaires sont le lieu de gênes réciproques entre livreurs et automobilistes sans oublier le danger de certaines manœuvres ou du stationnement pleine voie.

LE PARADOXE DU TRANSPORT DES MARCHANDISES EN VILLE

Pour les agglomérations de plus de 400 000 habitants, dans une journée, les déplacements en véhicule particulier se chiffrent en centaines de milliers alors que les déplacements des transporteurs se chiffrent en milliers. De plus, le transport en compte propre représente une proportion plus importante que le compte d'autrui.

À titre d'exemple on peut citer pour l'agglomération toulousaine les chiffres de l'enquête ménage 1996. Le motif achats génère 264 000 déplacements par jour et représente une progression de 50 % sur 6 ans sachant que cette progression est de 100 % en périphérie.

Le développement des grandes surfaces et de l'urbanisation en périphérie expliquent cette forte progression.

Nous voyons apparaître ici un paradoxe important :

- *D'une part*, la construction de grandes surfaces en périphérie au contact des grandes voiries urbaines constitue une solution au problème des livraisons par les transporteurs en compte propre ou d'autrui au moyen de gros porteurs et au travers des autoroutes et voies rapides adaptées à ces déplacements lourds.
- *Par contre, d'autre part* ces grandes surfaces ne sont accessibles qu'en véhicules particuliers, et couvrent grâce à leur position en bordure de voies rapides une vaste zone d'influence clientèle.

Ce ne sont plus les transporteurs qui génèrent une gêne mais les clients eux mêmes qui viennent enlever leurs marchandises qui créent d'importants flux de trafic. Les observations effectuées en semaine à proximité des grands centres commerciaux font clairement apparaître des flux de trafic différents matin et soir. Le matin, les mouvements pendulaires sont plus directifs que le soir. En effet, le matin, les origines destination sont plus fortement marquées par les trajets domicile travail (les grandes surfaces ouvrent après 9 h 00) et le soir, les trajets travail domicile sont associés aux trajets travail achat et domicile achat. Il s'en suit les perturbations que nous connaissons aux heures de pointe du soir à proximité et sur les itinéraires d'accès des grandes surfaces.

Il n'est bien sûr pas question d'inverser la tendance avant une décennie mais dans tous les cas, nous constatons que nous tournons en rond :

Lorsque les livraisons des commerçants ne sont pas perturbatrices, ce sont les clients qui se gênent entre eux sur les itinéraires d'accès aux grands commerces de périphérie.

Dans les villes centres deux types de commerces cohabitent, les grands magasins et les magasins de l'hypercentre et ensuite le commerce de proximité. C'est ce type de fonctionnement qui génère le moins de déplacements en véhicules particuliers qui par contre, se heurte au stationnement des véhicules de livraisons. L'exemple des grands magasins doit nous ouvrir la voie vers des solutions innovantes. La plupart des grands magasins du centre ville livrent la nuit ou possèdent des sas capables d'accueillir les camions.

C'est dans cette direction que nous devons orienter nos recherches pour garantir la survie des petits commerces et des commerces de proximité beaucoup mieux adaptés au fonctionnement urbain tel qu'il se dessine dans nos grandes villes par le développement des transports en commun et la rationalisation des déplacements en véhicules particuliers. De timides essais font ressortir quelques solutions. Utilisation de TOUC-TOUC par des moyennes surfaces de ville centre (faubourgs) pour ramener 4 à 6 clients avec leurs marchandises à leur domicile, c'est-à-dire 4 à 6 véhicules de moins en circulation.

Les livraisons à domicile pratiquées également par les petites surfaces qui avec un seul véhicule livrent quelques clients venus faire leurs courses à pied ou avec leur véhicule… Ces solutions suppriment des véhicules en circulation et créent des emplois ! La collectivité tire ainsi un double avantage de ces pratiques. À suivre…

LES CONTRAINTES LIÉES AUX ACTIVITÉS

Les déchets

Les déchets représentent une part non négligeable du tonnage des marchandises transportées en France (de l'ordre de 35 %). De plus, ils sont transportés quasi exclusivement par route.

Les nouvelles orientations en matière de traitement des déchets devraient nous inciter à utiliser pour les grandes unités de transformation les voies ferrées ou navigables adaptées aux transports de fort tonnage.

Il est bien entendu que la collecte des ordures ménagères qui prend une part importante dans la production des déchets impose l'utilisation de camions adaptés aux voiries empruntées. Dans ces conditions, les ruptures de charge doivent faire l'objet de calculs économiques.

Le traitement sélectif qui va se généraliser imposera plus de déplacements et générera un éclatement des flux. Les soucis liés au recyclage des déchets devraient donc s'accompagner d'une étude des nouveaux flux de transports générés, producteurs d'émissions polluantes. En règle générale le ramassage des déchets ménagers s'effectue hors heures de pointe pour les secteurs sensibles. Hormis le bruit généré par les bennes, la collecte de nuit (tôt le matin) semble aujourd'hui donner satisfaction à la collectivité.

LES CHANTIERS DE CONSTRUCTION

Les chantiers de construction en milieu urbain dense posent un double problème :

1. l'emprise du chantier ;
2. la livraison du chantier.

Légalement, la livraison des chantiers doit s'effectuer après 7 h 30, sauf dérogation. À l'intérieur des villes centres, les rues étroites, le bâti dense, rendent la tâche des acteurs du bâtiment et des travaux publics acrobatique.

Les grues doivent fréquemment s'implanter sur le domaine public, les matériaux de construction sont également stockés sur trottoir ou voirie.

En superposition de la réglementation en place, chaque chantier est un cas spécifique et fait fréquemment l'objet d'une étude particulière pour le stockage des matériaux, les cabannes de chantier, les moyens de manutention et de levage et bien sûr les aires de livraisons. Les bétons chantiers n'ont que 2 heures pour livrer, certains matériaux sont également soumis à des contraintes de livraisons en fonction de leur provenance.

Malgré les efforts de négociation avant l'installation d'un chantier, nous constatons que toute construction urbaine est une matière vivante soumise à de nombreux aléas qui se répercutent directement sur la circulation urbaine (décalages horaires, arrivée simultanée de camions...).

Les chantiers de travaux publics quant à eux sont, de plus, soumis aux nombreuses surprises du sous sol urbain où les multiples réseaux sont fréquemment mal repérés ou dans des états incertains.

L'AGRO-ALIMENTAIRE

Il s'agit du plus important générateur soumis aux contraintes multiples liées à la nature des produits, aux exigences des clients et aux circuits de distribution.

L'emplacement des plateformes logistiques joue ici un rôle non négligeable qu'il s'agisse de plateformes des transporteurs ou de marchés d'intérêt national (MIN).

À Toulouse, depuis les plateformes logistiques, généralement, les livraisons s'effectuent entre 9 h 30 et 13 h 00 puis entre 17 h 00 et 21 h 00. Depuis le MIN, l'enlèvement des marchandises se déroule entre 5 heures et 9 h 00 puis entre 13 h 30 et 14 h 00 ce qui se traduit en ville par des livraisons toute la matinée et même l'après-midi. L'arrivage des denrées s'étale tout au long de la nuit entre 21 h 00 et 9 h 00. Les transporteurs soumis aux horaires fixés par les clients ne font circuler que des camions à 50-70 % de leur charge.

Les distributeurs de boisson doivent généralement effectuer la mise en cave chez les cafetiers ce qui provoque des stationnements pleine voie variant de 30 minutes à une heure entre 6 h 00 et 9 h 00, jusqu'à 12 h 00 et après 17 h 00, c'est à dire durant l'heure de pointe du matin.

Les transporteurs et grossistes consultés sont prêts à avancer le départ de leurs camions qui sont retardés par l'affluence de circulation du matin entre 7 h 30 et 9 h 00 mais les destinataires installés dans leur confort ne paraissent pas prêts à changer leurs habitudes. Seule une intervention de la collectivité au travers de concertations devrait pouvoir, par une prise de conscience collective, établir de nouvelles organisations auxquelles la réglementation s'accorderait.

En effet, il est inutile d'établir des règlementations qui n'auront pas reçu l'accord des transporteurs et des destinataires. Étant donné l'ampleur du domaine d'action et la répartition des livraisons sur ce domaine il est illusoire de vouloir faire respecter les règles.

Majoritairement, dans l'agro-alimentaire la majeure partie des livraisons a lieu le matin et en particulier durant l'heure de point domicile travail.

Contrairement aux idées reçues, on peut envisager les livraisons dans l'hypercentre durant l'heure de pointe du matin car les mouvements pendulaires provoquent la congestion du trafic sur les entrées de ville et sur les radiales.

On peut donc imaginer de façon grossière deux types de réglementation : l'une d'hypercentre permettant les livraisons de nuit jusqu'à 10-11 heures, démarrage de l'activité économique et l'autre, hors centre, interrompant les livraisons sur les grands axes de 7 h 30 à 9 h 00 pour se poursuivre ensuite jusqu'à 13 h 00.

LE GRAND COMMERCE LES GRANDES SURFACES

Comme nous l'avons déjà précisé la structure importante des grands commerces permet à ces derniers une bonne organisation qui s'affranchit des contraintes de livraison et de stationnement. Par contre, le remède semble pire que le mal des clients qui affluent en dehors de toute réglementation.

LES PHARMACIES

Les pharmacies qui travaillent dans un cadre réglementaire avec des stocks réduits génèrent à titre d'exemple 600 à 1 000 livraisons par jour pour 200 pharmacies.

Les départs des centres de distribution ont lieu généralement à 9 h 00, 12 h 00, 14 h 00, 17 h 00, 19 h 00, ce qui représente 3 à 5 livraisons journalières. Les stationnements pleine voie ne durent que quelques minutes mais par contre surviennent durant la couverture totale de la pleine activité économique de la cité.

LES JOURNAUX

Comparables aux pharmacies, les points de vente des journaux ne nécessitent pas de longues ni de lourdes livraisons Par contre la majorité des points de vente, double de celui des pharmacies, est livrée dans des sas ou devant la porte entre 4 h 00 et 6 h 00 bien en dehors des pointes de trafic.

LES MATIÈRES DANGEREUSES

Il ne s'agit pas dans ce cas d'un problème de volume ou de densité mais uniquement de sécurité où la réglementation prévaut sur l'usage.

Par exemple, à Toulouse agglo de 800 000 habitants, pour une centaine de véhicules par jour, une large concertation pilotée par le SPPPI (Secrétariat permanent pour la prévention des problèmes industriels) a permis la mise en place d'une réglementation adaptée aux livraisons des points sensibles. Les itinéraires d'accès qui utilisent majoritairement les rocades évitent les secteurs d'habitat. Des numéros d'appel téléphonique permettent aux chauffeurs d'éviter toute confusion. Une plaquette décrivant les itinéraires et les contacts a été éditée et largement diffusée.

LES TRANSPORTS EXCEPTIONNELS

Tout comme les matières dangereuses, l'improvisation n'est pas acceptable. Les itinéraires ont été précisément établis et répertoriés. Une plaquette a également été éditée.

LES DÉMÉNAGEMENTS

Les déménagements imposent des stationnements de véhicules variant de 4 à 8h00 dans des lieux parfois très difficiles comme les rues à priorité piétonne (blocage de la circulation), les rues avec stationnement réglementé, les grandes artères... Afin de remédier aux problèmes journaliers induits par les déménageurs, une large concertation initiée par la Mairie de Toulouse a permis d'établir une charte des déménagements qui fixe le rôle des trois partenaires principaux que sont la ville, la police et les déménageurs professionnels, ou privés.

Un arrêté de circulation fixe la procédure de réservation d'espace public et les contraintes suivant les lieux (couloir bus, emplacement stationnement, rue à sens unique 1 voie...)

LE CONTEXTE URBAIN ET LE TRANSPORT DE MARCHANDISES

Dimension spatiale

L'urbanisation de la ville influe directement sur la fonction transports (commerces du centre avec urbanisation dense et commerces de périphérie avec urbanisation en tâche d'huile).

Les schémas directeurs d'agglomération et les plans de déplacements urbains prennent bien en compte les transports en commun mais les mesures concernant les transports de marchandises restent timides.

L'urbanisme de ville centre doit intégrer la fonction livraisons en proposant de nouvelles organisations des espaces publics et privés intégrant des aires de livraisons.

- Les centre-villes souffrent :
  - de l'absence d'aires de livraison privées ;
  - de l'insuffisance d'aires de livraisons publiques ;
  - du non-respect des aires de livraisons publiques ;
  - d'une réglementation difficile à faire respecter ou pas toujours adaptée ;
  - de nombreuses livraisons, en petite quantité, par de petits camions ;

- de voiries inadaptées à la circulation des poids lourds ;
- des vols de marchandises en attente ;
- de conditions de circulation difficiles aggravées par de nombreux travaux pas toujours faciles à signaler.

• Les périphéries bénéficient :
- d'aires aménagées ;
- d'une meilleure planification des livraisons ;
- de voies d'accès adaptées mais elles génèrent de nombreux déplacements particuliers.

• Mais elles peuvent se heurter :
- aux voies rapides à péage qui induisent des trafics poids lourds qui parasitent sur les voiries secondaires ;
- à la traversée de lotissements établis au contact de zones industrielles.

Dimension temporelle

Les déplacements de biens et de personnes se croisent, s'entrecroisent et se mêlent au fil de la journée.

Le matin, les transporteurs démarrent leur journée très trop mais dès 7 h 00 7 h 30 ils sont rejoints par les grands mouvements pendulaires des véhicules particuliers. Par contre, le creux de pleine matinée (9 h 00-12 h 00) permet aux livraisons de s'effectuer dans des conditions acceptables.

L'après-midi, plus orientée enlèvement des marchandises, supporte un trafic moins intense.

Dimension réglementaire

La réglementation s'efforce ou doit s'efforcer d'utiliser au mieux les possibilités laissées par le temps et l'espace en les combinant. La difficulté réside dans le partage du temps et de l'espace par les différentes catégories d'usagers.

La ville, qui se définit comme le lieu même d'échange ne doit pas tomber dans le piège d'un traitement spécifique de chaque mode de transport.

La collectivité doit au contraire mettre en avant la spécificité du milieu urbain pour permettre aux différents modes de partager le temps et l'espace et non de le découper en parts. De plus, la réglementation, et c'est certainement son principal intérêt, doit pouvoir faire passer l'intérêt public avant le privé. Par exemple, les transports de matières dangereuses doivent s'effectuer dans un cadre strict afin de garantir avant tout la sécurité des usagers même si le prix à payer est une réduction ponctuelle de temps ou d'espace.

Dimension économique et sociale

• Le passage progressif aux 35 heures crée des réorganisations parfois lourdes des entreprises de transport ou des destinataires. Chacun devra s'adapter, ainsi que la réglementation.

- La généralisation des « flux tendus et juste à temps » se traduit par une diminution des stocks, une fragmentation, une irrégularité des envois, et une augmentation de la fréquence. Ainsi il devient plus difficile d'organiser les livraisons sporadiques et donc de respecter la réglementation.
- Les exigences des destinataires, en particulier des commerçants qui imposent les horaires de livraison, même en dehors des créneaux autorisés, accentuent les « entorses » à la réglementation.
- L'évolution des activités se traduit par une forte augmentation des petits colis et par conséquent des sociétés de service de type messagerie monocolis dont la Poste tire parti. Cette activité de monocolis utilise les 2 roues motorisés peu encombrants, facile à garer mais qui bafouent la plupart des règles.

CONCLUSION

La ville évolue, les activités évoluent, les hommes évoluent mais les mécanismes de gestion de la ville sont assis sur des règles d'urbanisme et de circulation peu dynamiques sans oublier les règles nationales liées aux transports de marchandises.

Après la révolution industrielle, nous sommes en pleine révolution technologique. Le secteur des transports plus proche de l'ère industrielle a un pouvoir d'adaptation beaucoup plus lent. Ce sont donc les hommes qui dans leur espace de liberté (espace-temps) enfreignent les règles établies pour suivre l'évolution de l'activité dans une cité qui évolue sur des décennies voire des siècles.

Si la ville veut garder son unité et sa cohésion sociale, elle doit rapidement réaménager le temps, l'espace et la réglementation pour répondre aux exigences de l'évolution en cours. On ne peut pas vivre dans une ville fondée sur plusieurs siècles sans l'aménager pour les besoins présents. Imaginerait-on de vivre dans un château féodal aujourd'hui sans l'aménager pour profiter des dernières évolutions technologiques et assurer le confort de ses habitants ?

LE TRAIN DE FRET INTELLIGENT

Marc Guigon
SNCF

Actuellement les trains de fret sont composés d'une locomotive tractant un ensemble de wagon sans aucun lien de communication entre les deux entités ou entre les wagons eux-mêmes. Les seules informations provenant du train sont celles émises par le mécanicien ou celles relevées lors des passages sur des installations fixes (gares, centres de triage...)

Cependant une telle politique ne peut être reconductible dans le schéma concurrentiel auquel doit faire face le transport de fret ferroviaire. En effet, la gestion en flux tendus, le respect des normes de sécurité, l'obligation de répondre à des standards de qualité tant au niveau de la marchandise que du transport, ont amené les acteurs de la chaîne de transport, du chargeur à l'exploitant, en passant par le propriétaire de wagons, le gérant d'infrastructure, les organisateurs de transport, à un nouveau besoin de service.

Le chemin de fer a devoir de répondre aux nouvelles attentes de ses clients et d'améliorer sa qualité de service. C'est pourquoi la mise en place de trains de fret intelligents représente un avantage concurrentiel certain notamment grâce à :

- l'amélioration de la productivité des trains de fret par une augmentation de leur longueur et de leur tonnage (augmentation de la charge et du volume utile);
- la connaissance de la position de la marchandise et de son état;
- la possibilité de fournir de nouveaux services notamment en matière d'information que seul un train de fret intelligent et communiquant pourra apporter.

1. LES ENJEUX

Les trains de fret intelligents représentent de véritables enjeux que ce soit au niveau commercial, économique, stratégique ou encore de l'exploitation. En effet, un tel système devra être capable de :

- améliorer la satisfaction du client du fret ferroviaire;
- augmenter la productivité des trains de fret en optimisant l'utilisation de l'infrastructure de l'équipement et du parc roulant;
- concurrencer le service routier en matière d'information et de localisation;
- développer la qualité du transport en terme de délais, de fiabilité et de sécurité.

2. LES CARACTÉRISTIQUES D'UN TRAIN DE FRET INTELLIGENT

le système de frein électronique

Actuellement la longueur des trains de fret est limité notamment par le système de freinage pneumatique ; l'ordre de freinage étant communiqué successivement à tous les wagons par dépression de la conduite d'air du train. Les efforts longitudinaux de compression (ELC) sont tels tout le long du train qu'on ne peut excéder actuellement 750 m sans engendrer de risques.

Pour surmonter ce problème d'ELC il faut que l'ordre de freinage soit communiqué simultanément à l'ensemble des wagons. Ceci est rendu possible grâce à un système de communication électronique entre les locomotives et les wagons du train. On passera en effet à un temps de propagation de l'ordre de freinage de 25 secondes à 0,1 s pour un train de 2250 m. Il existe deux solutions techniques pour réaliser cette fonction l'une utilisant un système de bus filaire et l'autre un système de bus non filaire, par liaison radio.

L'essai de frein à agent seul

D'autre part, le système de frein à commande électronique permettra au conducteur de réaliser l'essai de frein seul. L'objectif de l'essai de frein à agent seul est une réduction de temps d'environ 70 % avec un meilleur taux de sécurité que l'essai actuel, et cela sans le déplacement d'une personne le long du train qui vérifie le fonctionnement de chaque wagon. En effet, l'essai doit pouvoir être exécuté par l'Agent de conduite seul dans sa cabine et en moins de 10 minutes pour un train de 2250 m.

Le système devra permettre de vérifier la continuité pneumatique sur tout le train, la continuité de la transmission des données, les commandes et l'exécution des ordres de freinage de service, d'urgence et de desserrage par voie pneumatique et électronique et enfin enregistrer les essais.

La compatibilité avec le frein pneumatique

Afin de gérer la période de transition de sa mise en service et pour assurer une sécurité complète, il est prévu que le frein électronique soit rigoureusement compatible avec le frein pneumatique actuel. Ainsi un wagon équipé d'un frein électronique au sein d'un train commandé par frein pneumatique devra répondre exactement de la même façon qu'un autre wagon.

Le système de communication

Le train de fret intelligent sera en mesure de pouvoir communiquer avec tous les éléments le constituant et ensuite il devra diffuser cette information à l'extérieur.

La communication interne au train

L'objectif du système de communication interne est d'échanger de l'information avec les wagons, entre les wagons et avec la locomotive. Il comprend toutes les communications qui vont être utiles pour le fonctionnement des autres fonctions notamment la commande à unités multiples et la télécommande des locomotives réparties.

Ceci permettra de :

- communiquer avec toutes les locomotives simultanément et leur transmettre les ordres de traction et de freinage ;
- rapporter le bon fonctionnement entre toutes les locomotives donc tout le long du train ;
- réduire l'effort de traction en tête de train ;
- donner les informations au conducteur en cas d'incidents (aide à la conduite) ;
- interroger à distance et contrôle la commande d'équipements ;
- améliorer la gestion du parc wagon.

La communication externe au train

La communication externe doit répondre aux besoins d'information émanant des différents acteurs de la chaîne de transport ferroviaire. Leurs principales demandes se situent au niveau de :

- *Identification automatique du train* : composition du train (nombre de wagons, ordre, longueur et masse du train...), reconnaissance des wagons (emplacement de la queue de convoi, orientation des wagons...), nature du chargement, destination.
- *Identification du wagon* : numéro, distance parcourue, rapports incidents (détection de boîtes chaudes, détection des chocs, des ouvertures de portes...), rapport maintenance.
- *Localisation* : du train, des wagons, du chargement avec surtout une nouvelle estimation automatique et transmise en temps réel de l'heure d'arrivée en cas d'incidents.
- Contrôle de la marchandise : détection des fuites, système d'alerte pour la température en cas de dépassement de seuils préfixés (marchandises sous température dirigée).

Plusieurs enjeux sont liés à la faculté de disposer d'un système de communication embarqué sur les trains. En effet ce service en matière d'information clients représente dès aujourd'hui un avantage concurrentiel significatif pour les transporteurs routiers qui ont équipé leur parc roulant de dispositifs de communication embarquée depuis déjà quelque années.

La mise en place des trains de fret intelligents représente un investissement substantiel, engendré notamment par le système de communication interne au train ainsi que par le frein à commande électronique et supporté par les propriétaires de wagon. La question est donc de savoir quel intérêt, à court terme, permettra de décider les propriétaires à réaliser cet investissement. Il est donc essentiel de présenter des retours sur investissement rapides qui se traduiront d'une part par les conséquences de l'amélioration de la productivité des trains de fret et d'autre part par l'acquisition de nouveaux outils commerciaux. En effet, les gains de productivité réalisés par l'exploitant ferroviaire et le gestionnaire de l'infrastructure (diminution des coûts d'exploitation par wagon) pourront être répercutés sur le prix de traction. L'économie ainsi réalisée permettra de justifier l'investissement. D'autre part ce nouveau dispositif offrira la possibilité de proposer de nouveaux services en matière d'information (tracking et tracing) et de sécurité (contrôle de la marchandise).

■

L'IMPACT DES NTIC SUR LES TRANSPORTS DE MARCHANDISES

Professeur Michel Frybourg
ENOES

L'ÉCONOMIE NUMÉRISÉE OU LE COMMERCE ÉLECTRONIQUE

La pénétration de l'informatique dans les entreprises de transport est déjà ancienne, comme la mise en place de réseaux pour répondre aux besoins de chargeurs de plus en plus engagés dans l'économie globalisée et le marché unique. 1998 marque cependant un tournant qui voit la montée en puissance du commerce électronique dans les relations entre entreprises et d'entreprises à particuliers (B to B et B to C). L'origine de cette montée en puissance tient à la généralisation du numérique qui a permis les échanges de données, la communication entre ordinateurs, l'effondrement des coûts de traitement de l'information et la réduction continue des coûts de communication à longue distance. Le recours au réseau des réseaux, désigné par Internet, le Net ou plus souvent le web a popularisé ce phénomène mais Internet se conjugue, professionnellement, sous des formes plus adaptées aux affaires comme Intranet et Extranet avec des circuits sécurisés pour les transactions.

Il importe que les entreprises revoient toute la chaîne de création de la valeur, des matières premières aux services après-vente, afin de pouvoir réduire les temps de réponse aux clients, de permettre la réalisation sans surcoût de produits sur mesure, d'éliminer les stocks qui entraînent coûts d'immobilisation, risques d'inadéquation par rapport à la demande, risques liés à l'obsolescence ou à l'évolution des prix. Les processus d'activités sont centrés sur le client final à partir d'une gestion transversale des ressources de l'entreprise.

Il se confirme que la qualité, la rapidité et le coût de gestion des flux de produits physiques constituent les éléments déterminants pour le succès des transactions électroniques. Les responsabilités traditionnelles des entreprises de transport, de messagerie, de logistique, sont ainsi appelées à s'élargir considérablement pour en faire les partenaires indispensables des commerçants électroniques. Les relations électroniques entre entreprises (B to B) ont déjà décollé alors que celles avec les particuliers en sont encore en Europe à la phase d'apprentissage. La concentration des grands chargeurs sur leur métier de base (core business) a donné une nouvelle impulsion aux pratiques d'externalisation sur des partenaires en petit nombre ayant des relations durables et de confiance avec leur donneur d'ordre.

La France ne peut rester en retard dans cette transformation du paysage professionnel des transports, conséquence de l'explosion d'une nouvelle forme de commerce. Aux foires du Moyen Âge ont succédé les grands magasins du 19e, puis les hypers des années soixante-dix pour en arriver au commerce électronique du XXIe siècle qui touche d'abord le fret mais également le tourisme avec la remise à plat des systèmes de réservation accessibles aux particuliers à qui l'on propose rabais et ventes aux enchères (Nouvelles Frontières et Degriftour).

UN CHANGEMENT DE RYTHME, VOIRE UNE NOUVELLE RUÉE VERS L'OR

Une nouvelle ruée vers l'or se dessine mais, ainsi que vient de le préciser Vinton Cerf, le président de l'Internet Society, de même que pour la première, ce ne sont pas les chercheurs d'or qui ont gagné de l'argent mais les fournisseurs de pelles et de pioches, les entreprises qui creusent les tranchées, installent les tuyaux et mouillent la chemise pour construire la nouvelle économie de l'Internet. Ensuite viendront les éditeurs de logiciels et les intégrateurs de services qui contribueront à la refonte des maillons rouillés de la vieille chaîne de la valeur. C'est le défi à relever par les entreprises de transport et il serait souhaitable que le CNT puisse contribuer à la mise en place d'un environnement favorable aux entreprises françaises.

Toutes ces entreprises se doivent d'installer et de faire fonctionner de manière satisfaisante des systèmes d'information qui répondent à leurs besoins dans les dix prochaines années. Plusieurs facteurs viennent converger pour rendre cette réactualisation ou cette remise à niveau des systèmes d'information d'une importance vitale, car indispensable pour résister à la concurrence :

- La montée en puissance du commerce électronique, déjà citée tant dans les relations d'entreprises à entreprises que d'entreprises à particuliers.
- La télématique nomade à base de portable (téléphone mobile, norme GSM), de GPS (localisation des mobiles), de PDA : Personal Data Assistant (ordinateurs de poche) et d'étiquettes numériques d'identification automatique, électroniques ou non (transpondeurs, codes à barres). Les outils du tracing et du tracking sont maintenant disponibles.
- Les progiciels d'intégration de type :
  - ERP (Entreprise Resource Planning) : un outil de pilotage d'entreprise, produit par des éditeurs de logiciels dont le plus important est SAP et les concurrents, Baan, People Soft et Oracle, etc.
  - et SCM (Supply Chain Management) : un outil d'aide à la décision nécessaire à « l'entreprise étendue » qui donne la réactivité voulue dans les relations de clients à fournisseurs et permet un partenariat à forte interpénétration. Les éditeurs les plus connus sont Manugistic et I.2 ;
  - enfin CRM (Customer Relationship Mangement, un must par rapport au « customer care ») : il ne suffit plus de recenser ses clients, il faut les connaître et les comprendre en profondeur pour aller vers eux avec une offre à la mesure exacte de leur attente afin de créer de la valeur pour eux et leurs fournisseurs.

- La nécessité de remettre à plat le système d'information pour passer les échéances de l'an 2000 et de l'Euro.

L'INTÉGRATION DE SERVICES ET L'ENTREPRISE ÉTENDUE

Reprenons ici le discours dominant qu'il faudra ensuite examiner avec le recul suffisant :

Si les entreprises passent l'épreuve ERP avec succès, elles auront alors de grandes chances de survie, ce qui leur permettra de passer à la phase suivante : l'après ERP qui se compose des quatre grands domaines fonctionnels suivants :

- La fidélisation des clients ou encore la gestion de la relation client (« Customer Relationship Management », la suite du « Customer Care ») ;
- Les Ressources Humaines ;
- L'Intranet transactionnel ;
- Les systèmes décisionnels et la « supply chain » qui couvre la chaîne logistique interne et externe.

Si la plupart des ERP comportent un module logistique, cela n'a rien à voir avec les « supply chains » dédiés aux métiers de la logistique et optimisées afin de tirer le meilleur parti des flux internes et externes, offrant ainsi un niveau de service mesurable et garanti.

L'identification automatique et l'EDI ont apporté à l'industrie et au commerce la capacité d'automatiser et de rationaliser l'administration de la chaîne d'approvisionnement et de l'accrocher au flux physique de produits. Elles ont ainsi permis l'émergence du concept d'optimisation de la chaîne d'approvisionnement (l'ECR – Efficient Comsumer Response, et le SCM – Supply Chain Management).

Cette optimisation nécessite une anticipation et une traçabilité parfaite des mouvements de produits. Cette perfection se mesure à l'aune de la fluidité et de la qualité de l'information entre les partenaires : producteur, prestataire logistique, transporteur, distributeur. C'est-à-dire un EDI sans rupture, sans couture diraient les anglais (seamless) et en temps réel. Mais elle se mesure également à la qualité du marquage des unités logistiques et de transport permettant une capture à chaque rupture de charge des mouvements des produits donc le suivi de la marchandise.

Sans rentrer dans des considérations trop techniques, il faut comprendre que l'on doit trouver un bon équilibre entre la maîtrise des métiers de base qui nécessitent des logiciels spécialisés en perpétuelle évolution, donc de recourir aux meilleurs du marché pour une fonction donnée (« best of breed »), mais également faire communiquer entre eux ces logiciels pour gérer les programmes d'activité transversaux centrés sur le client. Ce besoin d'intégration, ou simplement de communication entre logiciels, a crée le marché florissant, autant que celui des ERP, des middleware, logiciels d'intermédiation, capables d'assurer la communication entre des logiciels métiers.

Les outils de cette communication sont à la fois l'EDI et le web permettant la communication d'application à application, principalement pour le B to B mais également un nouveau concept ciselé par les ingénieurs en informatique : l'objet, mot trivial mais dont la capacité à traduire le réel dans les systèmes d'information s'est révélée incontournable. Ainsi, le produit devient une classe d'objets, et chacune de ses acceptions héritent de particularités communes et ajoutent celles liées à son contexte. Le service logistique peut alors dialoguer avec les services comptable, financier ou de production pour satisfaire le client final au moindre coût. La difficulté est de nature sémantique. Pour le marketing, le produit est l'unité que le consommateur achète et sur laquelle une promotion est en cours ; pour la logistique, c'est la palette de « n » de ces unités ; pour la production, ce sont des tonnes du contenu de cette unité consommateur.

L'AMÉLIORATION DE LA COMPÉTITIVITÉ VA AU-DELÀ DE CELLE DE LA SEULE PRODUCTIVITÉ

Il ne suffit plus de produire mieux, il faut également créer de la valeur, ce qui nécessite de produire autrement. L'utilisation des technologies de l'information ne se focalise plus sur la seule gestion mais prend en compte les objectifs stratégiques de l'entreprise. Elle conduit ainsi à revoir l'organisation même de l'entreprise et ses méthodes de production. Elle contribue également à revoir les relations de l'entreprise avec ses fournisseurs et ses clients.

À partir des années 1990 ont commencé à apparaître les PGI (Progiciels de gestion intégrée) ou en anglais, ERP (Entreprise Ressource Planning) visant à fluidifier la circulation de l'information entre les principales fonctions de gestion de l'entreprise. Aujourd'hui émergent des outils de Supply Chain Management (SCM) qui sont des programmes de pilotage stratégique, tactique et opérationnel de l'ensemble des processus logistiques. Alors que les ERP font communiquer les différentes fonctions de l'entreprise, le SCM est un programme de gestion des flux « du fournisseur du fournisseur jusqu'au client du client ».

Le marché conduit les groupes de transport à s'orienter vers une politique de « guichet unique », c'est-à-dire d'offre logistique globale. L'opérateur propose de prendre en charge l'ensemble des flux et dimensions afférentes d'un client désirant externaliser sa logistique.

Cette thématique souvent présentée sous l'angle informationnel (interconnexion des réseaux, fluidité de la circulation de l'information, transparence, etc.) ne doit pas faire oublier les rapports de forces économiques existant entre un groupe se recentrant sur ses métiers de base et les divers fournisseurs, sous-traitants faisant partie de la dite entreprise étendue. Vu sous cet angle, elle est une façon de déporter les coûts sur les autres, fussent-ils qualifiés de partenaires.

La dynamique de l'impact des NTIC sur les entreprises de transport terrestre de marchandises ne se résume pas à la présence d'un ordinateur dans l'entreprise. Si l'on veut dresser réellement l'état des lieux, il est nécessaire de distinguer selon les grands métiers ; et pas seulement — comme on le fait trop souvent — entre les groupes et les PME. Ce n'est que tout récemment que les entreprises de transport envisagent de boucler le traçage par code-à-barre des flux dans leur réseau malgré un fret très diversifié.

INTÉGRATION : CRÉATION DE VALEUR ET/OU REDISTRIBUTION ?

Après cette présentation qui fait la part belle aux NTIC, il est bon de donner la parole à « l'opposition » :

Daniel E. Sichel, un économiste américain, a dans deux ouvrages publiés l'un en 1997 (The Computer Revolution : an Economic Perspective) et l'autre actualisant le précédant en 1999 (Computer and Agregate Economic Growth : an Update) a développé une argumentation corrosive allant à l'encontre des thuriféraires des NTIC et mettant en doute l'explication la plus courante de la situation euphorique de l'économie américaine par la pénétration des NTIC dans les entreprises.

Le marketing agressif des éditeurs de logiciels et des SSII qui vivent de leur mise en place dans les entreprises conduit à confondre le slogan : « invest or die » — pour contraindre les entreprises à sauter le pas des logiciels d'intégration — avec le risque de se trouver dans le situation : « invest and die ». En effet le fait qui a marqué la plupart des pays développés dans les années 1990 est l'accroissement des inégalités au sein des économies, c'est-à-dire un changement dans la manière dont les richesses se répartissent entre agents économiques.

Il est donc indispensable de vérifier que l'intégration des programmes d'activités centrés sur le client crée effectivement de la valeur et que la redistribution de cette valeur ajoutée ne se fait pas uniquement au détriment des agents économiques qui fournissent des prestations banalisées. De telles prestations sont le plus souvent en situation de surcapacité chronique car elles ne bénéficient pas de la rente apportée par les nouvelles technologies. Il en est notamment ainsi de la prestation apportée par des transporteurs dont les rémunérations décroissent plus vite que les gains de productivité qu'ils réalisent.

À PROPOS D'INTERNET

La bourse de fret de Lamy, très largement dominante et fonctionnant sur Minitel sera inévitablement prolongée par une solution Internet qui utilisera toutes les potentialités des logiciels de « workflow ».

Les intégrateurs (UPS, DHL, FedEx) ont été les premiers à mettre en place des systèmes de traçage de flux et des interfaces avec les chargeurs pour le suivi des expéditions et l'envoi des ordres de transports. Ce sont donc logiquement ces opérateurs qui, les premiers, ont proposé au niveau mondial, ce type de prestation sur Internet (à quoi s'ajoutent une série d'informations sur l'offre de l'entreprise ou utiles comme les procédures de dédouanement, etc.). En France, les principaux réseaux de messagerie et d'express sont en train de mettre en place ces services, parfois déjà opérationnels au niveau de l'hexagone.

Dans ce cas, il s'agit d'une simple reproduction sur Internet de services existant déjà. Toutefois, dans la perspective du développement du commerce électronique, les intégrateurs ont commencé à mettre en place une offre spécifique. Ainsi début 1997 FedEx a proposé un service permettant à une entreprise de créer un catalogue électronique. Le système est directement interfacé au système d'information transport de

FedEx : la commande du client devient un ordre d'expédition. C'est ce que FedEx appelle sa stratégie « entreprise étendue ». UPS a passé des accords avec des grandes sociétés de commerce électronique et vient de créer un site Web d'information sur le commerce électronique. En France, La Poste, qui a une forte clientèle dans la VPCD, se dit intéressée par le développement du commerce électronique mais n'a pas encore développé une démarche du type de celle d'UPS et, encore moins, de celle de FedEx.

L'un des intérêts majeurs d'Internet est d'être un outil facilement accessible aux PME. Dans le passé, les grands réseaux de messagerie ont souvent aidé leurs correspondants locaux à s'équiper de stations EDI. Le web-EDI, que vient de mettre en place la CAT (en réponse à un appel d'offre de la Commission européenne) s'inscrit dans une démarche de ce type. Via ce site, un petit transporteur équipé d'un PC peut transmettre des messages EDI à n'importe quel correspondant, en étant tarifé uniquement sur la base du nombre de messages EDI. Il est important d'articuler une aide à la mise en œuvre des nouvelles technologies à une politique de développement de réseaux entre PME, incluant ou non des grands groupes.

LES NOUVEAUX OUTILS D'INTERMÉDIATION SUR INTERNET

Avec Internet, les transactions, voire les interrogations laissent des traces directement exploitables par le fournisseur qui peut ainsi mieux cibler sa clientèle. De nouveaux outils logiciels vont pouvoir exploiter ce potentiel. Ainsi un client n'aura plus à chercher parmi une offre pléthorique et de qualité non contrôlée mais sera sollicité par des propositions crédibles et à sa mesure émanant de fournisseurs « référencés ».

Le « portail » est le plus ancien des outils permettant de faire d'Internet le support du commerce électronique. Grâce au hyper liens, l'offre se présente sur les portails comme unique, alors qu'elle regroupe plusieurs entités commerciales différentes « référencées » par le portail dont l'enseigne apporte une assurance qualité. Un portail n'est pas autre chose qu'un grand magasin virtuel ou un hyper mais dont la surface n'a plus de limite. Il peut être généraliste ou spécialisé, notamment sur le fret et la logistique.

La « Push technology » renverse les rôles en faisant émettre par le serveur des offres directement vers les clients concernés, grâce aux profils préalablement enregistrés et constamment mis à jour par les transactions réellement effectuées.

Quant au catalogue électronique, on ne le consulte pas comme un document papier puisque l'on dispose de multiples liens hypertextes. Des sociétés informatiques performantes ont mis au point en peu d'années des logiciels pour gérer efficacement ces catalogues dont la meilleure illustration est donnée par les sites de la grande distribution. On peut même personnaliser la présentation du catalogue en reconnaissant le client.

On est aller plus loin dans cette direction avec la technologie des agents qui sont des outils logiciels autonomes dans le réseau dont la fonction est d'explorer les ressources du Net de manière permanente pour le compte de ses clients. C'est souvent un intermédiaire qui va paramétrer l'agent selon les besoins de ses clients pour leur offrir un service complet, et avec des garanties. Ainsi le site « freightquote » va interroger le réseau pour faire connaître les meilleures cotations pour une demande explicite de transport de marchandises.

Si maintenant on regarde ce qui se met en place et sera disponible très prochainement, il faut faire état des nouvelles possibilités des logiciels de Workflow existant déjà pour faciliter les liens professionnels entre entreprises partenaires lorsque ces logiciels utilisent le Net. On aborde alors les outils d'aide à la décision pour la gestion de la chaîne logistique connus sous le nom de Supply Chain Management. Sans grand risque d'erreur, on peut pronostiquer que les travaux qui en sont encore au niveau de la recherche connaîtront le même succès que les précédents outils.

Et pour conclure une liste qui ne s'arrêtera jamais, il faut, bien entendu, faire état du langage XML appelé à compléter, voire à remplacer l'actuel HTML comme support des informations à traiter sur le réseau. Le langage HTML grâce à l'hyper texte, avait permis de rendre attractif les sites visités mais au détriment d'une logique informatique entièrement satisfaisante. D'innombrables codes servent, en effet, à la présentation artistique du site. Avec XML, on s'appuiera sur la sémantique des informations et non plus sur leur seul aspect sur l'écran. Les ambiguïtés actuelles, inévitables avec HTML seront ainsi levées et les concepteurs de sites commerciaux pourront alors se focaliser sur l'ergonomie cognitive plus adaptée aux transactions commerciales.

La connectivité actuelle et future des acteurs de l'économie, induite par la mise en œuvre de ces outils en évolution rapide, ouvre de nouvelles voies dans l'intermédiation au cœur de la logistique. Un nouveau type d'intermédiaire illustre bien les perspectives d'évolution dans ce domaine.

LES RECOMMANDATIONS

Les entreprises de transport ont une clientèle très diversifiée allant de la « veuve de Carpentras » aux grands comptes disposant d'un service logistique étoffé. Le grand chargeur aura tendance à saucissonner ses achats par métiers, en espérant avoir de meilleurs prix et, dans ce cas, il pratiquera lui-même l'intégration horizontale pour s'approprier l'essentiel du surplus ou création de valeur rendu possible par cette intégration. A contrario, la PME cherchera les relations de confiance reposant sur une garantie de qualité et attendra du prestataire logistique d'assurer le service intégré avec garantie de résultat et non des seuls moyens.

Aux États-Unis, le commerce électronique a une nette avance sur ce que l'on observe en Europe et notamment en France. L'existence de TPLs (Third Party Logistics Providers) qui sont des « non asset » sociétés sans immobilisations matérielles (« non asset ») aboutit parfois à une division du travail qui revient à confier à des entreprises purement « immatérielles » (ne possédant ni entrepôts ni véhicules) la fonction d'organisation grâce au traitement de l'information. Le risque est alors d'aboutir à une répartition inéquitable du surplus entre les entreprises de prestations physiques et celles de prestations informatiques, seules bénéficiaires des nouvelles technologies de l'information et des communications.

Les recommandations se déduisent de ce constat :

1. Mieux équilibrer entre les chargeurs et les prestataires les fonctions d'intégration horizontale, ce qui suppose des investissements lourds dans les logiciels ERP, SCM et CRM.

2. Obtenir des éditeurs de logiciels des produits mieux adaptés aux PME et complétant les logiciels spécialisés par métiers, de logiciels d'intégration couvrant la chaîne clients fournisseurs (SCM) et permettant d'aboutir à « l'entreprise étendue ».
3. Veiller à ce que les SSII, Sociétés de Services en Ingénierie Informatique, en situation de surchauffe inflationniste, ne profitent pas du déséquilibre du marché pour monter des usines à gaz trop coûteuses et difficiles à mettre en place.
4. Faciliter l'émergence d'équipes légères de consultants en logistique, spécialisés dans la stratégie informatique et capables d'orienter les entreprises dans leur choix de logiciels et d'architecture informatique.
5. Convaincre les entreprises de transport et de logistique que « l'infogistique », c'est-à-dire le croisement de l'univers Internet et de l'univers transport-logistique, impose une remise à plat complète des systèmes d'information que déjà l'Euro et le bogue de l'an 2000 rendaient nécessaires.
6. Calmer la polémique entre les partisans du « best of breed » (le meilleur dans chaque métier), favorables aux logiciels par métiers et les intégrateurs qui se croient seuls capables de réussir la synergie centrée sur le client mais la font payer si cher qu'ils risquent de créer des situations de dépendance très mal perçues par une profession de terrain qui privilégie le savoir faire sur l'abstraction des « princes de l'intelligence ». Ce qui fait la beauté d'un métier, c'est le sentiment d'avoir une influence sur les choses. Une situation de dépendance entre l'industriel et le distributeur, sous la coupe d'un progiciel dit d'intégration qui ne laisse plus de marge de manœuvre, et avec une rémunération toujours en baisse est proprement insupportable.

■

conducteur, véhicule et infrastructure

Mercredi 26 janvier

14 h 30 à 17 h 30

Président de séance : M. Dario d'ANNUNZIO
Directeur général, COFIROUTE

ADASE

Systèmes électroniques d'assistance au conducteur

André Rault
Secrétaire général EUCAR
Berthold Ulmer
chef de projet ADASE

1. INTRODUCTION

Qu'attend-t'on des systèmes d'assistance au conducteur ?

1. Une sécurité améliorée

La responsabilité des accidents est imputable principalement à deux tranches d'âge :

Les jeunes conducteurs ont un fort pourcentage de resopnsabilité dû à leur manque d'expérience et à une conduite un peu trop osée. La tranche d'âge moyenne révèle peu d'accidents grâce à l'expérience entraînant une conduite réactive. Il n'en est pas de même des conducteurs âgés qui perdent des capacités de perception et de réaction. C'est vraiment à cette dernière tranche que s'adresse les systèmes d'assistance du programme ADASE.

2. Une efficacité accrue de l'infrastructure.

En maintenant les véhicules dans leurs voies et à une distance de sécurité, la densité du flot de véhicules peut être accrue.

3. Des technologies d'interface conducteur améliorées

La convergence des systèmes d'information télématiques et des systèmes d'assistance permet une reconception totale des interfaces conducteur.

Quel est l'état de l'art de ces nouveaux systèmes ?

L'origine de ces systèmes remonte au programme européen PROMETHEUS lancé en 1986, terminé en 1994 par les constructeurs automobiles, leurs équipementiers électroniques et les instituts de Recherche. Ce programme, sous les auspices de EUREKA a permis le développement de technologies ainsi que la spécification de fonctions qui furent présentées en fin de programme avec 90 prototypes roulant.

Aux USA, les programmes IVHS, PATH, et IVI ont conduit à la promotion de l'autoroute automatique. Au Japon, les programmes ont d'abord privilégié l'information de trafic avant de s'orienter vers la conduite automatique.

Le programme ADASE se concentre sur le problème européen, analyse les besoins spécifiques et coordonne les activités sur le plan stratégique.

2. ADASE VISION ET OBJECTIFS

Les projets menés jusqu'ici ont donné lieu à des démonstrations et applications spécifiques. Pour progresser plus avant dans la mise en œuvre de fonctions d'assistance au conducteur, il est nécessaire que les parties prenantes s'impliquent plus permettant ainsi de profiter des effets de synergie de l'ensemble des fonctions.

Il est donc nécessaire de mettre en place une plateforme de discussion et d'harmonisation des concepts d'assistance au conducteur, d'effectuer une étude de faisabilité d'un concept ADASE reposant sur des briques technologiques existantes. Les difficultés sont désormais moins d'ordre technologique que relationnel.

Les objectifs principaux d'ADASE se déclinent comme suit. :

a. État de l'art global — Quelles sont les spécificités européennes ?
b. Que souhaitent les utilisateurs ? Quel niveau d'innovation peut leur être introduit ?
c. Quelle est la progression logique d'introduction des fonctions ? Quelles sont les activités sous-jacentes qui doivent être amorcées ?
d. La promotion des fonctions ADASE doit être maîtrisée et coordonnée.
e. Quelle technologie doit-on promouvoir en support au niveau R & D ?
f. ADASE s'est donné la tâche de répondre à ces objectifs à travers des projets du 5e PCRD.

3. DÉVELOPPEMENT FUTUR DE ADASE

La figure associée décrit l'évolution logique des systèmes d'assistance depuis le contrôle d'Allure Intelligent (ACC Adaptive Cruise Control) jusqu'à la conduite automatisée. Sous-jacent à ce développement global se trouvent des fonctions d'assistance qui apparaîtront progressivement telles que les interfaces avec le conducteur, les volets légaux, et socio-politiques ne doivent pas être sous-estimés ; quant à l'infrastructure et l'information routière ainsi que les services associés, ils doivent être partie intégrante du programme.

ADASE recouvre plusieurs groupes d'activités au sein de EUCAR :

- le groupe du système « Contrôle Avancé et information au véhicule » dans lequel se trouve le programme ADASE ;
- le groupe système « Interfaces Conducteur » ;
- le groupe système « Synthèse Véhicule »...
- le groupe Technologies facilitatrices électronique et commande.

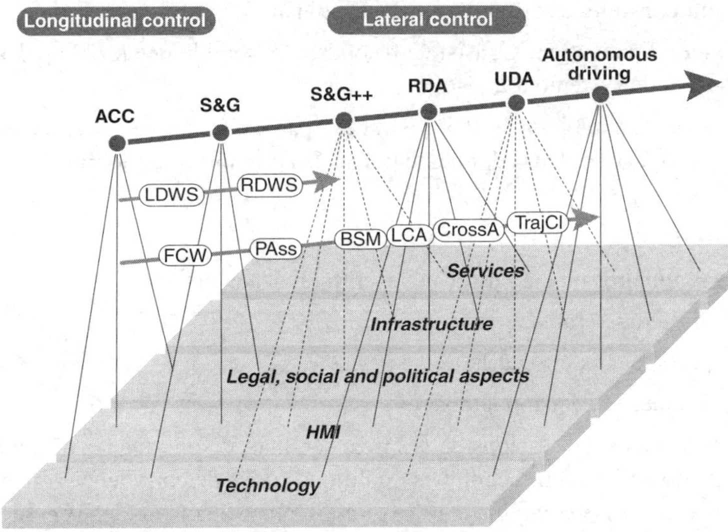

ADASE

Advanced driver assistance systems in Europe

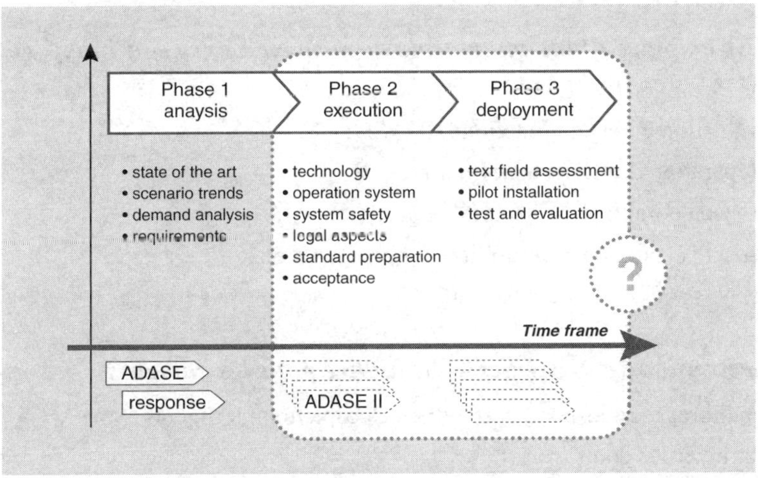

4. ÉVOLUTION DU PROGRAMME ADASE

Le programme ADASE est organisé en trois grandes phases :

- La première : l'analyse. Elle doit aboutir à la spécification des besoins et fonctions après avoir consulté les différentes parties prenantes.
- La seconde : l'exécution. Consiste à résoudre l'ensemble des problèmes vis-à-vis d'un concept de système d'assistance.
- La troisième : le déploiement. Il doit évaluer à partir de tests réels les fonctions d'assistance et superviser leur déploiement dans les produits automobiles.

Phase d'analyse

Trois séminaires on été faits avec les différents acteurs :

- les utilisateurs ou nos clients !
- les aspects légaux et sécuritaires ;
- les politiques et décisionnaires.

Les principales conclusions de ces trois séminaires sont que les difficultés sont plus dans les domaines non-techniques : politiques prise de consciences, niveau d'intervention sociétaux acceptabilité et prise de conscience du client légaux compatibilité avec les textes existant — homologation

5. LES TÂCHES FUTURES D'ADASE

Les tâches immédiates du programme ADASE sont au nombre de 6 :

5.1. Mise en place d'une plateforme de mise en œuvre et d'interfaces pour ADASE comprenant :

- évaluation et test de fonctions ADASE ;
- préparation des aspects normatifs ;
- prise en compte de la sécurité et la sûreté ;
- aspects légaux (responsabilité) et homologation ;
- aspects sociaux et économiques.

5.2. Électronique et Systèmes — Initiative pour les capteurs

- améliorer la robustesse et fiabilité des capteurs intelligents ;
- diminuer les coûts.

5.3. Nouveaux concepts de transport

- développement de nouveaux concepts de transport prenant en compte l'infrastructure télématique et les systèmes autonomes intégrés ;

– synchronisation des besoins dans le domaine des transports avec la recherche fondamentale.

5.4. Systèmes de Communication coopératifs

Besoin de plus de support de la part de l'infrastructure.

5.5. Systèmes de communication coopératifs

– conduite à faible vitesse ;
– tenue de voie.

5.6. Cartographie

– Utiliser les informations cartographiques dans les systèmes d'assistance — nécessité d'informations plus précises mieux référencées.

6. CONCLUSIONS

Fin 1999, alors que les démonstrations du programme Prometheus obtenaient un succès non-négligeable, les participants du projet voyaient la mise en œuvre des diverses fonctions dans un futur immédiat. Qu'en est-il ?

La navigation est sans doute le seul produit qui ait véritablement fait son introduction et ne subira pas de revers.

L'information de trafic qui est sans aucun doute une des fonctions les plus demandées ne parvient pas à se créer la voie alors que les problèmes techniques sont résolus. La principale difficulté réside ici dans l'interfaçage entre plusieurs métiers et la difficile prise de risque de l'un d'entre eux pour être leader.

Parmi les fonctions d'assistance, l'ACC pointe avec l'apparition chez Mercedes du Distronic, mais là également, malgré les fortes améliorations sécuritaires, les risques de responsabilité légale n'ayant pas été préalablement tirés au clair, les introductions sont très timides.

Il apparaît donc que la faisabilité technologique n'est qu'une condition nécessaire à l'introduction de fonctions d'assistance et qu'il faut également satisfaire un certain nombre de contraintes socio-politiques souvent sous-estimées par les chercheurs.

C'est là l'objectif que s'est fixé le programme ADASE, la prise en compte de tous les acteurs pour effectivement atteindre le déploiement progressif des fonctions d'assistance au conducteur.

■

ÉVALUATION DES SYSTÈMES D'AIDE À LA CONDUITE SUR AUTOROUTE

Laurent Neyer, Claude Laurgeau
École des mines de Paris
Jacques Boussuge
ASFA

La sécurité des automobilistes est une des préoccupations majeures des sociétés françaises d'autoroutes concédées. Outre un service aux utilisateurs, il s'agit surtout d'empêcher de terribles drames humains aux conséquences tragiques pour les proches et pour la société. Malheureusement, 8000 morts par an sur les routes de France (300 sur les autoroutes), c'est encore trop !

D'énormes efforts ont été fournis par les constructeurs automobile, par les responsables des infrastructures et par les autorités afin de rendre la conduite des véhicules la plus sûre possible sur les routes de France. Ces efforts ont porté leurs fruits, mais doivent toujours être poursuivis.

De nouvelles technologies dans le domaine de la communication, du traitement des données et des actionneurs laissent entrevoir aujourd'hui de nouveaux systèmes sophistiqués qui permettront d'augmenter la sécurité sur les routes, d'optimiser les flux de trafic et de préserver la qualité de l'environnement : des systèmes d'aide à la conduite embarqués.

Le principal but de cette étude est de proposer une évaluation de l'apport quantitatif de ces nouvelles technologies à l'amélioration de la sécurité sur les autoroutes.

Evaluer quantitativement des gains en matière de sécurité routière reste un exercice périlleux quand on constate la multitude de paramètres entrant en jeu : humains, technologiques, structurels, législatifs, météorologiques… Cette étude n'a pas la prétention de donner la solution au problème, mais s'attache à décrire une méthode d'évaluation de l'impact de nouvelles technologies sécuritaires sur le nombre d'accidents ainsi évités, basée sur une approche statistique et analytique des accidents.

Dans un premier temps, nous présentons les facteurs accidentogènes retenus comme principaux responsables des accidents a partir des analyses des bases de données d'accidentologie sur autoroutes.

Dans un deuxième temps, nous listons les dispositifs techniques sécuritaires dont l'utilisation permettrai d'annuler les facteurs accidentogènes.

Nous proposons ensuite les modèles statistiques de prédiction de l'impact des systèmes sécuritaires sur les accidents et enfin nous appliquons la méthode à des exemples concrets de systèmes d'aide à la conduite embarqués.

Nous terminons par une discussion ouverte sur les modèles d'évaluation sécuritaire et leurs applications.

1. LES FACTEURS ACCIDENTOGÈNES

Les facteurs accidentogènes sont des facteurs, extérieurs ou propres au conducteur, à l'origine des accidents de la route. Afin de mieux les cerner, 18 types de facteurs accidentogènes ont été retenus par l'ASFA lors de ses relevés statistiques :

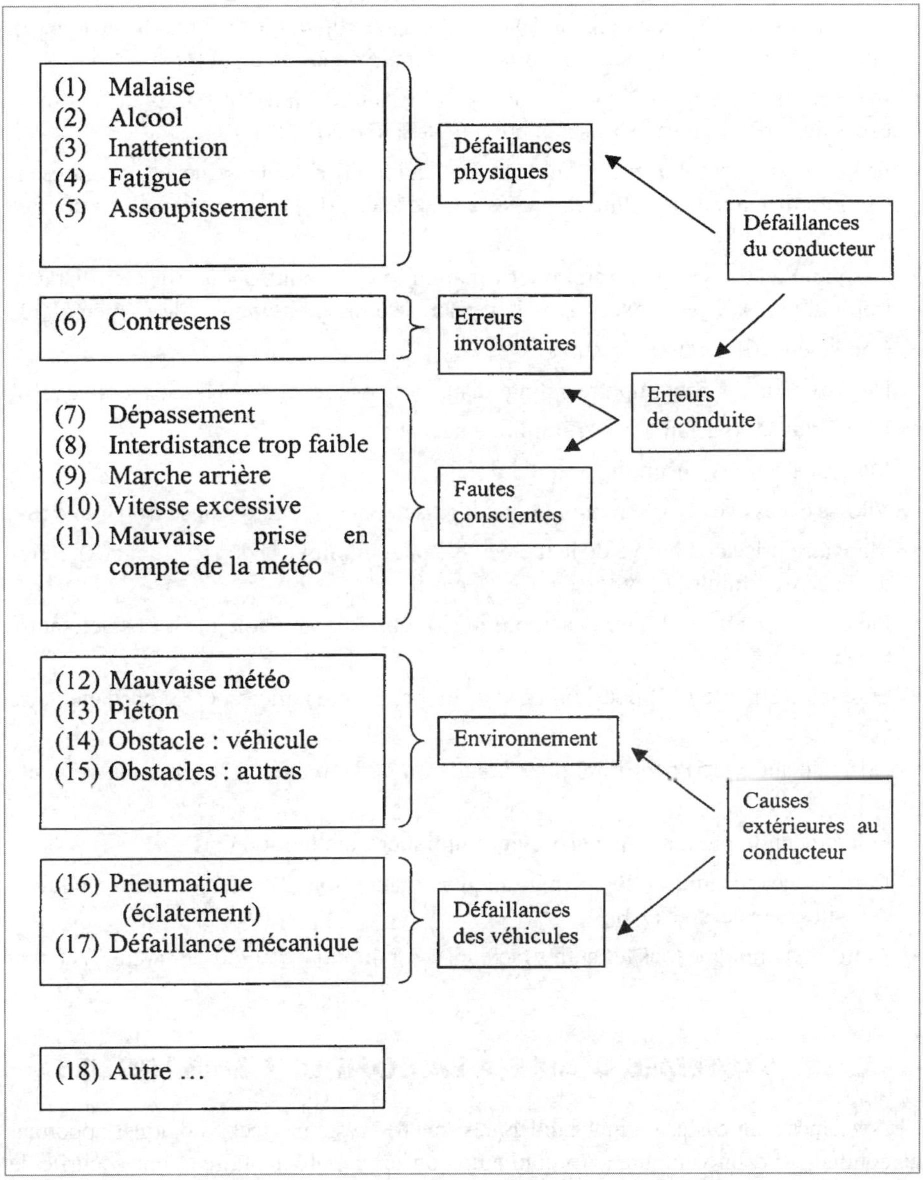

Les accidents de la route ne sont rarement imputables qu'à une seule cause mais très souvent à une concomitance de ces causes. D'où l'idée de combinaison de causes et peut-être de liens privilégiés entre différentes causes accidentogènes (par exemple entre vitesse excessive et interdistance trop faible).

Toutefois, afin de limiter le nombre de calculs de corrélations entre les différents facteurs accidentogènes, on ne considère que des corrélations logiquement possibles. Ainsi :

- Malaise (1) peut impliquer : inattention (3), assoupissement (5), contresens (6), interdistance trop faible (8), vitesse excessive (10) ;
- Alcool (2) peut impliquer : malaise (1), inattention (3), fatigue (4), assoupissement (5), contresens (6), dépassement (7), interdistance trop faible (8), marche arrière (9), vitesse excessive (10), mauvaise prise en compte de la météo (11) ;
- Inattention (3) peut impliquer : contresens (6), interdistance trop faible (8), vitesse excessive (10), mauvaise prise en compte de la météo (11) ;
- Fatigue (4) peut impliquer : malaise (1), inattention (3), assoupissement (5), contresens (6), interdistance trop faible (8), vitesse excessive (10), mauvaise prise en compte de la météo (11) ;
- Assoupissement (5) peut impliquer : inattention (3), contresens (6), interdistance trop faible (8), vitesse excessive (10), mauvaise prise en compte de la météo (11)
- Contresens (6) n'implique que lui ;
- Dépassement (7) peut impliquer : interdistance trop faible (8), vitesse excessive (10) ;
- Interdistance trop faible (8) n'implique que lui ;
- Marche arrière (9) n'implique que lui ;
- Vitesse excessive (10) peut impliquer : dépassement (7), interdistance trop faible (8) ;
- Mauvaise prise en compte de la météo (11) peut impliquer : dépassement (7), interdistance trop faible (8), vitesse excessive (10) ;
- Piéton (13) peut impliquer : inattention (3), obstacle véhicule (14), obstacle autre (15) ;
- Obstacle véhicule (14) peut impliquer : inattention (3), piéton (13), obstacle autre (15) ;
- Obstacle autre (15) peut impliquer : inattention (3), piéton (13), obstacle véhicule (14) ;
- Éclatement de pneumatique (16) peut impliquer : inattention (3) ;
- Défaillance mécanique (17) peut impliquer : inattention (3), interdistance trop faible (8), vitesse excessive (10) ;
- Autre (18) implique tous les autres facteurs et est impliqué par tous les autres facteurs.

2. LES SYSTÈMES D'AIDE À LA CONDUITE EMBARQUÉS

Les systèmes d'aide à la conduite embarqués sont des systèmes technologiques apportant au conducteur d'un véhicule automobile un confort supplémentaire et une sécurité de conduite accrue. Ils allègent le conducteur de certains efforts de conduite et lui communiquent de nombreuses informations additionnelles.

Une étude de l'INRETS (INRETS/1985, rapport n° 85) définit 14 aides technologiques pouvant efficacement augmenter la sécurité des véhicules. Cette étude considère que le comportement des utilisateurs ne changera pas de manière significative dans les années à venir.

Les premières aides sont des dispositifs d'information :

- la vision électronique : sert à amplifier les sens de la vision ;
- les rétroviseurs actifs : permettent de supprimer les angles morts ;
- la détection coopérative : détecte des usagers cachés possédant un copilote et un émetteur ;
- les trajectoires de collision : gestion coopérative de l'intersection, communication inter-véhiculaire copilote à copilote ;
- la détection d'incidents ;
- la détection de situations ;
- la détection de pannes : baisse de pression des pneumatiques, mauvais état des freins, du moteur…

On peut y ajouter des dispositifs coopérant avec l'infrastructure comme :

- la réception d'informations trafic : incidents et état de la circulation ;
- la détection des caractéristiques du flux de véhicules : vitesse, débit, taux d'occupation…

Les deuxièmes aides sont des dispositifs d'assistance :

- surveillance de l'état du conducteur : alarme en cas de baisses de vigilance, de fatigue, d'alcoolémie…
- le radar anticollision ;
- l'aide au dépassement ;
- les régulateurs de vitesse ;
- les régulateurs d'intervalles ;
- le contrôle de trajectoire ;

l'aide à la navigation ;

- le guidage ;

En matière de sécurité, de nombreuses innovations voient constamment le jour afin de diminuer le impact néfaste des accidents de la route sur le nombre d'accidentés. Malheureusement, il n'existe que très peu de méthodes prédictives permettant d'évaluer l'efficacité de ces innovations en terme de nombre d'accidents ainsi évités. En règle général, on estime qualitativement des résultats probables puis on développe des tests en grandeur nature afin de prouver par de nombreux relevés la véracité des propositions.

Notre but est de présenter de nouvelles méthodes quantitatives de prédiction de l'impact de nouvelles innovations sécuritaires sur une possible diminution du nombre d'accidents enregistrés. Ces nouvelles méthodes, utilisant des techniques statistiques, probabilistes et algorithmiques, se basent sur des relevés d'accidents des années précédentes incluant une description de facteurs accidentogènes et calculent le gain en diminution d'accidents attendue de l'application d'une nouvelle procédure de sécurité.

3. LES MODÈLES DE PRÉDICTION ET LES DONNÉES UTILISÉES

En ce qui concerne les données il s'agit dans un premier temps des relevés d'accidents mortels de l'ASFA pour les années 1995 à 1998. Ces données comprennent une description de tous les accidents survenus pendant une année donnée sur les autoroutes concédées de France.

À chaque accident sont rapportés de un à quatre facteurs dits « accidentogènes » susceptibles d'être à l'origine de l'accident.

Il est évident que les méthodes mises au point sont susceptibles de s'appliquer à toute autre base de données d'accidents.

Les méthodes de prédiction de l'efficacité d'une procédure sécuritaire travaillent justement sur les facteurs accidentogènes rapportés à chaque accident. Elles partent toutes d'une estimation de la diminution de l'effectivité d'un facteur accidentogène par le biais d'une procédure sécuritaire et évalue le gain obtenu en nombre d'accidents évités.

Lorsqu'un facteur accidentogène est rendu inefficace par une action sécuritaire appropriée, plusieurs philosophies peuvent être appliquées :

- soit on considère, dans un modèle à maximum d'impact, que la disparition de ce seul facteur accidentogène suffit à empêcher le dit accident ;
- soit on considère, dans un modèle à minimum d'impact, que la disparition de tous les facteurs accidentogènes est nécessaire afin d'éviter le dit accident.

Ces deux méthodes vont permettre, dans la limite de confiance des techniques statistiques en général, d'évaluer une estimation minimale et maximale de l'impact d'une nouvelle procédure sécuritaire en nombre d'accidents et en nombre de tués évités.

Dans un deuxième temps seront présentés les différents modèles d'estimation quantitative de l'impact d'une procédure sécuritaire :

- un modèle à impact minimal où les facteurs accidentogènes sont indépendants les uns des autres ;
- un modèle à impact minimal où les facteurs accidentogènes sont corrélés deux à deux ;
- un modèle à impact maximal où les facteurs accidentogènes sont indépendants les uns des autres ;
- un modèle à impact maximal où les facteurs accidentogènes sont corrélés deux à deux ;

Chaque modèle est basé sur les hypothèses suivantes :

- la réflexion est purement statistique et non simulatoire : on ne simule pas les effets d'une action sécuritaire sur chaque type d'accident ;
- on considère que la progression du nombre d'accidents mortels d'une année à l'autre est relativement stable : cela permet de se baser sur les années précédentes

pour une bonne estimation des résultats à escompter de l'année à venir. (On peut par la suite tenir compte de progressions moyennes entre années.);

- les seuls facteurs accidentogènes sont ceux énumérés plus haut;
- les accidents mortels sont considérés comme indépendants d'autres types d'accidents (corporels, matériels) : on met de côté le concept de seuil de gravité entre un accident mortel et un accident corporel non mortel (approximation toutefois grossière).

4. SIMULATION DE L'IMPACT DE NOUVELLES MÉTHODES SÉCURITAIRES

Nous essayons d'appréhender l'impact en matière de sécurité de l'application de nouvelles méthodes sécuritaires basées sur des systèmes d'aide à la conduite embarqués.

Les méthodes étudiées sont entre autre un régulateur de vitesse adaptatif, un système anticollision, un dispositif de suivi des voies, un indicateur de sous-gonflage des pneus, un détecteur d'hypovigilance, un éthylotest électronique, une information trafic RDS/TMC, une communication bidirectionnelle véhicule/infrastructure et une ceinture de sécurité « intelligente ».

Pour chaque méthode étudiée, il s'agit d'appréhender les points forts et les points faibles, d'estimer quelles seront les réactions des conducteurs face à cette nouveauté et d'évaluer l'impact final sur leur conduite et sur leur sécurité.

Les coefficients d'atténuation sont proposés de manière très intuitive suivant l'analyse des points forts et faibles de la nouvelles méthodes sécuritaires. Pour se donner un ordre d'idée, voici, pour un facteur accidentogène donné, la relation entre l'efficacité de la méthode sur ce facteur accidentogène et le facteur d'atténuation correspondant :

optimal	p = 1	très moyen	p = 0,4
quasi optimale	p = 0,9	assez faible	p = 0,3
très bon	p = 0,8	faible	p = 0,2
bon	p = 0,7	très faible	p = 0,1
moins performant	p = 0,6	nul	p = 0
moyen	p = 0,5		

Ces résultats, évalués par le programme précédant sous EXCEL, sont présentés sous forme graphique où entre en jeu une nouvelle variable décrivant le taux de couverture (la proportion de véhicules équipés du nouveau système).

Ce taux de couverture module les coefficients d'atténuation : ainsi, une nouvelle méthode appliquée à 60 % du parc automobile aura un effet 0,6 fois plus grand sur un facteur accidentogène donné que la même méthode appliquée à 100 % du parc automobile. Cela revient à multiplier le coefficient d'atténuation par le taux de couverture.

Tous les résultats sont publiés dans le mémoire de fin d'études de l'École des Mines de Paris (Option Robotique), rédigé par Laurent Neyer et intitulé « Évaluation quantitative des gains de sécurité à attendre pour les années à venir, des systèmes d'aide à la conduite embarqués, en liaison avec les équipements mis en place sur les autoroutes ».

5. GAINS OBTENUS PAR LE DÉPLOIEMENT DE L'ENSEMBLE DES DISPOSITIFS SÉCURITAIRES ÉTUDIÉS

Nous avons évalué l'efficacité de l'utilisation simultanée de ces méthodes sécuritaires dans leur configurations optimales :

- suivi automatique des voies avec le système anticollision optimal ;
- système AIDA avec rappel à moins de 2000 ;
- indicateur de sous-gonflage des pneus ;
- détecteur d'hypovigilance ;
- éthylotest électronique.

Les différentes méthodes sécuritaires ne semblent pas incompatibles entre elles et ne semblent pas inférer les unes sur les autres. Nous pouvons considérer qu'une telle utilisation simultanées de toutes les méthodes sécuritaires possède à priori toutes les qualités de chaque méthode et revient à prendre les points les plus forts de chaque méthode.

Les facteurs d'atténuation considérés dans cette exemple ne sont rien d'autres que les maxima de ces facteurs pris dans toutes les méthodes précédentes.

Nous avons alors :

p (1) = 0,5 : malaise
p (2) = 1 : alcool
p (3) = 0,9 : inattention
p (4) = 0,8 : fatigue
p (5) = 1 : assoupissement
p (7) = 0,9 : dépassement
p (8) = 0,9 : interdistance trop faible
p (10) = 1 : vitesse excessive
p (11) = 1 : mauvaise prise en compte de la météo
p (13) = 1 : piéton
p (14) = 1 : obstacle : véhicule
p (15) = 1 : obstacle : autre
p (16) = 0,9 : pneumatique

Gains en nombre de tués pour p(1)=0,5 ; p(2)=1 ; p(3)=0,9 ; p(4)=0,8 ; p(5)=1 p(7)=0,9 ; p(8)=0,9 ; p(10)=1 ; p(11)=1 p(13)=1 ; p(14)=1 ; p(15)=1 et p(16)=0,9

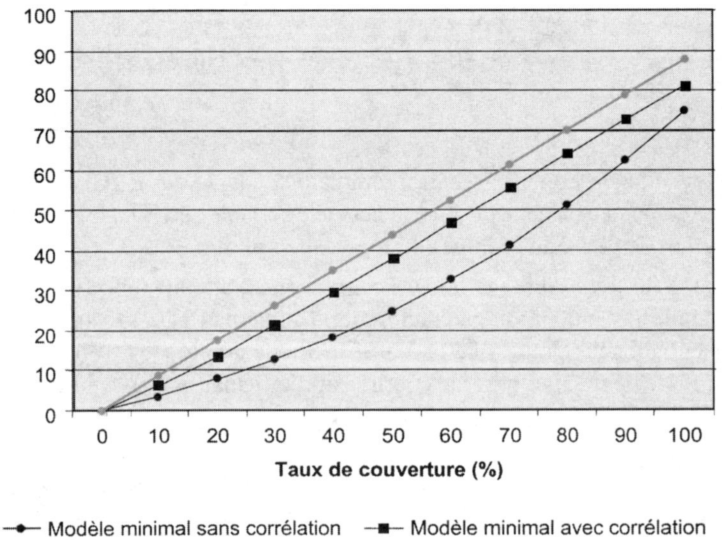

L'utilisation simultanée de toutes les méthodes sécuritaires permet d'escompter, pour 100 % du parc automobile équipé, une diminution du nombre de tués sur autoroute comprise entre 74,9 % et 87,9 %.

Si l'on pouvait obtenir ces technologies en 2020, sans avoir par ailleurs trop d'effet négatifs dus à des prises d'habitude et de déresponsabilisation par certains conducteurs, on pourrait attendre les 70 % de diminution escomptés par l'ASFA par 2020 dans la continuité de la tendance générale actuelle

6. DISCUSSION ET CONCLUSIONS

Cette étude a permis le développement de 3 nouveaux modèles d'évaluation quantitative de l'impact d'une nouvelle méthode sécuritaire sur une possible diminution du nombre d'accidents mortels enregistrés :

- Modèle à impact minimal sans corrélation : l'accident est considéré comme évité, après l'application de la nouvelle méthode sécuritaire, si tous les facteurs accidentogènes sont considérés comme inactifs, et les facteurs accidentogènes sont indépendants.
- Modèle à impact minimal avec corrélation deux à deux : l'accident est considéré comme évité, après l'application de la nouvelle méthode sécuritaire, si tous les facteurs accidentogènes sont considérés comme inactifs, et les facteurs accidentogènes sont dépendants deux à deux.
- Modèle à impact maximal : il suffit qu'un seul facteur accidentogène soit inactif, en conséquence d'une nouvelle méthode sécuritaire, pour considérer l'accident comme évité.

Les facteurs accidentogènes sont rarement indépendants les uns des autres. C'est pourquoi, le modèle avec corrélation peut être considérés comme un des plus réalistes.

- Le modèle à impact minimal sans corrélation estime ce qui sera au minimum obtenu par l'application de la nouvelle méthode sécuritaire. C'est la version prudente.
- Le modèle à impact minimale avec corrélation estime ce qui sera logiquement au moins obtenu par l'application de la nouvelle méthode sécuritaire. Ce modèle considère les liens causaux entre facteurs accidentogènes. C'est la version la plus vraisemblable.
- Le modèle à impact maximal estime le maximum d'espoir que l'on peut avoir en l'application de la nouvelle méthode sécuritaire. C'est la version inconsidérément optimiste.

Choix des facteurs d'atténuation

Le choix des facteurs d'atténuation peut être encore longuement discuté. En réalité, les facteurs d'atténuation varient au fur et à mesure de l'application de la nouvelle méthode sécuritaire. En effet, les technologies utilisées progressant, l'efficacité de la méthode sécuritaire va évoluer dans le temps. De plus, l'application de la méthode va se faire petit à petit alors que les habitudes de conduite des automobilistes vont changer de leur côté.

Il peut même y avoir un phénomène d'anticipation des apports sécuritaires de la part des utilisateurs, ce qui conduirait à « grignoter » le gain sécuritaire obtenu en faveur d'une conduite moins attentive.

Gain en nombre de tués ou en nombre d'accidents

Le rapport nombre de tués sur nombre d'accidents mortels est généralement de 1,2.

Parler d'un gain en nombre de tués évités privilégie l'aspect humain et l'aspect médiatique de la méthode.

Parler d'un gain en nombre d'accidents évités privilégie l'aspect logistique et matériel de la méthode.

De plus, le rapport nombre de tués sur nombre de blessés est à peu près de 0,1.

Comme les méthodes sécuritaires citées dans ce travail agissent en terme de sécurité active (éviter un accident) et en terme de sécurité passive (diminuer les conséquences de l'accident) sur tous les types d'accidents, qu'ils soient mortels ou corporels, il devient alors possible de faire un lien entre les résultats obtenus dans cette étude en ce qui concerne les accidents mortels et de probables résultats concernant les accidents corporels.

Programmation de l'introduction des nouvelles méthodes sécuritaires

L'introduction d'une nouvelle méthode sécuritaire dépend principalement :

- de l'avancée de la technologie ;
- de l'acceptation de cette nouvelle technologie par le public (les sociétés d'autoroute, avec leur potentiel d'information et de sensibilisation, peuvent jouer un rôle clé dans l'introduction aux automobilistes d'une nouvelle technologie qu'elles jugeraient nécessaire de soutenir) ;
- de la rentabilité du produit ;
- d'un cadre juridique adéquate, notamment en matière de responsabilité lors d'un accident (l'automobiliste ou le dispositif).

Actuellement, la diffusion par RDS/TMC est déjà une réalité et des tests de fiabilité sont en cours. De même l'ACC de base (assignation manuelle de la vitesse de consigne sans capteur de freinage ni d'adhérence) vient de commencer à être commercialisé. Par ailleurs, il semble d'ors et déjà possible d'équiper des véhicules d'indicateurs de sous-gonflage des pneus et d'éthylotests électroniques. Enfin, AIDA est en cours d'expérimentation depuis l'année dernière.

Toutefois, en ce qui concerne le suivi automatique des voies et l'anticollision, les recherches vont de bon train mais risquent de durer encore 5 à 10 ans avant une commercialisation grand public.

Les constructeurs automobiles, les gérants d'infrastructures et les autorités ont bien compris l'enjeu phénoménal de ces nouvelles technologies d'aide à la conduite embarquées : les recherches et développements dans ce domaine fourmillent. Mais vu l'enjeu et la nouveauté du concept, ils ne peuvent se permettre la moindre faute et multiplient les phases d'homologation avant l'introduction de ces nouvelles technologies au grand public.

En conclusion, nous avons développé 3 modèles différents d'estimation quantitative de l'impact d'une nouvelle méthode sécuritaire sur une possible diminution du nombre d'accidents mortels enregistrés. En réalité, ces modèles estiment l'effet qu'aurait eu une nouvelle méthode sécuritaire sur les accidents des années précédentes. En considérant l'évolution d'une année à l'autre, on obtient alors une estimation pour l'année à venir.

Ces modèles se basent sur les relevés des accidents mortels sur autoroute des années 1995, 1996 et 1997. Chaque accident est décrit par au plus 4 facteurs accidentogènes sur 18.

Le traitement des données, est entièrement statistique et ne s'occupe donc pas de la particularité de chaque accident : il moyenne les effets d'une nouvelle méthode sécuritaire sur tous les accidents. Toutefois, vu la faible taille de l'échantillon de données, les résultats obtenus ne peuvent être qu'indicatifs.

Nous avons ensuite essayé chacun de ces modèles sur des méthodes sécuritaires d'aide à la conduite embarquée dans plusieurs configurations. Les résultats, exprimés en fonction de la part du parc automobile équipée, ont permis d'estimer l'impact des solutions sur un accroissement de la sécurité sur autoroute.

Toutefois, les résultats obtenus, quantitatifs certes mais indicatifs d'abord, doivent être considérés avec prudence. Ils servent en premier lieu à attester de préalables évaluations intuitives de nouvelles méthodes.

Le facteur le moins prédictif de cette étude reste le facteur humain et l'acceptabilité de l'homme à perdre en partie le contrôle de son véhicule en contrepartie d'une augmentation conséquente de sa sécurité sur la route. La voiture, outil d'évasion, espace de liberté. Oui, mais plus au risque de sa vie et de celle des autres.

Les nouveaux systèmes d'aide à la conduite embarqués ne doivent pas permettre une conduite plus inconsciente de l'automobiliste à sécurité constante, mais bel et bien endiguer une fois pour toute les terribles drames de l'insécurité routière.

Références bibliograhiques

Arnoult J.L. Information routière embarquée en Europe. Rapport ENPC/ASFA, mars 1995.

Brenac T. « L'analyse séquentielle de l'accident de la route : comment la mettre en pratique dans les diagnostics de sécurité routière ». *Outils et méthodes*, n° 3, 79 p, mars 1997.

INRETS. « Les aides à la conduite – Analyse des besoins en assistance des conducteurs ». *Rapport* n° 23, janvier 1987.

INRETS. « Évaluation de l'efficacité potentielle des aides à la conduite ». *Rapport* n° 85, janvier 1989.

INRETS. « Aides à la conduite et fonctionnement du conducteur en situation ». *Rapport* n° 149, janvier 1992.

La Route automatisée : Réflexions sur un mode de transport du futur. Ouvrage collectif INRETS, INRIA, ENPC, LCPC, ENSMP, édité à l'INRIA, mars 1998.

Megherbi B. « Classification d'accidents, reconnaissances de l'appartenance d'accidents à des scénarios types : application aux autoroutes interurbaines ». *Rapport INREST MA* 9810-1, Contrat INRETS/ASFA n° 57/95, octobre 1998.

Meillaud L. *Guide de la voiture intelligente*. Édité par PRO-COM S.A. 1998.

Wu Ling Ling. *Contribution à la route automatisée*. Doctorat Transport ENPC, Centre de Robotique ENSMP, mai 1999.

■

MODÉLISATION ET SIMULATION COGNITIVE DU CONDUCTEUR AUTOMOBILE

Thierry Bellet, Hélène Tattegrain-Veste
Institut national de recherche sur les transports et leur sécurité (INRETS)
LESCOT (Laboratoire ergonomie et sciences cognitives pour les transports)

1. INTRODUCTION

Depuis 1994, le Laboratoire d'ergonomie et de sciences cognitives pour les transports (LESCOT) de l'INRETS s'est engagé dans un programme de recherche dédié à la modélisation et la simulation cognitive du conducteur automobile. Cette recherche se situe à l'articulation des différentes disciplines dont se réclame le LESCOT : elle s'inscrit dans le champ des sciences cognitives puisqu'elle vise l'analyse, la modélisation et la simulation informatique des activités mentales de l'humain en situation de conduite automobile ; et elle relève également de l'Ergonomie dans la mesure où le produit de cette recherche fondamentale sert directement des objectifs plus appliqués centrés sur la conception de futures technologies d'assistance à la conduite (voir Bellet *et al.*, 1996 ; Tattegrain-Veste *et al.*, 1997).

L'objet de cet article sera, après une rapide présentation des différentes familles de « modèles du conducteur » disponibles dans la littérature, de présenter les objectifs poursuivis et les méthodes utilisées dans le cadre spécifique de la modélisation cognitive. Nous conclurons cet exposé par une présentation succincte du modèle de simulation cognitive COSMODRIVE (COgnitive Simulation MOdel of the DRIVEr) en cours de développement au LESCOT.

2. LA MODÉLISATION DU CONDUCTEUR : RAPIDE ÉTAT DE L'ART

Depuis la fin des années soixante, de nombreux programmes de recherche ont été consacrés à la modélisation du conducteur automobile. Toutefois, l'examen des travaux réalisés au cours des trois dernières décennies fait apparaître des approches de nature très différentes et, partant, des familles de modèles relativement contrastées.

Jusqu'au début des années soixante-dix, l'approche dominante des chercheurs a été l'analyse de la tâche. S'appuyant sur une tradition taylorienne de décomposition formelle des activités humaines, ces recherches ont tenté d'établir des taxinomies plus ou moins exhaustives de l'ensemble des tâches et sous-tâches requises par le pilotage d'un véhicule. Les travaux de Mc Knight et Adams (1970) sont assez représentatifs de cette tendance. Sur la base d'un recensement de plus de 1 700 « comportements de conduite », les auteurs ont proposé une classification de ces comportements en 45 tâches élémentaires (allant du « contrôle de la vitesse » à la « Navigation » en passant par « l'obtention du permis de conduire ») qu'ils regroupent en 9 macro-catégories (e.g. « contrôle de base », « tâches en relation avec le trafic », « tâches d'entretien du véhicule »). Dans le même esprit (et à partir d'une démarche similaire), King et al (1971) proposent, pour leur part, de regrouper les sous-tâches de conduite en fonction du type de performance réalisée. Les auteurs distinguent la macroperformance, qui traite de la réalisation globale du trajet (planification et suivi de l'itinéraire) et de l'entretien du véhicule, la performance situationnelle, qui correspond à l'analyse de la situation routière et à la sélection d'une action de déplacement adaptée au contexte du moment, et la microperformance, qui intègre l'ensemble des activités automatiques de conduite telles que le contrôle de la vitesse ou celui de la trajectoire. Cette décomposition en 3 niveaux sera largement reprise par la suite. Elle constitue, sans conteste, la contribution principale des travaux de cette décennie aux recherches plus contemporaines.

Du milieu des années soixante-dix à la fin des années quatre-vingt, les chercheurs ont tenté de dépasser la simple analyse descriptive et classificatoire des comportements de conduite. Toute une série de nouveaux modèles a vu le jour dans la perspective de mieux comprendre l'origine des accidents et d'améliorer la sécurité routière. La plupart d'entre eux se focalisent sur la notion de risque ou de prise de risque : modèle du risque zéro de Näätänen et Summala (1976), modèle de l'homéostasie du risque de Wilde (1982), ou modèle de l'évitement de menace de Fuller (1984). Ces modèles mettent l'accent sur la régulation — par le conducteur — de son activité, afin de maintenir un niveau de risque subjectif (estimé) en deçà d'un niveau cible donné (ou « risque toléré »). Ils insistent de ce fait beaucoup plus largement sur les motivations et les connaissances du conducteur que ne le faisaient les travaux de la décennie précédente. C'est notamment le cas du modèle hiérarchique du risque de Van der Molen et Bötticher (1988). Ce modèle décrit la conduite comme une activité hiérarchiquement structurée selon trois niveaux différents : 1) le niveau stratégique concerne la planification de l'itinéraire et la tâche de navigation ; 2) le niveau tactique concerne le choix des actions à mettre en œuvre dans un contexte situationnel spécifique (e.g. réaliser ou non un dépassement) ; 3) le niveau opérationnel est en charge de la mise en œuvre des actions sélectionnées au niveau tactique. Prennent également place à ce niveau les réactions d'urgence automatiquement déclenchées en cas de risque manifeste d'accident. Ces trois niveaux s'inspirent directement des analyses de King citées ci-dessus. Toutefois, Van der Molen et Bötticher ne se limitent pas à la seule catégorisation des comportements de conduite, mais ils tentent d'accéder aux activités cognitives qui sont à l'origine de ces comportements. Ainsi, a titre d'exemple, le modèle hiérarchique du risque propose une description assez détaillée des processus d'élaboration de jugement ou la prise de décision face à une situation de conduite (en termes, notamment, d'estimation du risque encouru). Ce modèle est sans nul doute le plus abouti des « modèles de risque ». Bien qu'incomplet (notamment pour ce qui touche aux concepts de connaissances et de représentations mentales), il marque néanmoins un tournant dans les travaux de modélisation du conducteur (première tentative réelle de produire un modèle de simulation numérique), et nombre de modèles plus récents s'y réfèrent encore directement.

Au début des années quatre-vingt-dix, une troisième génération de modèles a vu le jour. Réalisés dans une perspective d'implémentation informatique, ces modèles se répartissent en deux grandes catégories : les modèles de performance (e.g. Levison, 1993) et les modèles de simulation cognitive (e.g. Wierda et Aasman, 1992). L'objectif central des modèles de performance est de simuler le comportement du conducteur. D'une façon plus précise, les modèles de performance reposent sur la mise en évidence de relations (causales ou probabilistes, selon les cas) entre, d'une part, des paramètres ou des facteurs contextuels (propre à la situation routière) et, d'autre part, des comportements de conduite. Du point de vue informatique, ces modèles se limitent généralement à une boîte noire dont les entrées correspondent aux informations en provenance de l'environnement routier et les sorties aux performances de conduite. Les choix d'implémentation au niveau de la « boîte noire » sont essentiellement déterminés par des considérations techniques (le temps de calcul, par exemple) sans préjuger de la nature fondamentale des traitements mis en œuvre dans le système cognitif humain. Seule importe — dans le cadre de cette démarche — l'adéquation entre la prédiction du modèle (le comportement prédit) et les faits observables dans le monde réel (le comportement effectif).

Les modèles de simulation cognitive, en revanche, ne se limitent pas à la seule prédiction des comportements de conduite. Ils se proposent en effet d'analyser finement, puis de simuler sur machine, les activités mentales qui sont à l'origine de ces comportements. Sur le plan informatique, l'objectif poursuivi dans ces recherches est de parvenir à développer des systèmes cognitifs artificiels isomorphes, sur le plan fonctionnel, au système cognitif humain. Dans ces conditions, le choix des techniques d'intelligence Artificielle est largement déterminé par les données cognitives en vue de proposer des modèles ayant la meilleure « plausibilité » psychologique possible. Toutefois, cette plausibilité psychologique se limite généralement aux aspects fonctionnels en raison des différences fondamentales qui existent entre, d'une part, les machines qui supportent la simulation cognitive et, d'autre part, le cerveau humain qui supporte la cognition naturelle. C'est précisément dans cette mouvance que s'inscrivent les travaux de modélisation entrepris au LESCOT.

3. MODÉLISATION ET SIMULATION COGNITIVE DU CONDUCTEUR : QUELQUES CONSIDÉRATIONS D'ORDRE MÉTHODOLOGIQUE

Sur le plan méthodologique, le développement d'un modèle de simulation cognitive suppose de s'inscrire dans une démarche itérative impliquant différentes étapes : (1) le recueil de données empiriques, (2) l'analyse cognitive, (3) la modélisation computationnelle, (4) l'implémentation, (5) la validation du modèle. Cette démarche est itérative dans la mesure où le développement d'un modèle de simulation cognitive se réalise de façon incrémentale alternant des phases de recueil de données (qui alimentent le modèle) et des phases d'implémentation (susceptibles de générer de nouvelles questions d'ordre cognitif impliquant un retour sur le terrain expérimental).

1. *La phase de recueil de données* constitue le point de départ de toute recherche en sciences cognitives. Ce sont en effet les données empiriques qui vont servir de base à la construction plus théorique incarnée par les modèles. Selon les cas, ces données empiriques peuvent être issues d'expérimentations (sur piste ou sur simulateur) ou

d'observations de l'activité réelle de conducteurs en situations naturelles. C'est essentiellement sur ce dernier type de données que repose notre propre modèle (voir Bellet, 1998). Pour l'heure, les observations réalisées se sont limitées à une seule situation de conduite : le franchissement d'intersections urbaines. Deux séries d'observations ont été réalisées : une série d'observations sur site (hors véhicule), et une série d'observations embarquées (à bord d'un véhicule expérimental équipé de moyens d'acquisition vidéo). Les observations embarquées étaient suivies d'entretiens réalisés auprès des conducteurs testés. Il s'agissait pour nous, à partir des enregistrements vidéos effectués lors de la tâche de conduite (via la méthode ergonomique de l'auto-confrontation), d'inciter ces conducteurs à expliciter leurs actes, leurs décisions, leurs stratégies.

2. *L'analyse cognitive*, pour sa part, repose sur le traitement et l'interprétation des données empiriques en termes de processus cognitifs (e.g. raisonnements) mis en œuvre, de connaissances (savoir et savoir-faire) utilisées, et de représentations mentales élaborées. Cette phase fait largement appel aux travaux plus théoriques issus des sciences de la cognition en général, et de la psychologie cognitive en particulier. Dans le cadre de notre recherche, cette phase a permis de spécifier l'architecture cognitive du modèle (fortement inspirée de l'architecture du système cognitif humain), de décrire le contenu et l'organisation des connaissances de conduite en mémoire humaine, et d'identifier les principaux processus cognitifs mis en œuvre au niveau tactique de l'activité de conduite.
3. *La modélisation computationnelle* correspond à la « traduction » du produit de l'analyse cognitive dans des formalismes « intelligibles » pour l'informaticien et susceptibles de déboucher, à terme, sur un programme informatique. Dans le cadre de notre recherche, cette traduction s'est faite pour partie au moyen de la méthodologie d'analyse et de conception orientée objet OMT (Rumbaugh et al, 1991). Une autre tâche importante au niveau de cette phase de modélisation computationnelle a consisté à sélectionner, parmi les différents formalismes de représentation des connaissances disponibles en Intelligence Artificielle, celui qui serait le plus à même de représenter les connaissances de conduite. Le formalisme retenu s'inspire largement des frames de Minsky (Bellet et al, 1999).
4. *L'implémentation* correspond à l'écriture du programme informatique au sens strict, et à son implantation sur machine. Dans le cadre de notre recherche, cette phase est réalisée sous l'environnement GemStone et dans le langage Smalltalk. À noter que cette étape est partiellement automatisée puisque nous disposons aujourd'hui d'un générateur automatique de code (développé au LESCOT) capable de traduire directement les diagrammes OMT en Smalltalk. À ce jour, seule une partie du modèle a été implémentée (une partie des agents cognitifs et des bases de connaissances du module Tactique) ; l'objectif étant de disposer d'une première version opérationnelle de COSMODRIVE d'ici un an.
5. *La validation du modèle* vise à s'assurer que le comportement du modèle est conforme aux attendus de la modélisation cognitive. D'un point de vue pratique, cette validation s'effectue par comparaison entre, d'une part, les productions du modèle confronté à une situation de conduite donnée (e.g. les actions de conduite générées) et, d'autre part, les comportements de conducteurs réels confrontés à une situation identique. C'est de l'adéquation entre les produits du modèle et les faits observables

en conditions naturelles que dépendra le niveau de plausibilité de la modélisation. Dans le cadre de COSMODRIVE, cette phase n'a pas encore eu lieu puisque l'implémentation du modèle n'est pas encore achevée.

4. LE MODÈLE COSMODRIVE

Du point de vue de son architecture générale, COSMODRIVE est constitué de 7 modules susceptibles de fonctionner en parallèle (Figure 1) : chaque module est spécialisé dans la réalisation d'une partie des activités mentales du conducteur ; il possède, pour ce faire, des connaissances et des procédures de raisonnement spécifiques, et il coopère avec les autres modules dans la perspective de faire évoluer le modèle dans l'environnement routier du moment. Les « entrées » du modèle proviennent des informations prélevées dans la scène routière et traitées par le module Perception. Les « sorties » du modèle correspondent aux comportements du conducteur. Il pourra s'agir soit d'actions sensori-motrices en direction des organes de commande du véhicule (module Exécution), soit de comportements perceptifs (e.g. stratégies visuelles) mis en œuvre par le module Perception.

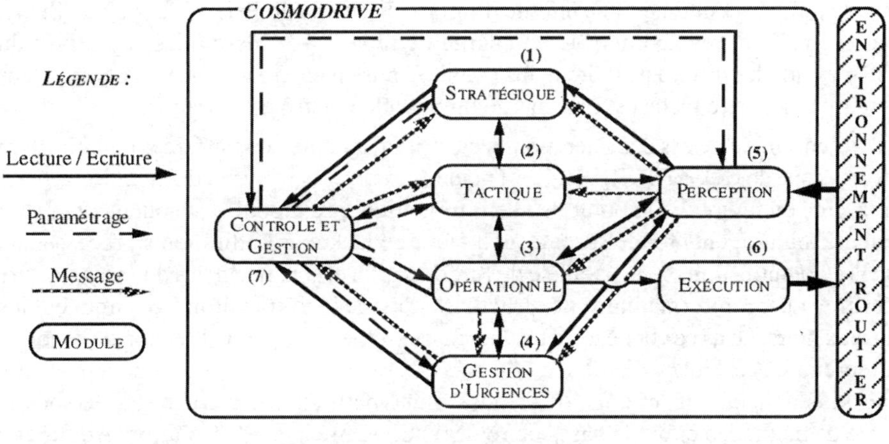

Figure 1. Architecture générale du modèle COSMODRIVE.

L'architecture générale de COSMODRIVE s'inscrit dans la continuité des travaux de Van der Molen et Bötticher (1988). Le modèle distingue en effet (1) un Module Stratégique, (2) un Module Tactique, (3) un Module Opérationnel et (4) un Module Gestion d'Urgences (ces deux derniers modules étant confondus dans le modèle hiérarchique du risque). Trois autres modules (implicites chez Van der Molen et Bötticher) viennent compléter cette ossature de base. Il s'agit des modules (5) Perception, (6) Exécution et (7) Contrôle et Gestion. Pour une description plus précise de ces modules, se référer à Bellet (1998).

En filigrane de cette décomposition modulaire, COSMODRIVE repose sur une architecture cognitive qui distingue deux types de structures de stockage et de traitement de l'information : (a) des structures de *Stockage Permanent*, implémentés sous la forme de Bases de Connaissances et qui contiennent une partie du savoir et du savoir-faire du conducteur, et (b) des structures de *Stockage Transitoire* (ou espaces de travail) dans lesquelles sont élaborées des représentations occurrentes. Ces « espaces de travail » ont été implémentés sous la forme de Tableaux Noirs. Cette distinction repose (voir Bellet, 1998) sur des données empiriques (e.g. résultats expérimentaux), cliniques (e.g. pathologies) et théoriques (e.g. modèles de la mémoire humaine) qui invitent à différencier deux types de structures mnésiques : la Mémoire à Long Terme (MLT), qui contient l'ensemble des souvenirs et des connaissances acquises par le sujet au cours de son existence, et la Mémoire De Travail (MDT) qui contient des représentations mentales, constructions circonstancielles faites dans un contexte particulier et à des fins spécifiques. D'une façon synthétique, ces représentations correspondent à une interprétation (un modèle mental) de la situation du moment. En outre, elles sont finalisées, c'est-à-dire qu'elles s'inscrivent dans la poursuite d'un objectif particulier et prennent en compte les exigences ponctuelles ou générales de la tâche en cours. C'est par l'entremise de ces représentations mentales que l'humain interagit avec son environnement. Elles vont intervenir dans le traitement de l'information comme dans la régulation des comportements du sujet.

Une autre caractéristique générale du système cognitif humain prise en compte au niveau de COSMODRIVE se rapporte au problème des ressources cognitives disponibles. En effet, nombre de résultats classiques de la psychologie et de l'ergonomie montrent que le système cognitif humain est limité dans ces capacités de traitement, de sorte qu'il ne peut traiter une infinité d'informations en parallèle. Cela suggère l'existence de procédures de contrôle en charge de répartir les ressources cognitives du système entre les différents traitements cognitifs mis en œuvre à un instant donné. Dans notre modèle, cette tâche est à la charge du module Contrôle et Gestion.

L'ensemble de ces considérations a été pris en compte pour spécifier l'architecture informatique de COSMODRIVE. C'est notamment le cas au niveau du module Tactique représenté en figure 2. Du point de vue informatique, ce module est conçu comme un système multi-agents fondé sur une architecture blackboard : différents processus ou Agents Cognitifs traitent en parallèle de l'information et échangent des données (lecture / écriture) par l'intermédiaire de structures de stockage transitoire communes, les tableaux noirs. Dans ce contexte, la résolution de problème (e.g. quelle action de conduite entreprendre ?) est dite « distribuée » puisqu'elle résulte de la coopération de plusieurs processus : chaque agent cognitif dispose d'une partie de l'expertise (codée sous la forme de méthodes et/ou de bases de règles) nécessaire à cette résolution. Au fur et à mesure de la procédure de résolution, le produit du raisonnement de chaque agent peut être inscrit (écriture) dans l'un des tableaux noirs du modèle. Il devient alors accessible (lecture) aux autres agents avec lesquels il partage ce même tableau noir. Ceux-ci peuvent alors utiliser ces résultats en vue de faire progresser leurs propres raisonnements, mais ils peuvent aussi modifier le contenu du tableau noir et contribuer par là même à la résolution collective du problème. Dans COSMODRIVE, la communication entre les agents cognitifs du module Tactique peut également s'effectuer par l'envoi de messages (on se rapproche ici des systèmes d'acteurs). Le contenu et l'effet de ces messages peuvent être différents. Il pourra par exemple s'agir de données demandées explicitement par un agent particulier (sous la forme de requêtes) en vue de poursuivre un raisonnement donné. Dans ce cas, la réception d'un message de réponse sera une condition nécessaire à la poursuite de l'activité en cours. D'autres messages pourront, en revanche, être reçus de façon inopinée et, partant, entraîner une modification de l'activité des agents cognitifs (activation ou inhibition). Enfin, la complexité et la rapidité des traitements effectués sont largement conditionnées par la quantité de ressources dont dispose l'agent résolveur : en fonction du nombre de processus actifs et de leurs besoins respectifs, la quantité de ressources allouées pourra varier. Une quantité de ressources allouées inférieure à la demande initiale pourra occasionner, selon les cas, un ralentissement de la procédure de calcul, un changement de mode de résolution voire, l'interruption momentanée du traitement en cours.

D'une façon plus détaillée (figure 2), le module Tactique se compose de 2 tableaux noirs, de 3 bases de connaissances, et de 5 agents cognitifs.

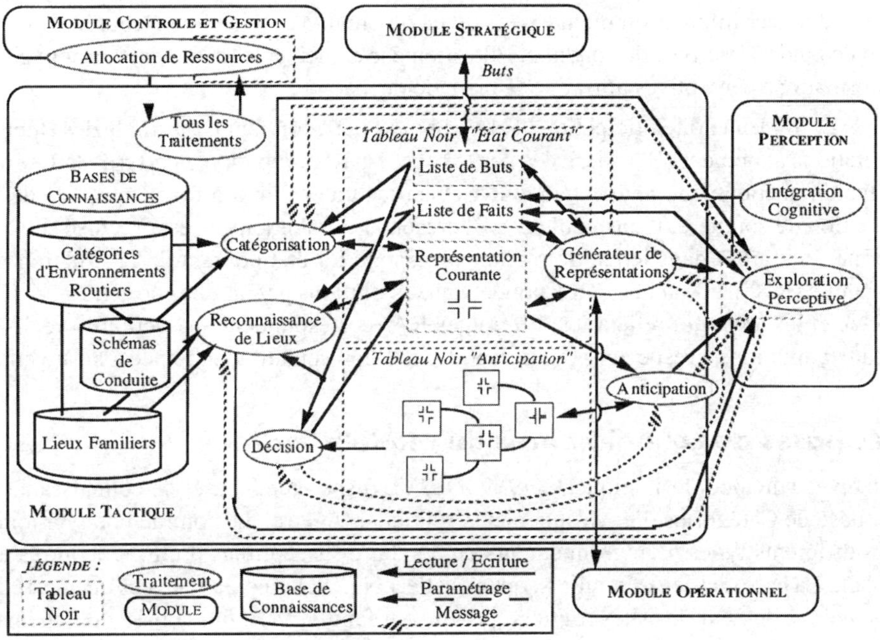

Figure 2. Architecture du Module Tactique

Les tableaux noirs du module Tactique

Le Tableau noir état courant (TNEC) contient l'ensemble des informations se rapportant à la situation de conduite du moment. Il intègre une liste de buts, une liste de faits, et une Représentation Tactique Courante. La liste de buts contient des buts « locaux » à atteindre à court terme (e.g. tourner à gauche), et des buts « globaux » (ou latents) à respecter à plus ou moins longue échéance (e.g. gagner du temps, car je suis en retard). La liste de faits contient l'ensemble des informations prélevées dans l'environnement (ou inférées à partir de celles-ci). Elle est directement alimentée par le module Perception. La Représentation tactique courante (RTC) correspond à la représentation mentale qu'élabore le conducteur de la situation de conduite dans laquelle il évolue. Elle est construite, d'une part, à partir des connaissances récupérées en MLT (par les agents Catégorisation et Reconnaissance de Lieux) et, d'autre part, sur la base des informations disponibles dans la liste de faits. À la différence de cette dernière, qui se contente de lister les événements / objets présents dans l'environnement, la RTC spécifie les relations spatiales qui existent entre ces mêmes objets. En tant que modèle interne de l'environnement routier du moment, tel qu'il est interprété par le conducteur, cette représentation n'est pas un reflet fidèle de la réalité objective. Façonnée par le savoir opératif (schémas de conduite récupérés en MLT), la RTC est une lecture fonctionnelle, simplifiée et finalisée du réel : d'une part, elle ne contient que les informations pertinentes pour le conducteur à un instant t (en fonction des objectifs qu'il poursuit), ce qui ne constitue qu'une infime partie des informations effectivement présentes à cet instant dans l'environnement de conduite ; d'autre part, elle peut contenir des informations qui ne sont pas directement accessibles dans l'environnement à ce même instant t (e.g. données inférées ou mémorisées de façon préalable). Une fois élaborée, la RTC sert de guide à l'activité de conduite. Elle oriente le recueil et le traitement des nouvelles informations perceptives ainsi que la prise de décision.

Le Tableau noir anticipation (TNA), pour sa part, contient l'ensemble des Représentations anticipées (RA) dérivées par le processus Anticipation à partir de la Représentation tactique courante. Chaque RA constitue une évolution future possible de la situation de conduite. L'ensemble des Représentations Anticipées est organisé sous la forme d'un arbre dans lequel la racine correspond à l'état courant de la situation de conduite (RTC), les nœuds correspondent aux évolutions potentielles de cette situation (RA), et les arcs (qui relient les différentes RA) correspondent aux actions à réaliser et aux conditions à respecter pour passer d'une Représentation anticipée à la suivante.

Les bases de connaissances du module Tactique

Au niveau du module Tactique, COSMODRIVE dispose de 3 bases de connaissances. La base de Catégories d'environnements routiers peut être vue comme une typologie des différents types d'environnements de conduite susceptibles d'être rencontrés au volant. La base de Lieux Familiers, quant à elle, contient les connaissances que possède chaque conducteur des sites routiers qui lui sont familiers. Enfin, la base de Schémas de Conduite contient le savoir opératif du conducteur : chaque schéma est à même de traduire « en actes » les connaissances plus déclaratives incarnées par les Catégories d'environnements ou les Lieux familiers (Bellet, 1999). À noter que ces différentes bases de connaissances sont fortement interconnectées.

Les processus cognitifs du module Tactique

Cinq agents cognitifs coopèrent au niveau du module Tactique. Les agents Catégorisation et reconnaissance de lieux sont, pour leur part, spécialisés dans le recouvrement des connaissances en MLT. Ils fonctionnement en parallèle et cherchent à catégoriser la situation de conduite dans laquelle le conducteur va s'engager (avec des chances de succès variables selon que l'environnement routier est familier ou non). Les connaissances récupérées par ces agents sont transférées dans le TNEC où elle constitueront une première ébauche de la RTC.

Le processus Générateur de représentations tactiques (GRT) joue le rôle de véritable chef d'orchestre dans le fonctionnement du module tactique. C'est en effet à GRT que revient la tâche d'élaboration et de supervision de la RTC. Pour ce faire, GRT doit : (1) instancier les connaissances de conduite récupérées en MLT au contexte particulier de la situation du moment ; (2) intégrer les nouvelles informations en provenance de Perception ; (3) s'assurer de la validité de la RTC (la situation a-t-elle changé ; le but poursuivi est-il toujours valide ?) ; (4) activer, si nécessaire, l'agent Décision afin de déterminer quelle action de conduite entreprendre ; (5) transmettre cette action au module Opérationnel pour assurer sa mise en œuvre effective ; et (6), vérifier que l'action entreprise produit bien les effets escomptés.

L'agent Anticipation, pour sa part, est en charge de dériver, à partir de la RTC, des états futurs possibles de la situation de conduite. Chaque état dérivé constitue une Représentation Anticipée (RA) qui sera stockée dans le TNA sous la forme d'un arbre de RA. Ce dernier sera alors examiné par l'agent Décision en vue de sélectionner, parmi les différentes RA, celle qui semble la plus souhaitable au regard des objectifs de COSMODRIVE. Les actions de conduite permettant de passer de la RTC à la RA sélectionnée seront ensuite transférées dans le TNEC (instanciation de la zone de déplacement correspondante de la RTC) ; et c'est l'agent GRT qui sera en charge de les transmettre au module Opérationnel en vue de leur réalisation effective. À noter que l'agent Décision ne se contente pas d'attendre les solutions proposées par Anticipation, mais qu'il joue un rôle actif dans la procédure de dérivation des RA. En effet, Décision supervise en permanence le travail d'Anticipation au regard de critères décisionnels (e.g. risque encouru, gain ou perte de temps) et, selon que ces critères sont ou non satisfaits, Décision détermine la stratégie de dérivation à adopter en priorité.

5. CONCLUSION

L'objet de ce texte était de présenter succinctement les enjeux et les méthodes de la modélisation cognitive telle quelle est pratiquée au LESCOT dans le cadre du développement du modèle du conducteur COSMODRIVE. Le lecteur intéressé est invité à se reporter aux différentes publications des auteurs (et notamment à Bellet, 1998) pour avoir une description plus précise du modèle lui-même et de l'utilisation qu'il est possible d'en attendre dans le cadre des objectifs ergonomiques du laboratoire.

Références bibliographiques

Bellet T. (1998). *Modélisation et simulation cognitive de l'opérateur humain : une application à la conduite automobile*, thèse de doctorat, université Paris V.

Bellet T., Tattegrain-Veste H. (1999). *A Framework for Representing Driving Knowledge. International Journal of Cognitive Ergonomics*, 3 (1), pp. 37-49.

Bellet T., Tattegrain-Veste H., Pauzié A. (1996). « Ergonomics Evaluation of IVIS : Advantages in Developing a Driver's Model using A.I. Techniques ». *3rd Annual World Congress on Intelligent Transport Systems*, Orlando, USA.

Fuller R. A. (1984). « Conceptualization of driving behaviour as threat avoidance », *Ergonomics*, 27 (11), pp. 1139-1155.

King G.F., Lumenfield H. (1971). *Development of information requierments and transmission techniques for highway users.* National Cooperative Highway Research Program Report 123.

Levison W.H. (1993). *A simulation model for driver's use of in-vehicle information systems.* Transportation Research Record, 1403, Washington, National Academy Press, pp. 7-13.

Mc Knight A.J., Adams B.B. (1970). *Driver education task analysis. Vol I : Task descriptions.* Alexandria, Human Resources Research Organisation HumRRO.

Näätänen R., Summala H. (1976). « A model for the role of motivational factors in driver's decision-making ». *Accident analysis and prevention*, 6, pp. 243-261.

Rumbaugh J., Blaha J., Eddy F., Lorensen W., Premerlani W. (1991). *Object Oriented Modeling and Design.* Londres, Prentice Hall.

Tattegrain-Veste H., Bellet T., Chapon A. (1997). « Simulation cognitive du conducteur automobile et futures technologies d'assistance à la conduite ». *Proc. des Journnées Ingénierie des Connaissances et Apprentissage Automatique* (JICAA'97), Roscoff, France, pp. 457-468.

Van der Molen H.H., Bötticher M.T. (1988). « A hierarchical risk model for traffic participants ». *Ergonomics*, 31 (4), pp. 537-555.

Wierda M., Aasman J. (1992). *Seeing and driving : computation, algorithms and implementation.* Traffic Research Centre, Unversity of Groningen, Netherlands, Haren : Verkeerskundig Studiecentrum, VK91-06.

Wilde G.J.S. (1982). « Critical issues in risk homeosais theory ». *Risk analysis*, 2 (4), pp. 249-258.

STI ET INFRASTRUCTURE

Pierre-Yves Texier
Laboratoire central des Ponts et Chaussées

Résumé – Une tendance mondiale, lourde et irréversible se dessine. Les conducteurs sont de plus en plus aidés (dans leurs effors et dans leur tâche de conduite) et le droit change. L'information se diversifie, se structure et se personnalise. Cette tendance conduit à des évolutions : aujourd'hui, le gestionnaire de la route la charge de donner aux conducteurs les informations (visuelles, kinesthésiques et parfois sonores) nécessaires à la conduite, demain ces informations et les caractéristiques géométriques et physiques de la chaussée seront transmises par de nouveaux médias. Les conducteurs plus ou moins aidés en déduiront leur domaine de contrôlabilité.

La répétition des deux et panneaux à l'intérieur des véhicules, les caractéristiques des surfaces routières, les conditions de circulation des différents itinéraires sont autant d'informations qui seront disponibles dans les véhicules. Sous l'action conjuguée de la judiciarisation des procédures et de la pression sociale, les gestionnaires d'infrastructure seront incités (voire contraints) d'accompagner leur capacité à faire par une obligation de le faire et d'informer.

L'article situe les enjeux et la pertinence d'une approche conceptuelle globale pour que l'infrastructure soit partie prenante des systèmes de transport intelligent et propose une ligne directrice pour y parvenir, s'appuyant sur le concept de trajectoire.

1. UN CONTEXTE ET UNE NÉCESSITÉ

Le transport routier doit intégrer une tendance mondiale, lourde et irréversible. Les conducteurs sont de plus en plus aidés (dans leurs efforts et dans leur tâche de conduite). L'information se diversifie, se structure et se personnalise.

L'industrie des constructeurs automobiles, des équipementiers, de l'informatique et des opérateurs et des télécommunications est partie prenante. Pour organiser son marché, elle a engagé des démarches conceptuelles pour situer entre eux les différents constituants des STI (Systèmes de transport intelligents) et les liens qui les font interagir. L'enjeu est considérable pour la télématique et les services. Les industriels l'on bien compris qui ont engagé de très nombreuses démarches et animés quantité de groupes de travail internationaux. Ils ont donc réfléchi et posé les bases des différentes normes, standards et principes généraux d'architecture nécessaire à la mise en place des STI vu du point de vue du client « conducteur ».

L'enjeu n'est pas moindre pour l'infrastructure. Pour la seule France, quelques 30 millions de véhicules dont 5 millions de poids lourds et un million de km de voirie dont 70 % sur des routes à deux fois une voie sont concernés. Ce secteur représente plus de 600000 emplois à part sensiblement égales entre les véhicules et l'infrastructure[1].

Si une démarche analogue à celle menée pour la télématique n'est pas faite du côté de l'infrastructure, les constructeurs, gestionnaires et exploitants de l'infrastructure ne seront pas en mesure de remplir leurs missions. Il est temps de mener une démarche sur le rôle que doit remplir l'infrastructure.

L'absence de solvabilité immédiate par le marché et l'inertie liée au caractère de patrimoine national de l'infrastructure sont autant d'éléments qui militent en faveur d'une démarche volontariste. Cette démarche se justifie d'autant plus qu'il ne faut pas compter sur son renouvellement «naturel». En effet, la durée de vie moyenne d'une voiture peut être estimée entre 10 et 15 ans, celle de la route sur laquelle elle roule est beaucoup plus longue. Les changements auxquels elle devra faire face et pour lesquels elle doit s'organiser sont importants et d'autant plus difficiles à mettre en œuvre qu'ils ne sont pas dans la culture habituelle des constructeurs de route.

2. LA PROBLÉMATIQUE

Demain, la route et ses équipements auront la responsabilité de fournir, grâce à des médias nouveaux, les informations que le conducteur interprète aujourd'hui essentiellement à partir de perceptions visuelles et kinesthésiques (et parfois sonores).

Selon un rythme à adapter à la consistance des aides à la conduite et à leur vitesse de dissémination, il sera nécessaire d'adapter la nature des informations et des médias aux conducteurs, aux automates d'aides à la conduite, aux systèmes de gestion des mobiles et aux systèmes de gestion de flotte.

Parmi les éléments de la problématique, les «conducteurs» — c'est-à-dire les ECC (Entités en charge de la conduite), plus ou moins «aidées» par des automatismes — occupent une place centrale. Deux études récentes réalisées pour le compte du groupement chargé de mener la réflexion sur «la route automatisée[2]» montrent que les attentes des usagers de la route se modifient. Les conducteurs «gros rouleurs» à qui l'on avait proposé un scénario d'automatisation complète de la conduite en bouchon (le cas du Boulevard périphérique de Paris) s'y sont montrés très favorables, élargissant même spontanément le scénario à une automatisation de la conduite sur des portions complètes d'itinéraires. Il ressort également de l'enquête auprès des journalistes (consolidée par le point de vue des constructeurs) que la voiture est considérée de plus en plus comme un lieu de vie au détriment de l'image du plaisir de conduite dominant jusqu'à présent.

1. *Memento de route*, Direction des Routes, 3e trimestre 1998.

2. Jean-Marc Blosseville, Michel Parent, Robert Eymard, Pierre-Yves Texier, Claude Laurgeau, *La Route automatisée*, édition INRIA, mars 1998.

3. L'IDENTIFICATION DES CONCEPTS ET DES FONCTIONS

L'infrastructure doit rendre « lisibles » et interprétables les éléments nécessaires aux ECC pour déterminer leurs domaines de « contrôlabilité », c'est-à-dire les éléments « route » leur permettant de se représenter avec une précision suffisante la réponse dynamique du véhicule aux commandes. Cette fonction de base d'obéissance aux commandes de l'ECC dépend, non seulement des caractéristiques du véhicule, mais également de celles de l'infrastructure. En ce qui concerne le véhicule, les principaux déterminants sont la puissance disponible, l'état des pneumatiques, des freins, et de la suspension et la réponse aux commandes et à leur enchaînement. En ce qui concerne l'infrastructure, ce sont les profils, les états de surface et les points singuliers (carrefours, convergents divergents, discontinuités dans les profils).

La détermination des fonctions à remplir et des informations à fournir par l'infrastructure supposent donc la connaissance des caractéristiques des véhicules et des comportements des ECC. Suivant que l'on se projette à des horizons plus ou moins lointains, cette connaissance devra être de plus en plus fine et conjoncturelle.

Compte tenu des enjeux financiers et du caractère lentement évolutif du patrimoine routier, le parti à prendre pour la détermination des horizons et des fonctions à analyser est de participer à la construction et à l'évolution des fonctions génériques. Il ne s'agit pas uniquement de se focaliser sur des aides spécifiques mais de mener une réflexion visant à identifier celles s'inscrivant dans un contexte global.

4. FONCTIONS OBJETS

Un certain nombre d'objets et de fonctions participent au déplacement des mobiles et s'articulent autour du concept de trajectoire.

On peut définir la trajectoire comme le mouvement au sens de la cinématique du solide (c'est-à-dire la ligne décrite par le mobile qui la parcourt et à laquelle sont associés point par point la vitesse, l'accélération et le jerk du mobile). Si le mobile est articulé, on peut avoir intérêt à différencier puis combiner la cinématique et la dynamique de ses divers composants.

L'idée générale sous-tendue par le concept de trajectoire et ses déclinaisons est de fournir aux différents partenaires de la route (constructeurs, gestionnaires et exploitants de l'infrastructure, conducteurs, véhicules, etc.) à la fois les caractéristiques typiques que devrait respecter l'infrastructure et celles conjoncturellement offertes.

L'objectif est de proposer des concepts permettant de situer, dans une vision qui se veut globale et structurelle, la voiture, son conducteur et la route en se focalisant sur la route elle-même. Le concept de base et les fonctions associées développés dans la suite est celui de trajectoire. Résumée à l'aide de ce concept, la problématique peut s'exprimer ainsi : « fournir à l'entité en charge de conduite une représentation de la trajectoire que devrait suivre le véhicule — s'il est seul — et les indications qui lui permettront d'apprécier son écart par rapport à cette trajectoire. »

Après en avoir donné une définition des objets et des fonctions, on s'attachera à les situer dans les STI.

Quelques définitions

- Entité en charge de la conduite « ECC » : conducteur plus ou moins aidé par des automatismes qui l'informent ou prennent en charge certaines tâches de conduite ;
- Espace roulable : lieu conçu pour supporter des trajectoires acceptables ;
- trace : projection de la trajectoire sur l'espace roulable ;
- Trajectoire de référence : trajectoire compromis selon laquelle la route a été (ou aurait dû) construire et que les véhicules qui le peuvent ou le souhaitent décrivent (selon la trajectoire retenue) ;
- Trajectoire cible : trajectoire que souhaite décrire un véhicule (trajectoire dont sont déduites les séquences de commande en termes d'angle volant, accélération-freinage, etc.) ;
- Trajectoire effective : trajectoire que suit effectivement le véhicule en fonction des commandes appliquées au véhicule et de sa réponse (adhérence mobilisable, etc.) ;
- Contrôlabilité : aptitude de l'ECC à maintenir la trajectoire effective à une « distance » admissible de la trajectoire cible.

4.1. ECC

Les entités en charge de la conduite sont constituées des conducteurs, des aides à la conduite et des dispositifs de contrôle partiel ou total associés. On entend ici, par aide à la conduite les dispositifs qui laissent la responsabilité de la conduite au conducteur même quand ils prennent en charge la réalisation d'une tâche (le freinage, par exemple), par opposition à ceux qui ne sont pas déclenchés et arrêtés par une action volontaire du conducteur.

Peu d'hypothèses sont faites sur la nature des dispositifs à ce stade car leur nature et leur vitesse de dissémination restent empreintes d'une grande incertitude. On peut cependant estimer comme probable l'introduction prochaine et à grande échelle des systèmes de freinage antibloquants, des suspensions dynamiques, des systèmes de guidage, des régulateurs de vitesse, des systèmes antizigzags (tels que développés au Japon), etc.

Les ECC sont en évolution constante. La démarche conceptuelle proposée consiste, après avoir réalisé un recensement des dispositifs à l'étude ou proposés à la vente, à dresser l'inventaire :

- des fonctions multiples ;
- des informations que devra donner l'infrastructure.

Comme il a été dit plus haut, l'analyse tendra à identifier les fonctions et objets de base les moins dépendants possibles des technologies employées.

Le développement des systèmes technologiques chargés de remplir les fonctions ou d'extraire les attributs caractérisant les différents acteurs des STI sont « ouverts ».

4.2. Espace roulable

Espace géométrique support de l'ensemble des trajectoires.

La détermination du « lieu conçu pour supporter les trajectoires acceptables » correspond à une fonction générique. Elle permet de séparer « l'univers » en deux et d'attribuer une attention et une signification différentes aux mêmes objets selon qu'ils se situent dans l'un ou l'autre domaine.

Il s'agit de détecter (ou de rendre détectable) ou de signaler cet espace qui peut être défini dans un premier temps comme celui revêtu par une couche de roulement.

Pour illustrer l'intérêt de délimiter l'espace roulable, on peut citer la « détection d'obstacle » et le régulateur de vitesse intelligent. L'anticollision est sensée avertir le conducteur de la présence d'un obstacle sur sa trajectoire et l'AICC[3] agit sur la vitesse du véhicule pour maintenir une distance (en temps) constante entre le véhicule et celui qui le précède. Les tentatives de réalisation de cette double fonction se sont heurtées jusqu'ici au problème suivant. La détermination des « cibles » pertinentes était réalisée par des RADARS et des LIDARS. Un traitement approprié des informations fournies permet d'engendrer des cibles à partir des échos produits par les obstacles situés dans leur champ. Pour ne submerger les ECC d'informations, un premier tri est effectué en ne retenant que les cibles situées dans un angle solide donné dans la direction du déplacement du véhicule. Un deuxième tri élimine celles dont le différentiel de vitesse correspond à la vitesse du véhicule (pour éviter les arbres, piles de pont et autres panneaux de signalisation). Mais ce deuxième masquage occulte également les véhicules arrêtés en pleine voie (et autres obstacles). Un tri des cibles obstacles démasquant celles qui sont arrêtées sur les « traces » apporterait une réponse satisfaisante au problème posé.

Il s'agit de détecter (ou de rendre détectable) ou de signaler cet espace.

Le choix de limiter l'espace roulable à la partie de l'emprise routière revêtue d'une couche de roulement est arbitraire mais correspond à une caractéristique physique que l'on peut estimer comme pérenne dans les prochaines années. Cette restriction

3. Automatic Intelligent Cruse Control (fonction mise au point dans le cadre du programme européen Eureka Prometheus).

n'est, bien sûr, pas restrictive de la prise en considération d'autres domaines comme les bas-côtés ou les lits d'arrêts. Elle correspond à un choix de démarche progressive.

4.3. Trace

La trace est une vision « statique » de la trajectoire. Elle est la projection de la trajectoire sur l'espace roulable. Chaque trace doit pouvoir être décrite avec un maximum de sécurité et de confort pour l'ensemble des vitesses, accélérations et jerks associés dans la trajectoire. Elle constitue « la colonne vertébrale » des marquages au sol et autres implantations de délinéateurs.

4.4. Trajectoire de référence

Il est possible de concevoir une trajectoire de référence par type de mobile (même si la coexistence sur la même infrastructure de plusieurs types de véhicules peut amener à considérer une seule trajectoire de référence pour l'ensemble des mobiles). Chaque trajectoire de référence est la trajectoire compromis de comportements des mobiles auxquels elle est liée.

Les caractéristiques de l'infrastructure elle-même sont (ou devraient être) pensées en termes de compromis.

Les trajectoires de référence doivent cohabiter et satisfaire des critères individuels et collectifs de qualité. Les trajectoires de référence peuvent être imposées comme cibles. Elles sont sûres et agréables malgré leurs interactions.

4.5. Trajectoire cible

La trajectoire cible est la trajectoire que souhaite décrire l'ECC.

Les séquences de commande en termes d'angle volant, accélération-freinage, etc., sont déduites de la trajectoire cible.

4.6. Trajectoire effective

La trajectoire effective est la trajectoire que suit effectivement le véhicule en fonction des commandes appliquées au véhicule et de sa réponse dynamique.

4.7. Contrôlabilité

On peut considérer qu'un véhicule est contrôlable si l'on sait définir une distance dans l'espace des trajectoires telle que si d est la distance entre la trajectoire effective (T_1) et la trajectoire cible (T_2) :

$$d\left(x, \vec{v}, \dot{\vec{v}}, \ddot{\vec{v}}\right)_{T_2}^{T_1}$$

$$\text{contrôlabilité} = d < \text{valeur déterminée.}$$

Les domaines de contrôlabilité sont fortement dépendants des adhérences mobilisables elles-mêmes liées à la suspension, aux conditions climatiques, à l'usure de la chaussée et des pneumatiques. Il apparaît donc qu'une relation dynamique entre les adhérences mobilisables et les trajectoires de référence ouvre un large champ aux concepts énoncés ici.

5. UNE INFORMATION DÉJÀ DISPONIBLE...

Deux types « d'états de l'art » peuvent être dressés. D'une part un état de l'art sur les concepts eux-mêmes (ont-ils été déjà utilisés, où, comment, pourquoi, avec quel succès ?) et un état de l'art sur les composants envisagés pour caractériser les objets de l'environnement de la conduite et réaliser les fonctions énumérées ci-dessus.

La plupart des informations requises pour mettre en œuvre les concepts de trajectoire sont déjà disponibles. Elles sont transmises aux conducteurs par l'intermédiaire de la signalisation verticale et horizontale, des panneaux d'avertissement de virages dangereux, de chaussée glissante, etc.

C'est ainsi que l'espace roulable et les trajectoires de référence sont matérialisés et que l'adhérence mobilisable ou paramètres « route » permettant de la déterminer (dévers, uni, coefficient de frottement transversal Cft, coefficient de frottement longitudinal Cfl, etc.) sont connus mais restent à être instrumentés, mis en forme, pour être utilisables.

Le travail à faire pour intégrer le stationnement et les points d'échange ou de conflits dans les trajectoires est important et nécessitera un travail substantiel pour être utilisable.

6. ... MAIS BEAUCOUP DE QUESTIONS SUBSISTENT ET ATTENDENT DES RÉPONSES

Quels dispositifs techniques vont réaliser les fonctions ?

Quelles informations et comment sont-elles engendrées, transmises, acquises par le conducteur, par l'automate « aide », par l'infrastructure ? Quels bilans en termes d'efficacité (en quel sens), de sécurité, d'économie ?

Quelles responsabilités pour quels acteurs ? Quelles définitions spatiales, temporelles ? Quels attributs transmettre ou rendre lisibles ?

Doit-on prendre en compte la capacité du mobile à rejoindre sa trajectoire cible ? Si la route connaît les trajectoires réelles effectives, doit-elle les transmettre ?

7. DES RESPONSABILITÉS QUI SUIVENT L'ÉVOLUTION DU DROIT

Actuellement, certains pensent (ou aimeraient penser) que le conducteur assume 100 % de la responsabilité de la conduite. Les tribunaux montrent le contraire par la mise en cause des gestionnaires d'infrastructures et des constructeurs.

Les missions et les responsabilités des constructeurs automobiles, des équipementiers et des opérateurs vont changer dans un contexte de complexité croissante.

L'ensemble des parties prenantes doit s'y préparer pour apporter les bonnes réponses.

8. CONCLUSION

Des conducteurs de plus en plus aidés (dans leurs efforts et dans leur tâche de conduite), la judiciarisation de la société et l'accroissement des technologies disponibles vont conduire inéluctablement à donner de nouvelles possibilités et de nouveaux devoirs aux différents acteurs des STI. Si l'infrastructure n'est pas partie prenante de cette dynamique, elle n'en sera pas acteur et ne fera que subir cette évolution.

Le gestionnaire de la route en charge actuellement de donner aux conducteurs les informations (visuelles, kinesthétiques et parfois sonores) nécessaires à la conduite, devra demain donner ces informations et les caractéristiques géométriques et physiques de la chaussée à l'aide de nouveaux médias.

Le concept de trajectoire et ses déclinaisons est une voie pour que l'infrastructure soit partie prenante des systèmes de transport intelligents.

■

quels systèmes et moyens de transports en 2020 ?

Mercredi 26 janvier

14 h 30 à 17 h 30

Président de séance : M. Yves DELACRETAZ
École poytechnique fédérale de Lausanne, Suisse

Jeudi 27 janvier

09 h 30 à 13 h 00

Président de séance : M. Philippe TOINT
Professeur à la FUNDT, Namur - Belgique

URBANISME ET DÉPLACEMENTS À TUNIS À MOYEN ET LONG TERME

Hela M'Hiri
Chef de division Plan et Budget à la direction des Études générales de la planification et du budget, Société nationale des transports

La Tunisie est entrée, depuis quelques années, dans une phase de mutation profonde qui touche l'ensemble des aspects de la vie socioéconomique. Cette mutation nécessitée notamment par la mondialisation et l'ouverture de l'économie, s'accompagne de préoccupations majeures par rapport au fait urbain, en témoigne l'adoption de nouvelles dispositions juridiques et le lancement d'études stratégiques.

Cette démarche est due au fait que la région de Tunis, comme les métropoles de la côte méridionale de la Méditerranée, soit de plus en plus confrontées aux problèmes liés à la concentration de la population. Avec plus de 1 800 000 habitants et une importante activité industrielle, tertiaire et commerciale, elle n'échappe pas à ce phénomène, qui a eu, entre autres effets, une croissance exponentielle du parc automobile dans l'aire métropolitaine, avec une infrastructure de voirie primaire inadaptée à cette expansion.

Dans ce contexte, l'objectif du futur schéma d'Aménagement est de doter le Grand Tunis d'attributs de métropole internationale assurant au mieux le développement d'un urbanisme réfléchi, d'un réseau et d'une infrastructure de transport aptes à absorber les demandes des déplacements.

I. ANALYSE RÉTROSPECTIVE DE L'URBANISATION ET DE LA MOBILITÉ DANS LE GRAND TUNIS

1.1. Contexte socioéconomique

La population

Le District de Tunis regroupe trois gouvernorats (Tunis, Ariana et Ben Arous) et compte 1 829 000 habitants en 1994 représentant 20,8 % de la population totale du pays contre 20 % en 1985. Cette population a augmenté à un rythme moyen de 2,7 % entre 1985 et 1994 (supérieur aux 2,3 % de la moyenne nationale). Elle est à 92 % communale contre 84,7 % en 1985.

Cette extension de l'urbanisation est fortement connexe à une explosion démographique de communes périphériques du district de Tunis, où des agglomérations ont connu des évolutions doubles ou même triples de la moyenne nationale, atteignant près de 9 % par an depuis 1984, contre un centre qui se dépeuple (3,3 % par an).

Par secteur géographique, les évolutions les plus importantes qui ont touché la moitié de la population du District ont été principalement au Nord (entre 4 et 5 %), au Sud-Ouest et Nord-Ouest (environ 4 %), le reste ayant évolué au voisinage de 1 %.

Les emplois dans le grand Tunis

Cette évolution rapide de l'urbanisation est à corréler avec celle des emplois, afin de cerner les flux de déplacements. D'abord le centre qui se dépeuple, représente 7 % de la population du district mais accapare 29 % des emplois, principalement tertiaires.

Les autres points d'accumulation étant le Nord avec 32 % des emplois du district (34 % de la population) et l'Ouest et Ouest-Sud avec 14 % des emplois (et 20 % de la population).

Ces deux pôles géographiques qui ont connu de fortes évolutions en population (4 à 5 % par an depuis 1984), ont été aussi les plus grands générateurs d'emplois (évolution moyenne annuelle de 5,7 % environ depuis 1984). Le reste des zones, hors centre, qui regroupe 39 % de la population, n'a connu qu'une évolution modeste des emplois de 1,5 %.

Cette concentration des emplois au centre et au Nord préjuge de la nature radiale ou transversale des déplacements, surtout qu'à part le Nord et l'Ouest, la population suit pratiquement la tendance inverse de celle des emplois.

1.2. Le système du transport dans le grand Tunis

Le réseau de voirie primaire et d'accès au centre de Tunis

La configuration actuelle du réseau routier de l'agglomération de Tunis, est fortement conditionnée par la topographie et les obstacles naturels des environs de Tunis.

Ce réseau est composé par la voirie primaire suivante :

- une voirie péri-centrale constituée essentiellement par l'anneau des boulevards, ceinturant le centre ville de Tunis ;
- un ensemble de radiales aboutissant au centre ville ;
- une seule rocade complète constituant la limite de la 1re couronne de l'agglomération au nord et au nord ouest ;
- un axe de transit Nord-Sud et de pénétration au centre de Tunis appelé la liaison Nord-Sud, longeant le lac de Tunis à l'Est.

Le réseau viaire du Grand Tunis fait l'objet actuellement d'actions de développement qui sont soit en cours d'achèvement, soit programmées pour le court terme.

Le réseau de transports en commun urbains du Grand Tunis

Les transports en commun urbains dans le District de Tunis se distinguent, par rapport au reste du pays, par la multiplicité des intervenants et la variété des services offerts. En effet, cinq sociétés publiques et privées y opèrent :

- La Société nationale des transports (SNT) qui exploite un réseau bus de 172 lignes urbaines et suburbaines dont la majorité de type radial reliant le centre ville à la périphérie et s'étendant sur une longueur d'environ 2 700 km, avec un parc de 935 véhicules.
- La Société du métro léger de Tunis (SMLT) qui gère un réseau de métro léger de 5 lignes, desservant la périphérie proche du centre, sur une longueur d'environ 49 km, ainsi qu'une ligne de chemin de fer électrifiée d'une vingtaine de km de longueur et desservant la banlieue Nord de Tunis avec 134 rames.
- La Société nationale de chemins de fer de Tunis (SNCFT) qui exploite une ligne de chemin de fer desservant la banlieue Sud de Tunis, de longueur 23 km.
- Deux opérateurs privés exploitant deux réseaux respectivement de 6 et 3 lignes.

1.3. Les déplacements au district de Tunis

Les déplacements sont approchés par des enquêtes de mobilité décennales ou quinquennales et ce depuis 1977.

Ils ont été, par habitant et par jour :

- 39,7 % en mode motorisé et 60,3 % en marche à pied en 1977 ;
- 47 % en mode motorisé et 53 % en marche à pied en 1984 ;
- 49 % en mode motorisé et 51 % en marche à pied en 1994.

Ce glissement vers les modes motorisés est déjà démontré par le développement de l'urbanisation en périphérie, et la concentration des emplois en des zones lointaines.

Les déplacements motorisés autres que transport en commun

Le taux de motorisation (nombre de véhicules particuliers possédés et à disposition par ménage) a été évalué en 1994, à partir de l'enquête ménages à 0,29 véhicule par ménage, soit une voiture pour 3,45 ménages, ou environ 16 personnes.

Comparé à 1985, ce taux était de 0,254 véhicules/ménage (correspondant à un véhicule pour 4 ménages, ou 21 personnes), la motorisation a donc évolué à un taux de croissance annuel moyen de 1,48 % au cours de la période 1985-1994, pour une évolution du parc de 5,45 % par an.

La part du marché des déplacements en voiture particulière (avec les modes autres que TC) est passée de 33 % du total en mode motorisé en 1977 à 46 % en 1986 et 49 % en 1994 occasionnant une saturation de la voirie structurante de 130 à 150 %.

Les déplacements en Transport en Commun (TC)

Ces déplacements sont assurés par :

- le bus qui réalise 69 % du marché TC ;
- le métro qui réalise 25 % du marché TC ;
- le chemin de fer qui réalise 5 % du marché TC ;
- le secteur privé qui réalise 1 % du marché TC.

La part des déplacements TC par rapport au total en mode motorisé, a connu une décroissance continuelle, puisque de 67 % en 1977, elle est tombée à 54 % en 1985 et à 49 % en 1994, malgré un réinvestissement public en TC et l'introduction d'un nouveau mode de transport en site propre (le métro léger) depuis 1985.

Cette décroissance de la part des TC résulte des constatations suivantes :

- du fait de la dispersion géographique, de la concentration des emplois et de la population évoquée ci-avant, et de la nature transversale ou radiale des déplacements en mode motorisé conséquents, le trafic en UVP, principalement d'échange au delà d'une première couronne, a presque doublé, évoluant de plus de 6 % par an entre 1985 et 1994, contre une évolution de moins de 2 % pour les TC.
- ce modeste résultat résulte d'une offre TC inadaptée à la forte progression des déplacements en périphérie et d'absence d'une infrastructure minimale les favorisant.

1.4. Synthèse de l'existant

Au niveau de la voirie

- La voirie de contournement du centre de Tunis est incomplète et n'assure pas actuellement une protection efficace du centre ville ;
- la majorité des carrefours à l'intérieur de la voirie du contournement du centre sont saturés à cause d'aménagements physiques inadéquats et/ou d'une régulation lumineuse inadaptée à la demande du trafic ;
- le développement de l'urbanisation à la périphérie, l'exiguïté du réseau viaire au centre de TUNIS et des communes environnantes, l'absence d'une maîtrise de la circulation en VP, l'importance sans cesse grandissante du trafic véhiculaire, a généré une course à la satisfaction de la demande en infrastructure routière pour la VP.

Au niveau du réseau des TC

Quoi qu'ils aient connu un développement soutenu au cours du VIIIe plan grâce notamment au parachèvement du réseau prioritaire du MLT et à l'extension en périphérie du réseau d'autobus de la SNT, plusieurs faiblesses apparaissent ou subsistent :

- une offre TC très inférieure à la demande ;
- la vitesse commerciale des bus et du MLT se dégrade dans le centre de Tunis (respectivement 7 et 12 km/heure aux heures d'affluence) ;
- la qualité de service du réseau d'autobus est caractérisée par un taux de charge élevé aux heures de pointe et par la saturation de la plupart des terminus ;
- le réseau du MLT est actuellement proche de la saturation ;
- la coordination intermodale est très réduite ;
- le système tarifaire est inadapté à une meilleure attractivité des TC.

Au niveau institutionnel

L'absence d'une institution d'organisation et de coordination fait que ce système actuel se caractérise par l'éclatement du pouvoir urbain, la multiplicité des intervenants et l'impossibilité d'une coordination satisfaisantes en matière de transport, d'urbanisme et de financement.

II. STRATÉGIE DE DÉVELOPPEMENT URBAIN DU GRAND TUNIS A L'HORIZON 2016

2.1. Le schéma d'aménagement urbain

Les orientations futures de l'aménagement de la ville de Tunis, repose sur une vision de son nouveau rôle à vocation aussi bien nationale qu'internationale.

Par ailleurs, les différentes analyses de l'existant ont montré que le développement du Grand Tunis ne peut être envisagé isolément de son contexte régional, dans un rayon de 60 kilomètres. C'est dans cet ensemble, considéré comme une entité géographique unique que sera inscrite la stratégie de développement du Grand Tunis.

Ainsi les grandes orientations prises en matière de développement urbain et d'aménagement du territoire du District se concentrent sur :

- Le renforcement des attributs de métropole internationale de la capitale, impliquant une délocalisation de l'activité industrielle et une amélioration des moyens de communication afin de diminuer la pression démographique et migratoire sur Tunis.
- La durabilité du développement urbain, par une maîtrise de l'urbanisation, en transférant une partie de la croissance de la capitale sur les villes secondaires, reposant sur une hiérarchisation du réseau routier des moyens de transport en commun et une intégration des réseaux des TC.

Ce choix est conséquent aux trois enjeux de développement suivants :

- la métropolisation de l'espace urbain ;
- la cohésion sociale ;
- la durabilité du développement urbain…

C'est dans cette optique que le schéma d'aménagement de l'agglomération a été structuré autour de huit objectifs principaux :

- optimisation de l'usage du sol urbain ;
- contrôle de la croissance urbaine ;
- réduction des disparités urbaines ;
- développement de l'habitat social ;
- amélioration des conditions de vie dans les quartiers populaires ;
- réduction des distances domiciles-travail ;
- promotion des actions de protection de l'environnement ;
- renforcement des attributs de métropole internationale.

Ces options confirmeront Tunis dans sa vocation naissante de pôle-relais international de services de haut niveau.

2.2. Orientation en matière de transport et déplacements. Stratégie de transport

La politique des transports urbains dans le Grand Tunis est basée sur une stratégie favorisant :

- Le développement de l'infrastructure routière et des moyens de transport en commun de masse, capables de prendre en charge le trafic d'échange entre le centre et la zone située au delà de l'anneau des boulevards (au niveau de la 1re couronne notamment).

- La maîtrise du transport individuel (essentiellement par voiture particulière) à l'intérieur du cordon du centre élargi délimité par la 1re couronne, par le biais de l'organisation de la circulation, de la réglementation du stationnement, de la régulation du trafic et de l'aménagement approprié des axes et nœuds routiers.

Deux principes déjà adoptés au cours des années quatre-vingt par la ville de Tunis méritent d'être reconduits, car ils doivent inspirer toute stratégie d'action en matière de transport urbain :

- La ville ne peut être aménagée pour l'automobile sans s'exposer aux risques de l'asphyxie du centre et de son déclin.
- Les solutions doivent être recherchées dans la poursuite du développement d'un système de transport multimodal équilibré intégrant les qualités et les avantages des transports individuels (routiers) à ceux du transport en commun urbains.

La prise en compte de ces deux principes implique que le développement des systèmes de TC doit être regardé comme un objectif fondamental de la politique des transports pour l'agglomération de Tunis. Cet objectif ne devrait pas nous faire oublier cependant qu'il s'agira moins d'une substitution aux modes individuels mais plutôt d'une politique qui, dans le meilleur des cas, tendra à freiner la montée prodigieuse des modes individuels.

Cet objectif est de première importance, puisqu'à travers un développement adéquat des TC, nombre de préoccupations actuelles et futures peuvent être solutionnées en :

- développant l'infrastructure, en cohérence avec une politique de développement et d'aménagement urbain, conformes à la vocation prospective de la capitale ;
- améliorant la fonctionnalité de l'agglomération par une offre adéquate d'infrastructure de transport de masse nécessaire à absorber l'augmentation importante des échanges. Les performances d'une agglomération comme Tunis, confrontée au défi de la compétitivité dans le contexte de globalisation de l'économie, résideront désormais dans les performances de ses réseaux : couverture des échanges, temps de déplacement facteur déterminant de compétitivité... ;
- optimisant l'utilisation de l'espace urbain ; en effet, il est indéniable que les systèmes de transport contribuent à l'amélioration de l'utilisation de l'espace et au développement de l'urbanisation.

Les actions essentielles pour la concrétisation de la stratégie préconisée sont au nombre de quatre :

Action 1 : Cesser de favoriser l'automobile au cœur de l'agglomération c'est à dire dans le centre et à l'intérieur de la première couronne.

Action 2 : Développer et hiérarchiser le réseau de transport en commun en site propre (complètement dégagé des circulations de surface).

Action 3 : Concentrer les moyens financiers disponibles sur la voirie primaire qui permet d'assurer la protection du centre : création d'un 2e anneau.

Action 4 : Développer la coordination inter-modale et l'intégration des réseaux de transport en commun.

Projection des données socioéconomiques

Les hypothèses de projections de la population et des emplois sont basées sur les projections nationales et régionales.

Les données socioéconomiques projetées ont été détaillées par zones de transport au Grand Tunis. Ces données constituent, en fait, les éléments de base qui seront utilisés dans l'étape de génération de trafic.

En population

La projection de la population du District de TUNIS a été faite compte tenu du schéma d'aménagement urbain à l'horizon 2016, du développement des nouveaux pôles d'attraction (zones industrielles à créer, zones urbaines...) et de la consolidation des tendances vues de par l'historique (dépeuplement du centre, stabilité de la 1re couronne, consolidation de développement des zones à forte évolution démographique).

En conséquence de quoi, la population globale du district évoluera de 2,07 % en 2001-1994, de 1,69 % en 2006-2001, de 1,37 % en 2016-2006 et passera de 1 828 859 à 2 110 900 en 2001 et 2 630 200 en 2016.

Les principaux résultats agrégés par secteur géographique, sont les suivants :

- le centre continuera à se dépeupler d'une façon assez rapide. Sa part passera de 7,1 % en 1994 à 2,3 % en 2016;
- ce sont les régions Nord-Est, et sud-ouest qui continueraient à se peupler à de rythmes assez élevés avec respectivement des taux annuels moyens de 3,2 % et 3,5 % entre 1994 et 2016;
- pour d'autres secteurs tels que les banlieues Nord et Sud, et l'Ouest-Sud, l'évolution serait plus faible que la moyenne du district.

En emplois

Pareillement que pour la population, les emplois totaux suivront la tendance constatée en sus de l'incidence des nouveaux pôles industriels prévus par le SDA, compte tenu aussi des hypothèses suivantes :

- Pour le centre, les emplois totaux évolueront faiblement du fait de la saturation actuelle mais restera un important pôle d'emploi.
- Consolidation des emplois dans les zones à forte concentration présentant des réserves de capacité, et ayant connu une importante évolution de par l'historique avec une estimation des emplois des nouvelles zones industrielles (100 emplois/ha).

Le lissage donne les tendances suivantes :

- Les emplois totaux dans le district de Tunis passeraient de 560 000 en 1994 à prés de 836 000 en 2016, soit un taux d'évolution annuel moyen de 1,84 % par an (pour une évolution moyenne de la population de 1,47 %).
- Ce sont les emplois tertiaires qui auront le rythme d'évolution le plus élevé (2,1 % par an) et leur part relative passera de 60,6 % en 1994 à 64 % en 2016.

Ainsi :

- le centre avec 2,3 % de la population continuera à accaparer 26 % des emplois;
- le Nord avec 36,8 % de la population absorbe 34,7 % des emplois;

- l'Ouest et le Ouest-Sud représente toujours autour de 20 % de la population et 14 % des emplois.

  Ce qui préjugera de la nature radiale et transversale des déplacements.

Les déplacements et le partage modal a l'horizon 2016

Les déplacements en mode motorisé ont été estimés en fonction de la population, des emplois, de l'élasticité de mobilité aux revenus, des pôles de concentration par zone géographique et de l'extension de l'urbanisation. Ces déplacements évolueraient de 3,87 % par an en 2006-2001 à 3,89 % en 2011/2006 et 3,75 % en 2016/2011 soit un taux d'évolution pratiquement stable, la mobilité passant de 1,37 par habitant et par jour en 2001 à 1,9 en 2016.

Afin de choisir le mode idoine pour absorber cette forte mobilité par habitant, trois scénarios de développement de transport ont été étudiés. Ils se distinguent par la modification des tendances de la répartition modale à long terme (horizon 2016) entre le transport individuel (TI) et le transport collectif (TC) au niveau du Grand Tunis

La répartition modale actuelle, étant pratiquement équilibrée entre les deux modes VP et TC (50-50 %), les trois scénarios proposés seront fonction du maintien de cette tendance ou de sa variation plus ou moins prononcée en faveur de la voiture particulière.

• **Le premier scénario** dit « Scénario TI » consiste à satisfaire la demande du trafic en UVP, généré par le maintien de l'évolution constatée au cours des quinze dernières années (plus de 5 % par an), au dépend du transport en commun.

Dans ce scénario, favorable aux déplacements en voiture particulière, le transport en commun ne sera que peu développé, et les actions en sa faveur se limiteraient à satisfaire uniquement sa clientèle captive.

À terme, cette situation se traduirait par un partage modal largement en faveur du TI (65 %, contre 35 % pour le TC à l'horizon 2016).

• **Le second scénario** dit « scénario TC », consiste à rationaliser les investissements à consentir en matière d'infrastructure routière en optant pour une politique tendant à promouvoir le transport en commun tout en maîtrisant l'utilisation de la voiture particulière.

La mise en place d'un tel scénario qui devra aboutir à la proposition d'actions volontaristes en matière d'investissements, d'environnement institutionnel et juridique, d'organisation de la circulation et du stationnement, limite le développement du réseau routier aux seules actions prioritaires.

En effet, les projets routiers qui seront identifiés (élargissement de voies de contournement du centre afin d'améliorer leur capacité et permettre la prise en charge du trafic de transit, aménagement de carrefours saturés...) ne concerneront que ceux qui s'articulent et s'adaptent avec les propositions d'organisation de la circulation et du stationnement dans les parties sensibles de la ville. Cependant, d'autres actions concernant le réseau routier central pourraient être envisagées pour réduire la capacité de certaines artères et/ou aménager des espaces publics pour y améliorer le cadre de vie.

Ce scénario se traduirait à terme par le maintien du partage modal actuel (environ 50 % pour le TI contre 50 % pour le TC).

• **Le troisième scénario** dit « scénario intermédiaire » consiste à consentir des investissements assez importants en matières de voirie, tout en améliorant les performances du système actuel de transport collectif, ce qui se traduit par un partage modal moyen entre les deux premiers scénarios, soit : 57,5 % pour le TI contre 42,5 % pour le TC en 2016.

Le tableau ci-après récapitule les tendances d'évolution de la répartition modale pour chaque scénario tout en rappelant son évolution antérieure.

Année	1984	1994	Horizon 2016		
			Scénario TI	Scénario TC	Scénario intermédiaire
TI	46 %	51 %	65,0 %	50,0 %	57,2 %
TC	54 %	49 %	35,0 %	50,0 %	42,5 %

L'évolution différenciée de ces déplacements par mode et par scénario préjuge du volume des investissements nécessaires que ce soit en voirie et/ou en infrastructure de TC.

Année	1994	2016	Taux d'évolution (1994-2016)
Total déplacements	2187374	5303430	4,1 %
Scénario TI			
TI	1117374	3269780	5 %
TC	1070000	1760650	2,29 %
Scénario TC			
TI	1117374	2515215	3,76 %
TC	1070000	2515215	3,96 %
Scénario intermédiaire			
TI	1117374	2892500	4,42 %
TC	1070000	2137930	3,2 %

À titre d'exemple et à l'horizon 2016, le scénario TI nécessite, en plus de celles nécessaires au scénario TC ou intermédiaire, les principales actions suivantes :

- L'aménagement, le recalibrage et/ou le prolongement des différentes radiales du réseau périphérique.
- Le prolongement de la rocade actuelle de la 1re couronne jusqu'à l'ouest du district de Tunis.
- La création d'une 3e rocade sur tout le pourtour de l'agglomération au niveau de la 2e couronne en prolongeant le tronçon existant. et ce, avec un nouveau mode de TC à créer qui consiste en un RER sur une longueur de réseau de 51 km.

Alors que le scénario TC, et à un degré moindre le scénario intermédiaire nécessite une restructuration et une hiérarchisation du système par :

- La création d'un réseau express régional sur une longueur de 84 km en 2016 (de type métro sur site propre intégral) qui exploiterait les lignes ferroviaires existantes. Quatre lignes sont identifiées pour desservir les grands pôles d'urbanisation future du Grand Tunis qui se fera le long de la 3e couronne.
- Le réseau du métro léger qui sera étoffé par l'adjonction de nouvelles lignes desservant de nouveaux quartiers.

  Il verra sa longueur du réseau atteindre 76 km.

  - un réseau bus express « lignes armatures bus » partiellement sur site propre ;
  - un réseau bus de dessertes locales (rabattement vers les niveaux supérieurs) ou de dessertes éloignées (suburbaines longues).

Pour le réseau bus express, il sera constitué de liaisons fortes et rapides pour le rabattement sur le centre du trafic issu des quartiers périphériques denses non desservis par le réseau ferroviaire régional ou par le métro léger ou pour assurer des liaisons du type rocade.

Pour la période allant de 2007 à 2016, les programmes d'investissement établis selon les trois scénarios et pour les deux systèmes de transport (individuel et collectif), occasionnent les coûts suivants :

Scénario	**Coût d'investissement (en millions de dinars)**	
	Réseau routier	**Transport collectif**
TI	535	95
TC	223	267
Intermédiaire	382	175

Les investissements en matière de réseau ferroviaire à réaliser, dans le cadre du scénario TC, sont estimés globalement (dans le cas de réalisation de toutes les lignes suggérées) à 370 millions de dinars. Bien entendu, ces coûts s'entendent hors matériel roulant.

CONCLUSION

L'amélioration de la situation actuelle du système de transport à Tunis repose nécessairement sur :

- un maillage efficace du réseau routier, avec une capacité suffisante de contournement et une adaptation des aménagements physiques et de régulation lumineuse de principaux carrefours de la voirie primaire ;
- une intégration physique et tarifaire des différents réseaux TC assurant à l'usager un rabattement multimode, lui permettant de payer un déplacement origine-destination et non des trajets et ce, avec le développement d'une infrastructure d'échange adéquate et un maillage satisfaisant du réseau ;

– une autorité organisatrice apte à prendre en charge la cohérence d'ensemble de l'urbanisme et du transport.

La mise en place de cette politique multimodale des déplacements doit donc considérer :

1. l'aménagement et l'exploitation du réseau de voirie (axes et nœuds) ;
2. la restructuration du réseau global TC, pour optimiser leur exploitation et leur complémentarité ;
3. l'exploitation du système d'offre de stationnement en cohérence avec la politique globale de déplacements ;
4. la planification des réseaux piétons et deux roues assurant sécurité et confort dans les déplacements.

Sur la base d'une première évaluation des scénarios traités seule une alternative mettant en place une politique globale, claire et concertée des transports pourra garantir la satisfaction des objectifs tant en matière d'utilisation de l'espace, de protection de l'environnement que d'amélioration de qualité de vie des habitants.

Les estimations financières des scénarios traités se basent sur une projection des coûts d'exploitation des opérateurs publics de TC pour les périodes IXe, X^{e}, XIe et XIIe plans, des coûts externes subis par la collectivité (congestion, pollution, accidents), du bilan énergétique et de l'infrastructure conséquente. Le scénario le plus favorable au système de transport à l'horizon 2016 étant le scénario TC dont le coût global, à dinar constant de 1998, s'élève à 3 500 MD contre 7 400 MD pour le scénario TI. Ces montants sont détaillés comme suit :

	Coût du scénario TC	**Coût du scénario TI**
Infrastructure VP-TC à la charge de l'État	1 178 MD	1 471 MD
Intervention de l'État au niveau des résultats d'expl. des opérateur publics	990 MD	965 MD
	Économie	Surcoût
Économie et surcoût usagers	191 MD	1 986 MD
Surcoût énergie	220 MD	415 MD
Coûts subis par la collectivité	1 294 MD	2 549 MD
Total	3 491 MD	7 386 MD

Vu ce qui précède le choix idoine du scénario développement du secteur de transport urbain en général se trouve trivial. Le développement des transports en commun étant le pilier central d'un urbanisme cohérent, fonctionnel et évolutif, au profit de la ville, la collectivité et des usagers.

Références

1. *Plan directeur régional de transport du Grand Tunis (PDRT)*. Bureau d'étude : SIDES.

2. *Étude du schéma directeur d'aménagement du grand Tunis (SDA)*. Groupement : URBA CONSULT-URAM-BRAMMAH.

3. *Actualisation du plan directeur de transport de la ville de Tunis*. Groupement : CONSULTING FORMAPLAN-ETIC-MEDIAM SC.

■

LES TRANSPORTS EN SUISSE EN 2020

Dr Yves Delacrétaz
Collaborateur scientifique à l'École polytechnique fédérale de Lausanne

Pays de montagnes, la Suisse concentre 80 % de sa population sur un petit tiers de sa superficie, constitué par le plateau densément urbanisé s'étendant grosso modo sur 300 km de long et 40 à 50 km de large, du lac Léman au lac de Constance. Montagnes d'une part, conurbation de l'autre, constituent le cadre des deux problématiques majeures auxquelles ce pays, situé au centre géographique de l'Europe occidentale, est confronté au plan de ses transports :

- Une problématique de transports métropolitains : les villes du plateau s'interconnectent, tendant à former une vaste conurbation de quelque 6 millions d'habitants ; les déplacements pendulaires et de loisirs s'accroissent et s'allongent, les équipements (hôpitaux, universités, centres d'achats et de loisirs) se regroupent. Les villes se spécialisent et attirent les entreprises à haute valeur ajoutée. Cette première problématique est commune aux autres métropoles européennes, où l'explosion de la mobilité urbaine pose d'importants problèmes sociaux, environnementaux et de qualité de vie. Depuis une trentaine d'années, la Confédération, les Cantons et les villes suisses accordent dans ce domaine une place prépondérante à la protection de l'environnement et à la réduction des nuisances liées aux transports.
- Une problématique de trafic de transit international de marchandises. Les flux les plus importants traversant la Suisse sont orientés Nord-Sud, à travers l'arc alpin. Avec ses grands projets de tunnels ferroviaires de base à travers le Gothard et le Lötschberg, la Suisse se positionne à la pointe de la recherche en matière de transport combiné rail / route.

Pour chacune de ces deux problématiques, en particulier en regard de l'enjeu environnemental, domaine dans lequel elle possède une législation plus stricte que les pays de l'Union Européenne, la Suisse représente une sorte de laboratoire pour le continent. C'est à ce titre que l'avenir des transports tels que les spécialistes suisses le perçoivent peut présenter de l'intérêt pour leurs confrères européens.

L'ENQUÊTE « L'AVENIR DES TRANSPORTS EN SUISSE »

La présente communication relate les premiers résultats d'une enquête menée en 1998-1999 par la Confédération suisse auprès de 108 experts en transport du pays. Le thème de l'enquête, « L'avenir des transports en Suisse » a permis au panel d'experts d'exprimer leur vision de la Suisse en 2020, au plan de ses transports, sur la base de questionnaires standardisés.

Soixante-huit questions ont été posées touchant à la politique des transports, à l'évolution de la mobilité, aux comportements individuels, aux évolutions techniques et à l'offre de transport. Un rapport de recherche provisoire en langue allemande a fait l'objet d'une diffusion restreinte en novembre 1999. C'est sur ce document, limité aux tableaux de résultats bruts assortis d'un bref commentaire, que se fonde la présente communication. Il n'est donc guère possible, en l'état, de procéder à des interprétations fines ou à des conclusions développées fouillées des résultats obtenus. Toutefois les orientations générales peuvent être présentées sans grand risque d'erreur.

Le lecteur intéressé à la méthodologie de l'enquête se référera utilement au rapport d'étude[1]. Qu'il suffise ici d'en signaler très brièvement quelques aspects saillants :

- L'enquête, fondée sur la méthode DELPHI, s'est déroulée en trois phases, avec envoi de trois questionnaires successifs aux experts consultés. Les questionnaires des phases deux et trois ont été élaborés sur la base des réponses obtenues aux phases précédentes. Les répondants connaissaient eux aussi les résultats globaux des phases antérieures. Les questionnaires comportaient aussi bien des questions ouvertes que des questions fermées. Des questions de contrôle ont été introduites, en particulier sur le degré de familiarité des experts avec les différents thèmes abordés.
- Les questions posées se rapportent à la situation en 2020, telle qu'attendue par les experts, de différents aspects des transports en Suisse. Cet horizon est à la fois suffisamment lointain pour permettre une vision réellement prospective et suffisamment proche pour permettre aux experts d'exprimer une opinion fondée dépassant une simple spéculation.
- Le panel d'experts est composé de personnes actives dans le domaine des transports. Parmi les 108 experts ayant participé, 43 % travaillent dans des bureaux d'étude ou des organismes de recherche en transport, 29 % dans des entreprises de transport, 21 % dans des administrations cantonales ou fédérales et 7 % sont des responsables politiques.

LES CONDITIONS CADRES EN 2020

Les experts s'attendent unanimement à ce que dans vingt ans la politique suisse des transports présente une plus grande homogénéité qu'aujourd'hui avec celle de l'Union Européenne. Cela ne devrait cependant pas modifier fortement les conditions cadres du point de vue suisse. Les préoccupations environnementales et de maîtrise de l'occupation du sol resteront prédominantes dans le pays. La population sera encore plus encline qu'aujourd'hui à protéger l'environnement et adoptera des comportements plus écologiques. Par exemple, les loisirs « verts » se développeront et les automobilistes apprendront à conduire de façon plus calme et économe en carburant.

Au plan économique, les experts sont imprégnés du pessimisme régnant actuellement en Suisse, puisqu'ils prévoient une stagnation du Produit Intérieur Brut entre

1. Département fédéral de l'environnement, des transports, de l'énergie et des communications (DETEC), Office fédéral des routes (OFROU) et Service d'étude des transports (SET) ; « Enquête DELPHI. L'avenir des transports en Suisse », mandat de recherche 45/97, mandat SET, n° 321 ; à paraître au printemps 2000.

aujourd'hui et 2020. Les disparités de revenus tendront à s'accroître, tandis que les emplois se concentreront dans les grandes agglomérations. Les temps de travail s'assoupliront et s'individualiseront. Une progression du travail à domicile est attendue.

LA POLITIQUE SUISSE DES TRANSPORTS

Selon le panel d'experts, trois thèmes domineront dans vingt ans l'actualité politique suisse en matière de transports :

- La suppression de goulets d'étranglement existant aujourd'hui dans le réseau routier et dans le trafic aérien. Pour améliorer la fluidité du trafic routier, l'on comptera principalement, en 2020, sur le guidage du trafic et sur le péage. Le développement d'interconnexion avec les transports publics, la réglementation du stationnement sur domaine privé et les nouvelles formes de mobilité (covoiturage, autopartage, télétravail, etc.) viendront en appoint. L'extension physique du réseau routier ne sera que ponctuelle.
- Le financement des transports publics. Les investissements privés et publics dans ce domaine s'accroîtront, selon les experts, de 30 % relativement à aujourd'hui. La solution avancée pour faire face à ce besoin de financement consiste à affecter aux transports publics une partie des taxes fédérales sur les carburants, comme c'est le cas en Allemagne, par exemple. Un versement transport à la française n'est en revanche pas évoqué. 90 % des experts considèrent que les transports publics doivent être développés et que la Confédération doit les promouvoir plus activement qu'aujourd'hui.
- L'influence de l'Union européenne sur la politique suisse des transports. La Suisse pense être en avance sur l'Europe dans la lutte contre les nuisances liées aux transports. À l'avenir, certaines mesures, comme l'internalisation des coûts externes du trafic, ne pourront cependant être adoptées qu'en harmonie avec l'UE, sous peine de pénaliser l'économie suisse.

Parmi les préoccupations politiques des deux prochaines décennies, il est frappant de constater que les problèmes sociaux, comme à l'accès à la mobilité des personnes à bas revenu ou vivant dans des régions périphériques n'apparaissent qu'au second plan dans les réponses des experts

Parmi les problèmes liés au trafic, ceux qui sont considérés comme les plus graves sont d'ordre environnemental. Les experts se montrent très préoccupés en particulier par les problèmes du bruit, de la production de gaz à effet de serre (CO2), et par la consommation d'espace par les infrastructures de transport. 90 % des experts estiment que l'économie doit se soumettre aux impératifs environnementaux. Les pertes économiques liées à la congestion sont également citées, mais au second plan. Pour résoudre ces problèmes, les répondants recommandent avant tout la sensibilisation du public (campagnes d'information, de « public awareness ») et des mesures d'économie de marché. En effet, pour 89 % d'entre eux, la mobilité est aujourd'hui facturée trop bas aux usagers. Ils croient moins en revanche aux mesures réglementaires ou de contrainte.

MOBILITÉ DES PERSONNES ET COMPORTEMENTS DES CLIENTS DES TRANSPORTS

Dans le domaine du trafic de voyageurs, la demande globale devrait, selon les experts, s'accroître de 30 % environ en 20 ans, un peu plus pour les transports publics, un peu moins pour le trafic individuel (tableau 1). Le trafic aérien international connaîtra la plus forte croissance. Le tourisme de vacances utilisant l'avion se développera fortement. 66 % des experts considèrent qu'il n'y a pas de raison de chercher à limiter la mobilité.

Prestations de trafic en personnes-kilomètres	Indice 1998	Indice 2020		
		Moyenne	Médiane	Écart-type
Tous modes de transport confondus	100	136	130	20
Transports publics routiers	100	132	128	28
Transports ferroviaires	100	135	130	27
Trafic individuel motorisé	100	129	120	21
Lignes aériennes internationales (passagers en provenance ou à destination de la Suisse)	100	158	150	39
Trafic aérien interne	100	122	120	38

Tableau 1. Évolution 1998-2020 des prestations de trafic en Suisse dans le domaine du trafic de voyageurs, selon les experts consultés.

Parts des prestations de trafic	Part 1998 ou 1994	Part 2020		
		Moyenne	Médiane	Écart-type
Répartition modale				
Transports publics routiers	5 %	7 %	3 %	±3 %
Transports ferroviaires	13 %	15 %	15 %	±3 %
Trafic individuel motorisé	79 %	75 %	75 %	±5 %
Autre	3 %	4 %	3 %	±3 %
Répartition par motif				
Domicile – travail/école	25 %	22 %	22 %	±5 %
Affaires professionnelles	12 %	12 %	10 %	±3 %
Achats	13 %	12 %	10 %	±3 %
Loisirs	50 %	54 %	55 %	±8 %

Tableau 2. Évolution 1998-2020 des prestations de trafic en Suisse dans le domaine du trafic de voyageurs, selon les experts consultés.

Pour les experts, la répartition modale du trafic de voyageurs interne à la Suisse ne devrait pas se modifier sensiblement d'ici 2020. Il en va de même pour la répartition des différents motifs de déplacements : de ce point de vue, l'on ne prévoit qu'une légère érosion relative du trafic lié aux activités contraintes, au profit du trafic de loisirs (tableau 2). De façon générale, les distances parcourues chaque jour par les Suisses dans le cadre de leurs activités quotidiennes continueront à s'accroître.

Dans un tel contexte de croissance de la mobilité, quelles seront en 2020 les principales attentes des voyageurs vis-à-vis de l'offre de transport ? Les experts en voient cinq, citées ici dans l'ordre décroissant d'importance aux yeux des répondants :

- une meilleure flexibilité et interconnexion des moyens de transport ;
- une sécurité accrue ;
- un confort plus élevé ;
- une vitesse de déplacement plus élevée ;
- une meilleure disponibilité des transports publics.

En dépit des attentes élevées du public à l'égard des transports publics et multimodaux, la voiture particulière continuera de jouer un rôle majeur dans la vie des ménages suisses. Ainsi, le taux moyen de motorisation devrait progresser selon les experts de 450 voitures de tourisme pour 1'000 habitants en 1994 à 500 environ en 2020. La part des ménages sans voiture restera constante.

Les mesures innovatrices actuellement discutées en Suisse pour tenter d'influencer à la baisse le trafic individuel motorisé n'auront qu'un impact marginal. Il en va ainsi, selon les experts, tant des instruments d'aménagement du territoire — recherche de densité urbaine, de mixité d'affectation du sol, d'articulation de l'urbanisation sur les transports publics — que des nouveaux concepts de mobilité — auto-partage, services à la demande, tarifications combinées — ou des mesures d'organisation des déplacements de type co-voiturage.

MOBILITÉ DES MARCHANDISES ET ATTENTES DES ENTREPRISES ET OPÉRATEURS

En dépit de l'ouverture des grands tunnels ferroviaires du Gothard et du Lötschberg, les répondants ne s'attendent pas à une explosion du transport de marchandises par le rail en Suisse (tableau 3). Une croissance légèrement supérieure au trafic routier est prévue, tant pour le transport domestique que pour le transit à travers le pays. La moitié environ de la croissance du trafic routier domestique sera directement liée à un allongement de la distance moyenne de transport, estimée à 25 %.

En 2020, la part du trafic combiné dans l'ensemble du transport de marchandises sera sensiblement plus élevée qu'aujourd'hui et la circulation des cargaisons sera très dépendante des télécommunications. Les principales attentes qui s'exprimeront vis-à-vis du transport des marchandises concerneront, selon les experts (ordre d'importance décroissante) :

- une plus grande fiabilité et prédictibilité des temps de transport ;
- une meilleure interopérabilité et des chaînes de transport simplifiées ;

Prestations de trafic en tonnes-kilomètres	Indice 1998	Indice 2020 Moyenne	Médiane	Écart-type
Transport ferroviaire	100	154	150	40
Transport routier	100	144	140	26
Transport routier (en véhicules-kilomètres)	100	132	130	27
Transbordement des marchandises dans le transport aérien (tonnes)	100	151	140	46

Tableau 3. Évolution 1998-2020 des prestations de trafic en Suisse dans le domaine du trafic de marchandises, selon les experts consultés.

- plus de transport « juste-à-temps » ;
- une vitesse de transport plus élevée.

LES TECHNOLOGIES DES TRANSPORTS

Les répondants étaient invités à évoquer les principaux développements technologiques qui caractériseront les transports de l'an 2020. Excluant toute science fiction, les réponses faites mentionnent des technologies connues, comme l'indique le tableau 4.

Les applications télématiques appelées, selon les répondants, à se développer d'ici 2020 sont très nombreuses. Dans le domaine des déplacements de personnes, elles auront essentiellement pour effet une plus grande sécurité du trafic, en particulier sur les autoroutes. Accessoirement, elles faciliteront l'accès aux centres des villes ainsi que l'interconnexion entre transport individuel et collectif, et feront diminuer la circulation de véhicules à la recherche d'une place de parc. Globalement, l'effet positif sur

Quelles seront les principales orientations du développement technologique dans le domaine des transports en l'an 2020 ? (réponses libres : pas de liste préétablie)

1 = probabilité minime ; 6 = probabilité très forte.

	Moyenne	Médiane	SD
Applications télématiques	5,4	5	0,6
Moteurs à faible consommation	5,3	5	1,1
Véhicules plus légers (route et rail)	5,0	5	0,8
Conduite automatisée (route intelligente)	4,4	4	1,1
Avions à grande capacité (400-500 passagers)	4,0	4	1,1
Technologie Swissmetro	2,4	2	1,2

Tableau 4. Principaux développements technologiques dans le domaine des transports en l'an 2020, selon les experts consultés.

l'environnement sera cependant extrêmement modeste. En particulier, il est curieux de constater que, pour les experts consultés, la télématique ne contribuera pas significativement à réduire la congestion routière.

Pour le trafic de marchandises, la télématique facilitera grandement le développement du transport « juste-à-temps », ainsi que le transfert des cargaisons sur le rail. Les experts se montrent en revanche partagés sur la réalité en 2020 de systèmes organisés de distribution des marchandises en ville, de type « logistique urbaine ».

Les experts ne croient pas à l'apparition massive de nouvelles sources d'énergie dans le domaine des transports. Les hydrocarbures continueront à assurer l'essentiel des besoins énergétiques. Le fuel, actuellement très peu répandu en Suisse comme carburant de moteur de voitures, devrait d'ici vingt ans se développer jusqu'à alimenter 20 % du parc des voitures de tourisme. En revanche, les moteurs seront moins gourmands (3-5 litres aux 100 km en moyenne pour les voitures, moins de 20 litres aux 100 km pour les camions), moins polluants et les véhicules à la fois plus légers et moins bruyants qu'aujourd'hui. La proportion de véhicules à « zéro-émission » ne devrait pas excéder 10 % en 2020.

Enfin, il apparaît très peu probable aux yeux des experts que durant les vingt ans à venir la technologie ferroviaire classique roue/rail soit supplantée par une autre technologie, Swissmetro par exemple[2], dans le domaine du transport collectif de voyageurs sur longue distance. Évoquée dans plusieurs questions de l'enquête, l'introduction en Suisse d'un transport à haute vitesse (Swissmetro ou un autre) paraît exclue aux yeux des experts à l'horizon de vingt ans. Ces derniers n'y voient d'ailleurs aucun avantage, sinon pour l'image de la Suisse et pour le développement économique des quelques villes qui seraient desservies. En revanche, les autres villes en souffriraient, de même que les régions périphériques. Finalement, le coût en serait insupportable pour les finances publiques.

2. Swissmetro est un projet de transport intervilles à haute vitesse (400 km/h), entièrement souterrain sous vide d'air poussé, à traction et sustentation magnétique. Deux diagonales d'une longueur totale de 520 km reliant les principales villes suisses sont proposées.

SWISSMETRO

Une innovation radicale dans le domaine des transports ?

Roland Mantilleri, Pierre Rossel
Geste

1. SWISSMETRO : UN CONCEPT DE TRANSPORT TRÈS INNOVANT

1.1. Le projet Swissmetro

Swissmetro est un projet proposant de mettre en œuvre un système de transport à grande vitesse, basé sur une combinaison de technologies innovantes : la propulsion par moteur linéaire, la sustentation et le guidage électromagnétique et le passage en mode souterrain et dépressurisé. Bien que n'existant pas à l'état expérimental, il s'agit pourtant davantage que d'un simple concept dans la mesure où il comprend aujourd'hui une importante masse de connaissances et d'analyses, quelques tests en laboratoire portant sur des aspects technologiques-clés, et une histoire déjà riche en événements et apprentissages, vraisemblablement loin d'être terminée.

1.2. Une idée marquée par le contexte qui l'a vu naître

Swissmetro est une idée qui a germée dans la tête d'un visionnaire au milieu des années soixante-dix, en Suisse. Cet aspect géographique a son importance, même si d'autres concepts similaires ont été imaginés à peu près à la même époque en d'autres lieux (le syndrome de convergence Bell-Edison est plus fréquent qu'on ne le croit).

La Suisse se prêtait peut-être à envisager une innovation dans le domaine électrique et à valoriser la tradition de construction de tunnels que ce pays avait développé ou peut-être le projet traduisait-il simplement le sentiment que la Suisse, du moins son plateau central traversant le pays d'est en ouest, fonctionnait déjà comme un environnement urbain global et cohérent et qu'il manquait simplement à celui-ci un moyen de transport faisant bon usage de cette caractéristique. L'inventeur, lui, a très tôt mis en avant la très grande difficulté de construire en surface (espace restreint et cher, atteintes au paysage, nuisances). Il faut dire qu'il a participé à l'étude qui devait apprécier la possibilité de construire en Suisse un réseau de transport de type TGV (cette étude du début des années quatre-vingts délivrant finalement une réponse négative, laissant le pays sans véritable possibilité de s'insérer dans le réseau européen des trains à haute performance[1]).

---

1. *Cf.* Güller (1983).

L'idée Swissmetro, pour innovante qu'elle fut, et alors qu'allemands et japonais commencent dès cette même période à développer leur véhicule expérimental de type maglev[2], mettra quelque quinze années avant de décrocher le financement suffisant à son exploration scientifique.

Cela s'est fait en deux temps : d'abord grâce à une étude préliminaire (1989-1993), qui a eu pour but d'établir la faisabilité du concept, puis grâce à une étude dite principale (1994-1998), où les promoteurs et chercheurs de Swissmetro, forts d'un financement agrégé de quatorze millions de francs suisses, ont pu approfondir leurs études techniques et préparer un dossier pour une demande de concession (autorisation dépendant, en Suisse, du Conseil fédéral, l'exécutif du pays[3]).

1.3. Swissmetro à la croisée des chemins

Déposée à fin novembre 1997, la demande de concession visait à mettre en œuvre la construction d'un tronçon-pilote entre Genève et Lausanne. Elle a reçu une réponse paradoxale plus d'une année et demie plus tard, après que l'Office fédérale des transport, à la suite de la consultation de plus de trente offices fédéraux et de deux études extérieures[4], se soit forgés la conviction que le projet n'était pas faisable[5]. Peut-être cette conviction existait-elle déjà avant le dépôt du projet. Toujours est-il que le Conseil fédéral, souverain, a manifesté son intérêt (et même son « vif » intérêt), et en même temps exprimé l'impossibilité de se conformer au modèle de financement présenté dans la demande (prévoyant la totalité du financement des infrastructures par les pouvoirs publics). Mais sous réserve de révision de la demande, le Conseil fédéral a considéré que le projet était prometteur et qu'il valait la peine de le re-soumettre (avec un nouveau concept de financement[6]).

Entre-temps, la fin de l'étude principale avait aussi signifié la fin des apports financiers extérieurs pour les Hautes écoles participant à la recherche et pour Swissmetro SA, le maître d'œuvre. La perte de patrimoine intellectuel qui menaçait « l'après-étude principale » et la pluralité, mais aussi l'hétérogénéité des options s'offrant aux

2. Même si le terme maglev a été explicitement utilisé par les japonais pour leur véhicule, nous utiliserons cette notion pour désigner indistinctement tous les systèmes de transport à lévitation magnétique.

3. Soulignons ici qu'à la fin 1998, les études effectuées par une quinzaine d'instituts des Écoles polytechniques fédérales de Lausanne et Zurich ainsi que quelque 80 entreprises privées, avaient permis d'atteindre deux objectifs :
- la préparation de l'ensemble des données techniques et économiques nécessaires à l'obtention de la concession pour un tronçon pilote, situé entre Genève et Lausanne ;
- la constitution du dossier décrivant les détails du projet et les options techniques retenues, en incluant les aspects d'exploitation, de sécurité et les bilans économiques et environnementaux.

4. *Cf.* Güller & Güller (1998).

5. Il faut dire aussi que ces dix dernières années, une série de critiques était apparue sur différents aspects du concept et que des contre-arguments avaient été rendus publiques, dans le jeu typique des controverses sur les technologies innovantes. Les résistances à l'innovation allaient probablement plus loin que le simple débat sur les aspects techniques ou socio-économiques discutables de Swissmetro ; il n'est en effet pas impensable d'en attribuer la virulence voire l'obstination, aux engagements politiques et économiques de leurs acteurs.

6. Le Conseiller fédéral en charge du dossier a ensuite suggéré, pour cette nouvelle étape, l'examen d'un autre tronçon, à savoir la liaison « aéroport-aéroport » Zurich/Kloten — Bâle/Mulhouse.

principaux protagonistes pour la poursuite du projet, créait de fait une situation toute nouvelle, moins marquée par l'inscription résolument helvétique du concept jusque-là et certainement moins axée sur la concurrence directe avec les chemins de fer existants, avec les résistances à l'innovation que l'on a pu constater. Une véritable dynamique d'innovation pouvait en effet se développer, propre à gérer le saut technologique et le potentiel que représente le concept Swissmetro.

Pour montrer cette nouvelle donne, il nous faut néanmoins revenir sur les caractéristiques technologiques et donc ouvrir la boite noire du concept, afin d'en comprendre les aspects essentiels.

2. LE SYSTÈME SWISSMETRO

2.1. Technologies et équipements

Swissmetro est un système de transport basé sur le recours à cinq technologies complémentaires :

- une infrastructure entièrement souterraine, comprenant deux tunnels de 5 m de diamètre intérieur, forés en général dans la roche, à une profondeur variant entre 60 et 300 mètres selon la topographie, ainsi que des stations connectées au centre des villes aux réseaux de transports publics urbains et régionaux de surface ;
- la réduction de la pression dans les tunnels (vide partiel correspondant à la pression régnant à environ 18'000 m, altitude de vol du Concorde) afin d'économiser l'énergie nécessaire à la propulsion des véhicules pressurisés ;

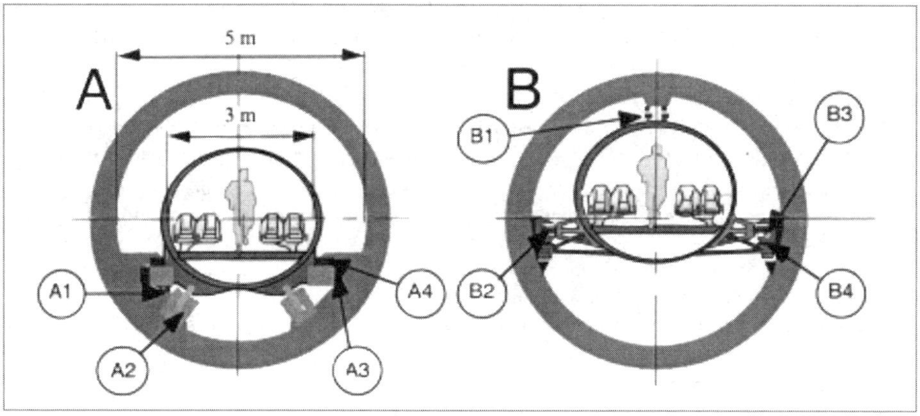

Figure 1. Coupe schématique de deux variantes du tunnel avec véhicules
Variante A (moteur dans le tunnel) / Variante B (moteur embarqué)

A1 = Transmission d'énergie par induction ; B1 = Transmission d'énergie par induction ;
A2 = Moteurs linéaires fixés au tunnel ; B2 = Moteurs linéaires embarqués ;
A3 = Inducteur de guidage ; B3 = Inducteur de guidage ;
A4 = Inducteur de sustentation ; B4 = Inducteur de sustentation.

– un système de propulsion des véhicules par moteurs électriques linéaires (deux variantes possibles), permettant d'atteindre une vitesse de l'ordre de 500 km/heure,
– la sustentation et le guidage des véhicules découlant de la création et de la gestion de champs électromagnétiques ;
– la transmission d'énergie par induction pour la propulsion, la sustentation et le guidage des véhicules.

2.2. Spécifications

Le système Swissmetro, basé sur un horaire synchronisé, est caractérisé par :

– un temps de parcours de 12 minutes entre deux stations distantes de 60 à 80 kilomètres (vitesse comprise entre 400 et 500 km/h) ;
– une cadence d'un véhicule toutes les 12 minutes et un temps d'arrêt de 3 minutes en station ;
– une station conçue pour réduire les temps d'attente et de déplacement des passagers au minimum ;
– une exploitation du système menée en étroite collaboration avec les compagnies de transport ferroviaire et les transports urbains.

Par l'utilisation d'un véhicule de 200 places, le système Swissmetro atteint une capacité de transport de 2000 passagers par heure et par direction. Cette valeur peut atteindre 3 000 passagers lorsque la fréquence est portée à un véhicule toute les 4 minutes. Les véhicules peuvent également être allongés par l'ajout de modules intermédiaires entre les extrémités. La capacité maximale imaginable est alors de 6 000 passagers par heure et par direction.

2.3. Les stations et le génie civil

Le concept du revêtement des tunnels a également fait l'objet d'un examen détaillé en relation avec les conditions géologiques et les critères d'exploitation (étanchéité à l'air et à l'eau, sollicitations mécaniques, thermiques et chimiques, etc.). Étant donné qu'un anneau extérieur de voussoirs sera systématiquement posé à l'avancement, lors de l'excavation, quatre types de revêtement intérieur répondant aux exigences imposées ont été identifiés. Les études comparatives ont alors démontré que dans l'état actuel des développements, c'est un revêtement du type sandwich, comprenant une membrane étanche posée entre deux anneaux de béton (voussoirs extérieurs et anneau intérieur) qui répond le mieux aux critères définis.

Afin de favoriser la synergie avec les transports publics de surface, urbains et régionaux, la station-type Swissmetro est à intégrer dans les gares de surface. La station Swissmetro comprend deux niveaux d'exploitation en souterrain :

– l'accueil des voyageurs dans un hall connecté aux transports de surface (hall d'accueil) ;
– l'embarquement et le débarquement dans un espace regroupant toutes les autres fonctions de la station (zone d'embarquement et de débarquement).

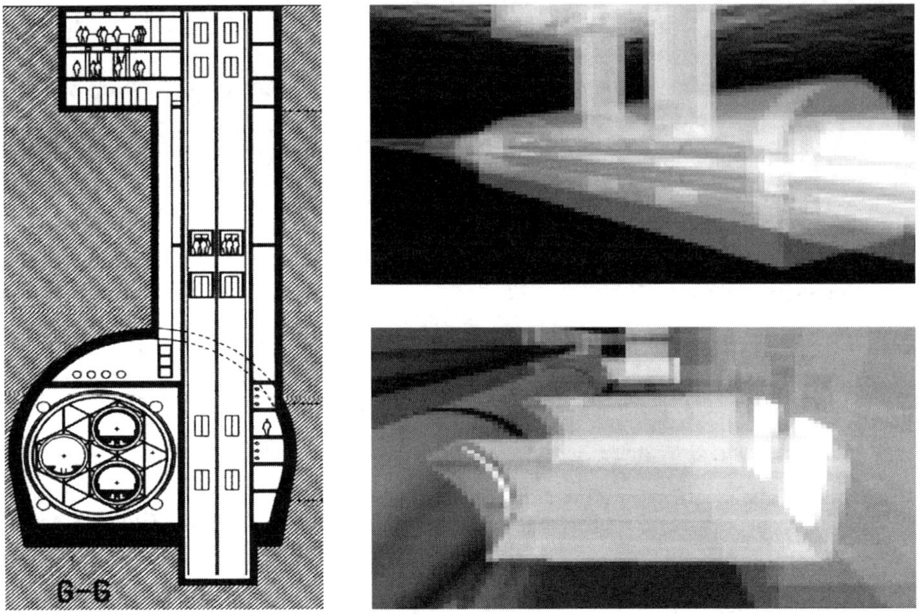

Figure 2. La station souterraine Swissmetro

Les puits intermédiaires, tout comme les galeries qui auront servi à la construction du tunnel, seront utilisés dans la phase d'exploitation pour le passage des câbles d'alimentation. Les pompes assurant la création et le maintien du vide y seront également localisées.

2.4. Vide et repressurisation

Dans le choix du niveau de pression et de diamètre du tunnel, un effort a été fait pour atteindre un compromis entre les coûts d'investissement (petit diamètre, niveau de pression proche de la pression atmosphérique) et les coûts d'opération (minimisation de la consommation d'énergie) tout en prenant également en considération les aspects de sécurité, de d'échauffement, de construction.

Dans le but de maintenir une pression de l'ordre de 8 000 Pa dans les tunnels, il est nécessaire de placer l'équivalent d'une pompe de 50 kW pour chaque kilomètre de double tunnel. On relèvera par ailleurs qu'une procédure de repressurisation, à réaliser en 2.5 minutes via les puits de ventilation connectés directement à l'air libre conduirait à des difficultés de contrôle très importantes. Cela explique pourquoi cette approche doit être combinée avec un système de repressurisation distribué tout le long du tunnel (tube pressurisé) qui assure la première phase de la repressurisation (- > 60 000 Pa).

2.5. Alimentation électrique

Le tunnel Swissmetro sera connecté au réseau haute tension de surface. Un système sans contact assurera l'alimentation des systèmes électromagnétiques embarqués. En cas de panne, un dispositif de réserve, embarqué sur le véhicule, garantira les fonctions de maintien de la trajectoire. Le réseau local de moyenne tension alimentera les stations et leurs installations. Un équipement de secours est également prévu dans ce cas.

2.6. Le(s) véhicule(s)

Le véhicule pressurisé d'une longueur de 80 à 130 m et d'un diamètre extérieur de 3,2 m peut contenir de 200 à 400 passagers. En stations, les portes et galeries automatiques assurent un transfert sûr et efficace des passagers (comme dans un avion en haute altitude, la proximité du vide est en quelques sorte « transparente »).

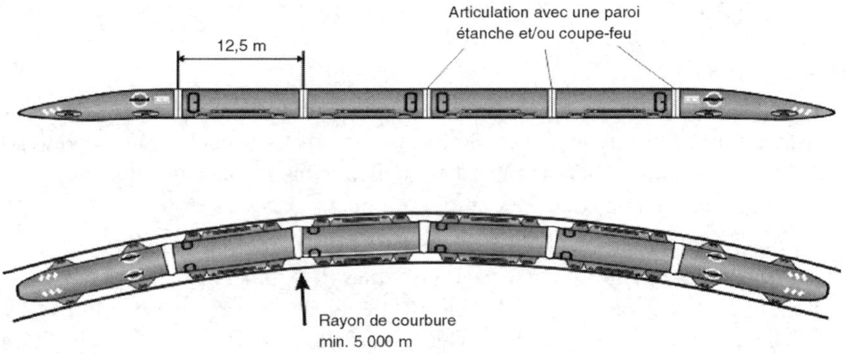

Figure 3. Représentation du véhicule en plan et de profil

2.7. Aspects opérationnels

La structure asymétrique de la station offre la possibilité de ne disposer les portes-sas que d'un côté des véhicules. Il en découle une réduction des coûts et une sécurité accrue. Dans la station, les tunnels sont superposés. Les accès aux véhicules se font sur deux étages, selon la provenance ou la destination des voyageurs. Le hall d'accueil et la zone d'embarquement et de débarquement sont reliés par une batterie d'ascenseurs à double ponts. Les tunnels restent sous pression réduite et des sas appliqués sur chaque porte du véhicule permettent le passage des voyageurs à pression atmosphérique. Dans chaque station un système à barillet permet, par rotation, de faire passer si nécessaire un véhicule d'un tunnel à l'autre.

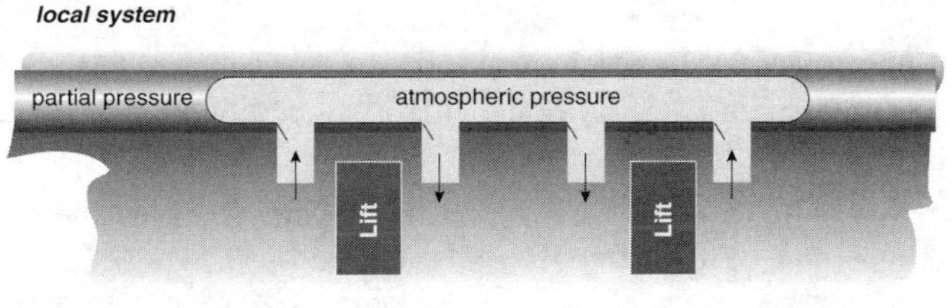

Figure 4. Systèmes des portes-sas

2.8. Effets et impacts

La question des effets tourne autour de deux questions principales : les tendances à la centralisation qu'exerce tout naturellement un moyen de transport à grande vitesse et les impacts locaux ou plus globaux sur le paysage et l'environnement.

Concernant le premier de ces points, il est clair qu'un vieux débat, très ancré dans la mentalité suisse, traduit une inquiétude pour tout ce qui pourrait perturber les habitudes en matière de fédéralisme et de pouvoir décentralisé propres à ce pays. Swissmetro ne pouvait donc plus mal tomber et il est aisé d'imaginer des effets de centralisation préoccupants (marginalisation des périphéries géographiques) ou des effets « tunnels » (marginalisation des zones entre deux stations[7]). Mais cette vision est un peu simpliste et correspond peut-être avant tout à l'idée d'une perturbation possibles des équilibres caractérisant le réseau ferroviaire suisse, le plus dense d'Europe. En fait, elle fait fi de plusieurs dimensions-clés du problème, à savoir que :

1. la Suisse est déjà depuis plusieurs décennies en marche vers des effets de polarisations urbaines importantes, même sans Swissmetro (Schuler, Huissoud, Jemelin & Stofer 1997) ; ce phénomène est également constatable dans plusieurs régions européennes à hautes densité démographiques ;
2. il importe de penser que le territoire national peut être transformé non seulement sur le plan de ses équilibres internes possibles (l'argument précédent montre qu'il ne faut toutefois pas les idéaliser), mais également par rapport à l'effet dynamique qu'un moyen de transport à haute performance peut avoir pour positionner ce même territoire national dans son environnement international global (Bassand et Rossel 1994) ;
3. il y aura également des effets positifs à comptabiliser, même du point de vue des périphéries du système à grande vitesse introduit ;
4. pour les cas de marginalisation inévitable, il est possible d'envisager, pour les régions les plus clairement touchées, des compensations (financières, pourquoi pas, mais aussi en infrastructures de télécommunications ou sur le plan des coopérations transfrontalières).

Concernant la deuxième des questions, à savoir les impacts physique avec empiétement au sol et perturbation du paysage et de l'environnement direct, le problème principal est avant tout celui, lié à la phase de construction, de la gestion des déchets d'excavation, et tous les indicateurs montrent qu'il ne s'agit nullement d'un obstacle rédhibitoire et qu'au contraire les chances sont raisonnables d'arriver à gérer leur stockage, leur transfert et leur recyclage de manière durable.

2.9. Aspects sécuritaires

Dans le cas d'un projet fortement innovant comme Swissmetro, la sécurité objective ou subjective est un domaine sensible dont la maîtrise conditionnera fortement le niveau d'acceptation et la rentabilité du projet.

Comparé à d'autres systèmes de transport (rail, métro), Swissmetro bénéficie de quelques avantages inhérents à son concept (sécurité intrinsèque). Sa particularité la

7. *Cf.* pour ces aspects Plassard (1992 et 1993).

plus intéressante provient cependant de la combinaison, dans un environnement particulier, de technologies issues de domaines bien connus comme l'aviation, les trains à grande vitesse, les métros et activités souterraines ou encore les trains à lévitation magnétique. Pour les aspects encore à fiabiliser, on peut dire que bien pensé (perspective de R & D), la totalité des aspects sécuritaires constitue un domaine d'opportunités technologiques et économiques.

2.10. Bilan énergétique

Le bilan énergétique a été déterminé pour différent taux d'occupation du véhicule. Dans tous les cas, en comparaison de la consommation d'énergie globale d'un pays comme la Suisse, la consommation d'énergie directe de Swissmetro est faible. À titre d'illustration, pour la ligne est-ouest reliant Genève à Saint-Gall, une exploitation à pleine capacité ne représenterait que le 0.18 % à.24 % de la consommation totale suisse. Swissmetro n'aurait de ce fait aucune incidence sur la stratégie d'approvisionnement en énergie du pays. On peut sans autre en tirer des extrapolations pour la plupart des pays européens.

La figure ci-après montre la répartition de la consommation énergétique entre les différentes fonctions de Swissmetro.

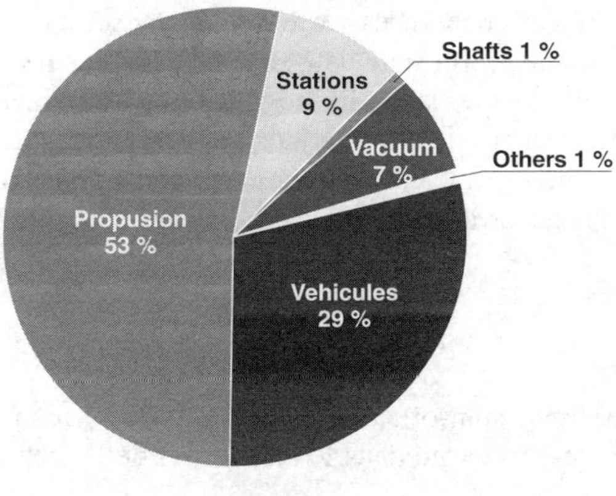

Figure 5.
Répartition de l'énergie directe entre les différentes fonctions

Les besoins en énergie par passager de Swissmetro montre que Swissmetro est tout à fait compétitif vis-à-vis d'autres systèmes de transport, du moins dans l'état actuel des connaissances sur les possibilités de comparer effectivement différents systèmes de transport entre eux[8]. En réalité, comme il ne s'agit pas de construire Swissmetro demain matin mais de pouvoir incorporer les technologies nouvelles qui ne vont pas manquer d'émerger, ainsi que les pressions qui à n'en pas douter feront évoluer le prix de l'énergie ces vingt prochaines années, la question doit être envisagée dans l'autre sens : le R & D du système Swissmetro, sur la base de certaines de ses caractéristiques

8. La démarche par écobilan est, sur ce plan, dans une phase encore préliminaire, loin de pouvoir rendre compte conjointement et comparablement des différents facteurs entrant en compte — non seulement énergie, mais aussi risques, bruit, aspects de santé, effets sociaux, etc. (*cf.* pour cela Rossel, Bosset, Glassey, Mantilleri, 1999).

techniques et externes déjà identifiées comme favorables tant sur le plan des risques que de l'énergie consommée, doit absolument incorporer dans son cahier des charges la nécessité de rendre cette technologie plus durable que ses concurrents (trains à grande vitesses et avion). Tout cela va bien entendu dépendre de la capacité à concevoir un système dont les infrastructures puissent être amorties sur une longue période (comme peuvent l'être un aéroport ou une autoroute), de manière à mettre les dépenses d'exploitation au centre du calcul.

2.11. Aspects environnementaux

Les résultats sont fortement influencés par les aspects spécifiques de Swissmetro, à savoir un tracé en souterrain et une concentration des travaux en quelques points de surface qu'il est possible de choisir spécifiquement. On distingue les composantes suivantes.

- La phase d'exploitation, pendant laquelle les impacts de Swissmetro sont essentiellement limités aux aspects de l'aménagement du territoire et du trafic/transfert modal. Les autres aspects sont généralement faibles ou inexistants, voire positifs grâce à la possibilité de renoncer à l'extension de voies de communication de surface. Ces impacts positifs, notamment sur la diminution des polluants atmosphériques, devraient se manifester déjà au stade du tronçon pilote.
- La phase de construction, pour laquelle l'analyse des sites et des possibilités d'évacuation a montré que les surfaces concernées par les chantiers seront peu nombreuses et limitées dans leur étendue. Il existe dans chaque cas des sites et des solutions favorables, permettant d'assurer la faisabilité et de limiter fortement les impacts négatifs potentiels. L'évacuation des matériaux est l'élément déterminant pour cette phase. L'étude a montré que des solutions de valorisation et de dépôt peuvent exister sur l'ensemble du territoire (cf. notamment pur cela Caflisch 1995).

2.12. Spin-offs

Le projet Swissmetro a déjà généré différents spin-offs dans le domaine de la technologie des bétons, de l'aérodynamique, de la sécurité dans les tunnels et de l'électromécanique :

- un stand d'essai aérodynamique HISTAR, dont le but est de pouvoir simuler les effets aérodynamiques de Swissmetro et des trains à grande vitesse circulant dans des tunnels de longueur importante, grâce à un stand d'essai (échelle 1/10) long de 500 m et permettant d'atteindre des vitesse de l'ordre de 500 km/h, est actuellement en construction ;
- le béton sous vide : un banc de test analyse actuellement le comportement des bétons soumis au vide (étanchéité, résistance mécanique, fatigue, durée de vie) ;
- le développement d'approches nouvelles capables de réduire les conséquences des accidents dans les tunnels ;
- le transfert d'énergie sans contact : d'une part pour les véhicules électriques automatiques (sans conducteurs) et fonctionnant sans batteries, d'autre part pour l'alimentation électrique sans contact destinée aux machines outils.

2.13. Conclusion provisoire pour ce qui du système technique Swissmetro

Swissmetro est un système de transport attractif à même de devenir, grâce au R & D projeté, performant, sûr et respectueux de l'environnement, avec de surcroît une grande flexibilité d'exploitation. Il peut représenter le système de transport capable de succéder aux trains à grande vitesse de type TGV, puisque, au-delà d'une vitesse commerciale moyenne de 280 à 300 km/h, l'exploitation d'un train en surface, dans un pays à haute densité démographique, pose d'énormes problèmes de rentabilité, de sécurité et de nuisance. Ce nouveau système de transport peut entrer en phase de développement dès à présent, pour pouvoir être opérationnel dans un délai de 10 à 20 ans. Dans cette perspective temporelle, Swissmetro permet d'envisager au plan européen, des jonctions métropolitaines efficaces.

3. LA DYNAMIQUE D'INNOVATION SWISSMETRO

3.1. D'une approche « push » à une démarche « push-pull »

Jusqu'ici, et c'est probablement bien normal si l'on pense à la somme de motivations qu'il a fallu rassembler et déployer pour faire avancer le projet, l'approche de l'innovation Swissmetro a été exclusivement « push ». Le script mis au point est resté pratiquement intangible depuis le début. Swissmetro SA propose un concept pour un système de transport entièrement nouveau, à grande vitesse, dont les qualités intrinsèques, tout particulièrement par rapport à certaines impasses dans lesquelles se trouvaient les transports conventionnels, ne peuvent que susciter l'adhésion (pour peu qu'on prenne la peine de bien expliquer les choses). Swissmetro épouse ainsi le sens de l'histoire et incarne le progrès en marche. L'idée est là, il suffit de la « pousser » (« push »), elle va inéluctablement s'imposer. Argument corollaire, liée à la vocation initialement helvétique du concept : autant que la Suisse, où il est né, profite de cette situation en l'implantant sur son propre sol, d'ailleurs tout particulièrement indiqué pour cela. À peu de choses près, ces différents éléments composent l'argument de vente de l'innovation Swissmetro.

Nous faisons ici l'hypothèse que cette approche est assez naturelle dans la mesure où elle née du besoin de trouver des solutions à une série de problèmes (la lenteur des chemins de fer suisses, la congestion du trafic, le manque d'attractivité des différents systèmes ferroviaires existants), mais qu'elle n'incarne de loin pas tout le potentiel du concept Swissmetro. Qu'il s'agisse du rôle joué par le tronçon-pilote ou d'identifier le contexte géopolitique le plus favorable à son développement, il y a de la place pour repenser certaines variables du concept. C'est de cette manière que nous entendons poser la question de l'innovation Swissmetro. La question de savoir s'il correspond aux circonstances de la Suisse ou non doit dès lors être subsidiaire et non principielle.

Pour aller plus loin, nous nous inspirerons de ceux qui ont déjà passablement exploré tant qualitativement que quantitativement les ressorts des dynamiques d'innovation ces dernières décennies, en particulier les chercheurs du mouvement « Evolutionary Economics » et c'est à l'aide d'un de leur modèle (*cf.* ci-après) que nous réaborderons la question.

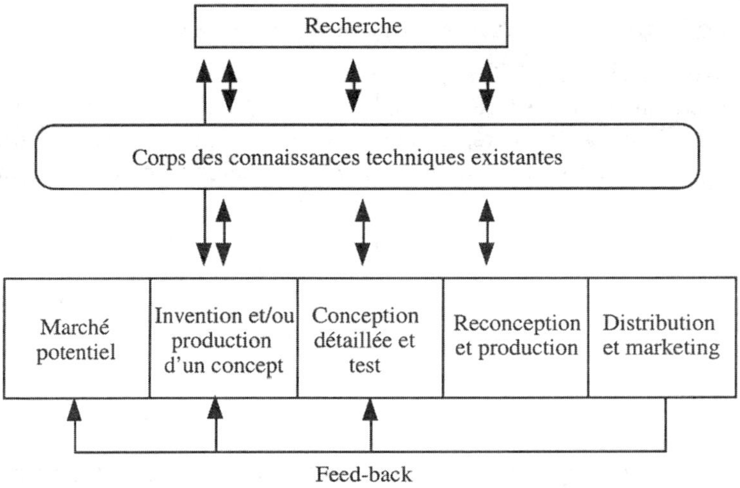

Représentation simplifiée du modèle dit "chain-linked" de Kline & Rosenberg (1986), montrant les flux d'information et les coopérations nécessaires à l'innovation

Figure 6. L'ordre des coups et les relations inter-acteurs dans les processus d'innovation radicale

On voit dans cette approche de l'innovation, très schumpétérienne dans son esprit (cf. plus loin) que le marché est une réalité première. Non qu'elle précède l'invention, l'idée sur laquelle se construit l'innovation. Mais elle constitue un acte de repérage, d'évaluation, de prise de décision et d'investissement concernant une invention particulière qui en réalité conditionne son essor. Dans cette perspective, nombre d'inventions ne trouvent pas preneur (quel que soit leur mérite spécifique) ou viennent trop tôt ou trop tard pour attirer l'attention et susciter le soutien de l'investisseur (c'est-à-dire l'entrepreneur, au sens schumpétérien).

La question de base n'est donc pas de savoir si à force d'expliquer on peut convaincre, mais s'il y a un marché indiscutable qui ne peut manquer d'attirer un entrepreneur-investisseur, à même d'assurer les coûts inhérents au R & D du système. Mais qu'est-ce que cela signifie : un marché indiscutable ? Il ne suffit par exemple pas que la nouveauté soit plus performante que les technologies qu'elle vise à remplacer. Il y a en effet beaucoup de coûts cachés dans un situation de ce type et la supériorité en vitesse ou même la capacité de lier efficacement un réseau de villes n'est en soi pas absolument déterminant. Nous voudrions ici reprendre les mots d'un innovateur à succès interviewé durant le micro-delphi mené sur l'innovation radicale dans le cadre de la recherche Rossel, Bosset, Glassey & Mantilleri (1999) : « innover c'est avant tout être capable de faire mieux et moins cher ». Moins cher à tout point de vue. C'est cette approche que nous allons utiliser ici. Bien entendu, elle n'exclut pas qu'ici ou là dans l'histoire les lois du marchés aient été provisoirement « forcées » par un gouvernement désireux de soutenir à tout prix une réalisation innovante (vous avez dit Concorde ?), mais dans l'ensemble, ces processus sont des plus délicats, compliqués et à l'évidence fragiles : on peut être amené à payer la facture réelle à n'importe quel moment.

Nous devons donc provisoirement sortir de la boite noire de la technologie Swissmetro (nous y reviendrons) et poser la question : quel est le marché possible de cette innovation, ou peut-être ses marchés possibles ?

Il n'est pas question ici de prétendre que nous avons envisagé tous les scénarios et fait les « business plans » qui leur correspondent. Au cours des années de recherche sur Swissmetro, nous avons en revanche été amenés à considérer quelques options que nous retenons ici pour une étude exploratoire. Nous faisons l'hypothèse que le marché qui fait le meilleur usage de cette technologie qui doit encore séduire, rassurer et faire la preuve de sa fiabilité (et pour autant, respecter le principe de rentabilité intrinsèque), ne réside pas dans le concept de réseau, mais dans celui de « corridor humain » (du moins dans premier temps) et que dans cette perspective, seuls deux cas de figure sont envisageables :

1. une liaison stratégique « aéroport-aéroport » destinée à faire d'un double ou triple site de desserte aérienne un « macro-hub », avec les gains à long terme qui peuvent lui être liés et les acteurs que cela peut intéresser (aéroports, compagnies aériennes, riverains, organisations officiellement chargés de veiller à la protection de l'environnement, etc.) ;
2. un super-corridor humain comprenant au moins deux terminaux de grande densité démographique, avec si possible deux à quatre stations intermédiaires de forte importance, et des distances inter-stations d'au moins cent kilomètres (pour une concurrence favorables avec d'autres systèmes de trains à grande vitesse ou avec les avions destinés au trajets de courte distance).

Nous tenterons de justifier ce choix plus loin. Pour ne pas faire de notre hypothèse une simple question de conviction, mais bien pour en démontrer la productivité et l'esprit « push-pull », nous voudrions effectuer encore un ultime détour par la théorie.

3.2. Quelles sont exactement les implications du saut technologique envisagé ?

Cela n'a l'air de rien, mais proposer d'un côté une nouvelle manière de rendre le bois résistant aux parasites ou une nouvelle machine à nettoyer les canalisations et de l'autre un système de transport entièrement nouveau (c'est-à-dire sans véritable référence à ce qui existe) ne constituent en rien des opérations du même ordre. Swissmetro implique un véritable saut technologique (une forte rupture technologique dit-on de plus en plus souvent) qu'il nous faut apprécier. Pour cela il vaut la peine de se représenter la complexité de la nouveauté en prenant pour base de notre réflexion la classification de Freeman (Freeman et Perez 1988), qui distingue par opposition à l'innovation incrémentale, qui se déduit, elle, des états existants de la technologie, les « niveaux » suivants :

- l'innovation radicale ;
- l'innovation systémique ;
- l'innovation paradigmatique.

Nous sommes d'avis que Swissmetro représente au moins une innovation radicale et systémique, et peut-être aussi, paradigmatique.

Swissmetro est une innovation radicale dans le sens qu'elle n'est en rien le prolongement d'un système de transport « maîtrisé », dans la mesure où interviennent dans le processus de « maîtrise », non seulement par les spécialistes, mais aussi les financiers, les pouvoirs publics et les usagers. Elle est radicale aussi, parce que si Swissmetro, comme agrégat de technologies, représente un certaine dose d'inconnu, certaines des technologies qui le composent sont elles-mêmes, intrinsèquement, encore peu maîtrisées au plan industriel, du moins au niveau projeté (c'est le cas du vide, notamment).

Swissmetro est par ailleurs une innovation systémique[9], dans le sens où il est difficile de concevoir et de mettre en œuvre ce concept sans innover sur plusieurs plans conjointement et en particulier procéder au R & D industriels de ces différents aspects en conjonction les uns avec les autres (domaines électromécaniques, sécurité, vide, robotique de maintenance, etc.).

Enfin, Swissmetro est peut-être une innovation paradigmatique dans le sens où elle met en jeu un rapport culturel au risque, à la mobilité, aux liaisons inter-urbaines et aux principes de différenciation modale entre trains et avions complètement nouveau sur le plan des transports. Le moins que l'on puisse dire, dans ce cas, est qu'il y a lieu de réfléchir globalement à la mobilité, aux rapports et aux technologies qui la sous-tendent, de manière à les repenser en interrelation et non au coup par coup ou intra-sectoriellement comme jusqu'à maintenant.

Pour résumer cette foison de facteurs d'incertitude (mais en même temps, du point de vue des acteurs de l'innovation, d'opportunités), nous recourrons à la vision schumpétérienne classique, avec toutefois quelques commentaires de notre cru.

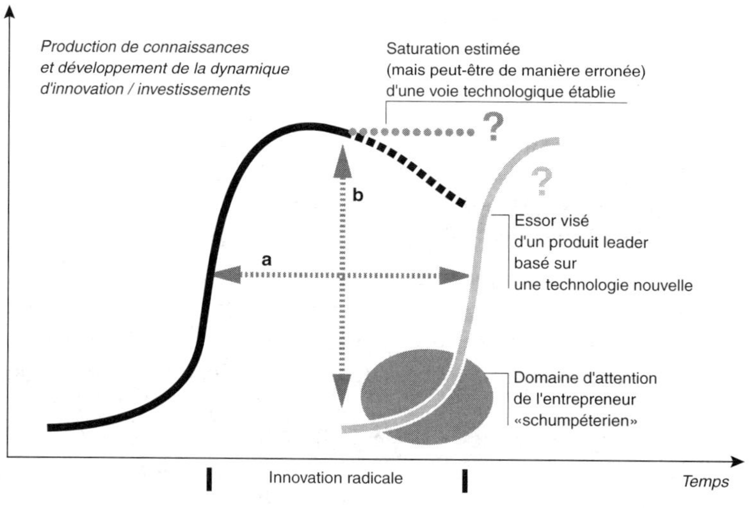

a = Saut technologique et somme des efforts à envisager pour intéresser tous les acteurs concernés par l'innovation radicale envisagée ;

b = Hauteur de la rentabilité de la technologie établie (part objective) et des ancrages institutionnels/culturels qui se sont créés au cours du temps autour de celle-ci (part subjective, voire politique), voire des possibilités de réhabilitation ou rediversification des réseaux existants, toutes composantes qui doivent être intégrées et «dépassées» par l'innovation radicale envisagée ;

a + b définissent conjointement l'ampleur du risque à prendre.

Figure 7. Scénario « schumpéterien » de l'innovation radicale

9. *Cf.* pour ces innovations de corrélations et de combinaison, par exemple Hughes (1983, 1996).

3.3. Réseau ou corridor ?

Une des variable de cette complexité tient au type de projet-pilote à même de permettre au projet de franchir sa première étape : l'expérimentation en grandeur réelle. Il vaut la peine pour cela de réfléchir plus en détail, d'une part à la différence entre réseau et corridor humain, et d'autre part aux deux options présentées plus haut avec leurs avantages et leurs désavantages (première estimation de la valeur de marché de l'innovation).

L'option « réseau » a ceci d'intéressant qu'elle concurrence dans la forme, dans le service et dans l'accessibilité géographique les systèmes de transports existants, en faisant preuve d'avantages non négligeables sur le plan de la performance. En termes économiques, en revanche, il en va tout différemment dans la mesure où l'option réseau doit également assumer les parties les moins rentables du concept et en fait faire payer au preneur de risque (à l'innovateur, c'est-à-dire le concepteur initial et aussi l'investisseur) une facture sociale non nécessaire pour ce dernier (l'investisseur est intéressé par le retour sur investissement). La seule entorse à cette règle pourrait provenir d'un soutien des pouvoirs publics. Mais c'est exiger de ceux-ci qu'ils prennent l'essentiel du risque et que dans cette prise de risque, ils mettent en question leurs engagements déjà existants dans les systèmes technologiques dominants. Ce n'est pas impossible, certes. L'histoire a pourtant montré que ce n'était pas facile, surtout en pleine période de déréglementation et de libéralisation des services publics, de surcroît par rapport à un système qui n'a pas encore pu être testé. Notre hypothèse dans ce cas est que l'option « corridor » peut représenter l'étape initiale d'une extension réseau, à même de résoudre plusieurs des problèmes évoqués ci-dessus.

L'option corridor est en quelque sorte définie par la rentabilité intrinsèque qu'on lui suppose (à bien analyser et documenter, naturellement). Il peut donc s'agit soit d'un corridor humain indiscutable (il en existe quelques-uns dans le monde, à l'instar du tronçon Tokyo-Osaka du maglev japonais), soit d'un corridor de niche et là, le plus intéressant semble être la liaison aéroport-aéroport, avec l'objectif de créer des économies d'échelles et de trajets aériens, avec si possible quelques complémentarités intéressantes à la clé. Les problèmes naturellement ne sont pas négligeables, comme la sécurité et la question des bagages, par exemple. Mais il s'agit d'une application particulière de l'innovation Swissmetro qui doit faire l'objet d'une réflexion approfondie en soi, notamment sur le plan des gains économiques et des risques (en plus ou en moins).

3.4. La question environnementale : le bilan énergétique et le domaine des risques

De façon générale, si l'on pense à la dégradation de l'environnement, à la congestion des transports de tous types et au prix probablement amené à augmenter de l'énergie, la question environnementale, sous ses diverses formes, pourrait bien être le facteur-clé du succès d'un moyen de transport censé fonctionner aux alentours de 2020. Il y a, sur ce plan, quantité d'éléments avantageux dans l'innovation Swissmetro, dont certains n'ont pas encore été explorés pleinement, comme par exemple :

- la recherche des régimes énergétiques les plus favorables (combinant entre autres pression, vitesse, distance inter-station et longueur de convoi idéales), qui dépend en dernier ressort de choix qui ne pourront être faits qu'à l'approche d'une réalisation en grandeur nature, pour une application contextualisée et spécifique du concept Swissmetro ;

- le fait qu'il s'agit d'un véhicule léger (pas de roues, d'essieux ni de véritables bogies, une structure plus fine, et peut-être les éléments moteurs en partie sur le quai) ;
- le fait que certains risques et certaines nuisances sont très notablement diminués par rapport aux modes concurrents (externalités positives).

Le schéma qui prévoit un amortissement à très long terme pour les infrastructures est bien sûr capital. Le projet de recherche actuellement mené sur le concept Eurometro (dans le cadre du programme national de recherche suisse « Transport et environnement[10] ») montre du reste que cet aspect est encore plus prometteur que prévu (relation très favorable par rapport aux modes concurrents, TGV ou avion). Mais comment le cahier des charges du R & D de Swissmetro peut-il aller dans cette direction ? Il s'agit ni plus ni moins d'intégrer le long terme dans les choix qui doivent encore être faits. Nous prendrons pour exemple, afin d'illustrer ce propos, le choix non encore définitif entre moteur embarqué et moteur au sol. Le fait d'embarquer les moteurs sur les véhicules va naturellement faciliter leur réparation, qui paraît malaisée en milieu dépressurisé. Pourtant, si l'on considère que cela va alourdir le véhicule et sachant que les coûts d'exploitation composent plus des 2/3 des coûts totaux (dans un scénario d'amortissement des infrastructures à très long terme, bien sûr), et aussi qu'il est possible de développer une robotique de maintenance[11], le problème mérite d'être reposé dans une perspective plus large. Si, de plus, le prix de l'énergie augmente, dans une perspective d'utilisation 2020-2100, la question est presque tranchée !

La plupart des éléments de risque peuvent faire l'objet d'un calcul de ce type (le bruit, la santé, les accidents survenant à la suite d'une collision avec un objet quelconque, etc.), apparaissant dans tous les cas largement favorables à Swissmetro. La perspective consiste donc non pas à comparer Swissmetro avec d'autres modes, sur la base de méthodologies lacunaires (celles qui existent actuellement[12]), mais précisément à mettre au point une méthodologie cohérente et robuste pour mettre en évidence, en toute transparence, les avantages et désavantages de différents modes concurrents sur le plan environnemental, au nombre desquels Swissmetro figure en bonne place, et surtout à réorienter en partie le R & D du système de manière à identifier les solutions les plus avantageuses dans ce domaine. Cette combinaison de la vitesse et d'un rapport favorable à l'environnement satisferait alors pleinement l'exigence de « faire mieux », dans la recommandation évoquée plus haut de « faire mieux et moins cher » que la concurrence.

---

10. *Cf.* notamment Ernst, Staehli, Leuenberger, Monbelli & Savoldelli (1999).

11. Cette idée est par ailleurs convergente avec l'esprit d'innovation de Swissmetro puisqu'il peut y avoir des spin-offs spécifiques sur ce point,

12. Nous avons mené notre réflexion en tenant copte du document le mieux argumenté et le plus fourni sur le sujet (Mingot et Baumgartner 1997), mais en restant en fin de compte sur notre faim, du point de vue d'une véritable possibilité de comparaison intermodale.

4. CONCLUSION : INGÉNIERIE CONCOURANTE, MODULARITÉ ET ÉVOLUTIVITÉ DE L'INNOVATION OU LA NOTION D'OUVERTURE

L'histoire n'est pas terminée, mais on sait qu'elle sera mise au point dans les 10 à 25 ans à venir et que si tout vas bien, l'innovation Swissmetro sera un service opérationnel pour plusieurs décennies ensuite. Dans ce contexte temporel, il paraît important de considérer l'innovation Swissmetro de la manière la plus ouverte possible. Tout d'abord, il s'agit de pouvoir incorporer le long du chemin, autant que possible, des technologies qui émergeront durant le temps même du R & D. Le Transrapid est peut-être en train de mourir, ainsi que nous l'avions diagnostiqué (Rossel, Bosset, Glassey & Mantilleri 1999), parce qu'il s'est fermé très tôt sur des choix technologiques sans pouvoir véritablement, ou du moins facilement, évoluer par la suite. La leçon est d'importance. Tout choix est lourd des impasses qu'il crée et l'ensemble du projet devrait être réévalué sur cette base. De même, on doit se demander quelle est son évolutivité possible, si d'aventure il ne couvrait qu'insuffisamment les besoins ou que comme le Concorde, il ne remplissait plus tout à fait le cahier des charges assigné par la société ? Ou encore, en ce qui concerne la compatibilité avec d'autres modes (qui eux aussi évolueront !), on a à s'interroger sur les options de connexion possible avec eux. Autrement dit, la question subsistant est : doit-on et si oui comment, imaginer des formes encore disponibles (c'est-à-dire non exploitées, mais à valeur ajoutée intéressante suivant le cours que prend l'histoire), d'évolution modulaires du système Swissmetro ? Un important travail doit encore être accompli sur ce plan.

On voit qu'au fil des pages qui précèdent, penser Swissmetro non comme un système prêt à concurrencer d'emblée les réseaux de transport existants, mais comme une innovation au potentiel encore largement à explorer, notamment en ce qui concerne les corridors humains et les liaisons de niche point à point (par exemple, aéroport-aéroport), modifie la manière d'envisager le ou les marchés qui peuvent lui correspondent et donc, aussi, les motivations des investisseurs, tout comme celles des pouvoirs publics et des usagers probables du système. L'horizon « réseau » ne doit venir que comme mise en perspective du système pour ses évolutions futures, comme scénario possible en cas de succès. C'est cette voie que nous voulons indiquer. Les prochaines étapes du projet devront, selon nous, en être imprégnées.

Bibliographie

BASSAND Michel et ROSSEL Pierre, 1994, « Swissmetro pour repenser notre vision de la Suisse », *Polyrama* 96, p. 28-29.

BOURQUIN Vincent, 1999, *Reduced-scale aerodynamic testing of high-speed vehicles in tunnels*. Lausanne : EPFL (thèse de doctorat).

CAFLISCH Christian, 1995, *Excavation Materials Handling : Towards a Global Management Concept in the Canton de Vaud*. Master ESST, August 1995, EPFL.

ERNST W., STÄHLI P., LEUENBERGER C., MOMBELLI, T., SAVOLDELLI P., 1999, *Forschungsprojeckt Eurometro : Ökobilanz Vergleich Eurometro – Kurztstreckenflugzeug*. Fachhochschule Bern, HTA Burgdorf, Januar 1999.

FREEMAN C. et PEREZ C., 1988, « Structural Crises of Adjustment, Business Cycles and Investment Behavior », in : DOSI Giovanni *et alii*, *Technical Change and Economic Theory*. Londres : Pinter Publishers. p. 38-66.

GÜLLER Peter / INFRAS, 1983, *Zweckmässigkeitsprüfung der NHT*. Berne/Zurich : INFRAS.

GÜLLER P. et GÜLLER M., 1998, *Grundlagen zur Beurtalung der raümlichen Effekte der Swissmetro*. Zurich : Synergo (pour le l'Office fédéral de l'aménagement du territoire).

HUGHES Thomas, 1983, *Networks of Power : Electrificaton in Western Society : 1880-1930*. Baltimore : Johns Hopkins UNiversity ; 1996, « Quinze ans de recherches historiques et sociales sur les grands systèmes techniques ». *Flux* n° 25, juillet-septembre 1996, p. 40-43.

JR-TOKAI, 1998, *Toward the realisation of an affluent 21st century society*. Chuo Shinkansen, Japan.

JUFER Marcel, 1993, *Swissmetro — synthèse de l'étude préliminaire*. Lausanne : LEME/EPFL, rapport DFTCE-SET 201.

JUFER Marcel et PERRET Francis-Luc, 1994, « Swissmetro, une chance de renouveau pour l'industrie suisse ». *La Vie économique*, fév. 94.

JUFER Marcel, VERNEZ David et TROTTET Yves, 1999, *Analyse des risques pour les accidents dans les tunnels*. Lausanne : EPFL (rapport au PNR41).

MINGOT Stéphane, BAUMGARTNER Thomas, 1997, *Ökobilanz Swissmetro*. Zurich : Institut für Energietechnik, ETH.

PERRET Francis-Luc, 1993, *Transportation as an integral part of a global economy*. Lausanne : EPFL.

PLASSARD François, 1992, « L'impact territorial des transports à grande vitesse », *in* : DERYCKE Pierre-Henri (éd.) *Espace et dynamiques territoriales*, Paris : Economica, p. 243-262 ; 1993, « Grande vitesse et polarisation de l'espace ». *Informations et Commentaires*, n° 82.

POT Philippe, 1999, *Swissmetro*, Rapport final, Niveau A, Étude Principale Genève : Swissmetro SA, CP 5278, CH-1211.

MACABREY Nicolas, 1993, « Swissmetro, Premiers pas vers l'Europe ». European Traffic Workshop, Stuttgart, Germany, October 1993.

ROSSEL Pierre, BOSSET Frédéric, GLASSEY Olivier & MANTILLERI Roland, 1999, « Les enjeux des transports à grande vitesse : des méthodes pour l'évaluation des innovations technologiques, l'exemple de Swissmetro ». Lausanne : EPFL. *Rapport final au PNR41* (F3).

SCHULER Martin, HUISSOUD Thérèse, JEMELIN Christophe & STOFER Suzanne, *Atlas structurel de la Suisse*. NZZ Verlag : Zurich.

LA ROUTE AUTOMATISÉE : SCÉNARIOS POUR 2020[1]

Jean Marc Blosseville

Directeur du LIVIC, unité mixte de l'INRETS et du LCPC

Trois problèmes majeurs et persistants se posent aux autorités responsables de la gestion des transports routiers : l'insécurité avec 8437 tués en 1998, la congestion, difficile à chiffrer mais se traduisant par des millions d'heures de travail perdues dans les embouteillages et des conditions de vie de plus en plus pénibles pour les usagers, enfin l'incidence néfaste sur l'environnement.

La Route automatisée (RA) constitue une famille de solutions pour ces trois grands problèmes actuels.

L'automatisation de la conduite offre d'abord un fort potentiel pour accroître la sécurité. Ce potentiel vient d'abord d'une aptitude des automates à accomplir parfaitement des tâches simples de bas niveau comme guider un véhicule latéralement ou maintenir un intervalle de sécurité entre véhicule. Le guidage latéral sur la voie de circulation peut être assuré de façon précise à la manière de ces chariots guidés dans les entrepôts ou sur les quais de déchargement. La gestion des intervalles (prolongeant l'ACC) peut elle aussi assurée par des automates dont l'avantage est de réduire les temps de réaction et d'assurer des arrêts en sécurité sans collision en prenant en compte des paramètres — météo, capacités réelles de freinage, temps de réaction… — que les conducteurs ont des difficultés à apprécier.

La RA permet aussi des gains de productivité. Chaque véhicule qui roule peut être imaginé comme entouré d'une bulle de sécurité qui définit sa consommation en surface circulante. Cette bulle a une largeur constante de 3,5 mètres qui correspond à la largeur normalisée des voies en Europe (Elle est de quatre mètres aux USA). Le contrôle latéral permet, sur des voies réservées aux véhicules légers, de rouler de manière précise, sur une voie de deux mètres vingt. Ainsi vu par la collectivité publique qui finance les routes, le mètre carré de voie rapide voit sa productivité accrue de 50 %.

La longueur de la bulle est représentative de la distance de sécurité. La distance de sécurité minimale est la somme de deux termes : un terme qui traduit les réflexes limités du conducteur humain, un terme qui exprime le différentiel des capacités de freinage du véhicule et de son prédécesseur. C'est surtout le premier terme qui pourra être abaissé de manière significative dans l'hypothèse d'une conduite automatisée, ce qui diminue la longueur de la bulle de sécurité, donc la surface circulante consommée par le véhicule.

1. Cet article utilise largement les réflexions émanant du groupe de recherche LaRA comprenant outre l'Inrets, l'École des mines de Paris, l'École nationale des ponts et chaussées (*cf.* bibliographie).

De la même façon, le contrôle longitudinal autorise des débits plus élevés qu'en conduite manuelle, compte tenu d'une meilleure occupation de la surface roulante. C'est à nouveau une productivité multipliée par deux.

En tout, la productivité de la surface roulante d'une route automatisée croît de plus de 300 % par rapport à la voirie actuelle. Ces gains considérables ont été souvent observés dans l'histoire de l'automatisation que ce soit dans l'agriculture, ou l'industrie manufacturière par exemple. Il semble inconcevable que l'histoire passe à coté d'un tel gisement d'économies.

QUELQUES SCÉNARIOS PRIORITAIRES DE ROUTES AUTOMATISÉES

Nous avons imaginé quelques scénarios possibles pour la route automatisée Le concept de route automatisée n'est pertinent que s'il est acceptable socialement. Cette acceptabilité est directement fonction du rapport coûts sur bénéfices rendus par la route automatisée. Les bénéfices sont par exemple :

- les économies indirectes : réduction des accidents, réduction de la congestion… ;
- les économies directes : économies sur les dépenses d'énergie ;
- les gains sur la qualité de service : confort, souplesse dans la conduite en milieu de trafic dense, diminution du stress, apport de services additionnels ;
- la compatibilité, c'est à dire l'aptitude à une implantation progressive, avec intégration d'un existant qui évolue au rythme lent du renouvellement des équipements ;
- le raisonnement « réseau » : la route automatisée sera un maillon d'un système global (et multi modal) de transport ; toute décision d'investissement ou relative à son exploitation devra toujours être prise dans ce cadre plus général cohérent ;
- les responsabilités bien précisées entre les différents intervenants, et notamment celle du conducteur…

La recherche des bénéficiaires de la route automatisée conduit à mettre en évidence une multiplicité d'usagers potentiels dont les objectifs et les attentes diffèrent notablement. Les attentes peuvent par ailleurs varier selon la localisation du déplacement : urbain, péri urbain, inter urbain, rural…

À partir de la localisation géographique des déplacements, nous avons défini et travaillé sur la base de scénarios génériques.

La compatibilité avec l'existant a été prise en compte dans tous les scénarios. La répartition de l'intelligence entre l'infrastructure, le véhicule et le conducteur ont fait l'objet d'une attention particulière et notamment par un déploiement selon des étapes successives qui permettra un certain apprentissage.

Le choix des scénarios prioritaires a été effectué sur les attentes les plus fortes concernant l'amélioration des transports terrestres. L'objectif est ensuite de cerner les situations dans lesquelles peuvent être déployés des scénarios de route automatisée et d'identifier leur contribution potentielle à ces améliorations.

Ces attentes portent sur les accidents, les congestions, les dépenses d'énergie, la pollution de l'air et le bruit.

SCÉNARIO A : RURAL SÉCURITAIRE

Ce scénario provient de l'analyse de l'insécurité routière dans les zones rurales, qui sont le lieu d'accidents nombreux. La gravité étant plus importante sur les routes départementales que sur les routes nationales. La réduction du nombre des accidents sur les voies rurales qui représentent environ 60 % des victimes de la route, constitue un véritable enjeu. Les causes d'accidents y sont relativement spécifiques et diversifiées :

- sortie de route (plus d'un tiers des morts sur la route résultent de problèmes de suivi de la route) ;
- croisements ;
- fatigue et perte de vigilance du conducteur.

Sachant qu'il y a peu de congestion en milieu rural, le scénario rural a pour objectif ultime l'amélioration de la sécurité.

Les techniques de la route automatisée pouvant être utilisées en milieu rural relèvent largement de l'assistance à la conduite. Une notion importante est le concept de trajectoire de référence qui décrit la position latérale, la vitesse et l'accélération du véhicule en fonction de l'abscisse curviligne sur la chaussée. Autrement dit, la chaussée ne doit plus être un ruban de bitume passif mais doit être lisible par le véhicule. Le gestionnaire de voirie ne se contente plus d'entretenir une bande de roulement mais offre un véritable service.

Les deux types d'accidents rencontrés fréquemment sont les sorties de route et les accidents de croisement. Ces accidents pourraient être réduits de façon importante par des aides à la conduite qui aideraient le conducteur à rester sur sa trajectoire et à contrôler sa vitesse.

On envisage donc pour ce scénario, le guidage latéral sur le véhicule, la modulation de la vitesse au moyen de techniques de cartographie précise et de communication locale avec l'infrastructure.

SCÉNARIO B : AMÉLIORATION DE LA CIRCULATION AUTOROUTIERE INTER URBAINE

Ce scénario provient de l'analyse de l'insécurité routière dans les liaisons inter urbaines, qui sont les lieux d'accidents peu nombreux mais dont la gravité est importante surtout lorsque les poids lourds sont impliqués.

Les accidents sur les autoroutes causent environ trois cents morts par an en France. Les autoroutes sont donc plutôt sures relativement aux autres voies. Toutefois, comparé au train ou à l'avion le niveau de sécurité des autoroutes reste perfectible. Les accidents en chaîne sont très meurtriers et ont un impact médiatique important. Les poids lourds, bien que peu nombreux, sont à l'origine d'une accidentologie élevée et grave… Le trafic des poids lourds est considéré comme un facteur de risque et une cause des accidents sur ces voies. Pour ces raisons il paraît important d'étudier l'apport de la conduite automatique sur ces voies et de proposer dans un premier temps un traitement spécifique des poids lourds.

B1. La route camion

Ce scénario consiste à imaginer, sur quelques grands axes autoroutiers européens, des « trains » de camions qui pourraient être organisés et mis en circulation sur des voies spécifiques entre des gares construites à proximité des autoroutes empruntées. Dans une première étape, seul le camion en tête du « train » serait conduit manuellement. Les autres camions suivraient celui-ci automatiquement par accrochage (virtuel ou mécanique) entre les camions consécutifs.

Ce scénario est une réponse à l'augmentation du trafic sur les infrastructures autoroutières les plus sollicitées. Pour la France, il s'agit des grands axes nord-est, sud-ouest et aussi des autoroutes de contournement urbain.

L'objectif essentiel de ce scénario concerne la diminution des accidents sur autoroute, en particulier ceux qui impliquent les poids lourds. La mise en œuvre de ce scénario permettrait par ailleurs la diminution des temps de trajet, leur meilleure prédictibilité, et l'augmentation de la productivité générale du transport par poids lourds. Ces objectifs à eux seuls peuvent justifier économiquement les coûts liés aux techniques de la route automatisée.

À ces objectifs prioritaires sur le plan économique, un autre objectif qui peut être recherché, est la diminution des nuisances et en particulier de la pollution. On pense aux environnements urbains et aux voies de montagne.

Les techniques de la route automatisée permettent avant tout une bonne maîtrise des véhicules en latéral et en longitudinal, ce qui permet d'améliorer la sécurité et éventuellement le débit et la consommation si les véhicules circulent en peloton.

Le projet européen conduit par Daimler Benz, nommé « Chauffeur » constitue une brique de base significative qui s'apparente à ce projet. Il s'agit de réaliser l'accrochage virtuel de poids lourds pour diminuer la fatigue des conducteurs, économiser l'énergie et accroître la sécurité.

B2. La route à grande vitesse ou « autoroute automatique »

Figure 1.
Démonstration de conduite automatique en peloton à ITS Séoul, octobre 1998.

Ce scénario est similaire au précédent mais appliqué aux véhicules légers. Il s'agit d'une nouvelle infrastructure, sans doute protégée, réservée à des véhicules publics (en location...) ou privés adaptés et pouvant rouler en mode manuel sur les routes classiques.

Les avantages sont l'amélioration du confort, de la vitesse, du débit, de la sécurité et la réduction du coût des infrastructures (beaucoup plus « légères » que les autoroutes classiques car les charges à l'essieu sont beaucoup moins importantes et beaucoup moins larges car des voies de 2,20 m suffisent). Il est envisageable par ailleurs d'installer une alimentation électrique par la route.

La circulation en peloton permettrait encore d'augmenter le débit et d'accroître la productivité de l'investissement.

SCÉNARIO C : STRUCTURATION DES DÉPLACEMENTS EN ROCADE DE BANLIEUE À BANLIEUE

Il s'agit dans ce scénario d'offrir des moyens de déplacement plus performants dans la périphérie de villes millionnaires. On sait que c'est dans ces zones que les déplacements de personnes et de marchandises sont en forte croissance et que les transports publics ne sont pas disponibles ou peu performants.

Les objectifs concernent d'abord la réduction des temps de trajet et leur productibilité mais sans nécessairement chercher à accroître la mobilité (ce qui pourrait avoir des effets induits sur la génération de trafic). On peut éventuellement chercher une meilleure desserte de certains pôles dans le cadre d'une politique d'aménagement du territoire. Les autres objectifs concernent l'amélioration de la sécurité, la diminution des nuisances (pollution, bruit, aspect) et éventuellement la création d'une offre de transport public pour la population n'ayant pas accès à la voiture (mais seulement pour les dessertes le long de l'infrastructure).

Le type de trajet concerné est essentiellement le trajet domicile-travail de banlieue à banlieue sur des distances importantes (plusieurs dizaines de km) et touche donc surtout les actifs motorisés. Dans la majorité des cas, une partie du trajet (probablement à chaque extrémité) se fera sur l'infrastructure existante mais la partie automatisée correspond à une part importante du déplacement et elle est commune à de nombreux usagers. On peut cependant envisager des trajets de pôle d'habitation à forte densité (ville nouvelle) à pôle d'emploi. Dans ce cas, il est possible que le trajet puisse être entièrement réalisé par un transport public (partageant la voirie avec des voitures privées) totalement ou partiellement automatisé.

SCÉNARIO D : NAVETTES AUTOMATISÉES EN SITES URBAINS

D1. Rabattement vers les moyens de transports collectifs lourds

Dans ce scénario, il s'agit d'utiliser les techniques de la route automatisée pour résoudre le problème des trajets terminaux dans l'utilisation des TC. On sait que ces trajets limitent fortement l'usage des TC car en dehors des zones à très forte densité (soit en habitat, soit en commerces, soit en emplois), les trajets terminaux sont longs, peu pratiques et nécessitent souvent, en particulier en milieu périurbain, l'usage d'une voiture particulière avec les problèmes de parking qui y sont attachés. La nécessité de la voiture particulière et les difficultés de stationnement à la gare rendent souvent l'usage des TC très peu attractif.

L'objectif de la route automatisée dans ce scénario est donc de réaliser rapidement et facilement le trajet entre une gare et la destination finale (ou origine) : domicile, commerce, travail, sur des distances de quelques centaines de mètres à plusieurs kilomètres dans un environnement périurbain. L'objectif est donc de favoriser l'usage des TC en évitant la nécessité de posséder son propre véhicule. Pour des trajets locaux, ce scénario permettrait d'offrir un service de qualité équivalente, voire supérieure à la voiture privée en terme de simplicité de conduite et de facilité de parking. De plus, une bonne conception du véhicule public devrait permettre de limiter les nuisances (petite taille, limitation des pollutions diverses). Si ce service était disponible en de nombreux pôles en périphérie des villes, on pourrait alors envisager de les relier par des TC (ou les routes automatisées du scénario A) ce qui résoudrait en partie le problème des trajets de banlieue à banlieue.

Les techniques de libre-service comme celles expérimentées dans Praxitèle ou les Station-cars aux USA, associées à des techniques de déplacement automatique des véhicules semblent offrir des perspectives attrayantes pour répondre à ces objectifs. On peut envisager des véhicules dits « bi-modes » c'est à dire en conduite manuelle (éventuellement assistée) sur une part importante de la voirie, et en mode automatique sur certains trajets.

Figure 2. Le prototype du parc Shuttle construit par Frog.

D2. Mobilité en hyper centre

L'espace urbain est une espace rare. La définition de politiques de déplacements en centre urbain est de plus en plus contrainte : on vise à la fois une réduction des pressions sur l'environnement, l'amélioration du cadre de vie, l'accès aux services urbains pour le plus grand nombre et des échanges économiques aisés.

Par ailleurs, rappelons que réseaux routiers sont le lieu d'accidents nombreux. Près des trois quarts des accidents de la circulation ont lieu en agglomération, occasionnant deux tiers des victimes de la route et le tiers du nombre total des tués. Les piétons y sont particulièrement vulnérables : deux tiers des accidents les impliquant ont lieu sur les territoires urbains.

Il est donc important de trouver des solutions nouvelles.

Des petits véhicules conçus spécifiquement pour un usage en centre urbain pourraient bénéficier des techniques de la route automatisée et apporter un élément de solution aux problèmes de l'encombrement des hyper centres par les voitures traditionnelles sans sacrifier à la mobilité. Dans ce scénario, certaines rues ou voies seraient réservées à ces véhicules qui seraient bien entendu conçus pour apporter un bon service mais avec un minimum de nuisances (petite taille, faible vitesse, non polluant, peu dangereux, silencieux, etc..). Une complémentarité avec des transports en commun pourrait éventuellement être recherchée.

Les besoins à couvrir seraient tous les déplacements motorisés de personnes et de marchandises, favorables au développement économique dans une zone où l'on souhaite interdire ou fortement minimiser l'usage des véhicules traditionnels. L'objectif principal est donc de couvrir tous ces besoins de déplacement tout en minimisant les nuisances, par :

- la réduction du nombre de véhicules et de leurs tailles,
- la réduction de l'emprise sur l'espace urbain des places de parking.

On peut distinguer deux sortes de population : les résidents qui utiliseraient ces véhicules pour leurs besoins à l'intérieur de la ville et pour atteindre les nœuds de transport en commun, et les visiteurs qui viendraient en transport en commun ou avec leur véhicule et qui dans ce cas l'abandonneraient dans des parcs relais en périphérie de la ville.

Un autre avantage de la conduite automatisée est de déplacer les véhicules publics à la demande et donc de limiter leur nombre tout en ayant un bon niveau de disponibilité. On peut en effet supposer que ces véhicules puissent se déplacer sur des voies qui leur seraient réservées (et qui passeraient presque partout) mais de plain-pied à des vitesses de l'ordre de 5 mètres par seconde. Ceci correspondrait à des attentes de une à deux minutes pour des déplacements de l'ordre de 500 m.

Une solution possible pourrait être développée à partir du prototype Cybcar développé à l'INRIA.

Figure 3.
Le cybcar développé par l'INRIA.

CONCLUSION

Les techniques relevant de l'automatisation de la conduite constitue un ensemble de nouvelles possibilités d'amélioration des circulations. Les bénéfices a attendre sont compatibles avec les attentes en matière d'améliorations des conditions de déplacement pour les 30 à 50 prochaines années.

L'approche par scénarios semble être une bonne manière d'établir une stratégie permettant d'investir les applications de manière progressive en ciblant d'abord sur les scénarios présentant de moindres difficultés.

La Route Automatisée justifie donc qu'on s'y investisse de manière importante. L'INRETS et le LCPC ont d'ailleurs décidé que ce serait le thème principal de recherche (ainsi que les aides à la conduite) d'une nouvelle unité de recherche, le LIVIC, Laboratoire de recherche sur les Interactions Véhicules-Infrastructures-Conducteurs qui s'est installé à Versailles Satory en juin 1999.

Bibliographie

La Route automatisée, réflexions sur un mode de transport du futur, 1996. Ouvrage de synthèse INRETS, INRIA, ENSMP, ENPC éditée par l'INRIA.

Contribution à la route automatisée. Thèse de Ling Ling WU soutenue le 28 mai 1999 à l'École des Ponts et Chaussées.

« AHS Scenarios tailored for the mobility and the networtks of the French context » *4th World ITS conference*, Séoul, nov. 1998.

« Les recherches sur l'assistance et l'automatisation de la conduite », J.-M. Blosseville, D. Aubert, S. Mammar, *Revue ATEC* n° 141, mars 1997.

« Scénarios pour la route automatisée » J.-M. Blosseville, C. Laurgeau et coll. Second Carrefour du Predit, Lille, mars 1999.

« Automated vehicles in Cities, a first step toward the automated highway », M. Parent, J.-M. Blosseville, *Futur Transportation Technology Conference*, Costa Mesa, Californie, 11-13 août 1998.

« Semi-automated vehicles : The transportation of the future », *World Conference on Transport Research*, Anvers, juillet 1998.

■

VÉHICULES ÉLECTRIQUES ET NOUVELLES FORMES DE MOBILITÉ

Jean-Marc Dupasquier
Associé et chef de projet chez Transitec Ingénieurs-Conseils

Le Département fédéral de l'environnement, des transports, de l'énergie et de la communication a confié à Transitec Ingénieurs-Conseils, à Lausanne (CH), un mandat de recherche sur les véhicules électriques et les nouvelles formes de mobilité. Cette recherche a démarré au début de l'année 1999 et devrait se terminer durant le premier trimestre 2000.

Contrairement à d'autres études récentes menées dans ce domaine qui ne traitent que de l'aspect technologique, cette recherche porte essentiellement sur le rôle et la fonction des véhicules électriques et de toute nouvelle forme de mobilité dans la gestion multimodale des déplacements de personnes.

Les éléments principaux qui seront définis dans le cadre de cette recherche sont les suivants :

- rappel des objectifs de base visés par une ville en matière de mobilité, d'environnement, de qualité de vie ;
- inventaire des principaux concepts multimodaux de déplacements en milieu urbain ;
- descriptif des caractéristiques principales des différents types de véhicules électriques existants ;
- examen des fonctions et utilisations potentielles de chaque type de véhicules en milieu urbain ;
- proposition d'un « catalogue » d'actions avec les véhicules électriques et les nouvelles formes de mobilité retenues permettant de répondre aux fonctions définies.

1. CONTEXTE ET BUTS DE L'ÉTUDE

L'augmentation régulière des volumes de trafic observée dans la plupart des villes et agglomérations peut être perçue comme un signe de croissance urbaine, mais également comme une des causes de dégradation des conditions environnementales et de qualité de vie. La croissance du trafic privé motorisé a également des incidences sur les autres modes de déplacement, notamment au niveau des conditions de circulation, de la sécurité et de leur utilisation respective. La complexité de la problématique des transports urbains nécessite donc d'adopter une approche globale dans la recherche de solutions : à ce titre, les véhicules électriques peuvent apporter des solutions, mais uniquement si ceux-ci sont intégrés dans des concepts de mobilité multimodaux. Comme tout autre véhicule d'ailleurs, les véhicules électriques ne sont qu'un outil au service d'une politique de déplacement visant à satisfaire à des objectifs de mobilité, d'accessibilité, d'aménagement, d'environnement ou de qualité de vie.

Les buts principaux de cette recherche sont les suivants :

- décrire les problèmes perçus en milieu urbain relatifs au déplacement de personnes et identifier les objectifs visés par les collectivités et les usagers en matière de transport, d'environnement et de cadre de vie notamment ;
- présenter les caractéristiques des véhicules électriques existants et les fonctions qui peuvent être assurées par ces véhicules dans l'organisation des déplacements urbains ;
- examiner si les (ou certaines) caractéristiques des véhicules électriques peuvent être utiles pour atteindre les objectifs définis ; dans ce cas, proposer de nouveaux concepts de mobilité en milieu urbain intégrant les véhicules électriques, en précisant la nature des mesures d'accompagnement à mettre en œuvre.

2. PROBLÈMES PERÇUS EN MILIEU URBAIN ET OBJECTIFS VISÉS

Les problèmes généralement mis en évidence dans le fonctionnement des déplacements urbains ont trait à plusieurs aspects, tels que :

- la saturation des réseaux de transport (embouteillages réguliers durant les périodes de pointe, dégradation des conditions de circulation des transports en commun…) ;
- les difficultés d'accessibilité dans les zones denses (réseaux routiers inextensibles avec des capacités limitées) et péri-urbaines (desserte par transports collectifs généralement peu concurrentielle par rapport à la voiture) ;
- les nuisances générées par le trafic automobile (bruit, pollution de l'air, espace public accaparé par la voiture…) ;
- la sécurité des usagers vulnérables (piétons, cyclistes…) (*cf.* figure 1).

La recherche de solutions visant à améliorer les conditions de mobilité en milieu urbain passe généralement par une organisation spatiale et temporelle de la voiture et des transports collectifs. Les principaux avantages et inconvénients de ces deux modes de déplacement sont présentés sur la figure 2.

La plupart des concepts de déplacement mis en place ou projetés en milieu urbain cherchent précisément à tirer parti des avantages de ces deux modes. Or, les défauts majeurs de chaque mode, soit pollution et consommation d'espace pour la voiture et manque de souplesse pour les transports collectifs, ne peuvent être dissociés.

C'est dans cet esprit que les véhicules électriques se sont développés depuis plusieurs années déjà, en cherchant à offrir :

- un respect maximal de l'environnement ;

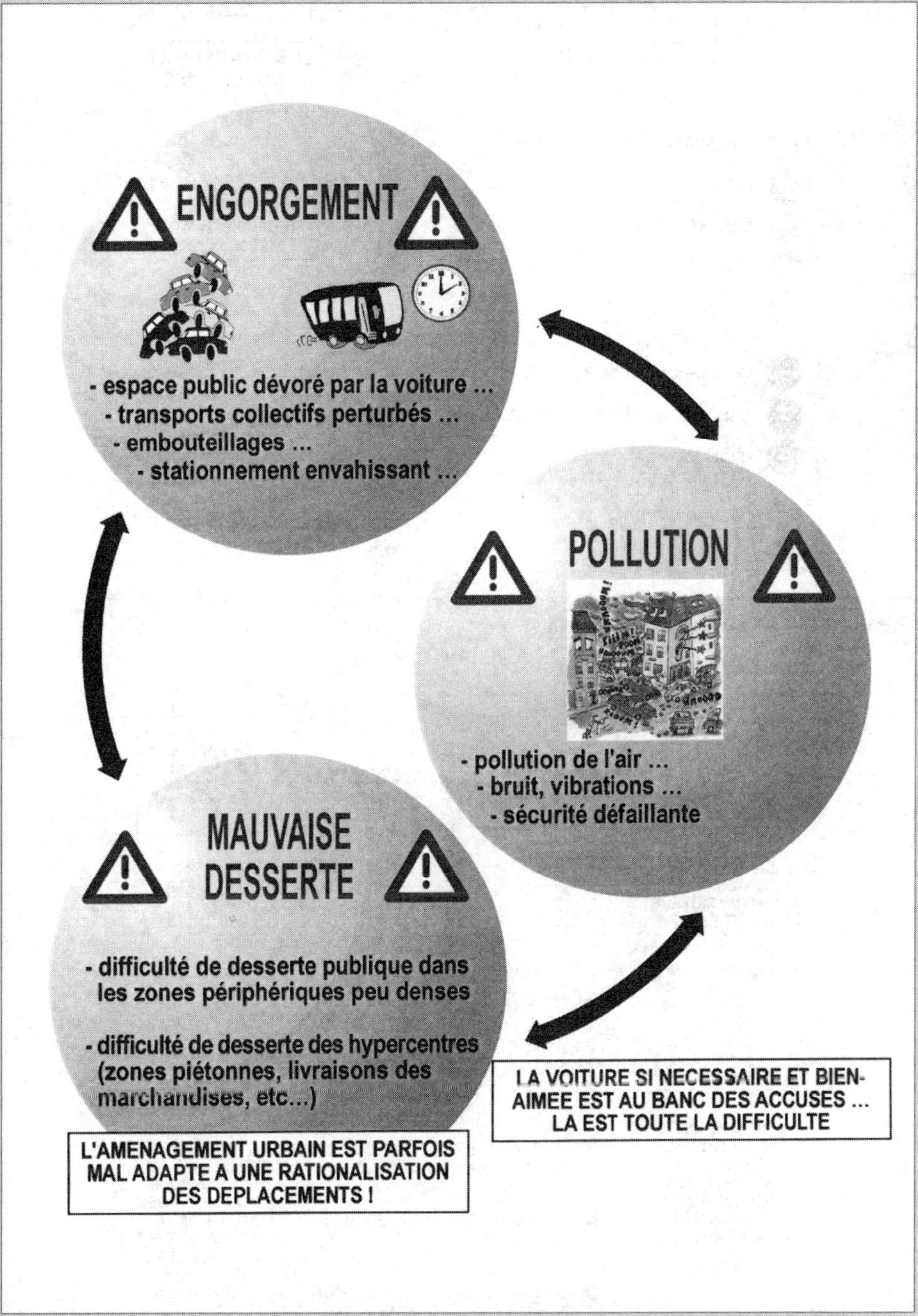

Figure 1. Les principaux problèmes perçus dans le fonctionnement des déplacements urbains

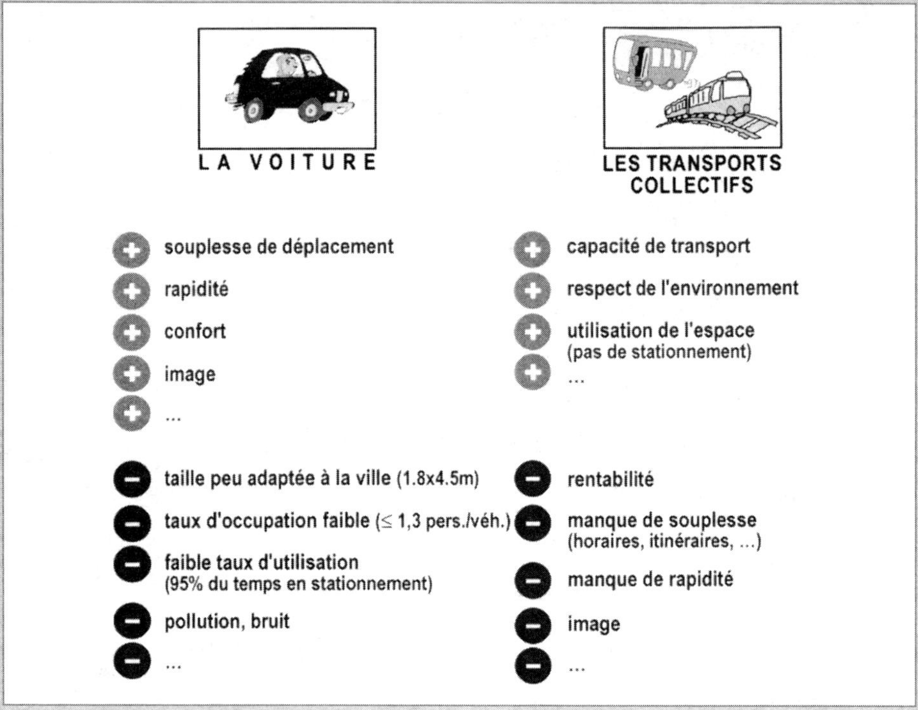

Figure 2. Une dualité non-satisfaisante

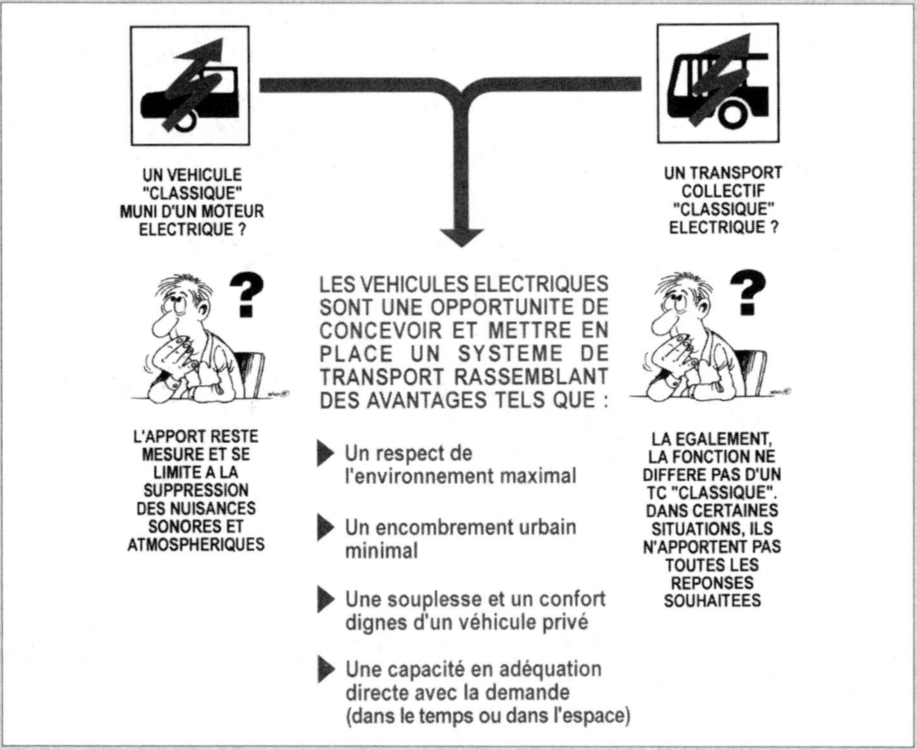

Figure 3. Les apports possibles des véhicules électriques

- un encombrement urbain minimal ;
- une souplesse et un confort proches de ceux rencontré pour un véhicule privé ;
- une capacité de transport en adéquation avec la demande observée dans l'espace et dans le temps (*cf.* figure 3).

À noter que le « simple » remplacement des véhicules thermiques par des véhicules électriques ne constitue pas la panacée : si des problèmes environnementaux pourraient être fortement réduits en milieu urbain, d'autres aspects négatifs liés aux déplacements (saturation, accessibilité difficile…) ne seraient pas modifiés. Il est donc essentiel de définir au préalable de nouvelles fonctions propres à ce type de véhicules et à toute autre nouvelle forme de mobilité permettant de satisfaire aux objectifs transport – environnement – urbanisme qui auront été définis.

Les objectifs visés en matière de transport, d'environnement et d'aménagement sont bien évidemment fortement différents selon les « acteurs » en présence :

- *Pour les collectivités :*
  - récupérer et redistribuer de l'espace aujourd'hui accaparé par l'automobile ;
  - réduire l'emprise des véhicules stationnés, notamment au centre ;
  - réduire les nuisances sonores et la pollution de l'air ;
  - améliorer l'accessibilité, dynamiser des zones telles que l'hypercentre ;
  - améliorer les conditions de desserte des zones urbaines peu denses ;
  - valoriser l'image (technologique, écologique, touristique) d'une ville, d'une agglomération ou d'une station touristique ;
  - résoudre de manière durable le problème de l'énergie.
- *Pour les usagers :*
  - garantir davantage de souplesse au niveau des déplacements, avec la possibilité de définir au plus près son itinéraire personnel et son horaire ;
  - assurer un coût économique du déplacement ;
  - offrir la possibilité de disposer d'un véhicule dont la capacité répond aux besoins de tous les jours ;
  - garantir une accessibilité aisée et des conditions optimales de confort ;
  - viser à réduire les nuisances, avec une mobilité respectueuse de l'environnement ;
  - valoriser (pour certains) son image au travers de son véhicule ;
  - tenir compte de la sécurité dans le déplacement.
- *Pour les exploitants des transports collectifs :*
  - rabattre un nouveau type de desserte sur le réseau de transports collectifs « classique » ;
  - conquérir de nouveaux marchés pour les transports collectifs ;
  - rationaliser certaines dessertes actuellement déficitaires ou peu attractives.
- *Pour les fournisseurs de véhicules électriques :*
  - trouver de nouveaux marchés pour la vente de véhicules et de matériel ;
  - développer et concevoir de nouveaux systèmes et véhicules ;

– valoriser son image de constructeur.

3. EXPERIENCES MISES EN ŒUVRE EN SUISSE

1. Le cas de Mendrisio[1]

En 1994, l'Office fédéral de l'énergie a choisi Mendrisio comme ville — pilote pour un essai de grande envergure avec des véhicules électriques légers. Située dans le canton du Tessin, Mendrisio est une commune de 6500 habitants et accueille quelque 6500 postes de travail.

De manière générale, l'essai de Mendrisio consiste principalement à tester l'utilisation de véhicules électriques pour des déplacements «courants», en analysant en détail les aspects environnementaux, énergétiques et techniques. Les personnes désirant acquérir un véhicule électrique bénéficient de subventions, l'usage de ce véhicule étant privé comme un véhicule thermique conventionnel.

À part les mesures de stationnement mises en place en faveur des usagers de véhicules électriques, l'essai de Mendrisio n'a pas été accompagné par la mise en application d'un nouveau concept de mobilité où ce type de véhicules pourrait assurer des fonctions simultanées propres aux voitures thermiques conventionnelles et aux transports collectifs urbains. En juin 1999, environ 180 véhicules électriques étaient en service, l'objectif étant d'atteindre environ 350 unités d'ici l'été 2001 (environ 8 % du parc automobile de Mendrisio).

Cet essai a permis de mettre en évidence les mesures visant à favoriser l'implantation de véhicules électriques, telles que :

- susciter l'intérêt auprès de la population (par des messages dans les médias et des parcours d'essai notamment) ;
- introduire des avantages sur les plans financier et fiscal (subsides à l'achat d'un véhicule, suppression de la taxe véhicule, tarif avantageux pour les primes d'assurances) ;
- mettre en place des actions spécifiques en faveur des usagers des véhicules électriques (dépannage gratuit, bornes de recharge publiques, garantie de 3 ans sur les batteries…) ;
- offrir des conditions de stationnement préférentielles pour les véhicules électriques (places réservées, stationnement gratuit, durée de stationnement autorisée majorée par rapport aux autres véhicules).

Compte tenu du nombre actuellement relativement faible de véhicules électriques en service, l'essai de Mendrisio peut être jugé comme étant peu satisfaisant.

Au travers de ces résultats, c'est bien la démonstration que la mise en place de véhicules électriques ne doit pas se limiter à un essai de technologie ; les véhicules électriques ne doivent être au contraire (et surtout !) qu'un «outil» parmi d'autres au service d'un concept de déplacements d'une ville ou d'une agglomération, avec des fonctions spécifiques préalablement définies.

---

1. Voir données détaillées sur le site www. infovel. ch.

2. Le cas de Martigny[2]

Depuis l'automne 1998, le projet — pilote de voitures électriques en libre service est expérimenté à Martigny. Située dans le canton du Valais, Martigny est une commune de 14 900 habitants avec environ 8 000 postes de travail.

Le projet CityCar, testé par la compagnie Car postal Suisse, consiste à mettre à disposition environ 30 véhicules électriques (deux places) répartis sur une douzaine de stations, selon le principe du libre service (actuellement, les pilotes d'essai recrutés ne paient pas l'utilisation des véhicules). Ces véhicules sont équipés d'une technologie de pointe permettant, entre autres :

- de visualiser le déplacement des véhicules par GPS ;
- de limiter l'usage de ces véhicules sur le territoire communal, avec une vitesse maximale bridée à 50 km/h ;
- de connaître en temps réel l'état de charge des batteries ;
- d'accéder aux véhicules au moyen d'une carte à puce par simple effleurement, et en introduisant ensuite un code NIP ;
- de connaître l'état d'occupation des stations actuel et futur prévisible (selon les indications fournies par l'usager sur son lieu de destination et son temps d'utilisation du véhicule).

Les stations CityCar ont une capacité de deux à quatre places et sont réservées exclusivement aux véhicules électriques. Disposées dans le centre-ville et dans les quartiers périphériques, ces stations sont équipées de bornes de recharge électrique.

À partir du 1er janvier 2000, les concepteurs du projet prévoient de passer du stade expérimental au stade opérationnel, avec des tarifs de l'ordre de CHF 10. à 15. par heure d'utilisation (40-60 FF/h). Les tarifs appliqués pourront par ailleurs varier selon le type de trajet effectué : un trajet avec départ et arrivée à la même station sera par exemple moins cher qu'un trajet où le véhicule est laissé hors station.

Le projet mis en place à Martigny est davantage novateur que celui de Mendrisio du point de vue de la planification des déplacements urbains. Il ne s'agit pas uniquement de tester une forme de motorisation écologique et respectueuse de l'environnement, mais surtout d'évaluer les effets et les modifications de comportement propres à l'introduction d'un véhicule en libre service pour des déplacements locaux. C'est aussi l'occasion de réfléchir au rôle d'un nouvel « outil » de mobilité urbaine hors des affrontements « classiques » entre la voiture et les transports collectifs.

À noter toutefois que le projet de Martigny n'a pour l'instant pas été intégré dans un nouveau concept local de mobilité, mais correspond plutôt à une nouvelle offre pour l'usager (pas de mesures d'accompagnement mises en œuvre, par exemple au niveau de la création d'espaces strictement réservés à ces véhicules ou de la politique de stationnement).

2. Renseignements fournis par CityCar accueil – CH 1920 Martigny.

4. PERSPECTIVES ET RÔLES FUTURS DES VÉHICULES ÉLECTRIQUES ET DE NOUVELLES FORMES DE MOBILITÉ

Les véhicules électriques seront amenés à jouer des rôles spécifiques selon leurs caractéristiques et le contexte transport – urbanisme rencontré.

Les caractéristiques structurantes des véhicules électriques sont les suivantes :

- capacité du véhicule (voyageurs, transport de marchandises) ;
- type d'usage du véhicule (public, privé) ;
- circulation guidée ou non-guidée ;
- type de conduite du véhicule (manuelle ou automatique) ;
- autonomie énergétique en milieu urbain ;
- état de développement du véhicule (disponible sur le marché ou en phase de projet).

Le contexte transport – urbanisme peut être caractérisé par les aspects suivants :

- politique locale de déplacements et de stationnement (concept multimodal, maîtrise du trafic, principe de gestion de l'offre en stationnement...) ;
- réseaux de transport (réseau routier, lignes de transports collectifs, réseau cyclable, espaces piétonniers...) ;
- type d'urbanisation (concentrée, multipolaire, diffuse...) et données socio-économiques (nombre d'habitants et d'emplois, surfaces commerciales...).

L'outil « véhicule électrique » et toute nouvelle forme de mobilité doivent donc être intégrés dans un concept de déplacements urbains. Il s'agira par exemple de mettre en place une gestion complète des chaînes possibles de déplacement, avec une palette de moyens de transport à disposition à usage public : pour l'usager (qui à l'extrême ne disposerait plus d'un véhicule personnel), le mode de transport utilisé dépendra des besoins spécifiques, du motif du déplacement, de l'origine et de la destination du trajet, de la période concernée, des conditions atmosphériques, ou encore de son coût. Avec les performances actuelles des outils de communication (internet, GPS...) et une véritable gestion intégrée des déplacements urbains, le véhicule électrique peut donc apporter énormément de gains en matière d'amélioration de qualité de vie en centre-ville, de réduction des nuisances environnementales (bruit et pollution de l'air) et de diminution du phénomène de suburbanisation rencontré dans nos villes (voire de rendre « acceptable » ce phénomène).

Parmi les éléments principaux que cette recherche en cours devra préciser, il faut noter :

- les composants d'un concept global de mobilité « optimale », tels que la hiérarchie de la voirie, les axes structurants de transports collectifs, les zones piétonnes, les aménagements cyclables, la politique de stationnement (offre et gestion), la localisation des points d'interface ou encore la stratégie de régulation ;
- les fonctions que les véhicules électriques devront remplir dans ce concept, notamment dans le centre-ville avec, par exemple, l'intégration de zones semi-

piétonnes réservées aux véhicules électriques ou dans des quartiers périphériques d'habitat et d'activités avec des véhicules électriques de rabattement vers les têtes de lignes structurantes de transports en commun (tramway / TCSP) ;

- les dispositifs de transbordement entre les véhicules électriques et les autres modes de déplacement en présence ;
- le type d'utilisation de ces véhicules électriques (usages privé, libre service, usage collectif...) ;
- les mesures d'amélioration pouvant être apportées au niveau des fonctions qui devront être assumées par ce véhicule.

■

VERS DE NOUVEAUX SYSTÈMES DE DÉPLACEMENTS URBAINS : UTOPIA, UN PROJET D'ÉVALUATION

Bernard Guellard
CERTU

Résumé. Initié par la Commission européenne DGVII dans le cadre du 4e programme de R & D, le projet UTOPIA — Urban Transports : Options for Propulsion systems and Instruments for Analysis — contribue aux objectifs de recherche de solutions durables à la mobilité urbaine.

Le principal objectif de ce projet consiste en l'élaboration de méthodes et d'outils destinés aux décideurs locaux en charge des transports, pour développer des systèmes innovants adaptés à leur besoins. L'analyse se concentre essentiellement sur les aspects non techniques dans les domaines des impacts environnementaux, des enjeux technico-économiques et de l'ensemble des mesures politiques d'accompagnement, relatifs aux nouveaux systèmes de transport mis en œuvre.

Mots clés

Économie, environnement, Europe, évaluation, expérimentation, innovation, mobilité, politique, système, technologie, transport.

1. UN PROJET

Les préoccupations environnementales dans le domaine des transports urbains conduisent à la recherche et à la mise en œuvre de solutions basées sur de nouveaux modes de propulsion. De nombreuses barrières freinent le développement de ces technologies et une aide doit être apportée aux décideurs pour choisir le système adapté à leur propre situation. Il est impératif que les solutions suggérées aient fait l'objet de phases de validation préalables et que les conditions de leur réussite soient identifiées.

Dans le cadre du 4e Programme communautaire de recherche et développement initié par la Commission européenne, la direction générale Transport — DGVII — a lancé un appel à proposition en décembre 1996. Le projet dénommé Utopia « Urban Transport : Options for Propulsion Systems and Instruments for Analysis » a été retenu pour répondre à la tâche 5.2/12 de ce programme sur les transports urbains.

Les résultats du projet Utopia devront répondre aux attentes des collectivités locales en proposant des guides méthodologiques et des outils d'aide à la décision pour le développement de nouveaux systèmes de transport urbains basés sur l'innovation technologique des motorisations ou sur une organisation originale. Cette appellation de nouveaux systèmes englobe les nouveaux usages de véhicules individuels tel que le libre service électrique ou le temps partagé, les systèmes utilisant des modes de propulsion innovants, moteur roues par exemple, ou des énergies alternatives telles que l'électricité, l'aquasole ou les bio-carburants et les filières bus propres (GPL, GNV et électrique).

Pour atteindre cet objectif, la démarche mise en œuvre débute par un inventaire des nouveaux systèmes expérimentés en Europe. L'élaboration d'une méthode d'évaluation multicritère s'appuyant sur les principes de développement durable permettra la mise en avant les facteurs déterminants à leur développement et ainsi de réaliser les outils d'aide à la décision pour le développement de ces nouveaux concepts de déplacement.

L'attention portera essentiellement sur les aspects non techniques et les solutions à mettre en œuvre pour l'intégration de ces systèmes en tant que solutions aux problèmes de congestion de trafic et de pollution par les transports urbains. Leurs conditions d'acceptation par les usagers seront particulièrement étudiées.

Ce programme ne financera pas de nouvelles expérimentations, mais interprétera les réussites ou les échecs des projets en cours, ainsi que leurs impacts en terme d'environnement, de perception par les utilisateurs et de potentiel de développement. Les mesures d'accompagnement mises en œuvre localement ou par application de décisions nationales devront être analysées, et principalement leur efficacité. La dimension européenne de ce projet conduit à un partenariat entre différents pays.

2. LA MOBILITÉ URBAINE

En préalable, quelques critères qualificatifs de la mobilité urbaine méritent d'être rappelés afin de situer le projet dans son contexte de transport urbain. Ils sont issus d'études ou enquêtes sur les habitudes de déplacement et l'impact énergétique des transports. Les chiffres sont des valeurs moyennes :

- la vitesse en ville est de l'ordre de 25 km/h ;
- le temps d'un trajet domicile travail est stable mais sa distance augmente ;
- la moitié des trajets sont inférieurs à 3 km ;
- la distance parcourue par jour est inférieure à 40 km ;
- la longueur d'un trajet est proche de 10 km ;
- les transports urbains représentent près de 20 Mtep[1], soit 50 % de l'énergie consommée globalement par les transports en France (source OEST) ;
- le bilan environnemental négatif des transports est dominé par le secteur urbain, en terme de quantité rejetée de CO, COV, particules et NOx[2] ;
- le trafic de marchandises en ville par véhicules de PTAC < 3,5 t est composé d'un parc dont le taux de diésélisation est proche de 90 % ;

1. L'unité est le million de tonnes équivalent pétrole (MTEP) : 1 MTEP = 4,5 TWh.
2. CO : monoxyde de carbone ; COV : composé organique volatile ; NO*x* : oxyde d'azote.

– le parc des petits véhicules utilitaires diesel (<3,5 t) proche de 4,5 millions de véhicules, croît au rythme de plus de 8 % par an ;

– le recours aux combustibles de substitution des carburants fossiles doit être encouragé en zone urbaine, ou du moins l'usage de carburants propres ;

– de l'ordre de 20 % de la consommation d'énergie des transports en ville pourrait être remplacée par des énergies de substitution telles que le gaz, l'électricité ou les bio carburants (source ADEME) ;

– l'efficacité énergétique des transports collectifs pour le transport des personnes en ville est évidente, mais la fréquentation reste stable depuis plusieurs années ;

– l'utilisation de l'automobile pour le trajet domicile travail représente 60 % des déplacements : utilisateurs contraints par l'absence de TC ou pour raisons professionnelles ;

– parce que la vitesse moyenne est plus grande, le choix modal se porte sur la voiture individuelle. Culture automobile, confort et liberté sont trois raisons parmi beaucoup d'autres participant à cette décision.

Une personne sur quatre, parmi la population de 18 ans des grandes agglomérations pourrait se passer de la voiture. Le tableau suivant donne plus de détails sur l'utilisation de la voiture en ville.

26 % ne disposent pas de voiture dans le ménage			
74 % en disposent	13 % ne s'en servent pas pour aller travailler	1 %	travaillent à domicile
		12 %	ne travaillent pas chez eux.
	31 % peuvent difficilement se passer de véhicule individuel motorisé	14 %	retraités
		4 %	femmes au foyer
		13 %	prennent leur voiture pour aller au travail parce qu'ils n'ont pas d'autre moyen
	30 % utilisent leur voiture sans y être contraints	14 %	sans activité professionnelle
		16 %	prennent leur voiture pour aller travailler mais pourraient faire autrement

Tableau 1. Utilisation de la voiture en ville
Source : Enquête permanente sur les conditions de vie (EPCV), janvier 1998, INSEE

3. UN CONSORTIUM EUROPÉEN

Afin de répondre aux exigences de coopération internationale et aborder tous les sujets que recouvre la tâche, un consortium européen a été réuni, à l'initiative du Certu. Sa particularité réside dans la complémentarité des compétences et l'accès aux expérimentations. La présence d'universités et de centres de recherches permettra de s'appuyer sur des fondements théoriques et des outils de réflexion très précis. Les organismes spécialisés sur les questions de transport faciliteront l'appréhension du transport dans le milieu urbain. La présence de techniciens assurera la coordination entre les deux pôles précédents et la réalité des expérimentations sur sites.

Vingt six partenaires de onze pays européens, présentés dans le tableau 1 en annexe, se sont engagés à participer activement à ce projet sur les bases d'un programme construit autour du sommaire thématique ci-après :

- définition des notions de nouveaux systèmes de propulsion et de transport ;
- état de l'art et inventaire des expérimentations en cours ;
- première analyse et synthèse des systèmes inventoriés ;
- développement d'une méthode d'évaluation comparative ;
- sélection d'expérimentations significatives ;
- validation de la méthode par des mesures sur sites ;
- élaboration d'outils d'aide à la décision (logiciel méthodologique, guides d'utilisation) à partir des résultats des expérimentations analysées ;
- diffusion des résultats globaux.

Cordonné par la société Energy Saving Trust, ce projet d'un montant de 3,9 Meuros, est programmé du 01/01/98 au 30/06/2000, soit une durée de 30 mois.

Le département Systèmes Techniques pour la Ville du Certu pilote la participation française, et a au sein du consortium le rôle de direction technique. Dans ce cadre il assure la conduite de cinq groupes de travail, en partenariat avec la société SODIT.

Plusieurs partenaires français ont été associés, pour leurs compétences reconnues dans le secteur d'activité des transports urbains, mais aussi pour leur implication forte dans la mise en œuvre d'expérimentations nationales.

3.1. Objectifs

La partie centrale et majeure de Utopia concerne le développement d'une méthode d'évaluation des projets de transports urbains innovants afin de mettre en avant les systèmes offrant un potentiel de développement prometteur. Préalablement validée sur des expérimentations concrètes représentatives des nouvelles filières émergentes ou des nouvelles technologies disponibles, cette méthodologie permettra d'élaborer des outils d'aide à la décision. Ces produits matérialisés sous forme de logiciel ou de guides méthodologiques seront destinés aux responsables de collectivités locales et diffusés courant 2000.

La mise en œuvre de ce projet résulte de la volonté d'inciter la prise en considération de trois axes d'orientation lors des réflexions sur les systèmes de transports urbains :

- la réduction (ou la limitation) du nombre de véhicules en circulation dans les villes ;
- des émissions polluantes réduites au maximum (tendre vers zéro émission — ZEV) ;
- l'amélioration de la qualité de vie des citadins en termes de déplacement notamment.

La comparaison par rapport au système conventionnel pouvant assurer le même service permettra de quantifier les gains potentiels. La singularité des systèmes étudiés vis à vis de leur contexte spécifique viendra pondérer l'étude en intégrant notamment :

- les aspects culturels et géographiques propres aux lieux de l'expérience ;
- les caractéristiques des systèmes de propulsion utilisés (énergie motrice, degré d'innovation, produits industrialisables ou prototypes...) ;
- la spécificité des systèmes de transport (temps partagé, libre service, location, transport en commun, complémentarité modale...).

Ces nouvelles technologies sont prometteuses pour les gains environnementaux qu'elles apportent. Cependant elles nécessitent des mesures politiques à engager simultanément à leur mise en œuvre pour favoriser leur intégration et l'analyse des perspectives de marché et les stratégies industrielles sous-jacentes.

Selon ce raisonnement, l'approche qui aboutira à la création de la méthodologie d'évaluation se divisera en trois domaines complémentaires, constituant chacun un thème étudié dans Utopia :

- les impacts environnementaux des ces nouveaux systèmes ;
- le taux de pénétration du marché des transports urbains et le potentiel de développement industriel de ces nouvelles filières ;
- les mesures politiques nationales et locales pour favoriser leur pénétration.

3.2. Structure

Le programme d'activité de UTOPIA est structuré selon vingt groupes de travail (WP) qui s'organisent en six parties. La figure 1 en annexe présente cette structure. Pour chaque groupe le thème de travail et le partenaire responsable apparaissent.

3.2.1. Management

WP 1.1 et 1.2 : Management du projet et dissémination des travaux tout au long du projet : lettre d'information, site WEB, conférences.

3.2.2. Inventaire

WP 2.1 à 2.4 : Inventaire des systèmes innovants et mise en avant des éléments déterminants pour leur développement, en terme de marché potentiel et d'impacts environnementaux ou politiques.

Cet état sera étendu à l'ensemble des pays européens ainsi qu'au Japon et l'Amérique du Nord. À partir d'un grille de renseignements, un maximum de projet sera décrit. Cette base de données sera disponible sur le site internet www. utopia-eu. com.

Cet inventaire sera mis à jour tout au long de la durée du projet.

3.2.3. Analyse

WP 3.1 et 3.2 : Analyse et synthèse des systèmes recensés au cours de l'inventaire. Mise en évidence des facteurs favorables à leur acceptation et première sélection des systèmes représentatifs.

3.2.4. Méthodologie

WP 4.2 à 4.7 : Développement de la méthodologie d'évaluation afin de disposer de deux outils :

- un arbre de décision multicritère pour apprécier les expériences engagées;
- un logiciel d'aide à la décision pour analyser et choisir le système adapté pour résoudre un problème complexe de déplacement urbain.

L'approche méthodologique s'articulera autour des trois thèmes : environnement, technico-économique et politique. Pour chacun d'eux les effets du système seront mesurés selon une méthode adaptée.

3.2.5. Test sur sites

WP 5.1 : Test in situ de la méthodologie d'évaluation sur des expérimentations représentatives.

À partir de l'inventaire, une sélection de systèmes représentatifs sera réalisée sur la base de leur innovation, de la pertinence de développement de cette technologie ou organisation, du déroulement de l'expérimentation…

Le logiciel d'évaluation sera validé à partir du suivi des résultats de l'expérimentation en cours et sur les enquêtes auprès des utilisateurs.

3.2.6. Élaboration d'outils d'aide à la décision

WP 6.1 à 6.4 : Élaboration des produits issus des résultats : outils pratiques sur les modalités de développement des systèmes (guide, logiciel…)

Il s'agit de l'étape majeure correspondant aux attentes de la DGVII : fournir aux décideurs européens nationaux ou locaux des outils (logiciels notamment) d'aide à la décision pour choisir parmi l'offre de systèmes de déplacement, celui qui sera le plus adapté au contexte local économiques, politiques ou Cela suppose une adaptation nécessaire de ces outils aux besoins des utilisateurs, qui sont différents selon le niveau décisionnel auquel ils se positionnent.

4. PROGRAMME ET PREMIERS RÉSULTATS

Depuis juin 1998, le site internet est ouvert : www. utopia-eu. com

À ce jour les parties 2 et 3 sont terminées. Les résultats ont été remis à la DGVII et sont disponibles sur le site, avec la base de données qui décrit plus de 250 expérimentations.

4.1. Inventaire et analyse

Les trois figures ci après récapitulent la répartition des expérimentations selon le type de transport, les différentes sources d'énergie utilisées et le détail des expérimentations utilisant l'électricité.

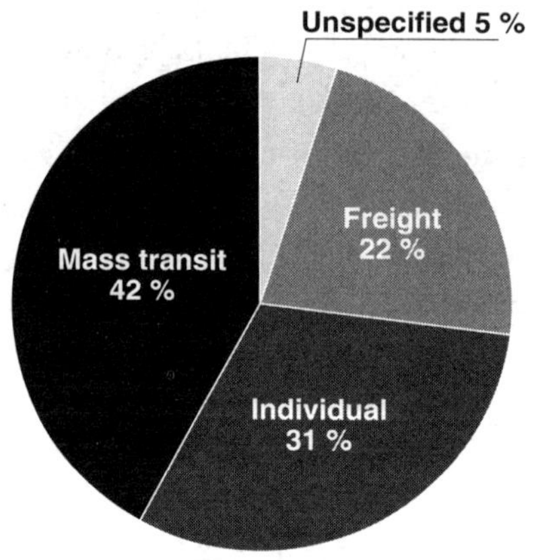

Répartition par type de transport

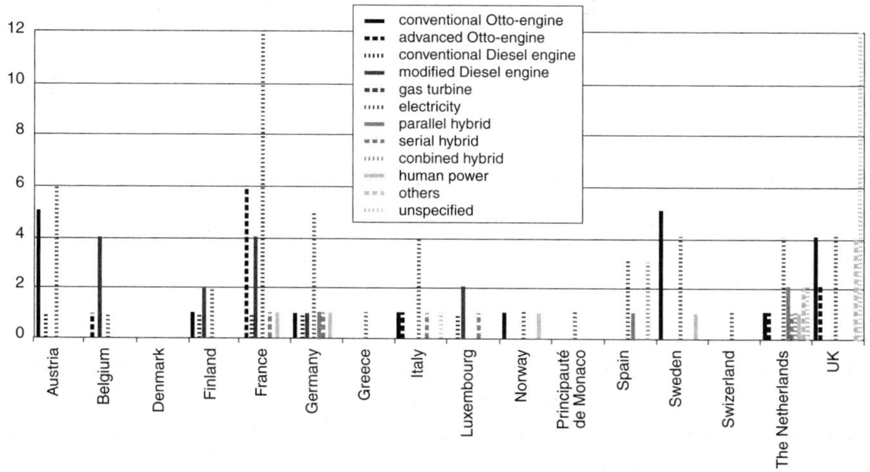

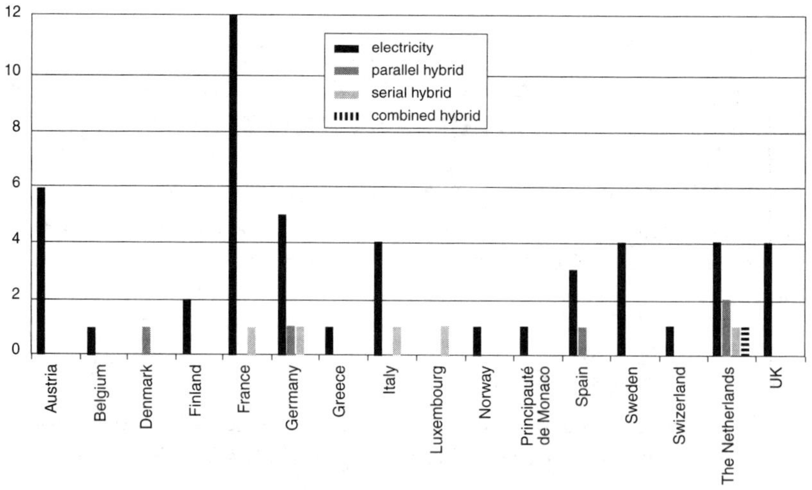

4.2. Méthodologie

La partie 4 est en phase d'achèvement. La méthodologie sera opérationnelle en décembre 1999. L'objectif de cette évaluation est de fournir des informations pertinentes utilisables dans le logiciel d'aide à la décision.

Ces résultats proviennent de l'évaluation a posteriori d'expérimentations sélectionnées. Treize sites ont été retenus :

- Le Touc — Solution alternative pour les déplacements de proximité ;
- L'expérimentation bus GNV en France à Nice et Poitiers ;
- Praxitèle à Saint Quentin en Yvelines ;
- CarCity à Martigny ;
- La flotte de VE à Malmoe ;
- Les bus biogas à Linkoping ;
- L'arrivée des bus GPL à Bristol ;
- Les systèmes innovants de transport à Leeds ;
- Les bus Gulliver à Bristol ;
- Le projet bus électrique Centaur à Bologne ;
- L'ascenseur à vélo de Trondheim ;
- L'Audi duo à Erlangen ;
- Les véhicules électriques à Mendrisio.

Le principe est de mesurer par rapport aux objectifs fixés à l'origine du projet les résultats obtenus comparativement aux moyens mis en œuvre. La méthode repose sur une analyse multicritère, structurée par un arbre de décision pondéré pour chaque cas. Une liste de 280 critères, caractérisants ces nouveaux systèmes a été établie par des experts du secteur. À partir de cette liste, les critères pertinents pour une expérimentation donnée seront retenus.

Pour l'environnement, la méthode de mesure est terminée. Elle s'appuie sur des références d'émissions par type de motorisation et selon l'énergie primaire utilisée, par rapport auxquelles le système sera étalonné.

Pour les aspects technico-économiques, un modèle de développement de marché d'un produit innovant vient d'être présenté. Les indicateurs à mesurer sur site permettront de quantifier la pénétration possible du marché et les résultats potentiels.

Pour les politiques mises en œuvre, à partir d'interview d'acteurs experts dans les transports et par l'analyse des politiques engagées aux niveaux locaux, nationaux et européens, les déterminants ont été mis en avant. Ils ont fourni un éventail des paramètres à mesurer pour évaluer cette dimension.

Le schéma simplifié suivant symbolise la structure de l'arbre d'évaluation.

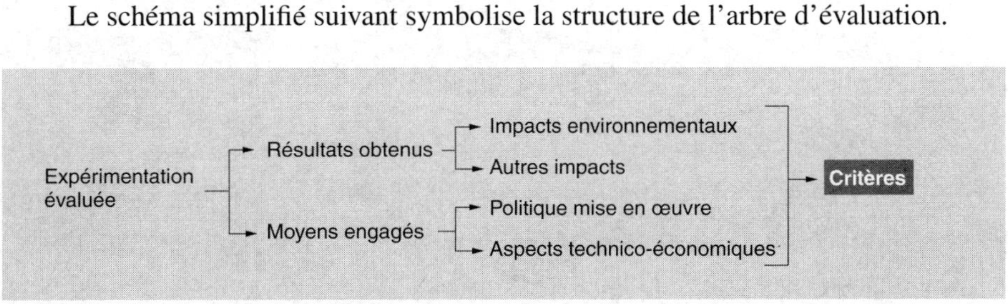

L'outil à la base de cette méthode est le logiciel Descriptor, développé par la société INTELMARK, spécialisée dans le conseil pour la prise de décision.

4.3. Test sur sites et rapport final

La partie 5 concerne l'évaluation des 3 sites retenus. Elle vient de débuter et devrait se prolonger jusqu'en mars 2000.

La partie 6 relative à l'élaboration des conclusions et les recommandations est menée en parallèle des parties 4 et 5.

5. EN CONCLUSION

L'analyse rationnelle de la mise en œuvre des expérimentations répertoriées, selon la méthodologie proposée et les critères retenus permettra de tirer des conclusions quant à la pertinence de l'utilisation de tel ou tel système dans un environnement donné. Une analyse des enjeux en matière d'environnement, de pénétration de marché et de contexte politique permettra de construire un support de recommandations pour les collectivités qui souhaiteraient s'investir dans un programme de nouveaux systèmes de propulsion.

Pour la Communauté Européenne qui tend à promouvoir les transports propres au sein de ses États Membres, ce projet apportera des éléments pour définir des orientations de politique de transports urbains et ouvrir des perspectives d'axes de recherches ultérieures.

La singularité de chaque ville ou agglomération ne permet pas d'élaborer une méthode universelle. L'adaptabilité des résultats d'un site à un autre sera pris en compte dans le module final de l'outil d'aide afin d'intégrer les paramètres du contexte local.

La dissémination des résultats, par l'intermédiaire du serveur Internet, garantira une diffusion très large des informations sur les travaux réalisés ainsi que l'état récapitulatif des expérimentations innovantes qui auront été recensées. Cette base de données sera complétée des expériences nouvelles tout au long du projet en fonction de leur degré d'innovation tant technique que d'organisation.

Au delà de l'aspect Recherche et Analyse, Utopia se veut être le catalyseur de la mise en œuvre de nouveaux systèmes de transport qui démontrent leur efficacité face aux difficultés auxquelles les collectivités locales sont confrontées quotidiennement pour garantir aux citadins des conditions de déplacements et d'environnement quotidien de qualité.

Pour toutes informations complémentaires : **www. utopia-eu. com**

■

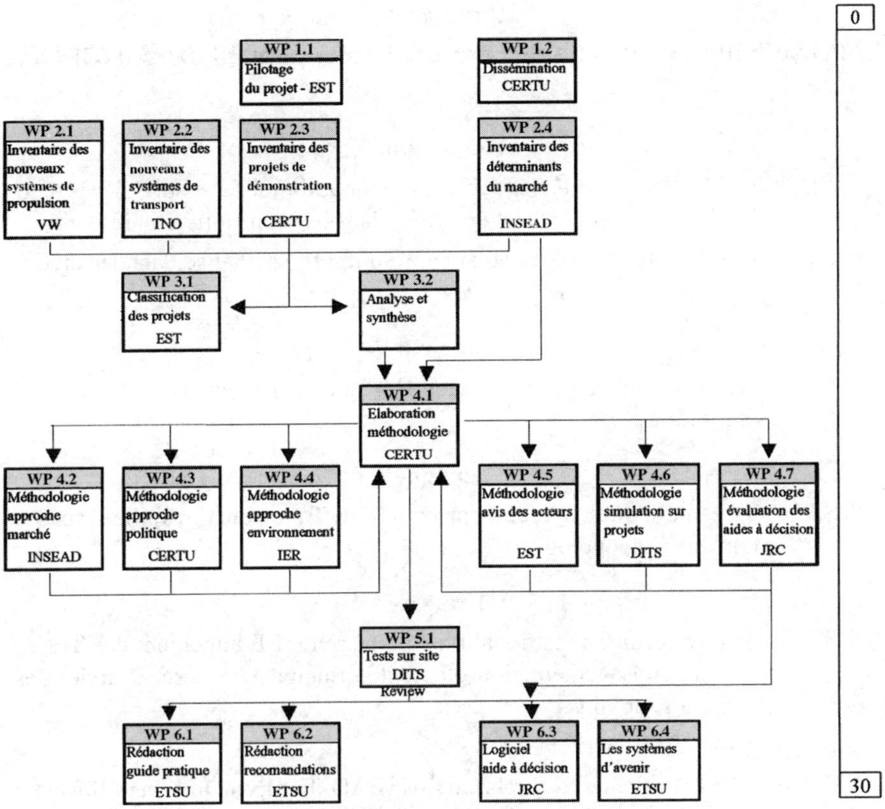

Annexe 1. Structure méthodologique et partenaires responsables.

Cette présentation synoptique du programme mis en œuvre dans Utopia permet de comprendre les liens entre les différents WP ainsi que la chronologie des actions étalées sur les 30 mois du projet.

Annexe 2
Présentation succincte des partenaires impliqués dans UTOPIA

Allemagne

VW-IMU représentant des industriels du secteur automobile et suivi des projets basés sur des énergies alternatives dans les transports urbains.

IER institut rattaché à l'université de Stuttgart, spécialisé dans les études d'impacts environnementales.

Autriche

AMOR centre de recherche, de développement et de formation sur la mobilité et les transports.

Espagne

BTSA bureau d'études, soutenu par la ville de Barcelone, travaillant sur les nouvelles technologies.

France

CERTU service technique national du Ministère de l'Équipement des Transports et du Logement, dont l'activité principale concerne l'études des transports urbains.

SODIT partenaire du CERTU.

INSEAD-CMER : centre de recherche de l'INSEAD (European Institut of Business Administration) axé sur les aspects environnementaux et marché des transports innovants.

ADEME agence nationale de l'environnement et de la maîtrise de l'énergie, département transport, pour apporter une contribution sur les énergies alternatives.

CETE Nord Picardie et Lyon : Centres d'Etudes Techniques de l'Équipement, impliqués dans la réflexion et le suivi des actions sur les transports.

INTELMARK : société spécialisée dans l'aide à la décision, concepteur du logiciel Descriptor utilisée pour évaluer les systèmes.

CGFTE entreprise maître d'œuvre de l'expérimentation PRAXITELE de véhicules électriques en libre service.

Italie

DITS département d'études sur les transports de l'Université de Rome

JRC centre de recherche européen spécialisé dans les supports d'aide à la décision dans les domaines de l'énergie, l'environnement et les transports.

CSST laboratoire de recherche sur les transports, dépendant du groupe FIAT, associé au programme national transport.

Pays-Bas

TNO agence nationale de l'énergie, spécialisée dans la recherche sur le développement et la mise en œuvre de nouvelles technologies dans les transports.

Université de TWENTE : études des innovations dans les transports pour les aspects sociaux et politiques.

Suède

KFB agence nationale de la recherche, dépendant du ministère des transports et des communications, responsable du programme national véhicule électrique.

Suisse

CITYCAR : structure responsable de l'expérimentation à Martign de véhicules électriques en libre service.

INFOVEL : structure responsable du projet de Mendrisio pour le développement d'une flotte de VE dans une collectivité.

Norvège

DM Design Management, bureau d'études pour le développement de produits innovants dans différents secteurs industriels.

Finlande

VTT centre de recherche technique qui coordonne le programme national MOBILE, relatif à l'environnement et l'énergie.

Grande-Bretagne

EST agence nationale créée par le gouvernement et les distributeurs d'énergie, pilote du programme véhicule propre — Coordinateur de UTOPIA.

ETSU bureau d'étude privé, expert dans les programmes énergétiques nationaux auprès du gouvernement. Participation dans plusieurs programmes européens.

Associations européennes partenaires

AVERE association européenne des véhicules électriques regroupant les principaux acteurs engagés dans le développement du VE.

ENGVA association européenne des véhicules à gaz naturel regroupant les principaux acteurs engagés dans le développement de l'utilisation du GNV dans les transports.

CAR FREE CITIES : association regroupant 60 villes européennes, impliquées dans l'élaboration de stratégies permettant d'améliorer la qualité de vie en ville, en soutenant une politique de déplacement durable.

LA RADIO NUMÉRIQUE

F. Nieus
Inspecteur général f.f., division de l'électricité, de l'électromécanique, de l'informatique et des télécommunications

1. INTRODUCTION

La Belgique, située au nord de la France, est un état fédéral comportant trois régions : La Flandre au nord du pays, Bruxelles au centre et la Wallonie au sud. Chaque région est gérée par un gouvernement autonome.

La Wallonie à une superficie de 16 844 km^2 pour une population de 3,26 millions d'habitants et majoritairement d'expression française.

Située au centre de l'Europe, elle possède un réseau autoroutier très dense comportant pas moins de 860 km d'autoroutes.

Bien que non encore engorgé, le trafic s'y fait de plus en plus dense et est proche de la saturation dans les zones les plus circulées.

Face à cette situation, le Gouvernement wallon a pris l'initiative, dès 1994, de construire un centre de supervision du trafic autoroutier à Namur. Le centre PEREX (Permanence d'exploitation des réseaux) est situé au sein de l'échangeur de Daussoulx à l'intersection des deux grands axes est-ouest (E42) et nord-sud (E411).

Gérer 860 km d'autoroutes à partir d'un centre unique constitue un défi technologique nécessitant des moyens de communication importants, rapides et fiables.

À cette fin, parallèlement à la construction du centre PEREX, le réseau autoroutier a été équipé d'un réseau de câbles à fibres optiques pour l'exploitation duquel la Région wallonne dispose d'une licence d'opérateur télécom.

L'ensemble de ces travaux est réalisé par le ministère de l'Équipement et des Transports, le MET, de la Région wallonne.

Pour rendre un tel centre pleinement opérationnel, il est nécessaire de le doter de moyens d'information aux usagers fiables et aussi proche que possible des événements survenant sur le réseau.

Pour ce faire, trois sources d'information ont été identifiées :

- les panneaux à message textuel installés sur les voiries qui permettent une information rapide et très proche de l'incident de roulage mais très limitée dans sa capacité de diffusion des messages ;
- une radio dédicacée à l'information routière capable de couvrir l'ensemble du territoire wallon ;

– les sites WEB qui permettent aux citoyens de disposer d'une multitude d'informations (météo, travaux…) et disponible sur Internet.

Pour la chaîne radiophonique dédicacée à l'information routière et baptisée « Radio trafic » le choix s'était naturellement porté vers la fréquence modulée mais la saturation du plan de fréquences FM est telle en Wallonie qu'il s'est avéré impossible de couvrir l'ensemble du réseau autoroutier.

Ces discussions se passaient à l'époque où la Radio Télévision belge de langue française, la RTBF, négociait à l'échelon européen, la répartition des blocs de fréquences de la radio numérique, la DAB.

Sur proposition de la RTBF, la décision fut prise d'opter, résolument, en faveur de la radio numérique en lieu et place de la FM car les canaux étaient libres et donc disponibles pour des opérateurs intéressés.

2. LA RADIO NUMÉRIQUE

2.1. Avènement du numérique

Une nouvelle page de l'histoire de la Radio débute avec l'arrivée des techniques numériques de production et de diffusion.

Une première évolution s'était déjà produite avec l'introduction dans les systèmes de diffusion en Fréquence Modulée du Radio Data System ou RDS. En utilisant une partie des ressources FM, les émetteurs FM dûment équipés pouvaient ainsi transmettre sous forme digitale des informations « indépendantes » des programmes sonores diffusés.

Par exemple, en utilisant un récepteur équipé d'un décodeur RDS, l'auditeur verra s'afficher le nom de la station écoutée et sera branché automatiquement sur la fréquence permettant les meilleures conditions d'écoute de cette station en fonction de l'endroit où il se trouve. La fonction TA-EON de RDS permet au récepteur de commuter automatiquement sur la station d'information routière alors qu'il est calé sur une autre chaîne radio ou sur un lecteur de cassette par exemple.

Le RDS permet aussi d'offrir à l'auditeur un véritable service d'information routière, totalement indépendant du canal choisi sur l'autoradio. Il s'agit du Traffic Message Channel ou TMC qui est un standard européen et qui peut collecter et éditer des messages en utilisant un langage commun, la prénorme ALERT C.

Pour autant que le récepteur soit équipé d'un système de synthèse vocale, on pourra disposer cette fois d'informations routières dans la langue de son choix, partout en Europe.

De plus, ces récepteurs pourront comporter également un écran de visualisation qui permettra la consultation de cartes routières numérisées via un lecteur de cédérom ou de cartes à puces.

Les données TMC radiodiffusées par le système RDS, pourront être actualisées en fonction des conditions de trafic du moment. L'automobiliste dispose ainsi d'un véritable système de navigation à bord de son véhicule. Les premiers récepteurs RDS/TMC devraient être commercialisés prochainement.

La plupart des chaînes FM disposent dès à présent des équipements ad hoc pour offrir à leurs auditeurs les fonctions RDS de base.

Pour le RDS/TMC, l'équipement nécessaire existe mais n'est pas encore opérationnel en Belgique. Il a par ailleurs déjà fonctionné à titre expérimental en 1994 à Bruxelles lors du sommet du G7.

Mais l'arrivée de la DAB (Digital Audio Broadcasting) annonce une révolution majeure : l'invention de la radio du XXIe siècle. Celle-ci sera « multimédia », « interactive » et « numérique ».

Dans un premier temps, cette Radio offrira sans doute des programmes comparables à ceux d'aujourd'hui, avec toutefois une qualité de son équivalente à celle du disque audionumérique et ce sans les fréquentes dégradations du signal auxquelles nous sommes plus ou moins habitués en FM.

Il sera également possible d'associer aux programmes sonores diffusés divers « services annexes », comme les références des plages musicales diffusées ou celles des livres évoqués à l'antenne et bien sûr le RDS — TMC. Ces « bases de données » pourront être consultées sur l'écran de visualisation du récepteur DAB.

2.2. Bref aperçu technique

La RTBF dispose du bloc B d'une bande passante de 1,75 MHz dont 1,5 MHz sont occupés par le signal dans la gamme des fréquences de 224,88 MHz à 226,416 MHz permettant de réaliser 6 canaux numériques stéréophoniques d'une vitesse de transmission de 192 kbps chacun. Des canaux supplémentaires peuvent être dégagés moyennant la réduction de la bande passante et donc de la qualité sonore.

Le fonctionnement d'un réseau d'émetteurs DAB repose sur deux innovations majeures :

1. l'utilisation en radiodiffusion d'un système de compression du son, le MUSICAM ;
2. l'invention d'un procédé de diffusion révolutionnaire : le COFDM (Coded Orthogonal Frequenced Data Multiplex).

Le « Système DAB » permet de transmettre plusieurs programmes numérisés, de même que des données associées ou non à ces programmes, par le canal d'un « bloc de fréquences » diffusant un et un seul signal constitué d'un « multiplex numérique », c'est-à-dire un « mélange » de données numériques. Cet assemblage, ainsi que son traitement avant diffusion, est réalisé à partir d'un multiplexeur installé en amont du réseau d'émetteurs audionumériques réglé sur le « bloc de fréquences » attribué au réseau.

La compression du son et le procédé MUSICAM

Le procédé MUSICAM permet de réduire de 84 % la place occupée par un fichier sonore numérisé. L'homme ne reconnaît pas tous les sons contenus dans une phrase musicale, dès lors celle-ci est répartie en 32 sous-bandes correspondant à autant de plages de fréquences bien définies, correspondant aux sons « utiles ». Tous les sons qui ne sont pas entendus par l'oreille humaine sont éliminés. Les éléments restants sont compressés suivant les techniques habituelles d'échantillonnage.

Ce système permet de ne transmettre que 16 % des données, sans dégradation de la qualité du son.

La diffusion et le COFDM

Nous savons depuis longtemps qu'un des phénomènes les plus gênants en diffusion conventionnelle telle que la FM consiste dans l'effet destructif causé par les différents signaux réfléchis par des obstacles, qu'ils soient naturels tels que des collines, ou artificiels tels que des bâtiments, les signaux réfléchis venant atténuer l'onde directe reçue par le récepteur radio. Ce fait est d'ailleurs intensifié en cas de réception mobile. La qualité de la réception DAB, contrairement à ce qui se passe pour la FM, se trouve améliorée par ces différentes réflexions grâce au COFDM qui additionne les différentes ondes captées.

Le COFDM est une nouvelle technique de diffusion qui consiste à diviser le signal numérique en plusieurs paquets de données « redondants ». Ensuite, ces paquets sont « expédiés » sur 1 536 transporteurs codés et orthogonaux.

La technologie COFDM rend également possible la réalisation de réseau de diffusion simple fréquence (SFN) ; Ceci est dû au fait que chaque paquet dispose d'un intervalle de temps de sécurité permettant la resynchronisation des signaux à la réception.

Le récepteur « analyse » les paquets de données captées par l'antenne, élimine les informations redondantes et restitue un signal parfait. Le procédé offre en outre une excellente résistance aux parasites, échos, réflexions.

Le multiplexage

La DAB permet de transmettre plusieurs programmes radio numérisés, ainsi que des données associées ou non à ces programmes, par le canal d'un « bloc de fréquences » diffusant un et un seul signal, à savoir un « multiplex numérique » (c'est à dire un mélange de données numériques). Cet assemblage, ainsi que son traitement avant diffusion, est réalisé à partir d'un et d'un seul multiplexeur installé en amont du réseau d'émetteurs audionumériques réglé sur le bloc de fréquences utilisé.

Le multiplexeur sera installé au centre PEREX de Daussoulx. Ce centre communiquera avec l'antenne du pylône de Wavre par l'intermédiaire du réseau à fibres optiques du MET afin de permettre l'acheminement des signaux en provenance de la RTBF via ce pylône.

Depuis Daussoulx, le signal unique multiplexé est envoyé via des antennes paraboliques sur un satellite de télécommunication qui a pour fonction de retransmettre le signal vers les différentes antennes des émetteurs DAB.

Par rapport aux modes de diffusion classiques tels que l'AM ou la FM, la DAB offre les avantages suivants :

- une réception en mobile améliorée par rapport à une réception en fréquence modulée classique, notamment lorsque le rapport signal/bruit est faible ou que le phénomène de « réflexion » est important, ce qui est très souvent le cas en milieu urbain ;
- la possibilité de réutilisation de la même fréquence pour couvrir une large surface. En effet, puisque le signal reçu est constitué par une somme de diverses réceptions provenant de toutes les directions, rien ne s'oppose à utiliser différents émetteurs diffusant le multiplex sur la même fréquence d'émission. Cette caractéristique permet une meilleure utilisation du spectre beaucoup plus rationnel que celui utilisé en FM ;

- une très grande souplesse quant au contenu du multiplex numérique : la répartition entre programmes sonores, données purement liées au son est arbitraire suite à l'allocation dynamique de bande passante ;
- les données diffusées étant numérisées, il est possible de les utiliser pour toute une gamme d'applications autres que la voix ;
- il permet la réception en mobile pour des vitesses de déplacement supérieures à 200 km/h ;
- les émetteurs DAB utilisent le signal GPS pour en extraire la base de temps synchrone. Ce signal peut être diffusé et utilisé par les récepteurs. Cette particularité peut être très intéressante pour les applications numériques.

Si la DAB présente une grande capacité de diffusion (voie descendante), par contre elle présente un inconvénient important, dans l'état actuel de son développement il n'existe pas de voie remontante DAB. Celle-ci doit être réalisée soit par GSM, soit par un réseau radio PMR traditionnel.

2.3. État des développements technologiques

La constitution d'un réseau DAB met en jeu trois équipements de base nécessitant une technologie spécifique : les émetteurs, le multiplexeur et les récepteurs.

Les émetteurs sont dérivés de la technique TV et ont, en conséquence, pu être développés rapidement.

À l'heure d'aujourd'hui, on compte aisément une dizaine de constructeurs dans le monde.

Le multiplexeur, plus spécifique, ne présente pas non plus de difficultés conceptuelles, il s'agit essentiellement de logiciels qui sont maintenant bien au point et disponibles sur le marché chez les grands constructeurs.

La difficulté majeure réside dans la mise au point des récepteurs. En effet, la DAB trouvant prioritairement son champ d'application dans le domaine de la réception mobile (autoradio), les constructeurs se sont trouvés face à la contrainte de la miniaturisation extrême des équipements de réception DAB.

Vu la complexité de la technologie numérique, les récepteurs mobiles ont longtemps été conçus en deux parties nécessitant l'installation d'un boîtier complémentaire dans le coffre du véhicule.

Le forcing réalisé par les constructeurs dans la recherche et le développement des nouvelles technologies a abouti, fin 1998 à une miniaturisation extrême des équipements de réception DAB.

C'est ainsi qu'à la conférence Euroroute 98, qui s'est tenue à Namur en novembre 1998, la firme allemande Bosch (Blaupunkt) présentait des récepteurs combinés FM + DAB + GSM dans le volume d'un autoradio normal. Ce constructeur présentait également des walkmans DAB de la grosseur d'un GSM.

À titre exemplatif, les deux photos suivantes montrent un récepteur DAB complet à côté d'une allumette et la seconde montre une carte enfichable dans un rack standard tel que, par exemple, le chassis d'un PC.

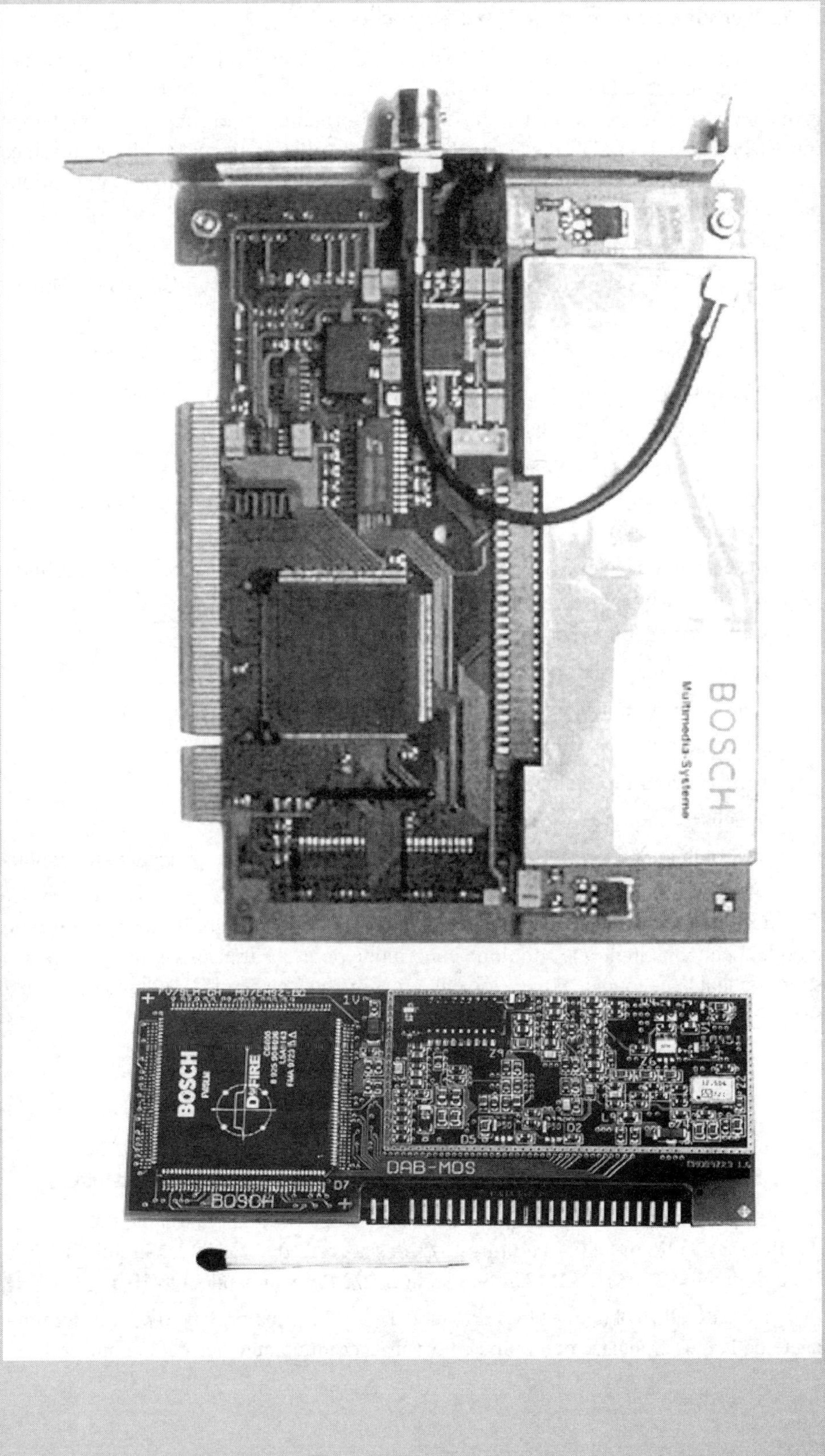
BOSCH
Multimedia-Systeme
DAB-MOS
BOSCH

2.4. Services sonores et multimédias

Outre les programmes sonores musicaux et parlés, le « métier de base » des opérateurs radio, la technologie DAB permettra l'émergence de services nouveaux diffusés sous forme numérique et en particulier de services informatiques transmis en même temps que les programmes radio. Il s'agira d'une des nouvelles composantes des Autoroutes de l'information, cette propriété est particulièrement appréciable pour les applications dans le domaine de la mobilité.

Il pourra s'agir (dans le désordre) de :

- services radiophoniques perfectionnés (nouvelles, météo sur demande, archives, etc.) ;
- services de publicité à valeur ajoutée (n° de téléphone des annonceurs, etc.) ;
- programmes particuliers, et payants, réalisés à l'occasion d'événements spéciaux ;
- services de radio messagerie ;
- services de météo spécialisée ;
- services d'information permanente avec menu (l'international, le social, l'économique, le sport, etc.) ;
- mise à jour de banques de données (catalogues de prix des concessionnaires automobiles ou des supermarchés) ;
- services de géopositionnement ;
- services d'information routière à « valeur ajoutée » ;
- l'envoi de documents vidéotexte et de messages adressés ;
- téléchargement de logiciels ;
- la mise à jour de catalogues multimédias ;
- téléchargement de cartes routières ;
- télécommande et de télégestion à distance notamment de panneaux de signalisation.

La télématique diffusée par voie hertzienne, avec possibilité de réception en mobile, peut constituer une solution économique pour des transmissions « passives », surtout quant beaucoup de points doivent être alimentés ou si une simultanéité d'émissions s'impose.

3. PARTENARIAT MET – RTBF

3.1. Situation en Communauté française et germanophone

La Belgique s'est vue attribuer un bloc de fréquences couvrant la totalité du territoire des Régions wallonnes et bruxelloises lors des accords de Wiesbaden en juillet 1995. Il s'agit du bloc T-DAB 12B (224,880 à 226,416 MHz) en bande 3 (VHF).

De plus, elle a obtenu 5 blocs provinciaux (± 1 bloc par province) pour la communauté de langue française et un bloc couvrant la communauté germanophone.

Par arrêté du Gouvernement du 20 mai 1997, la RTBF a été désignée comme opérateur technique du bloc T-DAB 12B pour l'ensemble des 6 canaux régionaux.

La justification de ce choix résidait dans le fait que la RTBF, en partenariat avec le MET était le seul opérateur ayant remis un plan en vue de réaliser les investissements nécessaires, en hommes et en matériel, pour la mise en place et l'entretien d'un réseau de radiodiffusion numérique par voie hertzienne.

Dans l'univers de la DAB, on doit donc prendre en compte un binôme : l'opérateur technique qui crée et gère l'outil de diffusion et le ou les fournisseur(s) de services qui proposent un ou des programme(s) aux auditeurs.

L'arrêté du Gouvernement du 20 mai 1997 précise également que la répartition, entre différents fournisseurs de services, des ressources du bloc 12B disponibles pour les programmes sera organisée comme suit :

- la RTBF disposera de 4/6 des capacités disponibles pour la diffusion des 3 programmes sonores RTBF et d'un programme pour la diffusion des données professionnelles ;
- 2/6 des capacités disponibles seront réservées à des opérateurs privés ;
- un canal monophonique de 60 kbps sera probablement attribué à la communauté germanophone pour couvrir l'ensemble de la Wallonie en monophonie.

Ce dispositif permet de garantir le pluralisme des fournisseurs de services puisque l'attribution des ressources du multiplex DAB reste sous le contrôle du Gouvernement. Il permet d'éviter ainsi que ne prévale la seule logique commerciale dans l'utilisation de ce nouveau média.

3.2. Accord de partenariat MET – RTBF

Le ministère de l'Équipement et des Transports n'ayant pas la vocation d'opérateur radiophonique, la décision fut prise de négocier un partenariat avec la RTBF sur la création d'une radio infotrafic et sur la mise à disposition de la Région wallonne d'un canal DAB destiné à la diffusion de données numériques à usage professionnel pour la gestion des flottes de véhicules de la Région et la commande de panneaux de signalisation.

L'accord de partenariat comporte trois volets : une convention cadre et deux conventions particulières.

Les conventions sont basées sur le principe du partenariat réciproque : le MET finance l'infrastructure, la RTBF dédicace deux canaux DAB à la Région wallonne : le premier réservé à la chaîne « Radiotrafic », le second sera consacré à la diffusion de données numériques. En outre, elle assure l'entretien et l'exploitation de l'infrastructure et anime la radiotrafic.

La convention générale détermine les droits et obligations respectifs de la RTBF et du MET dans la constitution et la diffusion d'informations relatives à la mobilité sur les infrastructures et les équipements de transport de la Région wallonne. La convention est conclue pour 20 ans.

La première convention particulière définit les investissements qui seront réalisés par le MET et les délais de mise en service desdits équipements.

Elle précise également les conditions de mise à disposition des capacités du bloc de fréquences DAB nécessaires pour la diffusion des programmes d'information routière et de diffusion des données professionnelles.

La seconde convention particulière définit les conditions de création de la radio dédicacée à l'information routière et de son animation.

Un studio équipé est prévu, dans le Centre PEREX, qui permet au personnel de la RTBF de disposer des informations sur l'état du réseau à grand gabarit (RGG) en même temps que les opérateurs du centre pour les transformer en informations de radio guidage (météo et fluidité).

La RTBF prend en charge l'animation des informations routières tant sur les réseaux traditionnels en AM et en FM que sur le futur réseau DAB.

La répartition des responsabilités entre les partenaires prend appui sur l'identification des « métiers de base » de chacun.

Pendant la durée de la convention, la RTBF assure la maintenance des équipements, les charges de personnel, les frais de diffusion, etc.

Le MET gère le réseau routier et à ce titre dispose de nombreuses informations pour assurer la guidance de trafic en télécommandant les équipements implantés sur le réseau RGG. Comme tel, le MET n'a pas pour mission d'informer les usagers mais cette information constitue un maillon important dans la gestion routière et l'aide qu'elle peut apporter aux usagers.

Il est de l'intérêt de la RTBF de pouvoir disposer, à la source, de données fiables lui permettant de remplir ses missions de service public en matière d'information routière.

À l'heure actuelle, l'information routière aux usagers sur l'état du trafic se développe dans tous les pays européens selon deux méthodologies complémentaires ; soit l'information générale par diffusion sur les radios dites « généralistes » ou l'information spécialisée sur les radios dites « thématiques » (radios de service du type 107,7 MHz pour la France), soit l'information sur base de système embarqué du type CARMINAT ou pare-soleil intelligent KRITTER développé sous licence par la RTBF.

L'info routière, dans le cadre de la DAB combine les deux technologies en offrant des informations du type des radios « thématiques » complétées par les possibilités de guidage géographique par système embarqué et diffusion de cartes routières ou autres données numériques.

4. DÉPLOIEMENT DU RÉSEAU DAB

Le réseau de radio diffusion numérique DAB comporte, pour l'essentiel trois parties :

- les émetteurs ;
- les antennes ;
- le multiplexeur.

Pour couvrir l'ensemble du territoire wallon, il est nécessaire d'installer 18 émetteurs sur les pylônes de la RTBF et de la BRF.

Le marché de fournitures des émetteurs a été notifié le 20 janvier 1998 à la firme Rhode et Schwarz pour un montant de 2 161 340 Euro TVA comprise. Les travaux s'échelonneront sur 2 ans.

Les sites équipés sont les suivants :

Commines	200 W	Bruxelles	400 W
Tournai	800 W	Couvin	400 W
Houdeng	800 W	Chimay	200 W
Ronquières	200 W	Léglise	1 600 W
Profondville	1 600 W	Anderlues	800 W
Wavre	1 600 W	Avernas	400 W
Liège	1 600 W	Vielsalm	200 W
Verviers	400 W	Flobecq	200 W
Marche	800 W	Bouillon	200 W

Le taux de couverture correspondant est visualisé sur la carte ci-après.

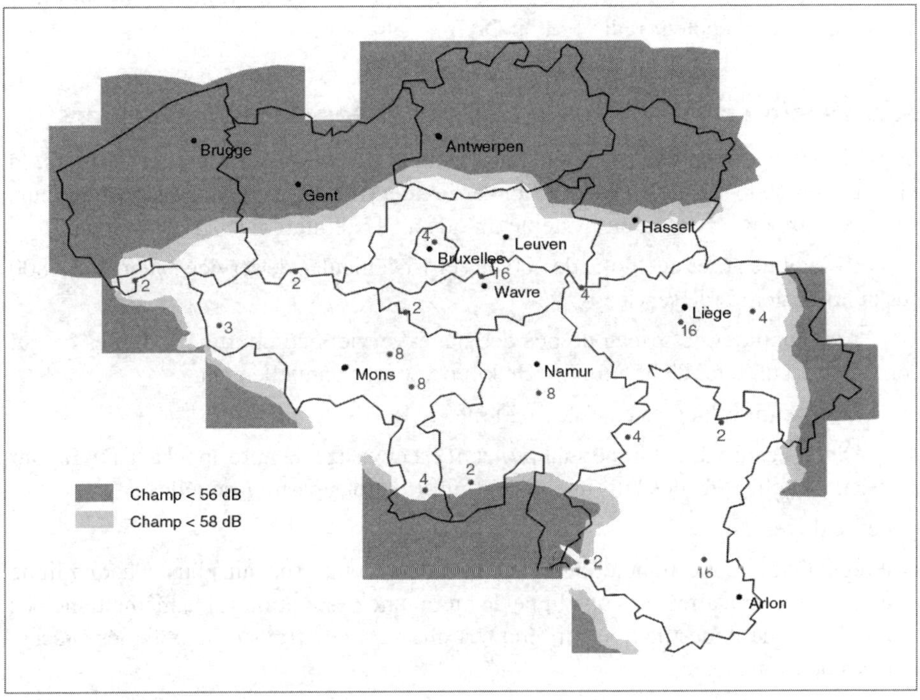

Le marché des antennes des émetteurs a été adjugé pour un montant de 800 000 Euro et notifié le 15 janvier 1999. Les paraboles satellites ont été adjugées pour un montant de 760 000 Euro.

Le multiplexeur a également été adjugé pour un montant de 400 000 Euro à la firme Bosch et notifié le 15 janvier 1999.

L'investissement global s'élève donc à 4,12 MEuro.

5. PROJETS DATA

Le canal réservé aux « données numériques » ouvre des perspectives d'application particulièrement intéressantes dans le domaine de la gestion de la mobilité. Deux projets sont actuellement en cours de développement.

5.1. Pare-soleil intelligent

La RTBF a développé un partenariat pour la fabrication de pare-soleil intelligents pour automobiles qui s'est concrétisé par le projet KRITTER.

Il s'agit d'un écran visualisant le réseau routier d'une région ou d'une ville importante et qui est éclairé par un jeu de diodes électroluminescentes (LED) commandées par le signal RDS de l'émetteur radiophonique.

Ce système permet de visualiser sur la carte les endroits faisant l'objet d'une perturbation du trafic (accident, embouteillage, travaux...) et les voiries où la circulation est fluide.

Cet écran vient simplement se glisser sur le pare-soleil du véhicule et peut fonctionner avec un récepteur radio FM ou DAB

5.2. Gestion de la flotte de bus des villes de Liège-Verviers

La société de gestion des transports en commun des villes de Liège et Verviers, la SRWT, a procédé le 6 juillet 1998 à l'ouverture des offres relatives au marché de fourniture et mise en service d'un Système d'Aide à l'Exploitation (SAE).

Il s'agit de gérer une flotte de 300 bus et 15 véhicules de service extensible à 800 bus et 30 véhicules de service.

Actuellement, le réseau de bus de Liège-Verviers comporte 188 lignes ce qui correspond à un total de 35 millions de km parcourus annuellement.

Le parc de véhicules compte 562 unités.

Dans le cadre de cet important projet, il est envisagé de faire appel à la DAB pour diffuser, à la clientèle des bus, une série d'informations parmi lesquelles :

- heure de réseau ;
- temps d'attente par ligne et par destination des deux prochains bus. Chaque ligne d'affichage sera affectée à une ligne de bus et une destination : si la même ligne bus représente deux destinations différentes, elle sera répartie sur deux lignes successives de l'afficheur ;
- état « hors service » éventuel de l'afficheur. Suite à une autodétection par l'afficheur d'un défaut de communication ou d'un défaut interne, le message « Hors service » s'affiche Dès que la période hors service dépasse une durée prédéfinie, tout affichage est effacé ;
- si commandés par le centre :
  - état de la ligne (p.e. perturbation, grève...) ;
  - message d'exploitation spécifique à l'arrêt (p.e. bus dévié, arrêt non desservi...) ;

– messages généraux définis par l'opérateur du centre par ligne ou par arrêt ;
– tout autre information susceptible d'intéresser les usagers.

D'autre part, l'affichage aux arrêts, basé sur la technologie DAB, va permettre le développement d'un nouveau concept d'arrêt mobile. Cette notion prend toute son importance en milieu urbain lors de travaux ou de manifestation d'une certaine ampleur (grève, congrès, manifestation, rencontre sportive...) entraînant l'inaccessibilité de certains arrêts ou la création d'arrêts temporaires.

■

mobilité et intermodalité

Jeudi 27 janvier

09 h 30 à 12 h 30

Président de séance : M. Dominique BUSSEREAU
Député de Charente-Maritime

Jeudi 27 janvier

14 h 30 à 17 h 30

Président de séance : M. André LAUER
Directeur du CERTU

L'INFORMATION AU SERVICE DE L'INTERMODALITÉ

Vincent Kaufmann, Christophe Jemelin
Institut de recherche sur l'environnement construit (IREC), École polytechnique fédérale de Lausanne (CH)
Fabienne Margail*
École nationale des ponts et chaussées, Laboratoires techniques territoires et sociétés

INTRODUCTION

L'utilisation des transports publics se heurte à deux types d'obstacles spécifiques liés aux pôles-interfaces.

- L'astreinte à des lignes et des horaires est mal ressentie par la population, qui la compare à la continuité du déplacement offerte par l'automobile. Les lieux où s'opère l'attente d'un moyen de transport public sont dès lors les lieux d'expression privilégiés de cette contrainte, puisqu'ils ne sont eux-mêmes pas choisis.
- L'automobile, de par la maîtrise étendue de l'espace-temps qu'elle permet, multiplie les opportunités d'associer des activités à de la mobilité pour une plus grande accessibilité. Les transports publics permettent beaucoup moins ce type de chaînage, ce qui les rend moins attractifs car d'un usage moins flexible.

L'intégration des offres de transport, la qualité de l'aménagement et la présence de services dans les gares sont généralement considérés comme une manière d'accroître l'attrait des transports publics.

Ce postulat implique cependant deux a priori qui méritent d'être soumis à examen : celui que la qualité de l'aménagement des gares a un impact sur leur attractivité et celui que les services associés aux gares permettent une appropriation du temps qui en modifie la qualité, passant d'un temps « vide », subi, caractérisé par l'ennui à un temps caractérisé par une activité. Toutefois, une telle approche n'est pas suffisante pour appréhender la perception des interfaces par les clients de transports publics : leurs représentations sociales, souvent stéréotypées, ainsi que leur situation socio-économique forment également un « filtre ». Dans ce cadre, il convient d'examiner si, pour augmenter l'attractivité des interfaces il est prioritaire d'agir sur :

– la qualité urbanistique des lieux (valorisant ainsi l'importance de la perception) ;

(*) Pour le consortium associant aussi Erwann Minvielle (DAEI), Patricia Varnaison-Revolle (CERTU), Françoise Potier (INRETS), Anne Meyer (UTP).

– les équipements (mettant l'accent sur l'utilité et la qualité du temps passé, qui influencent l'image de l'interface) ;
– la coordination des offres de transport, et leur élargissement à des formes intégrées de services de mobilité (insistant sur la minimisation du temps passé dans l'interface).

Cette communication présente les résultats principaux de deux études suisse et française, à la méthodologie commune. L'étude suisse[1] a été menée sur huit interfaces de tailles différentes (gares centrales et lieux d'échanges suburbains), dans des sites pour lesquels la fonction d'échange a évolué dans le temps, mais qui n'étaient pas toujours conçus prioritairement comme interfaces à l'origine. Plusieurs sites choisis par l'étude française[2] ont au contraire été récemment mis en service (par exemple à Strasbourg), et ont été spécialement étudiés de façon à optimiser les possibilités de changement de mode de transport. Il apparaît donc particulièrement intéressant d'observer s'il existe des différences de perception entre les situations suisses et françaises, donnant des éléments de réponse aux questions de recherche posées plus haut et relatives à l'aménagement urbanistique et en matière d'équipement.

Les sites suisses sont la gare centrale de Genève Cornavin, le terminus de la ligne genevoise du tram 12/16 à Moillesulaz (frontière franco-suisse proche d'Annemasse), Renens (connexion entre le réseau des Chemins de Fer Fédéraux suisses et le tramway du sud-ouest lausannois), l'interface urbaine du Flon – St-François à Lausanne, la gare centrale de Berne, Zollikofen en banlieue bernoise, Dornach – Arlesheim (un terminus de tramway connecté au réseau régional ferroviaire près de Bâle), et enfin la gare centrale et internationale de Bâle.

Les sites français sont la gare de Toulouse Matabiau, l'interfaces d'Arènes à Toulouse (VAL + desserte SNCF sur Colomiers, dénommée Ligne C), la gare de Lyon-Perrache, les interfaces de Lyon-Vaise et de Gorge-de-Loup sur la ligne D du métro de Lyon, les interfaces de Cardo et de Pirmil à Nantes, la gare centrale de Strasbourg et la station souterraine de tramway, ainsi que l'interface de Baggersee, sur la ligne A du tramway.

1. Financée par le Fonds National Suisse de la Recherche, dans le cadre du programme national de recherche Transports et Environnement (PNR 41). Dominique Joye, Vincent Kaufmann et Christophe Jemelin, Intermodalité et interfaces : sociologie des usages – Combinaison attrayante de moyens de transports, projet A4. http ://www. snf. ch/NFP41/HOME. HTM

2. Projet de recherche développé dans le cadre du PREDIT sur le thème "Intermodalité et interfaces : comprendre les usages pour guider les décisions". Ce projet est piloté en France et en Suisse respectivement par l'ENPC/LATTS et l'EPF de Lausanne (IREC) en collaboration avec le CERTU, la DAEI, l'INRETS et l'UTP. Il est intégré pour partie dans le projet européen (DG VII) GUIDE (Group for Urban Interchanges Development and Evaluation) http ://www. sypte. co. uk/guide/index. html

1. DEUX CONSTATS ILLUSTRANT L'IMPORTANCE DES PÔLES-INTERFACES

1.1. L'ouverture aux opportunités : un nouveau rapport à l'espace et au temps

L'évolution récente de la mobilité quotidienne est marquée par l'utilisation croissante des parcours comme des opportunités de réaliser des micro-activités[3]. La journée rythmée par des retours au domicile entre les activités et une forte utilisation des équipements du quartier de domicile s'estompe progressivement au profit des enchaînements d'activités dans des espaces géographiquement beaucoup plus étendus et éclatés. Ainsi, par exemple, selon les données du micro-recensement transports suisse de 1994 (micro-recensement suisse Transports 1994[4]), un peu moins de 20 % de la population parcourt au quotidien de grandes distances (plus de 100 km), partant le matin de son domicile, y rentrant en début de soirée après avoir enchaîné des activités entre elles.

Ce rapport à l'espace et au temps est lié à l'allongement des distances entre le domicile et le lieu de travail qui ne permettent souvent plus de rentrer à son domicile à midi. Plus généralement il est associé aux profondes mutations qu'ont connus les modes de vie ces dernières décennies, en particulier au travail féminin et à l'éclatement spatial croissant des espaces de l'insertion sociale sous l'impulsion des potentiels de vitesses offerts par les infrastructures de transport[5].

Ce nouveau rapport à l'espace-temps est fortement associé à l'utilisation exclusive de l'automobile. D'après les données du micro-recensement suisse transports 94, 83 % des personnes ayant ce type de comportement utilisent quotidiennement l'automobile, ce qui est nettement plus que la moyenne nationale, qui n'est que de 56 %. Cette observation est liée au fait que les parcours d'automobilistes multiplient les opportunités de combiner des activités : les shops de stations services, les supermarchés à des jonctions autoroutières, les nouvelles entrées de villes sont autant d'équipements à l'accessibilité exclusivement automobile qui contribuent à ancrer l'usage de l'automobile dans les modes de vie.

1.2. L'importance de l'usage exclusif des moyens de transport

L'autre constat important révélé par l'évolution récente de la mobilité quotidienne est que malgré toutes les actions visant à favoriser l'utilisation combinée des moyens de transport, les usagers restent largement monomodaux.

---

3. Nous entendons par micro-activités les achats et les activités de temps libre réalisées entre des activités "principales", au moment de se déplacer. Ce peut être par exemple : aller boire un café, acheter un journal, etc.

4. Les micro-recensements sur les transports et la mobilité quotidienne sont des enquêtes nationales réalisées tous les cinq ans depuis 1974 par le Service d'étude des transports du Département fédéral des transports, des communications et de l'énergie en collaboration avec l'Office fédéral de la statistique. Celui de 1994 est basé sur un échantillon de 16 570 ménages, dans lesquels 18 020 personnes âgées de 6 ans ou plus selon un tirage aléatoire ont été interrogées sur leurs déplacements.

5. Les observations que nous présentons relèvent de l'ensemble de la mobilité quotidienne et pas uniquement des déplacements entre le domicile et le lieu de travail.

D'une manière générale, les personnes ne pratiquant qu'un seul système de transport durant la journée représentent (d'après le micro-recensement suisse Transports 94) 74 % de la population[6]. Parmi les 26 % restants, qui pratiquent plusieurs moyens de transport au cours de la journée, 7 % combinent l'utilisation de plusieurs moyens de transport dans le cadre d'une même boucle[7] de déplacement, et 19 % changent de système de transport à leur domicile. Pour la France (d'après l'enquête Transports et Communications de 1993-1994), 79 % des personnes n'utilisent qu'un seul système de transport. Les 21 % restants sont composés de 10 % de personnes combinant plusieurs moyens de transport dans le cadre d'une même boucle, et de 11 % qui changent de système de transport à leur domicile[8].

L'enjeu des interfaces

La prédominance de l'automobile pour les grandes boucles de mobilité quotidienne et la faible fréquence des changements de système de transport durant la journée incitent à s'interroger sur les pôles-interfaces :

- cette situation est-elle liée à des déficiences d'offres de transports publics et/ou d'équipements dans les interfaces ?
- est-il possible d'y remédier par une amélioration qualitative de ces offres et équipements ?

Plus précisément, l'amélioration qualitative des gares-interfaces pourrait amener certains utilisateurs à valoriser le déplacement en tant que tel (diminution du temps d'attente, opportunités offerts d'achats, d'utilisation de services, informations multimodales autorisant une souplesse dans le choix du mode de transport).

2. DU DÉPLACEMENT COMME TRANSITION AU DÉPLACEMENT COMME OPPORTUNITÉ

Pour appréhender l'attractivité des interfaces du point de vue des usagers, nous avons procédé à une étude qualitative par entretiens[9] sur les différents sites, afin d'évaluer les attentes et les perceptions des utilisateurs de ces interfaces. D'emblée nous avons pu constater des attentes différentes en fonction du type d'interface, et du type de mobilité (courte ou longue distance) :

- Pour les interfaces de petite taille et périphériques, associées souvent à des mobilités de courtes distances, nous avons constaté une sensibilité des utilisateurs à la conception du lieu, que ce soit en termes de « tortuosité » des cheminements, en

6. Nous entendons par système de transport : l'automobile et la moto (conducteur ou passager), les transports publics (train, tram, bus), le vélo et la marche.

7. Nous entendons par boucle un enchaînement de déplacements entre le domicile et le domicile.

8. Jasarovski Edita et Minvielle Erwann, Le domicile au cœur de la mobilité quotidienne, note de recherche, Département des études économiques du service Économique et Statistique, ministère de l'Équipement, des Logements et du Transport, 1999.

9. 50 à 100 entretiens par site en Suisse et en France (questionnaire qualitatif), complétés par 21 entretiens longs en tête à tête en Suisse et 17 en France.

termes esthétiques ou en termes fonctionnels. Nombreux sont ceux qui recherchent encore davantage de rapidité de passage d'un mode à l'autre, alors même que cette facilité d'échange a été intégrée dans la conception de l'interface. Ainsi, ce sont paradoxalement dans les interfaces où le temps de passage d'un mode à l'autre est le plus court que les améliorations proposées insistent sur cet aspect. L'adjonction de nouveaux services (par exemple des commerces spécialisées) n'est pas vue comme une priorité, l'interface représentant un simple lieu de transition, non choisi, donc rendant difficile voire impossible une identification au quartier environnant. Si les utilisateurs sont sensibles à la recherche architecturale qui a présidé à la construction des récentes interfaces en France, c'est aussi souvent pour en critiquer le manque de confort. Les magnifiques auvents donnent une image valorisante du transport public, mais peuvent être ressentis comme peu efficaces pour s'abriter du froid ou de la pluie. En Suisse, où les interfaces périphériques étudiées sont davantage le résultat d'évolutions historiques que de planification concertée, les réactions sont identiques, insistant sur la réduction de temps de parcours n'excédant pas deux minutes entre deux modes de transport.

- Pour les interfaces de type gare centrale, où s'effectuent aussi des mobilités de longues distances (plus de 100 km), les personnes interrogées se sont montrées moins sensibles à la conception du lieu. Pour ce type d'échanges, la rapidité de passage d'un mode à l'autre n'est pas un critère déterminant de l'attractivité perçue d'une interface. Par contre, les équipements de la gare sont ressortis comme très importants pour son image en général et la qualité du temps qui y est passé en particulier. L'image de la gare est ainsi ressentie comme une image de la ville, comme porte d'entrée (particulièrement à Genève et Strasbourg). Nous avons observé que l'appropriation des équipements n'est que peu fonction du contexte, mais renvoie à des aptitudes : dans une situation similaire, certains s'approprient les services de la gares et utilisent leur temps tandis que d'autres attendent passivement et déclarent s'ennuyer. Une appropriation des services lors de du passage par le lieu d'échange déclenche également souvent une utilisation en dehors d'un déplacement, pour laquelle on s'y rend spécialement : la fréquentation d'une boulangerie ou d'un Relais H le week-end à Strasbourg par exemple, ou alors un achat réalisé en gare de Bâle, par des personnes qui descendent exprès du tramway, où l'on a donc affaire à une rupture de charge volontaire !

L'appropriation et l'image des différents sites étudiés est naturellement marquée par les types d'échanges qui y sont réalisés. Des spécificités apparaissent cependant dans certains sites :

- un sentiment d'insécurité dans les grandes interfaces, dont l'acuité de la perception semble liée à la présence de souterrains (Berne), ou au manque de propreté ressenti (Lyon Perrache) ;
- des problèmes posés par des échanges spécifiques, soit à cause de cheminements très tortueux (gare de Genève Cornavin, gare centrale de Strasbourg, où il est en outre nécessaire de sortir du bâtiment de la gare avant d'accéder à la galerie commerciale reliée à la station de tram), ou de correspondances d'horaire non assurées (Flon – St-François et Renens par exemple).

Les enjeux de l'interfaçage apparaissent donc comme différents en fonction du type de mobilité impliqué : lorsqu'il s'agit de mobilité intra-urbaine, ces enjeux sont fonctionnels, relatifs à la facilité de passage d'un moyen de transport à l'autre et à la gestion du temps ; lorsqu'il s'agit de mobilité inter-urbaine, a fortiori qui ne relève pas de la mobilité quotidienne, ces enjeux sont essentiellement liés à la qualité des équipements et aux usages du temps. À cet égard, l'arrivée du design architectural dans les transports publics représente un élément diversement ressenti : pour les interfaces périphériques, l'impression dominante est que le confort a été sacrifié à l'esthétique. Plus préoccupant même, l'impression de luxe dégagée par la galerie de l'En Verre (station souterraine du tram de Strasbourg à la gare SNCF) dissuade certains interviewés d'effectuer des achats dans des boutiques, perçues comme chères. Contrairement au design des stations, qui n'est semble-t-il pas toujours approprié, le design du moyen de transport, le tramway de Strasbourg en particulier, est fortement associé au confort et à la rapidité. Ce type de perception renforce encore la dichotomie entre le tram et le bus (également à Nantes), ce dernier étant par contre-coup très dévalorisé.

Nous postulons donc que la manière dont est vécu le transit dans un pôle d'échange dépend non seulement des caractéristiques du lieu, mais aussi des aptitudes de la personne à se l'approprier.

L'amélioration urbanistique et ergonomique des gares n'est donc pas suffisante pour rendre leur fréquentation plus attractive. L'attractivité d'un pôle d'échange pour un utilisateur dépend aussi de la manière dont la mobilité est intégrée aux programmes d'activités de la personne considérée, intégration qui est directement liée à l'information disponible sur les transports et les services de l'interface.

3. UN ENJEU CENTRAL : LE MODE DE PROGRAMMATION DE LA MOBILITÉ QUOTIDIENNE

Pour aborder la manière dont la mobilité est intégrée aux programmes d'activités, des entretiens semi-directifs ont été réalisés auprès d'utilisateurs des gares étudiées dans le but de mettre en relief l'importance de ces lieux par rapport à la programmation des déplacements. Ces entretiens on mis à jour trois modes de programmation qui sont associés à des appropriations spécifiques des gares-interfaces :

- La pré-programmation : il s'agit d'une programmation de la mobilité tenant compte des activités qui seront déployées en cours de route. Cette manière de procéder suppose une très bonne connaissance des possibilités offertes par les interfaces en termes d'équipements, elle suppose aussi une maîtrise du temps assez poussée.
- La succession passive : à l'inverse des premiers, d'autres répondants vivent leur déplacement comme une simple transition entre deux activités. Dans ce cas, le passage dans une interface est passif et non programmé. Cette non programmation, au niveau des horaires de transport public notamment, a souvent pour corollaire de générer des attentes importantes. Ce type de comportement semble associé à un sentiment de « captivité » des transports collectifs. Le passage dans une interface est décrit comme un temps mort ennuyeux. Les équipements et services disponibles dans les interfaces sont vécus comme une espèce de décor et leur appropriation semble sortir du champ des possibles.

- L'ouverture aux opportunités : contrairement au premier type, qui se caractérise par une programmation a prioriste, minutée et rigide, la réalisation d'un programme d'activité s'accompagne ici de créativité. Ces répondants, qui parcourent généralement de grandes boucles de mobilité à l'instar des automobilistes présentés au point 1.1, décrivent leur mobilité de façon très réactive, par rapport à des contraintes nouvelles et des envies, ils sont très flexibles et combinent volontiers les activités et les moyens de transport au cours d'un déplacement si des occasions se présentent. Les équipements situés à proximité des interfaces jouent un rôle important : leur découverte peut entraîner une utilisation qui modifie l'intention de départ, ils fonctionnent comme des stimulis.

Les personnes programmant leur mobilité sur le mode de l'ouverture aux opportunités vivent beaucoup mieux leur passage dans les interfaces, notamment en utilisant les services sur place. Les interviewés qui ont une voiture à leur disposition tout en utilisant les transports publics programment généralement leur mobilité de cette manière et utilisent leur passage dans l'interface pour réaliser des micro-activités. Ces interviewés utilisent d'ailleurs un vocabulaire similaire à celui associé d'habitude à l'automobile, insistant sur le sentiment de liberté procuré par l'utilisation d'abonnements de transport public, en France comme en Suisse, et la valorisation du temps de transport (lecture, repos, travail) comme celui passé dans une interface : en cas d'information fiable et instantanée sur les retards éventuels, des interviewés insistent sur le fait que chaque minute peut être utilisée pour des achats ou un café par exemple.

L'utilisation des services annexes semble plutôt liée à une utilisation régulière de l'interface (d'une part on connaît mieux l'offre à disposition, d'autre part on peut à nouveau programmer cette activité dans son déplacement) : à titre d'exemple, une personne ne fréquentant Genève Cornavin que pour y prendre le train occasionnellement a fait appel aux différents services seulement depuis qu'elle y passe pratiquement quotidiennement.

Par rapport aux observations de départ sur l'évolution de la mobilité quotidienne que nous avons effectuées sur la base du micro-recensement suisse 1994 et de l'enquête nationale Transports et Communication française, le constat que certains clients des transports publics planifient leur mobilité quotidienne sur le mode de l'ouverture aux opportunités montre qu'à certaines conditions, les transports publics peuvent offrir la même flexibilité que l'automobile. Nous pouvons en déduire que l'émergence du nouveau rapport à l'espace et au temps que nous avons rapidement décrit au point 1.1 n'est pas forcément associé à l'automobile, mais qu'à certaines conditions il peut être dirigé vers les transports collectifs. De même, la monomodalité de la mobilité quotidienne relatée au point 1.2 n'est pas une fatalité, mais peut être redirigée par une offre appropriée.

Une analyse fine des entretiens montre que les répondants qui programment leur mobilité sur le mode de l'ouverture aux opportunité le font grâce à une appropriation des « règles du jeu » des systèmes de transport et que cette appropriation est d'autant plus facile que l'offre est intégrée (tarification combinée et information multimodale).

4. QUELLES PISTES POUR UNE VALORISATION DE L'INTERMODALITÉ ?

L'ensemble de ces résultats montre que des ruptures de charges peuvent se muer d'obstacles à l'usage des transports publics en atouts. Outre des aspects urbanistiques relevant de la fonctionnalité des cheminements entre les moyens de transport, plusieurs aspects ressortent comme décisifs pour favoriser un vécu positif de l'interfaçage : la mise en place de « règles du jeu » unifiées (standard de prestations), la mise à disposition d'informations permettant la maîtrise du temps dans l'interface (information multimodale en temps réel) et de l'offre (accès à l'information, acquisition de compétences).

Une offre de transport dont les « règles du jeu » sont unifiées dans l'espace et dans le temps facilite la programmation sur le mode de l'ouverture aux opportunités. Dans ce domaine, l'horaire cadencé des CFF est un acquis considérable : mnémotechnique, il permet de re-programmer ses déplacements en cours de route (le train suivant et toutes les correspondances sont assurées une heure ou une demi-heure après). L'introduction de l'horaire cadencé à la SNCF sur différentes relations (Paris – Lyon, Paris – Lille, Paris – Nantes notamment) va dans le même sens, et a permis une augmentation de la fréquentation. L'extension multimodale de telles règles de jeu pourrait contribuer à développer une « culture de l'ouverture aux opportunités » chez les clients des transports publics. Ainsi par exemple, l'assurance de pouvoir disposer d'une correspondance bus le soir, ou de prestations d'auto-partage dans les gares de villes moyennes serait un atout.

Un niveau standard de prestations permet à l'utilisateur des interfaces de savoir a priori ce qu'il trouvera dans les lieux d'échanges et favorise donc l'anticipation. La mention des services disponibles dans les gares, qui figure désormais dans les fiches horaires ville-à-ville des CFF, va dans ce sens, même si l'initiative est encore modeste et peu valorisée.

Les informations multimodales en temps réel sont une autre composante permettant de profiter des opportunités offertes en terme de transport public comme de services. L'aspect le plus insupportable pour un client reste d'attendre sur le quai sans savoir quel retard aura son train. Plusieurs interviewés insistent sur l'aspect important de cette information (affichage du départ du train, avec le retard éventuel), permettant de passer rapidement au Relais H ou de faire un achat.

De façon générale, un effort reste à faire du côté de la publicité de l'offre et des combinaisons possibles avec des prestations intégrées de mobilité (par exemple autopartage). Malgré la rigidité propre à tout horaire, ce sont les personnes possédant le plus de documents horaires (bus, indicateur officiel, CD-Rom ou connexion internet) qui se sentent le plus libres… car elles peuvent recomposer à loisir en fonction de leurs imprévus. La mise en place de centrales de mobilité irait dans ce sens, en fournissant une information personnalisée et multimodale. Le développement des services accessibles par téléphone portable (par exemple l'horaire CFF accessible par le système de messagerie) permet également une plus grande souplesse dans la programmation de ses activités.

■

CAMPUS-TRAFIC DE TOULOUSE

Serge Mathieu, *Mairie de Toulouse*
Patrick Olivero, *ZELT*
Christian Françoise, *DDE 31*

LE CONTEXTE

L'enquête ménage réalisée en 1996 a fait ressortir une importante progression des déplacements sur l'agglomération toulousaine.

En effet, entre 1990 et 1996, les déplacements par personne et par jour sont passés de 3,08 à 3,70 — la part VP ayant progressé de 1,95 à 2,35 — la part TC de 0,26 à 0,30 – la marche à pied passant de 0,63 à 0,81 et le deux-roues léger de 0,09 à 0,10.

Les comportements des usagers du domaine public apparaissent très différents entre ville centre et périphérie. Dans la ville centre, les déplacements tous modes confondus ont augmenté en 6 ans de 10 % sachant que les déplacements en véhicule particulier ont chuté de 9 % alors que ceux en transports en commun ont progressé de 9 %. Par contre, en périphérie, pour une progression des déplacements tous modes confondus de 58 %, on note une augmentation des déplacements en véhicule particuliers de 57 %, la progression TC restant insignifiante.

LE PLAN DE DÉPLACEMENTS URBAINS

En cours d'élaboration, le plan de déplacements urbains de Toulouse doit être terminé le 30 juin 2000.

Cinq thèmes majeurs sont identifiés :

1. Les transports en commun ;
2. Les modes doux (marche à pied, vélo) ;
3. La circulation et le stationnement ;
4. Les transports urbains de marchandises ;
5. L'environnement.

L'objectif de ce PDU, conformément aux orientations de la loi sur l'air, sera de réduire l'usage des véhicules particuliers.

Pour ce faire, il faudra jouer sur les différents leviers de la compétitivité des transports en commun, du confort offert aux modes doux, et du stationnement.

Élaboré pour une période de 10 ans, le PDU devra faire l'objet d'une évaluation après cinq années afin de recadrer ses orientations, si nécessaire, en fonction des objectifs assignés et des résultats obtenus.

Les outils de modélisation et de simulation des déplacements devraient apporter une aide non négligeable aux artisans du PDU.

Il sera donc recherché des outils de modélisation multimodaux susceptibles d'apporter une aide dans l'évaluation de l'impact des mesures prises.

LA GESTION DES DÉPLACEMENTS

Trois réseaux sont distinctement identifiés :

- Le réseau de voirie urbaine, exploité par les communes ;
- Le réseau des transports en commun, qui se superpose fréquemment au réseau de voirie urbaine, exploité par la SEMVAT (Société d'économie mixte des voyageurs de l'Agglomération toulousaine) ;
- Le réseau de voirie rapide urbaine, exploité par ASF pour une part, et par la DDE pour l'autre part, pour le compte de l'État et du Conseil général.

Quatre exploitants majeurs :

- La DDE et ASF, regroupés autour d'ERATO ;
- La mairie de Toulouse ;
- La SEMVAT ;
- La police nationale.

LE SGGD (SYSTÈME DE GESTION GLOBALE DES DÉPLACEMENTS)

Le projet de gestion globale des déplacements de l'Agglomération toulousaine résulte d'une démarche de concertation associant les principaux exploitants de voirie et de réseaux de transports en commun de l'agglomération.

En développant leurs propres systèmes d'exploitation dont ils conservent la maîtrise totale, ces gestionnaires se sont toujours attachés à recadrer leurs objectifs particuliers avec les contraintes des autres partenaires et à concevoir des systèmes ouverts à la prise en compte d'informations extérieures.

L'expérience acquise sur le terrain et les diverses études menées par les différents maîtres d'ouvrage ont ainsi abouti à ce projet, qui ambitionne de proposer des solutions concrètes et une pérennisation de cette tradition de concertation, dans le respect des prérogatives de chaque exploitant.

Les objectifs de coopération et les activités à mener de manière coordonnée entre les partenaires ont été arrêtés comme suit :

Des objectifs stratégiques partagés

- L'optimisation de l'usage des réseaux construits ou à construire ;
- Le développement social régional et urbain ;

– La protection du cadre de vie ;
– L'innovation dans le domaine de l'exploitation de la route et la gestion du trafic ;
– La coopération et les échanges dans le cadre de l'Union Européenne.

Des activités à coordonner

• **En temps différé**

– La réalisation (et la mise à jour permanente) de Plans de gestion de trafic (PGT)
– La constitution d'une base de données sur les déplacements dans l'agglomération toulousaine ;
– L'évaluation des politiques d'exploitation ;
– Les études et la recherche opérationnelle.

• **En temps réel**

– Les activités de coordination, notamment en temps de « crise » ;
– L'information des usagers ;
– Le recueil des données nécessaires à la coordination et à l'information.

Ce projet s'est concrétisé par la signature, en août 1996, d'une convention de coopération portant création d'un Système de gestion globale des déplacements (SGGD) entre les différents partenaires mentionnés ci-après :

– L'État ;
– Le département de la Haute-Garonne ;
– La ville de Toulouse ;
– Les forces de l'ordre (gendarmerie et police) ;
– Le SMTC, autorité locale organisatrice des transports collectifs ;
– La région de Midi-Pyrénées ;
– Le district du grand Toulouse ;
– Le Centre d'études techniques de l'équipement du Sud-Ouest (zone expérimentale et Laboratoire de trafic de Toulouse).

La structure du SGGD est pour l'instant fixée par la convention qui prévoit notamment :

– Un conseil d'orientation, co-présidé par le préfet de la Haute-Garonne et le président du district du grand Toulouse, sous l'autorité duquel les décisions concernant les programmes d'activités et d'études et les budgets sont prises à l'unanimité.
– Un groupe d'échange technique, destiné à mobiliser les compétences de chacun des partenaires, à piloter les programmes d'études, à vérifier la cohérence des actions lancées avec les objectifs du SGGD et à faire vivre la coopération au quotidien. Ce groupe, composé essentiellement des représentants des services opérationnels de chaque partenaire, est en fait le concepteur du projet. Il se réunit très régulièrement (de l'ordre d'une fois par mois). Son pilotage est alternativement assuré, durant un an, par la Ville de Toulouse et la Direction départementale de l'équipement de la Haute-Garonne.

LES BESOINS IMMOBILIERS

Certains partenaires du SGGD avaient des besoins particuliers en matière immobilière ou organisationnelle.

- La ville de Toulouse envisageait depuis plusieurs années de construire des locaux fonctionnels et modernes permettant d'accueillir son Service Circulation-Transports.
- La DDE devait trouver un site pour installer son Centre d'ingénierie et de gestion du trafic (avec notamment sa salle opérationnelle).
- Les partenaires d'ERATO avaient à réaliser les installations pour recevoir les structures de ce projet (en particulier le Centre de Contrôle de Trafic).
- La ZELT (Zone expérimentale et Laboratoire de trafic) qui, dans le cadre de la remise à niveau de sons système informatique se devait de rester le plus proche possible du PC CAPITOUL de la ville de Toulouse et des équipements d'ERATO.
- Le SMTC (autorité organisatrice des transports) et la SEMVAT (société d'économie mixte qui exploite les systèmes de transports collectifs de l'agglomération toulousaine) qui désiraient continuer à bénéficier de l'information sur le trafic.
- La police nationale qui souhaitait regrouper au sein d'un même poste de travail le personnel affecté aux PC CAPITOUL (Ville) et du CHAPITRE (DDE).
- Le groupement de TAXIS, nouvellement créé, qui désirait se rapprocher des différents gestionnaires de voirie.
- Enfin, il était nécessaire de prévoir des locaux d'accueil pour le SGGD proprement dit.

LE CAMPUS TRAFIC

Situé sur un terrain de 14000 m_, le Campus Trafic de Toulouse se situe à proximité immédiate (100 m) du district de Toulouse de la Société ASF et de l'une des deux principales installations de la SEMVAT.

Le coût de l'opération immobilière (non compris l'équipement des divers PC) s'élève à 59 MF, répartis entre l'État, le département de la Haute-Garonne, la région Midi-Pyrénées, le district du Grand Toulouse, le SMTC et la ville de Toulouse, pour 4600 m^2 de bureaux et 1600 m^2 d'ateliers.

Le bâtiment construit en copropriété entre Ville et État regroupe deux ensembles immobiliers conçus globalement, mais techniquement et juridiquement distincts.

L'opération, prévue autour d'un bâtiment commun pour les « bureaux » et d'un bâtiment spécifiquement Ville de Toulouse pour les ateliers, reçoit les installations suivantes :

- Pour le bâtiment commun (construit en copropriété) :
  - Les espaces communs ;
  - Les bureaux (y compris le PC CAPITOUL) du service circulation-transports de la ville ;

– Les bureaux ERATO (y compris le Centre de contrôle de trafic);
– Les bureaux du GIGT (y compris le PC de la DDE et la salle opérationnelle);
– Les bureaux du SGGD (à noter que la salle de crise du SGGD est constituée d'un espace de 120 m_ intégré dans les espaces communs et pouvant être utilisé comme salle de réunion);
– Le système informatique (ZELT 2) et les bureaux de la ZELT;
– Le PC de régulation des bus de la SEMVAT;
– Les locaux d'appui pour les forces de l'ordre;
– Le PC de gestion des taxis toulousains (GIE Capitole Taxis).

• Les locaux ateliers, magasins et dépôts du service Circulation-Transports

Ainsi, en raison de l'imbrication du projet et de l'importance relative des programmes, l'État a confié la réalisation de son programme à la ville de Toulouse, qui agit au titre de mandataire.

Les travaux ont débuté en août 1997; le bâtiment a été livré en décembre 1998, date à laquelle s'y sont installés les premiers services.

À présent, 150 personnes travaillent sur le site.

L'installation dans le bâtiment ne fait donc qu'asseoir une volonté de travailler en commun, au plus grand bénéfice de l'usager.

Bien que les outils de communications et informatiques actuels permettent d'assurer des liaisons performantes à distance, les partenaires du SGGD ont estimé que le renforcement et la pérennisation de leur coopération passaient par le rapprochement des personnels. Sur un site unique, ils ont donc regroupé les services jouant un rôle pour la gestion des déplacements dans l'agglomération toulousaine.

La présence à Campus Trafic des postes centraux de régulation des autobus et du GIE Capitole Taxis n'était initialement pas prévue. Toutefois, au début de la construction du bâtiment, la SEMVAT (exploitant des transports en commun) et Capitole Taxis ont manifesté leur intention de s'associer au dynamisme généré par le SGGD et de disposer d'un local à Campus Trafic. Cette démarche correspondant à l'esprit SGGD, l'agencement intérieur des locaux a donc été modifié pour permettre leur installation.

Il convient de noter que le GIE Capitole Taxis n'est pas membre du SGGD Il n'occupe donc les locaux qu'en tant que locataire de la Ville de Toulouse. L'importance du parc de taxis géré en fait toutefois un partenaire de premier ordre pour le recueil de données trafic en temps réel, et notamment la connaissance des perturbations du réseau routier.

La coordination des événements programmés

En matière de coordination des événements programmés, des actions pratiques sont localement engagées :

– Commissions de coordination trimestrielles : elles associent la Ville de Toulouse, la DDE et les concessionnaires de réseaux. Ces commissions, qui ne sont pas de la compétence du SGGD, profitent toutefois du dynamisme généré par la coopération des services.

- Conférences de presse communes Ville – DDE – ASF. Ces conférences présentent à la presse locale les chantiers significatifs en cours ou à venir. Elles sont désormais organisées par le SGGD et se déroulent à Campus Trafic.
- Réunions mensuelles de coordination : elles associent la Ville de Toulouse, la DDE et la Police, et visent à coordonner au mieux les différents chantiers à venir, notamment en matière de déviation ou de gêne de l'usager.
- Réunion de travail Ville – subdivision de l'équipement : elles traitent (deux fois par mois) de l'aspect pratique des travaux. Ces réunions, également hors compétence du SGGD profitent aussi du dynamisme généré par la coopération des services.
- Participation au serveur local Allo — Trafic (08 36 67 31 01) de la Ville de Toulouse : ce serveur renseigne sur l'ensemble des perturbations des réseaux de voies rapides et urbain de surface. Initialement consacré uniquement au réseau urbain, ce serveur est maintenant également alimenté quotidiennement par les informations relatives aux voies rapides.
- Mise en chantier d'un site internet.

La prise en compte de la globalité des réseaux

Le système expert CLAIRE assure la gestion de la congestion sur le réseau de surface de la ville de Toulouse. Les partenaires ont souhaité que ce système soit étendu aux voies rapides urbaines permettant ainsi la prise en compte des stratégies d'exploitation aux interfaces des réseaux, notamment aux diffuseurs d'entrée et sortie du périphérique.

La DDE s'est ainsi dotée d'un système automatisé d'interrogation en temps réel des capteurs de trafic implantés sur les voies rapides. Par l'intermédiaire d'une liaison câblée entre les postes de commandements de la DDE et de la Ville de Toulouse, ces données sont transférées vers le système CLAIRE, qui les analyse et les globalise avec celles issues du réseau urbain. CLAIRE est alors capable de préciser les meilleures dispositions d'exploitation dans le respect de stratégies préétablies, de retourner des recommandations et de permettre, au travers de CAPITOUL 2, l'application des plans de feux de trafic (notamment en extrémité de bretelles de diffuseurs).

CLAIRE peut également proposer l'affichage d'informations sur les panneaux à messages variables situés en amont des tronçons saturés.

Dans le cadre du programme européen QUARTET +, des concepts de stratégie commune d'exploitation ont été définis par la DDE, la Ville de Toulouse et le SMTC (autorité organisatrice des transports en commun urbains) dans les secteurs de Purpan – Ponts Jumeaux et de Rangueil. Cette étude a permis d'initier la mise en place d'un groupe de travail qui se réunit périodiquement afin d'établir des consignes communes d'exploitation qui devraient aboutir sur des plans de gestion de trafic formalisés.

Les modes d'intervention du SGGD

Travaux effectués dans le cadre de QUARTET +. Les modes d'intervention proviennent de deux critères principaux :

- La perturbation est-elle prévisible ou non prévisible ?

– Si elle est prévisible, est-elle récurrente ou non récurrente ?

Six critères semblent déterminants pour juger des conséquences des perturbations :

1. La perturbation est-elle susceptible de mettre en cause l'ordre public et/ou la sécurité publique ?
2. La perturbation touche-t-elle un seul réseau, ou au moins deux réseaux ?
3. Le traitement de la perturbation peut-il être préparé en temps différé ?
4. La situation demande-t-elle une concertation en temps réel entre les partenaires du SGGD ?
5. La perturbation est-elle de forte ampleur et/ou son évolution est-elle prévisible ?
6. La situation demande-t-elle une coordination par la salle de crise de la Préfecture ?

Dans le tableau joint en annexe n° 1 l'organigramme des conséquences bâti sur ces six critères permet de définir sept types de situations de gestion des perturbations, repérés A à G :

A. Situations qui relèvent de la responsabilité d'un seul gestionnaire de réseau, hors intervention du SGGD ;

B. Situations qui relèvent de l'activité du bureau d'études du SGGD ;

C. Situations qui relèvent de l'activité du centre de coordination du SGGD et sont traitées en vue d'objectifs et au moyen de stratégies élaborées par le SGGD ;

D. Situations qui nécessitent l'activation de la salle de crise du SGGD et sont traitées en vue d'objectifs et au moyen de stratégies élaborées par le SGGD ;

E. Situations qui relèvent de l'activité du Centre de Coordination du SGGD qui sont traitées en vue d'objectifs fixés par les forces de l'ordre et au moyen de stratégies qui nécessitent la concertation des gestionnaires du réseau ;

F. Situations qui nécessitent la mise en œuvre de la salle de crise du SGGD, qui sont traitées en vue d'objectifs fixés par les forces de l'ordre, et au moyen de stratégies qui nécessitent la concertation des gestionnaires du réseau ;

G. Situations qui nécessitent l'activation de la salle de crise du SGGD en coordination avec la salle de crise de la Préfecture.

Le tableau présenté en annexe n° 2 qui présente le croisement des causes / conséquences, permet de préciser comme suit les différents modes d'intervention :

• Le bureau d'Études du SGGD (avec l'appui de l'observatoire) aura essentiellement à proposer préventivement (donc en temps différé) les procédures applicables pour traiter :

– Les situations de trafic résultant des variations périodiques de la demande ;
– Les situations résultant de travaux d'entretien ou d'exploitation mettant en cause plusieurs réseaux (par exemple les travaux en milieu urbain qui ont des incidences sur le fonctionnement du réseau bus) ;
– Les situations résultant d'événements non récurrents mais prévisibles (événements sportifs ou culturels, cortèges, etc.) ;
– Une partie des situations non prévisibles (accidents, incidents). Il s'agira dans ce cas de définir des plans de gestion pour les situations types, mais la coordination en temps réel sera vraisemblablement nécessaire dans beaucoup de cas.

Ces procédures intéressent soit l'organisation des moyens humains aptes à traiter de manière optimale les situations rencontrées, soit le traitement automatique de certaines situations.

• Le centre de coordination du SGGD aura essentiellement à traiter en temps réel les situations non prévisibles (accidents, incidents, autres causes), mettant en cause plusieurs réseaux, qui ne peuvent être entièrement résolues par application de consignes ou procédures préalablement établies. Il s'agit de situations pour lesquelles l'une ou /et l'autre des conditions suivantes existent :

- Un suivi en temps réel de l'évolution de la perturbation est nécessaire ;
- Les opérateurs peuvent être amenés à prendre des décisions de manière coordonnée ;
- La vigilance est requise car l'évolution de la perturbation n'est pas totalement prévisible.

Pour ce type d'activités, on doit distinguer les cas où les causes impliquent des objectifs fixés par les forces de l'ordre et les cas qui relèvent d'objectifs et de traitements fixés par les gestionnaires de réseaux.

• La salle de crise du SGGD sera activée pour traiter de situations impliquant plusieurs réseaux et qui sont exceptionnelles par leur ampleur et/ou par le caractère imprévisible de leur évolution. De telles situations se caractérisent par la conjonction des éléments suivants :

- Les opérateurs interviennent sous le contrôle ou l'assistance de leur hiérarchie, physiquement présente ;
- Les systèmes ou procédures usuels sont insuffisants pour traiter la situation ;
- Une mobilisation maximale des outils est nécessaire (ce qui suppose, entre autres choses, un contact permanent avec les médias).

En outre, la salle de crise du SGGD pourra être activée d'une manière autonome ou coordonnée avec la salle de crise de la Préfecture.

Dans le premier cas, l'autorité préfectorale, toujours préalablement informée de l'activation de la salle de crise du SGGD ne juge pas utile d'activer immédiatement sa propre salle de crise. Si la perturbation implique, soit dans ses causes, soit dans ses conséquences, d'autres réseaux que les réseaux de transport, l'autonomie de la salle de crise du SGGD n'exclut pas la coordination avec d'autres salles de crise qui pourraient être activées simultanément.

Dans le deuxième cas, la salle de crise préfectorale est activée, et l'activité de la salle de crise du SGGD est coordonnée avec cette dernière.

L'Architecture système (Voir annexe 3)

• Cadre des échanges

Dans le cadre du SGGD, les partenaires ont souhaité mettre en place un système de partage, d'échange et d'organisation des données (dans la suite du texte, celui-ci sera dénommé SysPEOD). Le but de ce système est de faciliter le traitement des données et la transmission d'information entre les différents systèmes propres à chacun des partenaires, dans le cadre de la gestion coopérative des déplacements au sein du SGGD.

L'objectif du SysPEOD sera donc de tirer profit des technologies informatiques actuelles pour simplifier les échanges et le partage des données entre les différents systèmes existants, ou prévus à court terme (CAPITOUL 2, ERATO, SITERE, ZELT 2…).

Compte tenu de son rôle dans l'architecture système, le SysPEOD aura également pour but de simplifier l'organisation et la gestion des données. Par rapport à ces objectifs, le SysPEOD occupera ainsi une place centrale dans l'architecture système du SGGD. Son action devra donc se situer à la fois :

Au niveau des systèmes individuels des différents partenaires, chacun de ces derniers l'alimentant en données ou utilisant les données ou informations mises à disposition pour les autrs partenaires.

Au niveau des systèmes propres au SGGD (tel que CLAIRE, ou encore le système d'information des usagers alimenté par l'agence de presse).

- **La gestion des données**

Une partie des données issues des divers systèmes des partenaires du SGGD interfacés avec le SysPEOD seront mises en commun au travers du concentrateur de données du SGGD. Ce concentrateur est à définir : ce pourra aussi bien être une machine unique centralisant toutes les données (à la manière d'un serveur de données), qu'une structure s'appuyant sur des réseaux informatiques permettant l'échange de données et l'accès à l'information.

Chaque partenaire alimentera ce concentrateur avec les données dont il dispose. Et par ailleurs, chacun consommera l'information dont il a besoin. Par convention, d'autre utilisateurs pourront avoir accès à certaines informations, c'est le cas en particulier des médias et des partenaires du SGGD en matière de transports.

L'information des usagers (Voir annexe n° 4)

Les principes adoptés par les partenaires sont les suivants :

- Les gestionnaires de réseaux souhaitent conserver la maîtrise du recueil des données et de la nature et du contenu des informations à diffuser aux usagers ;
- Ils souhaitent mettre en place une base de données commune (ou « concentrateur de données ») utilisable pour tous les besoins du SGGD et tout particulièrement pour l'information déplacements ;
- Ils considèrent que la multiplicité des médias (y compris pour un même « produit ») n'est pas à craindre et peut sans doute probablement accroître le taux d'audience sous la réserve expresse que les messages délivrés soient parfaitement cohérents. Aucune exclusivité par rapport aux opérateurs n'est envisagée ;
- Ils estiment nécessaire de fonctionner en étroite collaboration avec les CRICR, et tout particulièrement celui du Sud-Ouest.

L'information des usagers représente un point essentiel de la gestion globale des déplacements. Sur la base des données recueillies en temps réel et en temps différé, les partenaires doivent élaborer les informations à diffuser avant le déplacement et pendant le déplacement.

Une étude spécifique menée en 1998 en relation avec la DSCR a permis d'établir la nécessité de mise en œuvre d'une « agence de presse ». Dans le cadre de la définition de l'architecture système, cette agence de presse assurera le traitement (agrégation et cohérence) d'ensemble et la diffusion des données recueillies auprès des divers partenaires.

L'étude précise également les dispositions à prendre pour assurer les fondements de l'agence de presse et en particulier au niveau de sa structure.

La structure toulousaine devrait s'orienter vers la mise en place de conventions de partenariat.

Un certain nombre d'actions peuvent être mises en œuvre immédiatement car elles ne nécessitent pas de moyens supplémentaires.

Ces actions doivent permettre d'affirmer la volonté de coopération des divers partenaires.

Le serveur téléphonique « Allo Trafic » (08 36 67 31 01) initialement dédié aux informations sur le trafic urbain, fournit à présent le même type d'information sur les voies rapides urbaines gérées par la DDE. Les données en provenance du réseau ASF seront disponibles en fonction de l'avancement du projet ERATO.

Dans un souci d'ouverture, les partenaires ont décidé de mettre en service fin 1999 un serveur Internet « Toulouse Déplacements ». Ce serveur, tout comme « Allo Trafic » tire ses informations du système expert CLAIRE qui joue pleinement son rôle de système fédérateur.

Ces deux serveurs fournissent des informations temps réel sur l'état du trafic et sur le taux de remplissage des parcs publics de stationnement.

De plus, on peut noter qu'« Allo Trafic » et « Toulouse Déplacements » servent déjà de moyen commun d'informations des partenaires de CAMPUS-TRAFIC.

La participation aux programmes européens

- **QUARTET +**

La convention initiale signée en 1996 précisait l'engagement des partenaires du SGGD à participer à la coopération et aux échanges dans le cadre de l'Union Européenne.

Cette convention précisait même la première participation des partenaires à leur premier projet, QUARTET + accepté par la Commission Européenne.

Ce projet, qui s'est déroulé de 1996 à 1998 a permis :

1. De montrer la faisabilité et l'intérêt de la structure SGGD. L'étude ultérieurement menée sur l'architecture système avec la méthodologie Converge, a validé l'utilité d'établir une interconnexion entre les systèmes des différents partenaires.
2. D'expérimenter l'algorithme PRODYN BUS, système décentralisé de priorité aux autobus sur les carrefours à feux. Les gains obtenus sur les temps de parcours des autobus oscillent autour de cinq pour cent et ont atteint douze pour cent.
3. D'analyser le système expert CLAIRE de gestion de la congestion d'assurer son extension aux VRU et confirmer son intérêt dans le cadre du SGGD.

• **CENTAUR**

Dans la dynamique de groupe et du projet QUARTET +, Toulouse décrochait en 1997 un nouveau projet CENTAUR qui regroupait la Ville de Toulouse, la ZELT, la Direction départementale de l'équipement de la Haute-Garonne et le SMTC.

Ce projet s'est consacré :

1. À la mise en œuvre du système de régulation centralisé de trafic urbain, avec priorité aux autobus, au travers de son interfaçage avec SITERE (système de régulation des autobus). Les gains obtenus sur les temps de parcours des autobus sont supérieurs à cinq pour cent en moyenne, atteignant régulièrement dix pour cent et vingt pour cent en heure de pointe dans les tronçons les plus chargés.

Parallèlement, une enquête d'opinion a été réalisée auprès d'usagers et non usagers des bus pour apprécier l'état actuel de leurs attentes en la matière.

2. À l'évaluation de l'impact de la mise en œuvre d'un réseau d'infrastructures cyclables et à la mise en place d'un jalonnement d'itinéraires cyclables au centre ville.

Une enquête réalisée auprès de mille usagers a permis de dégager les résultats suivants :

- L'effort de développement des infrastructures est jugé positivement. Soixante cinq pour cent d'entre eux considèrent que la situation s'est améliorée depuis trois ans.
- Les raisons évoquées de la non-utilisation du vélo sont généralement la sécurité, le vol et la pollution.
- Les raisons d'utilisation du vélo sont le plaisir de l'utilisateur, l'aspect non polluant de ce mode de transport, les rejets des contraintes liées aux voitures particulières.
- Le principal besoin exprimé est l'amélioration de l'offre de stationnement.

3. À l'expérimentation de la couche supérieure du système CLAIRE, à savoir l'observatoire de la congestion. La fonction de reconnaissance de la congestion doit permettre aux opérateurs de procéder à une analyse sur l'état de la saturation. L'intérêt est donc de pouvoir comprendre l'évolution de cette congestion et de mettre ainsi en place de nouvelles stratégies plus efficaces.

• **Enseignements**

Les projets européens ont réellement permis la mise en place et l'évaluation, dans des délais relativement courts, d'outils comme CLAIRE et le système de priorité BUS.

Ils ont également élargi les préoccupations des partenaires du CAMPUS à l'ensemble des modes de déplacements.

LES ORIENTATIONS DE CAMPUS-TRAFIC

Campus-Trafic qui regroupe les principaux exploitants des divers réseaux liés aux déplacements a déjà su se doter d'outils de gestion et d'exploitation en continuité de l'esprit de mise en œuvre de la démarche coopérative.

Pour les années à venir, le Conseil d'Orientation récemment réuni en septembre 1999 a validé un certain nombre d'actions prioritaires.

Nous citerons principalement :

- Réalisation d'une architecture système, permettant d'assurer physiquement et logiquement l'interconnexion des différents outils et plates-formes informatiques utilisés par les membres du SGGD. Il s'agit ainsi de créer un système de partage, d'échange et d'organisation des données (dénommé SysPEOD) recueillies et traitées. Le réseau ainsi mis en place permettra la réalisation concomitante ou ultérieure d'autres actions, telles que l'agence de presse ou l'alimentation d'outils de modélisation.
- Création d'une « agence de presse » commune, structure du SGGD permettant l'information globale et multimodale à l'usager. Il s'agira de créer une structure spécifiquement orientée vers l'information sur les déplacements. S'approvisionnant auprès de plusieurs producteurs (essentiellement les membres présents à Campus-Trafic), cette structure s'attachera à fournir une prestation cohérente en gommant les disparités entre données, en comblant les lacunes géographiques et en transformant les informations, souvent d'aspect très technique, qu'utilisent les exploitants en notions plus proches des préoccupations de l'usager. Elle n'aura pas vocation à « vendre » directement le produit au grand public, mais à le mettre à disposition d'agents économiques, sous forme de produits semi-finis, dont le principal est l'accès à une base de données ou « serveur grossiste ». Elle prodiguera donc, en temps réel, une image fiable des conditions de déplacements sur l'ensemble d'une aire géographique. Cette agence de presse sera alimentée en informations par le SysPEOD, mis en place dans le cadre du développement de l'architecture système. Elle pourra se positionner comme le fournisseur officiel de données pour les systèmes d'informations embarqués prévus dans l'agglomération toulousaine.
- Développement de la fonction observatoire : acquisition ou réalisation d'un outil de modélisation permettant la prise en compte globale de l'ensemble des déplacements, et mise en place du personnel nécessaire à son fonctionnement. Le moment venu, une concertation réunira les différents partenaires impliqués, afin que les éventuels moyens complémentaires financiers, matériels et en personnel soient mis en place par chacun d'eux.
- Dans le domaine de la recherche, poursuite de la participation aux programmes européens ou à des programmes nationaux (PREDIT). Parallèlement, les actions de recherche et d'expérimentation au travers de la zone expérimentale et laboratoire de Trafic de Toulouse (ZELT) seront poursuivies.

■

ANNEXE 1

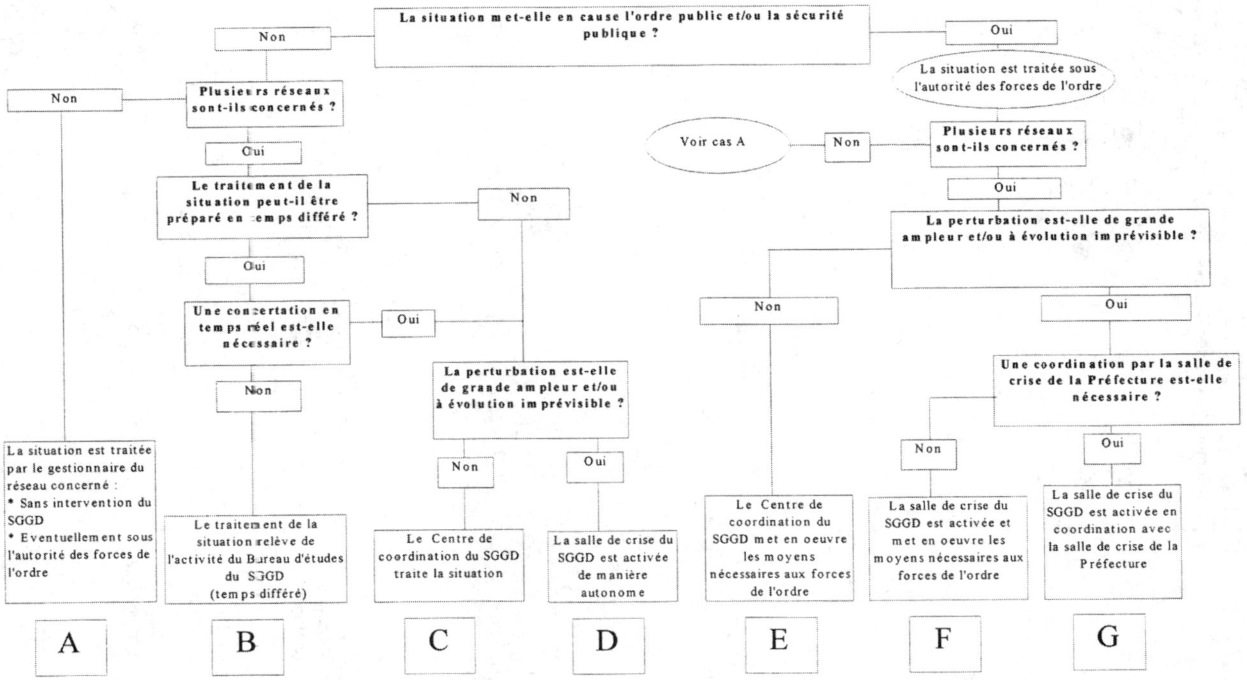

Arbre des conséquences des perturbations

ANNEXE 2
Croisement causes / conséquences

	1 Prévisible et récurrent	2 Exploitation, entretien	3 Autre cause prévisible non récurrente	4 Accident ou incident	6 Cause naturelle, sociale… non prévisible	7 Situation exception.
A hors SGGD	●	●	●	●	★	
B BE SGGD	●	●	●	●	★	
C Centre de coordination SGGD autonome	★	★	★	●	●	
D Salle de crise SGGD autonome			★	●	●	●
E Centre de coordination SGGD. Objectifs fixés par les forces de police			★	●	●	
F Salle de crise SGGD. Objectifs fixés par les forces de police			★	★	●	●
G Salle de crise SGGD coordonnée avec la salle de crise de la préfecture			★		★	●

(grisé) combinaison improbable ★ combinaison plausible ● combinaison probable

ANNEXE 3

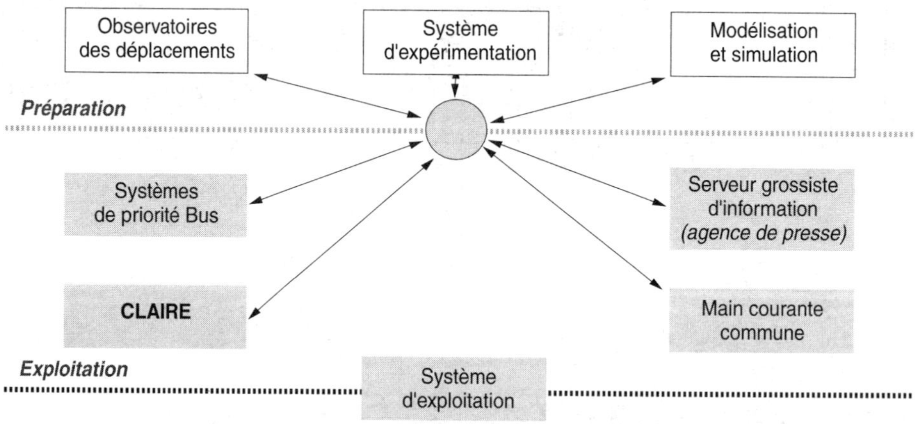

LEPILOTE

Un serveur déplacement pour l'agglomération marseillaise

Christian Arnaud
RTM

UN CONSTAT LARGEMENT PARTAGÉ

Le domaine des déplacements bouscule les frontières administratives car celui qui souhaite se déplacer veut se rendre d'un point à un autre sans avoir à se soucier de celles-ci.

Il y a quelque temps, origine et destination étaient souvent situées au sein d'une même commune ou d'un territoire géré par une seule Autorité Organisatrice.

Aujourd'hui ces limites sont dépassées car les habitants ont migré vers de lointaines banlieues. Le besoin de mobilité s'est ainsi accru et, dans le même temps, les voiries d'accès aux centres urbains se sont engorgées. La solution alternative, les transports en commun, passe par le développement de l'intermodalité ; cela signifie parcs relais, correspondances transports en commun (TC) interurbains et urbains. Pour ceux qui ne disposent pas d'une voiture, le voyage peut commencer par un parcours en TC urbain de la commune en périphérie. Dans ce schéma, la voiture garde bien sûr tout son intérêt pour des déplacements en périphérie dans des secteurs où le réseau de transport n'est pas encore bien dense.

Ainsi notre voyageur souhaite pouvoir s'informer facilement, choisir en fonction de ses besoins et de l'intérêt respectif de la voiture (quand il en dispose d'une) et des TC, acheter en une seule fois ses titres de transport et être considéré comme client d'un service qu'il paye soit directement, soit indirectement par ses impôts.

Bien sûr, la réponse doit être apportée par une politique d'aménagement du territoire, de PDU, de schéma de cohérence et la loi incite de plus en plus les collectivités à coordonner leurs démarches en ce sens.

Cependant, cette synthèse prendra du temps ; et il n'est pas inutile de lancer, là où on le peut, des initiatives consensuelles qui anticipent ces actions sur certains aspects.

Sur l'aire marseillaise, historiquement éclatée, sans communauté urbaine ni district ou syndicat intercommunal élargi, nous avons entrepris de réaliser un système d'information d'agglomération. Cette démarche a été rendue possible grâce à l'aide de l'Union Européenne (dans le cadre d'un projet européen), de l'État mais aussi par la volonté de partenaires locaux ou nationaux qui ont pris part à l'investissement et qui maintenant participent au fonctionnement de la structure d'exploitation.

Lepilote, système d'information déplacement multimodal pour l'Aire Marseillaise et les Bouches-du-Rhône est là pour informer le voyageur qui se déplace sur ce territoire.

Pour présenter cette démarche, il faut tout d'abord situer les attentes du public auxquelles souhaite répondre ce service. Ensuite l'accent sera mis sur les choix fonctionnels et les choix d'organisation à la base de cette réalisation. Les aspects techniques seront peu abordés ; les outils réalisés, quant à eux sont tout à fait visibles en consultant le site.

LES ATTENTES DU PUBLIC ET LE SERVICE PROPOSÉ PAR LEPILOTE

Le besoin d'information

Il est classiquement présenté par les études consacrées à ce sujet, rappelons-le ici :

• Avant le déplacement, le voyageur souhaite connaître les itinéraires, les horaires et les tarifs.

Le tableau suivant présente la répartition des demandes faites au standard téléphonique de la Régie des Transports de Marseille (RTM) :

Question	Contenu	% des appels
1. Organisation du déplacement	Recherche d'itinéraire à 95 %	36 %
2. Horaires	Heures, programmation, événementiel prévu	18 %
3. Cartes et abonnement tarifs	Tarification RTM	14 % activité croissante
4. Grèves, perturbations	Perturbations prévues ou en cours	7 %
Cette rubrique passe en première position s'il y a une perturbation annoncée		
5. Renseignements	Sites publics, procédures RTM réservées	5 %
6. Services commerciaux particuliers	Info sur services spécifiques RTM	3 %
7. Divers		5 %

• Pendant le déplacement, il veut être informé des perturbations et des moyens alternatifs mis à sa disposition lorsque l'incident se prolonge.

Pour répondre à ces attentes il faut identifier les «territoires» concernés et les médias de diffusion.

Une information pour quel territoire ?

Les termes de bassin de vie, bassin de déplacement, sont souvent employés.

Le concept caractérise un territoire où les échanges internes sont importants pour des motifs divers : professionnels, scolaires, achats, loisirs. Il correspond souvent aux contours de zone d'urbanisation continue ou semi-continue.

Les limites géographiques du service Lepilote ont évolué à partir du périmètre initial :

– Ensemble du département des Bouches-du-Rhône pour les déplacements interurbains (trains, cars, route) ;
– Aire Métropolitaine Marseillaise (AMM) Zone d'urbanisation continue (périmètre Marseille Aubagne Aix Vitrolles) pour les transports urbains et les motifs de déplacement.

Actuellement les extensions envisagées sont les suivantes :

– Ensemble des réseaux de transport urbains du département (proportionnellement peu nombreux au-delà des limites de l'AMM) ;
– Accès interurbains (cars, trains) directs au département.

Le schéma suivant présente le couverture actuelle du service qui diffuse les informations sur :

– Les transports en commun interurbains (SNCF, département, région) et la route (DDE – Ville de Marseille) de l'ensembles des Bouches-du-Rhône ;

– Les réseaux de transport urbains de Marseille, Allauch, Plan-de-Cuques et du canton d'Aubagne.

L'intégration d'autres réseaux urbains du département est en préparation.

Demain, des générations futures de serveurs avec portail intelligent et puissance de traitement accrue offriront sans doute un accès plus large aux informations déplacement ou tout au moins des relais entre serveurs d'agglomération régionaux et nationaux. permettre à L'utilisateur pourra ainsi connaître, s'il en éprouve le besoin, tous les détails d'un déplacement « longue distance ».

Les informations diffusées et les fonctions assurées

Transports publics

Horaires, itinéraires des lignes, informations sur les services et tarifs, animations commerciales, modifications de service prévues, incidents temps réel.

Route

Informations générales, conseils, réglementation, travaux prévus, incidents temps réel.

Villes

Lieux publics, principales activités culturelles et sportives.

Fonctions communes

– Recherche d'itinéraire en transport en commun d'adresse à adresse (ou lieu public) sur les zones urbaines. Sur les zones interurbaines, l'origine ou la destination sont définis par des arrêts ou des gares.
– Une recherche mixte voiture vers les parcs relais et TC est en cours de réalisation.
– Image de l'état de la circulation sur les principaux accès à Marseille et les axes de circulation dans Marseille (mise en service au cours du premier semestre 2000).

Attentes de la clientèle et médias de diffusion

Tout le monde ne possède pas un Minitel ou Internet, et encore faut-il savoir utiliser ces outils. Le schéma de diffusion de Lepilote est basé sur ce constat :

Des opérateurs bien informés

La plupart des informations vers le public transitent actuellement par le canal des centres d'information : standard téléphonique et points d'accueil et d'information.

Il est donc prioritaire de mettre à disposition des professionnels des outils de travail où ils puiseront les réponses aux questions qu'on leur pose. La volumétrie et la fréquence de mise à jour des informations sont telles qu'ils ne sauraient les mémoriser ou les trouver facilement sur des cahiers rapidement plus à jour.

Le développement des déplacements intermodaux amène de plus en plus le public à poser des questions à un transporteur sur les activités des autres transporteurs. Ceci provoque une certaine réticence chez le personnel qui n'intègre pas cette ouverture comme une nécessité professionnelle. Le jeu de la réciprocité entre transporteurs, la conscience croissante des besoins de l'intercommunalité et de l'intermodalité devraient progressivement aider à dépasser cette réaction.

Un accès direct aux informations pour le public

Il y a trois ans, à l'origine du projet, le média par excellence pour le public était le Minitel ; Internet était envisagé comme un outil technique destiné aux professionnels (Extranet Intranet) susceptible d'avoir ultérieurement des développements plus importants.

Le site a donc été conçu comme mixte avec une saisie unique des informations pour le Minitel et Internet, ce qui a eu pour conséquence une présentation Internet plutôt dépouillée !

Les bornes publiques acquises dès l'origine étaient également Minitel. Cet outil avec le MAGIS offrait aussi la possibilité de paiement par carte bancaire pour le volet billétique du projet.

Aujourd'hui, 3 ans après, le contexte a profondément changé, nous en verrons les conséquences sur les choix effectués récemment.

La diffusion des informations temps réel

Sur ce sujet, la remarque suivante était souvent faite : « Vous croyez que les gens vont allumer leur Minitel ou leur micro pour connaître les conditions de circulation avant de prendre leur bus ou leur voiture » Certes !

Photo 1.

Un réseau d'échanges temps réel permet aux partenaires d'être informés des incidents en temps réel. ils peuvent ainsi en tenir compte dans leur propre exploitation et informer leurs utilisateurs.

Connecté aux systèmes de suivi automatique des principaux axes routiers, ce réseau mettra à jour l'image circulation indiquant sur Internet le degré de fluidité de la circulation.

Ce système d'échange ne peut fonctionner correctement sans que soient mises en place des références communes.
Ce travail est en cours.

Schéma de circulation de l'information

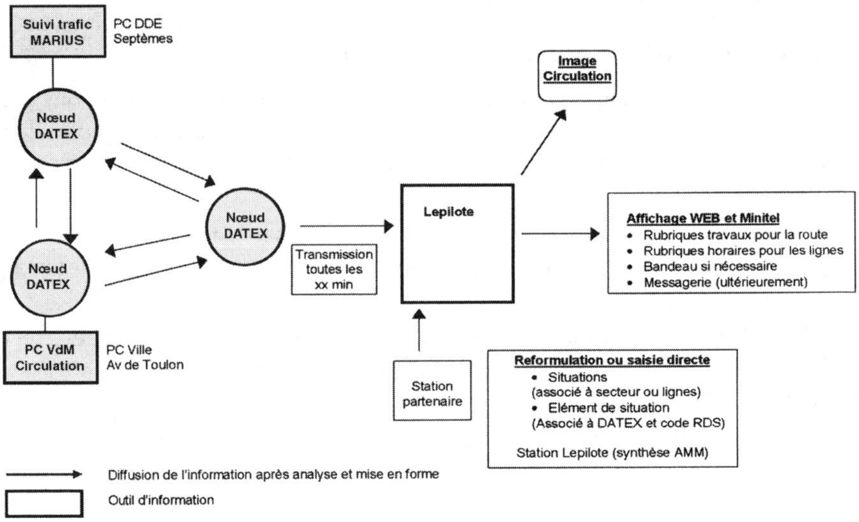

C'est la raison pour laquelle nous pensons que la diffusion des informations temps réel passe :

– par les médias spécialisés des réseaux : afficheurs dynamiques aux points d'arrêts et dans les gares pour les transports en commun, panneaux à message variable et annonce radio pour la route ;
– par les opérateurs qui, grâce aux informations disponibles sur Lepilote, peuvent donner une réponse pertinente au public.

À terme, un poste spécialisé doit donner une information synthétique sur les incidents d'agglomération importants qui concernent plusieurs partenaires. Par exemple un accident qui aurait pour conséquence de rendre une voirie inexploitable pendant une durée assez longue et de détourner les lignes de TC qui l'empruntent

L'impact de la floraison des médias

Elle a entraîné des évolutions, en cours ou à venir, somme toute classiques :

– Habillage grand public du site Internet ;
– Déploiement de bornes publiques Internet ;
– Intégration de la messagerie par téléphone ou E-mail pour l'information temps réel de clients abonnés (collectivités, particuliers) qui ont indiqué les secteurs pour lesquels ils souhaitent être informés des perturbations (prévu pour 2001) ;
– Recherche d'itinéraire mixte voiture, parc relais, transport en commun ;
– Représentation graphique du résultat de la recherche d'itinéraire.

Photo 2. Pôle d'échange d'Aubagne

Nous persistons cependant à penser que le passage par les opérateurs professionnels restera encore important pendant les années à venir. Le rêve du groupement Lepilote serait de créer un standard téléphonique commun avec un numéro unique pour tout savoir sur les déplacements d'agglomération ou des points d'information multimodaux dans les pôles d'échange.

LA DÉMARCHE ENTREPRISE À MARSEILLE

Principes

Dans nos sociétés très hiérarchiques, un projet collectif cela est plutôt inhabituel et frise l'utopie. Pour garantir la viabilité du système Lepilote, les orientations suivantes ont été retenues :

- La responsabilité des partenaires Il faut que chacun puisse identifier le système d'information comme l'un de ses propres médias d'information. Ainsi, chacun saisit ses informations et demeure responsable de leur qualité. La structure commune assure un rôle d'assistance et de suivi dans ce domaine.
- La décentralisation des outils est la conséquence immédiate de ce choix puisque la saisie des informations dans le serveur fait partie de l'activité des services du partenaire.
- L'information réciproque entre partenaires est à la fois une nécessité mais aussi une conséquence du système d'information commun. Elle devrait, dans un deuxième temps, favoriser l'harmonisation dans la conception des services ou des produits tarifaires ;
- Un centre commun le plus léger possible pour ne pas trop peser sur le budget de chacun. Il a néanmoins été nécessaire d'agréger les données des différents partenaires dans une base unique pour optimiser les temps de réponse, notamment pour la recherche d'itinéraire qui traite beaucoup de données.
- L'identité commune du service qui n'est pas la somme des logos des partenaires. Les partenaires ont convenu très rapidement que le public devait connaître le serveur par un seul nom, c'est ainsi que naquit Lepilote.
- La promotion commune du service qui apparaît sur les documents de chacun.
- Des règles de diffusion communes : Les informations doivent être factuelles et concerner les déplacements ou motifs de déplacement (événements, lieux publics…).

Une convention a régi la maîtrise d'ouvrage partagée entre les partenaires, une structure a été mise en place pour l'exploitation du système.

L'association Lepilote

Les différents partenaires de Lepilote État, Autorités Organisatrices de Transport Urbain ou Interurbains, collectivités locales, communautés de communes ou de villes, transporteurs publics ont donc décidé de créer une association qui les représentent pour faire fonctionner le service Lepilote.

Chacun participe financièrement aux coûts de fonctionnement du service évalué à un peu plus d'un million de francs HT par an.

Deux personnes sont en cours de recrutement pour faire fonctionner au quotidien le service et le système pour l'ensemble des partenaires.

Le pouvoir reste collégial avec une répartition équilibrée des sièges du conseil d'administration entre les différents partenaires en fonction de leur rôle et de leur poids institutionnel.

Les statuts ont été conçus pour pouvoir accueillir facilement de nouveaux adhérents et compléter la couverture du service offert par Lepilote.

Cette démarche mutualise les coûts puisque les frais d'exploitation ou de développement du système sont loin d'être proportionnels au nombre de partenaires.

Il est envisagé de faire évoluer la structure vers un syndicat mixte ouvert, si la coopération entre Autorités Organisatrices devait se développer au-delà de l'activité serveur d'information.

UNE MISE EN ŒUVRE LABORIEUSE

Mise au point technique

Elle a été longue et délicate car il a fallu inscrire dans une même base de données des horaires issus d'activités et de bases différentes trains, cars bus. Pour la recherche d'itinéraire les arrêts et lieux publics ont du être implantés sur une cartographie numérique commune. Le système a du être mis en place avec ses différents réseaux, ses protections… Des délais plus longs qu'initialement prévus mais les objectifs qualitatifs ont été pour la plupart atteints.

Quelques aspects restent cependant à améliorer :

- Fiabilité des données géographiques ;
- Taux de disponibilité du service (assurer mieux que 95 %) ;
- Reconnaissance phonétique pour la saisie des arrêts ;
- Temps de réponse lorsque plusieurs recherches d'itinéraire sont lancées simultanément.

Incidences chez les partenaires

Développer la culture système d'information

Tous ceux qui l'ont pratiquée connaissent les difficultés de l'informatisation des données de production dans les transports. La transition du tableur plus tolérant vers les bases de données reste délicate. L'existence d'un système d'information influe profondément sur l'organisation qu'il fait évoluer. Ce passage a dû être assuré chez les partenaires qui n'avaient pas encore franchi ce pas.

De même chacun a du progressivement intégrer dans son réseau d'information le nouvel outil qui informe utilisateurs et professionnels avec, dans certains cas, des informations à traiter au niveau de l'exploitation des services (TC, route).

Communication

Disposer d'un site WEB devient une nécessité d'image : aux États-Unis une entreprise qui n'a pas de site n'existe pratiquement pas. L'apparition sous un nom collectif, même si elle ne gomme pas l'image d'un partenaire, pose un problème existentiel sur le WEB, bien que Lepilote sache aiguiller vers chacun les messages qu'il reçoit. Certains partenaires entendent ainsi conserver ou développer un site WEB qui leur serait propre pour diffuser de l'information institutionnelle. Dans ce schéma, Lepilote assure le rôle de guide du voyageur avec les horaires et des fonctions telles que la recherche d'itinéraire.

PREMIER BILAN

Fonctionnement technique du système

Plusieurs mesures ont été ou sont en cours de mise en œuvre pour professionnaliser le fonctionnement du serveur :

- Mise en place de systèmes de surveillance et d'alerte sur incident ;
- Secours par redondance sur certaines composantes ;
- Hébergement de la machine chez un professionnel.

Usage du serveur

Par les particuliers

Les chiffres dont nous disposons au moment où cet article est rédigé sont ceux d'un service qui achève son lancement avec la mise en place de la recherche d'itinéraire ouverte au public en septembre 1999.

Ils se situent donc avant inscription sur les moteurs de recherche Internet et sur l'annuaire Minitel. Avant aussi toute campagne de communication sur la mise en service de fonctions importantes du serveur.

La fréquentation Minitel est d'environ 60 connexions jour,

La fréquentation Internet est de 250 connexions à des rubriques par jour.

L'objectif a minima que nous nous sommes fixé est de 400 connexions jour, soit le niveau d'activité de l'accueil téléphonique RTM.

Il semble raisonnable d'espérer l'atteindre lorsque les référencements et la communication évoquée ci-dessus auront été effectués.

Par les professionnels

Ceux qui l'ont adopté comme outil de travail apprécient le service apporté.

Dans l'immédiat il s'agit essentiellement du standard RTM avec 350 connexions par jour.

Là aussi l'activité devrait largement se développer.

Intégration de Lepilote chez les partenaires, accueil de nouveaux partenaires

Une progression lente mais réelle.

Pour un partenaire du projet, il faut souvent intégrer une activité supplémentaire à effectif constant. Si, à terme, on peut avec certitude dire que l'investissement initial se retrouve aisément en qualité et capacité d'informer, au départ c'est souvent une activité supplémentaire qu'il faut prendre en charge sans bien en voir les résultats immédiats.

Le cheminement est similaire pour l'adhésion de nouveaux partenaires.

Ils attendent, et c'est tout à fait compréhensible, de voir comment l'entité Lepilote fonctionnera et quel service sera apporté dans la durée aux utilisateurs, au-delà des balbutiements du démarrage. A contrario, si Lepilote tient ses promesses, et nous œuvrons pour cela, il sera difficile de ne pas participer à un service dont les coûts sont mutualisés et qui répond à une forte attente du public.

Déploiement du service

Lepilote tisse également sa toile en développant les connexions avec les serveurs des partenaires pour les autres domaines d'activité.

L'objectif est d'intégrer le serveur déplacement avec les serveurs villes

qui proposent la programmation détaillée des activités culturelles et sportives ainsi que la réservation de place. Le renvoi vers Lepilote pour la recherche d'itinéraire ou la connaissance des lignes qui desservent le site sera alors proposé. De même Lepilote affichera la possibilité de connaître la programmation détaillée de tel ou tel site sur le serveur ville correspondant.

Plus tard, avec le développement de la télébillettique et du paiement intégré, ces fonctions pourront être élargies au paiement.

En prenant de l'altitude

L'aventure Lepilote s'est toujours déroulée sur un fond de coopération et de compréhension entre les partenaires ; de fait, il n'y a eu pratiquement aucune tension importante. Parfois, un peu d'irritation parce telle ou telle information n'était pas fournie ou parce qu'on n'en finissait pas de mettre le système en service. Il y a aujourd'hui une structure qui définit des droits et des obligations ; mais combien est-elle fragile ? Si tel partenaire souhaitait s'en extraire, on aurait du mal à la retenir.

On peut imaginer que demain la loi impose ce type de coopération sur fond de structure publique qui rende les participations obligatoires sous contrôle de la préfecture, à l'instar des communautés d'agglomération. Une telle orientation est probable et sûrement nécessaire. Mais si la coopération institutionnelle obligatoire peut favoriser ce type de service, il n'en reste pas moins que la mise au point d'un système d'information partagé implique une forte adhésion et une forte motivation de ceux qui y participent. Pour que cela fonctionne, il ne suffit pas de donner de l'argent ou de répondre à des questions, il faut s'y impliquer. C'est à la fois la richesse et la limite d'une telle démarche.

■

GRENOBLE : UN TUNNEL ROUTIER AU SERVICE D'UNE POLITIQUE MULTIMODALE ET VOLONTARISTE DES DÉPLACEMENTS

Sylvain Guillaume-Gentil

Adjoint au chef de projet, Transitec Ingénieurs-Conseils (Meyzieu)

L'AGGLOMÉRATION GRENOBLOISE : UNE TOPOGRAPHIE PARTICULIÈRE, RENDANT ENCORE PLUS AIGUS LES PROBLÈMES LIÉS AUX TRANSPORTS...

L'agglomération grenobloise est l'une des plus grandes concentrations urbaines de l'Arc alpin. Sa taille (un peu moins de 400 000 habitants) et sa position en font un phénomène en tout cas unique en France puisque, hors de la ville centre et de quelques autres communes, la périphérie a tendance à s'étaler dans trois vallées aux flancs abrupts, notamment le Voironnais et le Grésivaudan. Cette situation n'est pas sans poser de nombreux problèmes au niveau des déplacements : les liaisons de ceinture, par exemple, posent de grosses difficultés, les infrastructures étant difficiles à loger entre les zones urbanisées et la montagne ! La péri-urbanisation, inévitable dans toute agglomération, prend ici une forme particulière : très étirée dans chaque vallée, elle induit des distances importantes pour les navetteurs quotidiens. Enfin, l'encaissement de l'agglomération entre les massifs de la Chartreuse, du Vercors et de Belledonne a malheureusement comme conséquence un mauvais brassage de l'atmosphère et donc des concentrations de polluants élevées.

Ce contexte a, en contre-partie, sans doute fait naître à Grenoble, plus tôt qu'ailleurs en France, une conscience visant à développer des transports plus respectueux de l'environnement (tramway, deux-roues, etc.).

UNE PLANIFICATION ROUTIÈRE EN PANNE DEPUIS PLUSIEURS ANNÉES...

Plusieurs infrastructures autoroutières sont prévues de longue date à Grenoble. On peut notamment citer la liaison entre l'A41 (vers Chambéry) et l'A48 (vers Lyon et Valence), qui permettrait de soulager les Grands Boulevards du centre-ville, fréquentés aujourd'hui par plus de 60 000 véhicules par jour ! Cette liaison par tunnel (Tunnel sous Bastille) a été étudiée et proposée dans le Dossier de voirie de l'agglomération (DVA) en 1993. Très critiquée, cette liaison a été perçue, à juste titre, comme un axe de transit, offrant une capacité routière supplémentaire sans dégager des gains pour le centre de l'agglomération, en termes de qualité de vie, de transports collectifs ou d'environnement. La vision globale et multimodale des transports était malheureusement absente (*cf.* figure 1)...

UNE APPROCHE ORIGINALE : UNE AGGLOMÉRATION FONCTIONNANT AVEC OU SANS TUNNEL ?

Pour sortir du clivage stérile entre pro et anti-tunnel, la communauté de communes de l'agglomération grenobloise (Grenoble-Alpes-Métropole ou « Métro ») a lancé une démarche originale qui pourrait d'ailleurs être plus souvent appliquée. Un ouvrage, tel qu'il soit, n'est qu'un outil et non un but en soi. Il s'est donc agi de générer et d'élaborer deux concepts de déplacements, avec ou sans tunnel, puis de comparer leurs caractéristiques et effets respectifs, afin de juger de l'intérêt de l'ouvrage.

La « Métro » a donc lancé en 1997 une double étude comparative. Deux bureaux d'études ont planché durant neuf mois sur la même problématique, soit organiser de manière globale les déplacements dans l'agglomération, mais avec une donnée de base différente : la présence ou non du Tunnel sous Bastille. Les résultats des études, la concertation, l'information et la décision des élus ont permis ensuite de « nourrir » le PDU, actuellement en cours d'adoption.

Le scénario présenté ici a été étudié par une équipe véritablement pluri-disciplinaire réunissant des spécialistes en déplacements (Transitec), en transports collectifs (Semaly), en urbanisme (Épure et Dune) et en environnement (Ecoscan).

UNE DÉMARCHE GLOBALE ET MULTIMODALE

Une réorganisation globale des déplacements dans l'agglomération grenobloise se heurte à plusieurs enjeux aussi divers que la création d'une troisième ligne de tramway sur les Grands Boulevards, les problèmes de bruit et de pollution, la mise en place d'un réseau pour les deux-roues plus sûr, un embellissement de la ville, etc. La mobilité des Grenoblois, en prise aujourd'hui à des perturbations quasi quotidiennes sur un réseau autoroutier proche de la saturation, n'est d'ailleurs pas le moindre de ces enjeux !

Avant de proposer des actions concrètes mais dénuées de cohérence et de vision d'ensemble, il était indispensable de procéder à un diagnostic pertinent portant autant sur le trafic routier, les transports collectifs, les problèmes d'espace public que de ceux d'environnement. Les résultats ont permis de collecter des enseignements précieux (notamment l'écrasante prédominance des trafics interne et d'échange avec l'agglomération par rapport au transit, qui ne représente que 2 % des déplacements !) et de fixer des objectifs clairs en termes de récupération d'espace public, de bruit/pollution et de mobilité.

La définition d'un concept multimodal (voir illustration ci-après) a permis ensuite de préciser le fonctionnement des différents modes de transports :

- Seule une complémentarité des différents modes peut parvenir à une planification cohérente : « à chaque mode, son rôle ».
- Le complément de la rocade autoroutière grâce au tunnel sous Bastille doit offrir l'opportunité de renforcer l'utilisation du réseau autoroutier, non seulement pour le faible trafic de transit, mais surtout pour repenser tout le concept d'accessibilité au centre de l'agglomération. Un concept de « poches » doit permettre de minimiser la quantité de trafic traversant la partie centrale de l'agglomération, en redistribuant l'espace aujourd'hui dévolu à l'automobile.
- Ce concept valorise extrêmement les transports collectifs : la maîtrise de la voiture représente un levier puissant conduisant à un transfert modal substantiel. Les transports collectifs, et en particulier les trams, seront à même de « faire la couture » entre les différentes poches : là où les déplacements en voiture seront rendus difficiles par la mise en place des poches, les transports collectifs seront encore plus performants qu'aujourd'hui !

  De nombreux autres exemples ont clairement montré que le développement unilatéral et tous azimuts des transports collectifs ne produit généralement pas les effets escomptés. Le paramètre principal influençant la qualité des transports collectifs est une maîtrise forte du trafic ! (grâce à une nouvelle organisation des circulations, au stationnement, à la régulation lumineuse, etc.).
- Dans le trois vallées d'accès à Grenoble, le concept consiste à concrétiser le slogan « Rejoignez l'autoroute ! », en modérant et en requalifiant les routes nationales traversant les localités.

Dans ce contexte, il apparaît donc clairement que le vrai projet n'est pas celui du tunnel, mais bien celui d'une valorisation de l'agglomération ! (*Cf.* figure 2)

UN PROGRAMME D'ACTIONS DIVERSIFIÉ, MAIS COHÉRENT

Avant le tunnel...

De nombreuses actions n'ont pas besoin d'attendre la réalisation du tunnel pour être mises en place. Certaines améliorations de lignes de bus, la modération et la requalification des axes des vallées du « Y » grenoblois ou du centre de la cuvette peuvent être engagées au plus vite. Une condition sine qua non pour accroître l'utilisation, à terme, de la rocade autoroutière est d'améliorer, dans les prochaines années, l'intégration (bruit, paysagère) de l'autoroute et d'optimiser son fonctionnement. C'est ainsi que, dans l'optique d'un réduction de capacité du réseau urbain dans un endroit fortement urbanisé et emprunté par la plus importante ligne de bus du réseau, les points faibles de l'A480 seront renforcés et des parois anti-bruit seront installées.

Le tunnel lui-même...

« Mesure d'accompagnement » aux mesures fortes de valorisation du centre-ville, le Tunnel sous Bastille, long de 4 kilomètres environ et prévu pour 2005-2010, possède quelques caractéristiques capitales :

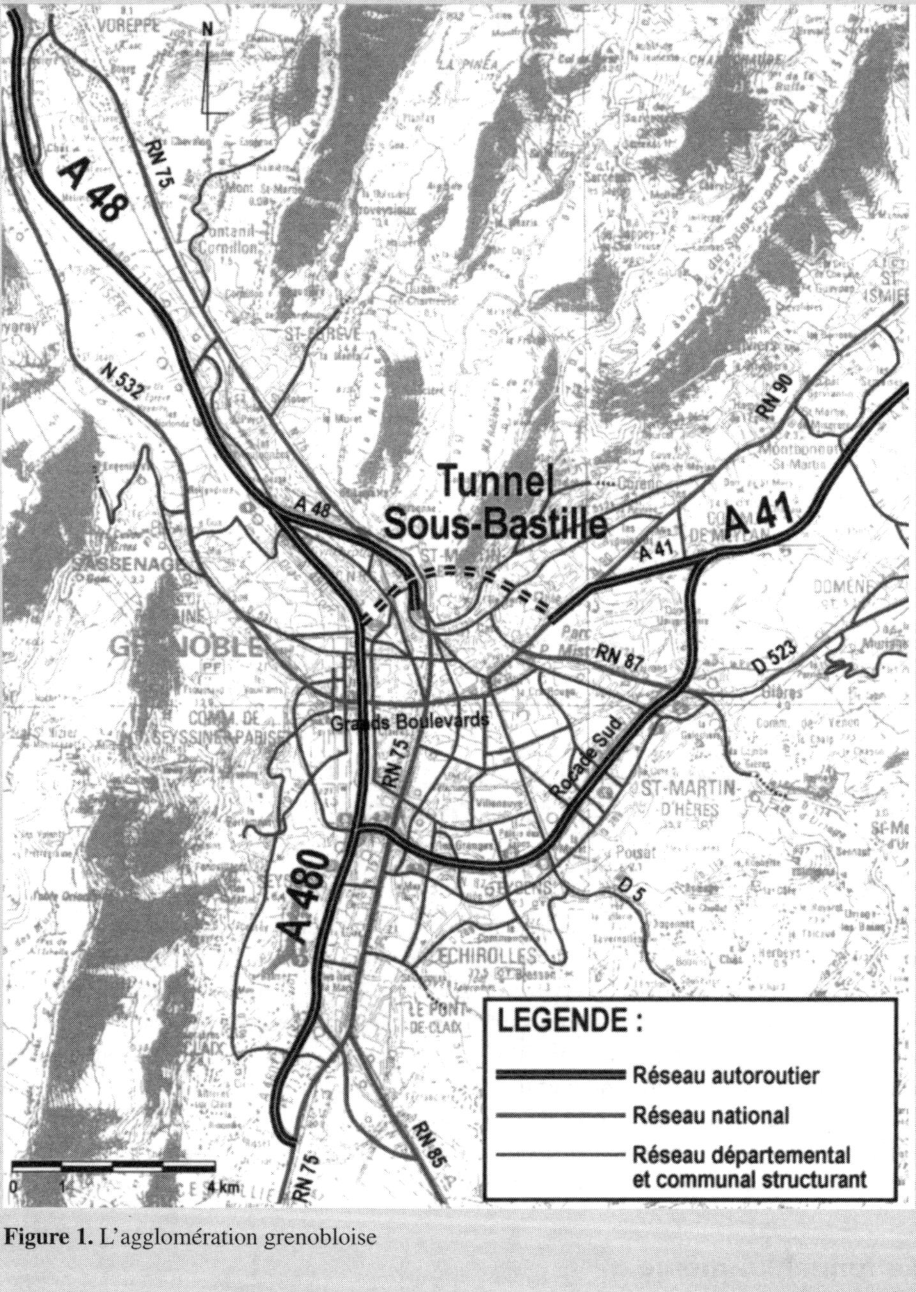

Figure 1. L'agglomération grenobloise

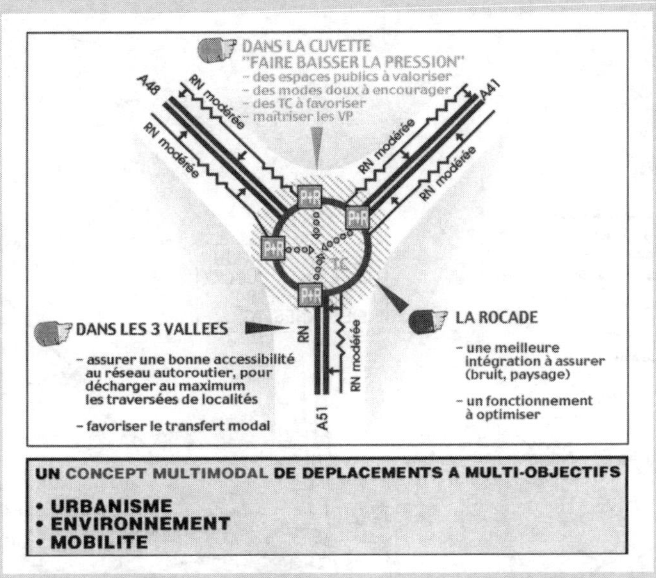

Figure 2. Le concept multimodal

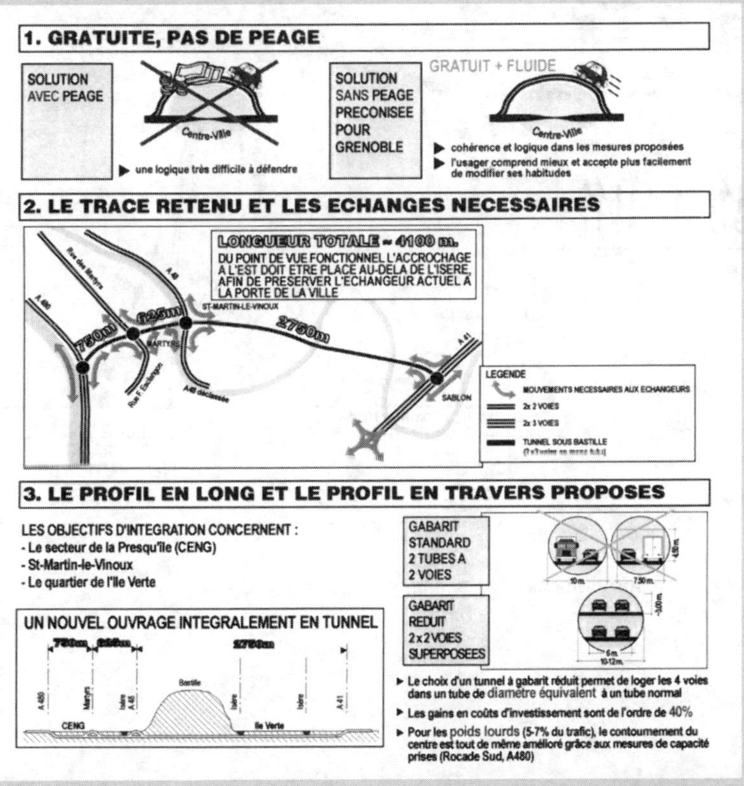

Figure 3. Les principales caractéristiques du Tunnel sous Bastille

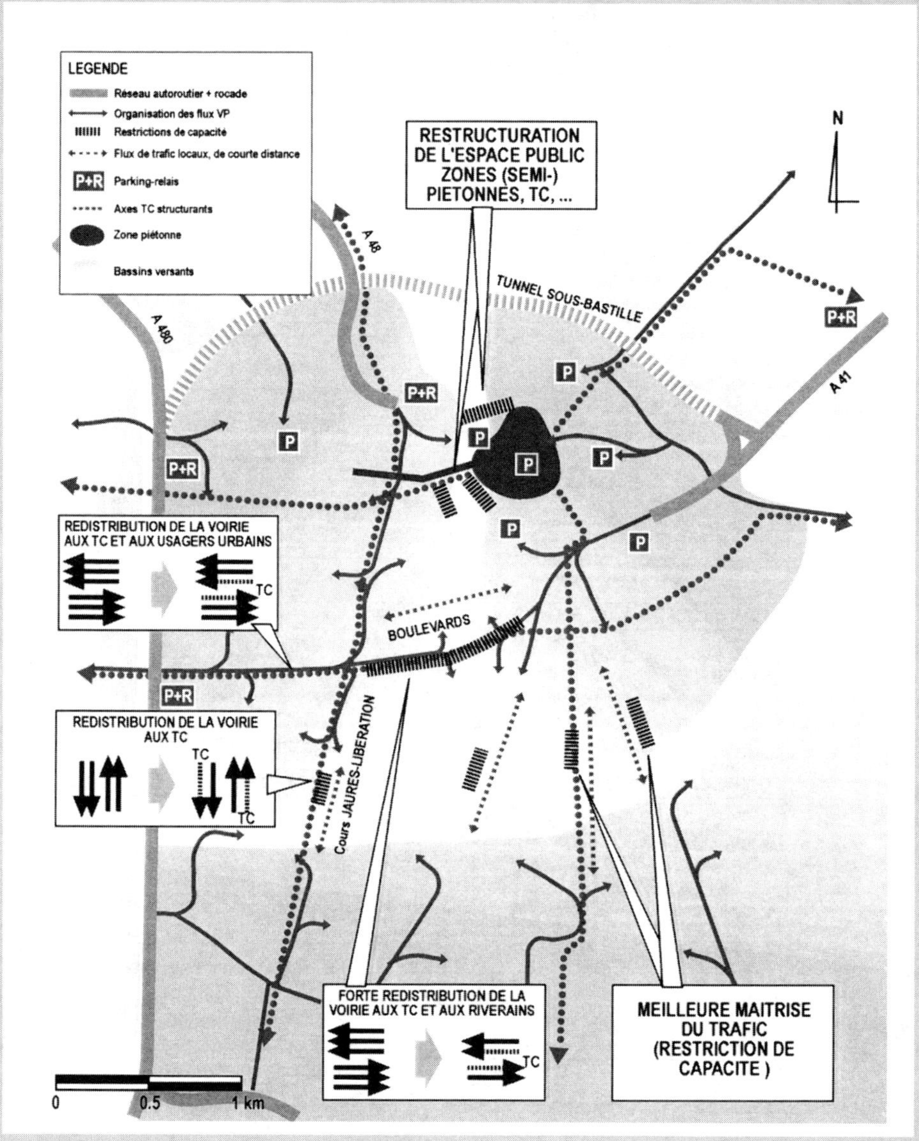

Figure 4. La réorganisation des déplacements au centre

- dans un contexte urbain et topographiquement difficile, il se situe quasiment entièrement en tunnel, réduisant ainsi au minimum l'impact sur l'environnement et le paysage. Sa conception est celle d'une voirie urbaine rapide et non celle d'une autoroute ;
- les contacts avec le réseau routier de surface sont, par contre, nombreux, afin d'assurer une accessibilité au centre maximale et reprendre ainsi un plus grand nombre possible de déplacements ;
- dans une cohérence qui vise à inciter au maximum l'usager à éviter le réseau du centre-ville, il se doit d'être gratuit. C'est au contraire, en caricaturant, les trajets de véhicules passant au centre qui devraient être taxés !
- la gratuité de ce nouvel ouvrage impose, au niveau financier, de trouver une solution réduisant au maximum les coûts d'investissement. La solution retenue consiste à ne construire qu'un seul tube, emprunté dans les deux sens sur deux étage à gabarit réduit. Cette solution a l'avantage de diminuer d'environ 40 % les coûts de construction et d'éviter tout problème de sécurité avec les poids lourds (*cf.* figure 3).

La valorisation du centre de l'agglomération...

Les Grands Boulevards passent de 2 × 3 voies à 2 × 1 voies sur leur partie centrale. Cet exemple, à lui seul, peut symboliser pour les Grenoblois les changements structurants préconisés pour le réseau du centre. La suppression du transit et la meilleure organisation du trafic d'échange dégage une marge de manœuvre suffisante pour redistribuer l'espace public et réduire les nuisances de bruit et de pollution atmosphérique.

Concrètement, un redimensionnement des voiries des quais de l'Isère permettra à la ville de reconquérir les berges de la rivière et les boulevards du centre (Sembat-Rey, Gambetta, Jaurès, etc.) profiteront de réduire la capacité affectée aujourd'hui au trafic pour redevenir de véritables axes urbains.

Les gains pour les transports collectifs sont très importants. Ces gains sont tout d'abord « gratuits » puisque la maîtrise du trafic permettra, sans investissement particulier dans les transports collectifs, d'accroître substantiellement leur compétitivité. Les actions proposées contiennent toutefois la réalisation de nouveaux axes comme la troisième ligne de tram ou un complément sur le Boulevard Jaurès permettant un bouclage complet du centre-ville.

Pour les piétons et les deux-roues, si l'étude préconise un certain nombre d'actions propres, ce sont la réduction générale du trafic au centre et la requalification des voiries grâce au tunnel qui permettront des résultats les plus importants (*cf.* figure 4).

LES EFFETS DU CONCEPT ET DES ACTIONS

La maîtrise du trafic se base sur plusieurs principes, notamment que :

- la réalisation du Tunnel sous Bastille n'occasionne pas d'augmentation de la capacité routière : il s'agit bien d'un déplacement de l'offre du centre vers le tunnel, par un « pincement » de l'offre au centre compensé par cette nouvelle voirie ;

- le stationnement, par une meilleure gestion et la réduction locale de places, joue une rôle décisif ;
- la régulation par feux soit appelée également à contrôler l'accès aux secteurs sensibles, comme le centre-ville.

Le transfert modal estimé pour le long terme est important, puisque la part de déplacements effectués en transports collectifs, qui s'élève à 20 % aujourd'hui (déplacements internes à l'agglomération) pourrait passer à 27 % environ.

Au niveau de la pollution atmosphérique, l'effet est également important puisque les quelque 75 000 véhicules par jour qui seraient reportés du centre-ville dans le tunnel permettraient d'abaisser les émissions de polluant de 27 % à l'hypercentre, voire même de 40 % le long des Grands-Boulevards. Le problème du bruit sera atténué également sur les axes les plus sensibles. Sur les Grands Boulevards, le trafic passera de 60 000 véh./jour à environ 30 000, ce qui induira une baisse de l'ordre de 3 dB.

Les effets sur l'espace public sont nombreux, localisés au centre, en relation directe avec le Tunnel sous Bastille, ou sur d'autres axes sur lesquels des mesures de requalification peuvent être entreprises au plus vite. Les deux-roues et les piétons seront les premiers à bénéficier de conditions de sécurité et de confort nettement améliorées par rapport à aujourd'hui.

ET LA SUITE ?

Cette étude d'avant-projet d'organisation globale des déplacements dans l'agglomération grenobloise a précédé l'élaboration du Plan des déplacements urbains (PDU). La décision prise par les élus en mars 1999 de choisir le scénario « avec tunnel » et donc de viser à terme la réalisation du Tunnel sous Bastille prolonge ainsi les principes proposés dans cette étude.

Le PDU s'est ainsi passablement nourri des propositions faites dans le cadre de cette étude. Il doit être achevé et voté d'ici à la fin de 1999.

La concrétisation de ce PDU sera complexe. Elle ne devra pas perdre de vue le concept multimodal et ne pas réduire la planification aux infrastructures elles-mêmes, au risque de « trahir » les principes de maîtrise du trafic ou les objectifs visés (par exemple, dans le cas où le tunnel serait construit sans mesure au centre). Comme il est évoqué plus haut, le projet n'est pas celui d'un tunnel, mais celui d'un projet d'agglomération, dont la cohérence n'existe que si tous ses éléments sont mis en place.

Ce projet grenoblois démontre donc bien qu'un tunnel routier, intégré dans une politique globale et multimodale, sert tout d'abord à protéger l'environnement, récupérer de l'espace public et favoriser la progression des transports collectifs, des deux-roues et des piétons.

■

L'INFORMATION SUR LES DÉPLACEMENTS : OUTIL D'EXPLOITATION DU TRAFIC ?

Laurent Bréheret, Jean-Jacques Henry
SODIT, Toulouse

Résumé – Cet article présente d'une part une analyse générale de l'information sur les déplacements, puis une solution innovante répondant à une partie des besoins d'information, en utilisant un serveur Internet.

Afin d'organiser et d'optimiser leurs déplacements, les usagers de la route sont de plus en plus demandeurs d'information concernant les conditions de circulation. Qui plus est, pour être utilisée, cette information doit être d'excellente qualité, et mise à jour très régulièrement. L'exigence des usagers porte tout à la fois sur l'accessibilité, la quantité, la dynamique de l'information. Les exploitants de voiries, dans leur mission de gestion des flux de déplacements, souhaitent pouvoir diffuser une information sur les déplacements qui soit totalement cohérente avec les stratégies de régulation et les plans de gestion de trafic.

Cet apparente contradiction des objectifs est à la fois un frein et un enjeu primordial pour les services d'information qui apparaîtront dans les prochaines années.

L'article, après avoir présenté cette problématique générale de l'information trafic, donne les résultats d'un projet de R & D sur la mise en œuvre d'un prototype d'information trafic par Internet, et son évaluation auprès d'un panel d'utilisateurs dans l'agglomération de Toulouse.

Les données de trafic sont traitées en temps réel, et alimentent un serveur de données basé sur un système d'information géographique. Des applications complémentaires de calcul d'itinéraire et d'estimation / prédiction des flux permettent d'une part aux usagers de bénéficier dune information optimale, d'autre part aux opérateurs d'avoir des retours sur les ıtinéraires choisis.

1. INTRODUCTION

Les grandes agglomérations souffrent aujourd'hui de la densité du trafic routier. La pollution, les embouteillages, le mécontentement des usagers en sont autant de témoignages. L'infrastructure ne pouvant plus répondre à la demande en déplacement, il peut être intéressant de chercher dans la télématique et les techniques d'information des solutions pour réduire ces effets indésirables du trafic.

Dans le domaine de l'information routière, les avancées technologiques aussi bien en informatique qu'en télécommunication ont permis le développement de produits et services, qu'ils soient portables, embarqués dans les véhicules ou liés à l'infrastructure. Aujourd'hui, Internet permet de faire circuler rapidement de plus en plus d'informations. Dans le domaine de l'information routière, on trouve quelques sites Internet opérationnels, et les services proposés sont alors principalement destinés à la recherche d'itinéraires, de solutions de covoiturage, d'informations sur les conditions de la circulation, sur les événements. Il est probable que la généralisation de la téléphonie mobile et la mise au point de nouveaux protocoles de communication (au sol ou dans le véhicule) amèneront à une utilisation plus intensive du média Internet et du GSM.

D'un autre côté ces services d'information sur les déplacements ne peuvent fonctionner qu'avec une quantité massive de données, et donc de capteurs. Ils ne pourront se mettre en place qu'avec le concours des exploitants de la route (Municipalités, Autoroutes et routes nationales) et de transports publics (autorité organisatrices, ou opérateurs TC). En retour, ces gestionnaires de réseau doivent en retirer des bénéfices, soit par une meilleure exploitation des réseaux (fluidité du trafic, satisfaction des usagers, etc.), soit par une meilleure maîtrise sur la demande (anticipation sur les mouvements, retour d'information, etc.).

Cet article aborde l'information sur les déplacements le plus largement possible, en précisant les besoins que peuvent avoir différentes catégories d'usagers. Enfin, une solution basée sur un serveur d'information par Internet est détaillée, montrant l'intérêt pour les utilisateurs et l'usage qui peut en être fait par les exploitants.

2. L'INFORMATION SUR LES DÉPLACEMENTS

2.1. Analyse des besoins des usagers

L'usager des transports, que ce soit public ou privé, exprime des besoins dans l'accomplissement de son déplacement. Ils peuvent être séparés en deux parties :

- les besoins liés à l'objet du déplacement : la mobilité ;
- les besoins liés aux conditions de déplacement : la commodité.

On peut voir la mobilité comme la combinaison de l'accessibilité permettant aux personnes d'avoir le maximum de contacts extérieurs avec le minimum d'efforts et la disponibilité des installations de transport permettant aux voyageurs d'atteindre n'importe quel endroit à n'importe quel moment. La mobilité peut être mesurée par le nombre de déplacements quotidiens par personne et le kilométrage parcouru.

La commodité comprend tout d'abord une notion de confort du déplacement. Le confort peut être entendu comme le besoin individuel par excellence. Il caractérise les conditions du déplacement qui font qu'il est facile et agréable pour l'usager. La commodité comprend également une notion de sécurité qui possède deux dimensions : la dimension individuelle est donnée par la sensation de l'usager pendant le déplacement ; la dimension collective est donnée par le coût social des incidents, ou accidents.

Ces besoins de l'usager changent avec le temps et dépendent du lieu où ils sont exprimés (pays, régions, etc.) en fonction du niveau économique et social auquel il est habitué et de ses caractéristiques personnelles.

Le premier besoin à satisfaire est la libre disposition d'une infrastructure ou d'un système de transport qui facilite la mobilité des biens et des personnes, mobilité qu'auparavant il était difficile voire impossible de permettre. Une fois que ces installations sont acquises, après quelque temps l'usager commence à en vouloir plus, comme la garantie de disponibilité de l'infrastructure ou du système, ou la facilité du déplacement, ou plus de sécurité ou plus de confort.

Les besoins des usagers peuvent également être séparés selon leur caractère collectif ou individuel. L'expression du besoin collectif se manifeste par une demande d'amélioration globale de l'efficacité du système de transport. Il est aussi, l'expression de ceux qui supportent les effets de nouveaux systèmes ou services de transports et qui réclament la limitation de leur usage. Ce second aspect du besoin collectif peut être interprété comme une contrainte ou une limitation imposée au système de transport alors que le premier aspect est directement lié à la raison d'être de ce système et doit être compris comme un objectif par les gestionnaires des infrastructures. Dans la majorité des cas le besoin collectif et le besoin individuel s'opposent.

L'analyse des besoins des usagers est une démarche d'identification, d'interprétation, d'évaluation et de validation :

- de ce que sont les exigences des usagers ;
- de la structuration de ces exigences ;
- de la raison, du moment et du lieu où ces exigences sont formulées.

L'objectif de l'analyse des besoins est de comprendre clairement les exigences des usagers afin d'apporter une aide à la conception et au développement de produits et de services de grande qualité qui soient utiles et adaptés aux attentes des usagers et correspondent à l'objectif du système de déplacement.

Les attentes de l'usager ne sont pas encore bien évaluées sauf en ce qui concerne les secours et les services de confort qui sont déjà fournis par les concessionnaires sur autoroute. Par contre en ce qui concerne les services d'information, les études sur la demande sont rares et, celles qui existent sont souvent confidentielles. Cependant, il est évident que ces services font l'objet d'une exigence croissante de la part des usagers : dans la mesure où les services de communication mobile et d'information se développent, on ne comprendrait pas qu'ils ne puissent être également utilisés pour informer sur les conditions de circulation.

- Le mode de déplacement : C'est une caractéristique importante du déplacement, qui doit être analysée dans la définition de l'information :
  - voiture particulière : que la personne soit conducteur ou passager ;
  - transports collectifs urbains : bus urbain, tramway ou métro ;
  - deux-roues : motorisés ou non ;
  - marche à pied ;
  - autres modes : tous les autres modes qu'ils soient collectifs (car interurbain, SNCF, transport employeur ou scolaire) ou individuels (taxi, fourgon, camionnette…).
- Le motif du déplacement : la raison du déplacement aura une importance pour la définition du contenu du message :
  - travail : déplacements entre le domicile et le lieu de travail ;

– études : déplacements entre le domicile et le lieu d'enseignement ;
– achats : déplacements entre le domicile et le lieu d'achat ;
– autres motifs : déplacements entre le domicile et un lieu de démarche (administrative ou autre), de loisirs, de visite...
– déplacements non liés au domicile : par exemple entre le lieu de travail et un commerce, puis du commerce au domicile.

• Le caractère régulier ou occasionnel du déplacement est un déterminant du type d'information recherchée.

Les services d'information aux usagers peuvent aussi être caractérisés par le moment et l'endroit où ils sont utiles :

• Avant le déplacement : l'information peut par exemple être utilisée au domicile, sur le lieu de travail, dans des services administratifs, auprès de bornes multimédia ou dans des parcs de stationnement. Le service demandé concerne la préparation et l'optimisation du déplacement. Il varie dans de grandes proportions suivant la détermination de l'usager à utiliser un mode particulier ou non. Les certitudes concernent l'origine et la destination du déplacement, le moment où l'usager souhaite effectuer le déplacement (qui peut éventuellement être exprimé par une plage horaire).
• Pendant le déplacement : l'information est alors utilisée en bord de route ou dans le véhicule. Le service demandé concerne une aide à la prise de décision en vue de réduire la durée de déplacement, d'améliorer le confort et la sécurité au cours du déplacement.

L'objectif général de l'information sur les déplacements sera donc d'agir :

• Avant le déplacement :
  – sur la demande : décision de départ, choix de l'horaire, etc.
  – sur le choix modal au départ ;
  – sur le choix de l'itinéraire, une fois le mode choisi.
• En cours de déplacement :
  – sur le choix modal à un point de choix modal ;
  – sur le choix de l'itinéraire dans le mode de déplacement en cours ;
  – sur le confort, la sécurité, la satisfaction des usagers.

Selon le cas, l'accès à l'information par l'usager se fera en suivant l'un des trois principes suivants :

– aller chercher l'information : serveur d'information, opératrice, etc.
– avoir l'information disponible de suite : plans, panneaux d'affichage, etc.
– avoir l'information sur lui ou avec lui : système dédié, radio, téléphone mobile, etc.

De manière générale, un système d'information utilisé par tous les usagers doit suivre quelques règles fondamentales, surtout en vue d'une commercialisation de l'information :

– l'information diffusée doit paraître exacte à l'usager qui la reçoit : la confiance dans le système est difficile à gagner mais facile à perdre ;

– si un usager paye un service, il doit être accessible à tout moment (pendant lequel il doit être accessible), de manière rapide et dynamique et le contenu doit être exacte : l'usager gardera alors confiance dans le système ;
– l'usager doit pouvoir utiliser l'information à sa guise, et garder la liberté d'usage.

La liste des médias aujourd'hui disponibles pour la diffusion de l'information est la suivante :

– télévision ;
– radio : radio musicale ou générale, radio dédiée (style FIP ou Radio Trafic) ;
– presse écrite, journal ;
– opérateur : téléphonie classique ou GSM ;
– serveur vocal : accessible par téléphonie classique ou uniquement par GSM ;
– serveur fax : à la demande, sur abonnement ;
– serveurs télématiques : Minitel, Internet ;
– bornes et kiosques télématiques ;
– panneaux : PMV urbain ou VRU, panneaux aux arrêts bus ou dans les bus ;
– messageries : pagers, SMS ;
– systèmes embarqués : RDS-TMC, DAB, GSM.

2.2. Côté exploitants

Les missions primordiales des exploitants sont d'assurer la mobilité et la sécurité dans les déplacements. Une fois le besoin premier de mobilité satisfait, apparaît le besoin de commodité du déplacement, notion qui regroupe le confort et la sécurité, et l'information des usagers fait partie de ce besoin de confort du déplacement.

Le confort, et donc l'information des usagers sont secondaires.

2.2.1. Transports privés

Préparation au voyage

Outre l'information en temps réel dans les véhicules, depuis les années soixante-dix, se sont développés un certain nombre de dispositifs d'information fonctionnant soit en temps quasi réel soit à grande constante de temps. Ceux-ci s'intéressent plutôt à la préparation aux déplacements, l'usager peut ainsi accéder à certaines informations depuis son domicile, sur son lieu de travail ou enfin dans des lieux publics grâce à des terminaux fixes. On citera par exemple :

– ANTIOPE, système de transmission de « pages » trafic par télévision accessibles à des récepteurs dotés d'interfaces spécifiques ;
– Minitel 3615 Routes ;
– Heure H : information lors des grandes migrations saisonnières ;
– Bison Futé et itinéraires BIS : basé sur des cartes publiées annuellement et sur une signalisation le long des grands itinéraires ;
– Les serveurs téléphoniques vocaux ;

– Les radios FM qui diffusent des bulletins d'information trafic sur les états de la circulation, les éventuelles saturations, les manifestations prévues, les incidents ;
– Les chaînes de télévision qui diffusent des flashs d'information routière aux heures de grande écoute, principalement en périodes de grands départs ou retours ;
– Le serveur Internet SYTADIN, qui indique en temps réel les conditions de circulation sur la région francilienne ;
– Les services liés à la téléphonie mobile (GSM) qui proposent des serveurs vocaux d'information trafic en Ile-de-France, et des services personnalisés avec opérateurs,

L'information durant le voyage

On distinguera les « systèmes collectifs », qui fournissent à l'ensemble des usagers des informations identiques sur les conditions de circulation dans une zone déterminée, et les « systèmes individuels » qui apportent une aide personnalisée au conducteur.

• *Les systèmes collectifs*
  – Les panneaux à messages variables (PMV) : panneaux de direction variables (PDV) ; panneaux alphanumériques ; panneaux symboliques ; panneaux diagrammatiques ;
  – Les radios : flashs par les radios traditionnelles ; radios dédiées ; RDS-TMC.

• *Les systèmes individuels*
  – Les systèmes de navigation autonomes : tous les moyens de calculs et de décisions sont dans le véhicule ;
  – Les systèmes de navigation assistés par l'infrastructure : utilisant les techniques de télécommunication, avec des informations trafic temps réel ou non ; en utilisant par exemple le RDS/TMC, la téléphonie mobile (GSM), les liaisons à courte portée (DSRC), les liaisons à courte portée infrarouge, la radio diffusion numérique (DAB).

2.2.2. En transports collectifs

L'information des voyageurs des transports publics est l'un des domaines privilégiés en termes de performance et d'image où les réseaux de transports collectifs urbains peuvent apporter de grandes améliorations.

On constate que les systèmes d'information des usagers des transports en commun peuvent se répartir en deux grandes familles :

• *Ceux qui permettent une préparation du déplacement et répondent aux questions suivantes :*
  – où aller, depuis quelle origine ?
  – comment atteindre sa destination ?
  – quel itinéraire ?
  – quel prix ?

– informations sur le réseau de transport urbain (horaires, points de vente, trafic, différents types de transports, etc.).

• *Ceux qui assurent une aide pendant le déplacement proprement dit et répondant aux besoins suivants :*

– guidage lors de l'accès au mode de transport ;

– temps de déplacement ou temps d'arrivée au prochain arrêt ;

– temps d'attente à l'arrêt ;

– repérage du véhicule.

Produit	**Type**	**Réseau**	**Lieu**
Agil	Voirie/Embarqué	STCR	La Rochelle
Alexis	Informations aux arrêts	RATP	Paris
Altaïr	Information en temps réel	RATP	Paris
Aramis	Borne voirie	SAMITAN	Nantes
Bus Intel	Minitel	STGA	Angoulême
Bus Stop	Minitel	STAB	Bayonne
Canal Bus	Embarqué	SRGA	Angoulême
Digiplan	Distributeur d'itinéraires	SLTC	Lyon
Guru (arrêt)	Information sur la voirie	SEMURVAL	Valenciennes
Guru (bus)	Embarqué	SEMURVAL	Valenciennes
Icar	Minitel	CTS	Caen
Infoplus	Information en temps réel	STGA	Angoulême
Métro	Minitel	SRDE	Dunkerque
Pirmil	Info. temps réel sur la voirie	SEMITAN	Nantes
Piu 3 000	Info. temps réel sur la voirie	COTRA	Angers
Pivi	Téléphone	RATP	Paris
Point Bus	Info. temps réel sur la voirie/embarqué	STRD	Dijon
SAI Chambéry	Temps réel sur la voirie	STAC	Chambéry
SAI Châtelleraut	Temps réel sur la voirie	TAC	Châtelleraut
SAI Mulhouse	Temps réel sur la voirie	TRAM	Mulhouse
SAI Orléans	Temps réel sur la voirie	SEMTAO	Orléans
Sid	Information en temps réel	RATP	Paris
Siou	Temps réel voirie/embarqué	TUB	Douai
Top Alex	Temps réel sur la voirie	CTAC	Caen
Visiobus	Temps réel sur la voirie	CTPO	Le Havre
3615 RAPT	Minitel	RATP	Paris
3615 TCL	Minitel	SLTC	Lyon

Tableau 1. Exemples de réalisations de systèmes automatique d'information (SAI) en France

2.2.3. Et l'intermodalité ?

Le domaine des services d'information pour les déplacements est vaste. Ces dernières années, de nombreux projets se sont concentrés sur la préparation au voyage seulement ou à l'inverse simplement à l'information en temps réel disponible lors du déplacement. Toutefois, il existe une continuité entre la préparation du déplacement et l'information temps réel, car ces deux types d'informations reposent en partie sur des moyens communs.

Il existe peu de systèmes d'information ayant réellement une approche multimodale. Nous pouvons tout de même citer en France le projet STRADIVARIUS, qui fédère les principaux acteurs des déplacements de l'aire métropolitaine de Marseille. Son objectif est de faciliter l'accès à la ville, en incitant les citoyens à utiliser les transports en commun grâce à deux outils : l'information et la monétique. Le volet information consiste à coordonner les systèmes existants chez les gestionnaires, afin de fournir au public une information sur les déplacements quel que soit le mode employé : train, métro, tramway, bus, autocar ou voiture particulière. La réalisation passe par la mise en œuvre d'un serveur centralisant les informations permanentes (horaires, tarifs, accès aux sites publics, etc.) ou prévisionnelles (travaux, manifestations, etc.), un système d'échange de données en temps réel, un accès par Internet ou Minitel,

2.3. Les fonctions de l'information sur les déplacements

Il est intéressant de décomposer la chaîne complète de l'information sur les déplacements en trois fonctions élémentaires : le recueil de données, le traitement de l'information, la diffusion de l'information.

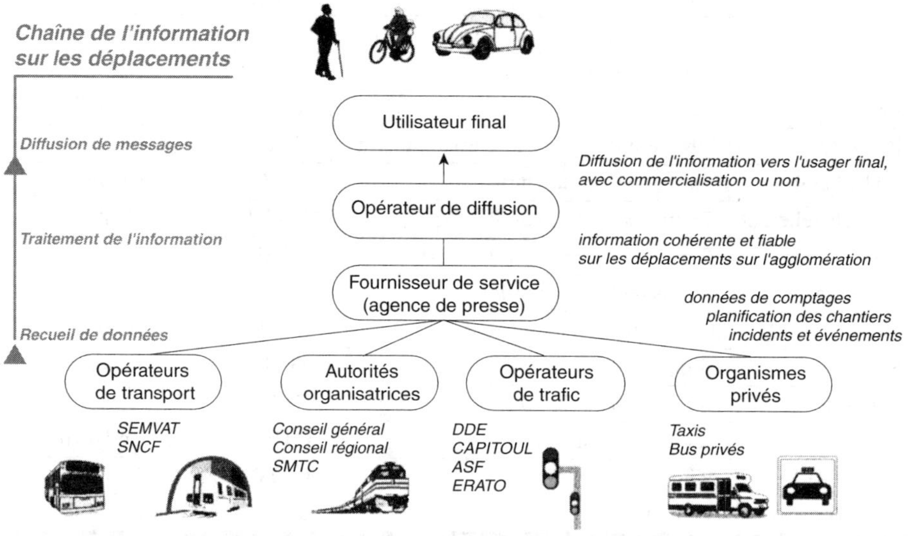

Figure 1. Organisation possible de l'information : cas de l'agglomération toulousaine

Fonction de recueil de données

Le recueil de données est généralement celui de l'exploitant. À la base, les données servent à la gestion de trafic, et sont ensuite utilisées pour l'information.

Fonction de traitement de l'information

Le traitement doit porter sur les données recueillies, qui ne sont pas exemptes d'erreurs. Un important travail de saisie de messages (observations, incidents, accidents, événements sur la voirie, etc.) doit être réalisé par les opérateurs dans les postes de surveillance. L'usage d'un format de saisie standard (type ALERT-C) et d'un standard d'échange de messages (type DATEX) faciliteraient la communication entre les systèmes et les opérateurs.

Dans un objectif d'information globale sur les déplacements, il semble nécessaire de centraliser toutes les données, fournies par tous les gestionnaires de tous les modes, dans un système unique (qu'il soit physique ou virtuel). Cette centralisation des informations ne peut se faire que si les systèmes sont capables de communiquer, soit entre eux, soit avec une base de données commune (Serveur d'Information Déplacements).

Fonction de diffusion de l'information

À la différence des fonctions précédentes, la fonction de diffusion n'est pas toujours propriétaire des organismes gestionnaires. C'est le cas des médias classiques de diffusion (presse écrite, radios et télévisions) qui reçoivent de l'information de la part des opérateurs et gestionnaires. Celle-ci n'est pas formatée ni coordonnée : chaque émetteur utilise son propre format, il n'y a pas de concertation préalable avant l'émission. Les journalistes qui reçoivent les messages (généralement des télécopies) doivent intégrer l'information. Ils réalisent eux-mêmes la fonction de traitement global.

Les autres systèmes de diffusion sont propriétaires. A priori, certains de ces systèmes doivent le rester, par exemple les panneaux à messages variables sur les voies rapides, ou les panneaux dans les arrêts de bus. D'autres systèmes peuvent être étendus à d'autres modes : Minitel, PMV urbains ; voire délégués à une société de service privé : services et serveurs téléphoniques.

Enfin il y a beaucoup de nouvelles technologies de communication qui ne sont pas réellement exploitées dans un but d'information sur les déplacements sur l'agglomération toulousaine. C'est le cas de Internet, du GSM (téléphonie mobile), du RDS (radio numérique).

2.3.1. Quelques règles à retenir

- Mettre en place les moyens de mesures efficaces du trafic ;
- Fusionner les données existantes pour une utilisation optimale des capteurs ;
- Centraliser de manière physique ou logique toutes les données liées aux déplacements, pour faciliter le traitement ;
- Améliorer la dynamique des systèmes d'information ;
- Elargir le nombre de médias de diffusion, leur couverture géographique, et modale ;

- Informer les usagers sur les événements, les états de circulation et les temps de parcours ;
- Diffuser les informations permettant le choix effectif de l'itinéraire par les usagers.

3. SITTI OU COMMENT CONCILIER INFORMATION ET EXPLOITATION

3.1. Les objectifs du projet

Le projet SITTI propose d'étudier un nouveau concept de diffusion de l'information sur le trafic. Ses objectifs sont multiples :

- D'un point de vue usager, il s'agit de construire un prototype de serveur Internet proposant des services relatifs à la circulation : informer sur le trafic en temps réel en donnant les temps de parcours et les saturations des routes ; calculer des itinéraires en pleine connaissance des états de circulation ; donner le tracé du chemin et la feuille de route.
- D'un coté exploitant, ce projet s'intéresse à la mesure de l'impact des informations sur les déplacements des usagers de la route par le biais d'Internet. En effet, lorsqu'un utilisateur fait une recherche d'itinéraire, le choix de l'origine et de la destination donne une indication importante sur son déplacement. Le système SITTI intègre un modèle d'estimation des O/D (Origine/Destination) en fonction des demandes de calcul d'itinéraire. Ce retour d'informations doit permettre d'affiner les estimations de trafic et par conséquent d'améliorer la qualité de l'information diffusée.

Pour réaliser un tel serveur, différents traitements doivent être inclus dans le processus d'élaboration des informations. Il s'agit :

- Du recueil de données qui est un module d'acquisition des différentes mesures temps réel du trafic routier (comptage sur le périphérique, comptage sur le réseau des voies urbaines) utilisées pour la détermination des niveaux de circulation.
- Du traitement des données qui estime cycliquement les états de la circulation (utilisation du logiciel MAITRE) sur l'ensemble du réseau de l'étude.
- De l'interface Internet destinée à la mise en forme des données en informations publiables sur Internet. Cette interface est constituée d'un serveur WEB et de données qui gèrent les requêtes des utilisateurs et retournent des pages HTML adaptées aux demandes (plan du réseau routier axes coloriés suivant les niveaux de la circulation, tracé d'itinéraires, etc.).

Le projet SITTI a été subventionné par le Conseil régional de Midi-Pyrénées. Les partenaires du projet sont la société SODIT et le LAAS. La mairie de Toulouse et la DDE de Haute-Garonne ont fourni gracieusement les données de comptages, et mit à disposition les informations nécessaires à la réalisation du prototype. La société ESRI France a également soutenu ce projet, en mettant à disposition ses outils logiciels de cartographie. Enfin, la société GEOSIGNAL a fourni les bases de données numériques (vecteur et raster).

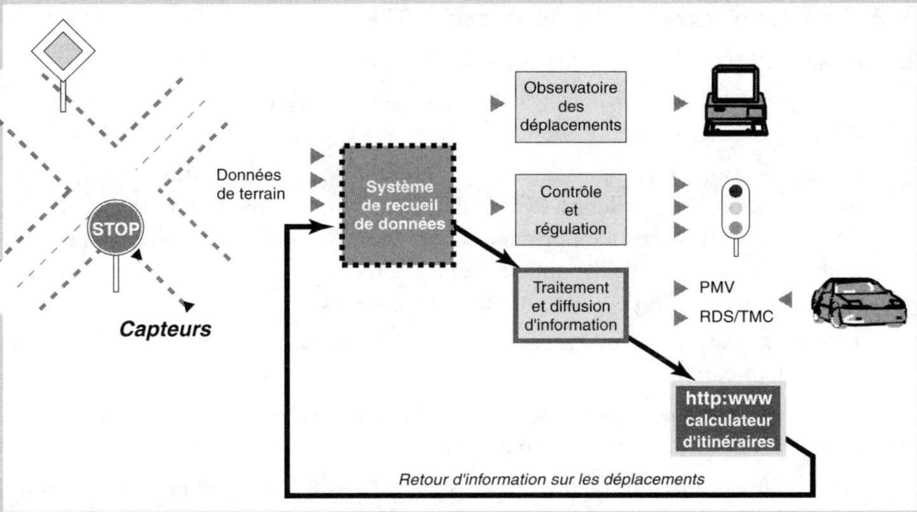

Figure 2. Schéma de principe du système SITTI

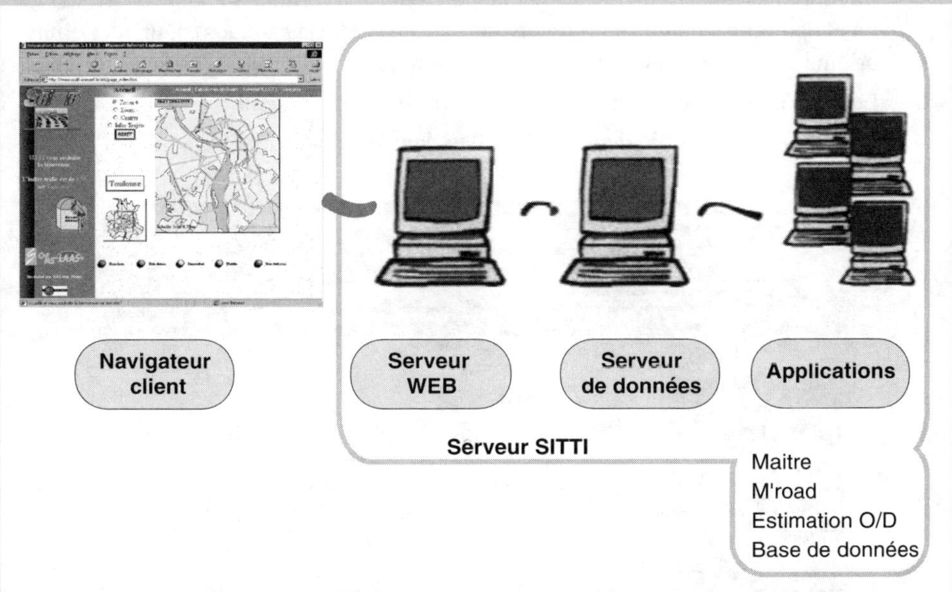

Figure 3. Schéma bloc fonctionnel de SITTI

Figure 4. Rubriques du serveur SITTI

3.2. Fonctionnement du système SITTI

Le serveur SITTI, est composé de trois sous-ensembles :

– La gestion des requêtes qui est assurée par un serveur WEB et un serveur de données.

– Les applications autonomes qui sont : le logiciel MAITRE d'estimation des états de circulation ; le logiciel M'ROAD de calcul d'itinéraire qui retourne la feuille de route avec les rues à emprunter et les directions à suivre ; l'estimateur de la matrice O/D qui calcule dynamiquement les proportions de véhicules se déplaçant de zone à zone en fonction du nombre de requêtes.

– La base de données qui contient toutes les informations communes aux serveurs et aux applications.

Le site Internet (http ://www-sodit. onecert. fr rubrique SITTI) comprend quatre rubriques. Les deux rubriques principales sont :

– La rubrique Information Trafic : la page d'accueil du site a pour élément essentiel une carte principale du réseau avec représentation colorée des niveaux de circulation, calculés périodiquement par le logiciel MAITRE. Les niveaux de circulation sont calculés sur le réseau structurant surveillé.

– La rubrique Calculer un itinéraire intègre en plus un formulaire pour rechercher le trajet optimum (routes à emprunter, distance et temps du parcours) pour aller d'une origine à une destination. Le résultat de la requête se décline sous deux formes :

– Le tracé en bleu sur la carte principale de l'itinéraire calculé ;

– L'édition d'une feuille de route détaillée dans une autre fenêtre.

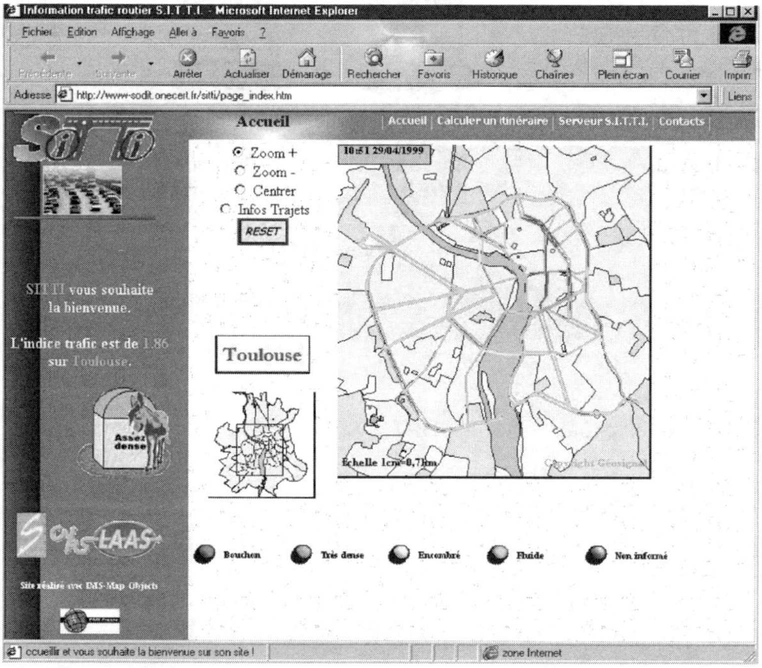

Figure 5. Page d'accueil de SITTI, et information trafic

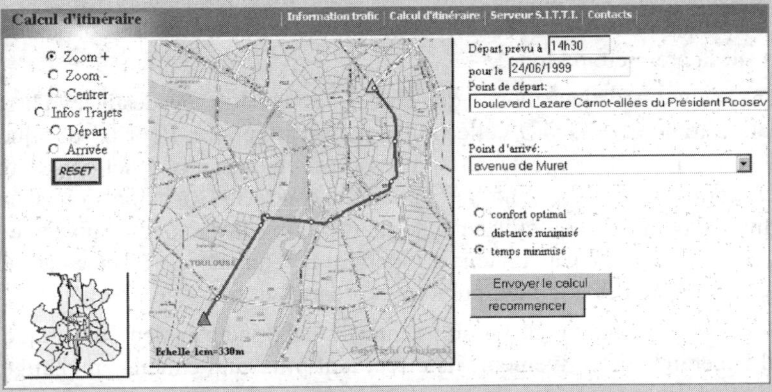

Figure 6. Itinéraire affiché sur le fond de carte

S.I.T.T.I. - Feuille de Route - Microsoft Internet Explorer

Feuille de route

De *boulevard Lazare Carnot-allées du Président Roosevelt-allées Jean Jaurès*

À *avenue de Muret*

Recherche du trajet le plus ***rapide***

Le temps de parcours total est de l'ordre de ***15 minutes***

La distance totale parcourue est de ***4km et 0m***

Nom de la voie	Temps de parcours	Longueur
boulevard Lazare Carnot	3 min.	660m.
Prendre allée Forain François Verdier	1 min.	410m.
Prendre place Boulingrin	<1 min.	160m.
Prendre allées Jules Guesde	1 min.	590m.
Prendre allées Paul Feuga	<1 min.	200m.
Prendre pont Saint-Michel	1 min.	610m.
Prendre place du Fer à Cheval	1 min.	150m.
Prendre avenue de Muret	3 min.	920m.
Prendre place de la Croix de Pierre	<30 sec.	20m.
Prendre avenue de Muret	<1 min.	70m.

Figure 7. Feuille de route après recherche d'un itinéraire

3.3. Eléments de performances du prototype SITTI

Le prototype a été testé sur une zone de l'agglomération toulousaine avec succès. Les premiers résultats de l'évaluation fournissent des informations qualitatives sur le comportement du prototype et sur les requêtes faites par les utilisateurs (260 connexions enregistrées sur la première période).

Une analyse statistique montre que 36,1 % des requêtes sont destinées à la rubrique Information trafic et 63,9 % à celle Calculateur d'itinéraire. Pour la rubrique Information trafic, 67 % des requêtes effectuées sont relatives aux fonctions de manipulation des cartes (Zoom +, -, Centrer et Initialiser) contre 33 % à la fonction de demande d'information du niveau de trafic sur les trajets (temps de parcours et niveau de circulation). Pour la rubrique Calculateur d'itinéraire la tendance est inverse car 45 % des requêtes sont destinées à la manipulation des cartes et 55 % aux requêtes de calcul.

Ces chiffres montrent que les utilisateurs testent principalement la rubrique Calculateur d'itinéraire. Effectivement, ils effectuent plusieurs calculs en changeant les origines et/ou destinations et le critère de calcul (temps minimal, distance minimale, confort). Il est important de noter que la rubrique Information trafic nécessite moins de manipulation. Effectivement, la première page HTML proposée à l'utilisateur présente directement l'information trafic sous la forme d'une carte décrivant le réseau routier où les principaux trajets sont coloriés suivant sur les niveaux de trafic.

Concernant les temps de réponse, SITTI affiche des résultats très satisfaisants. La génération du résultat est de l'ordre de la demi seconde. Le temps moyen du calcul d'itinéraire (M'ROAD) est inférieur à 0,1 seconde. La génération des résultats (carte avec itinéraire et édition de la feuille de route) est un peu plus coûteuse en temps, mais reste très acceptable (0,6 secondes).

L'évaluation du prototype continue par une mesure du degré de satisfaction des « Internautes » vis à vis et de la qualité des services offerts, en utilisant un questionnaire.

4. CONCLUSION

Le travail effectué dans le cadre de ce projet s'est concrétisé par l'ouverture à titre expérimental du site Internet (http ://www-sodit. onecert. fr). Il a permis de valider la faisabilité technique et de confirmer l'intérêt pour le déploiement de services d'information routière dans l'aide à la préparation au déplacement. Connaître les conditions de circulation sur une agglomération et trouver le meilleur itinéraire sont les deux points les plus demandés par les usagers pour leurs déplacements en voiture particulière. Par ailleurs, la cartographie est le moyen idéal pour diffuser cette information.

Ce prototype explore également un nouveau concept de mesure de la demande en déplacements. L'étude menée pour le développement d'un modèle d'estimation des déplacements entre zones en fonction des demandes de calcul d'itinéraire effectuées a dégagé les modèles théoriques et les méthodes numériques associées à utiliser. Connaître cette demande est un moyen pour les exploitants de mieux adapter leur offre et d'anticiper sur les actions d'information ou de régulation.

Un serveur comme SITTI peut rapidement devenir un outil à la fois au service des usagers et des exploitants. Son extension dans un environnement multimodal devrait permettre d'étendre ses possibilités.

L'ACCEPTABILITÉ DES CHANGEMENTS DANS LA TARIFICATION DES TRANSPORTS

Charles Raux

Ingénieur de recherche CNRS, Laboratoire d'économie des transports

RÉSUMÉ

Les atteintes croissantes à l'environnement local et global rendent aujourd'hui indispensable la maîtrise ou la réduction de la mobilité fondée sur l'usage des véhicules à carburants fossiles. La rareté de l'espace disponible dans certaines régions urbaines ainsi que la rareté des finances publiques rendent inévitables la mise en place de politiques de management de la congestion fondées au moins en partie sur la tarification d'usage de la route. Or ces politiques, surtout fiscales et tarifaires, qui, sur le papier semblent optimales, se heurtent de front à des coalitions d'oppositions.

La définition de politiques efficaces de gestion de la demande de transport se trouve donc dans une impasse, toute mesure efficace impliquant à première vue des changements drastiques mais de ce fait inacceptables, comme en témoignent des échecs ou des blocages de projets de tarification routière ça et là.

Inversement d'autres expériences de routes urbaines à péage et de (rares) expériences de modulation tarifaire de péages routiers montrent cependant que les usagers de la route peuvent réagir de manière à assurer le succès des ces mesures : cela s'explique notamment par le fait que des alternatives de choix existent et surtout qu'elles sont acceptables.

Cette communication argumentera de la nécessité de prendre en compte l'acceptabilité comme une composante essentielle dans la formation des attitudes et des réactions comportementales au changement. Elle développera les trois questions suivantes :

- *quels sont les critères de l'acceptabilité de changements de politique de transport ?*
- *comment les paquets de mesures politiques sont susceptibles d'améliorer l'acceptabilité et l'efficacité des politiques de tarification des transports ?*
- *quel peut être l'impact des facteurs d'acceptabilité sur la formation des réactions comportementales au changement de contexte ?*

Cette communication s'appuiera sur les résultats de plusieurs travaux de recherche, incluant notamment une série d'études de cas de réactions de la demande à des mesures de péage et d'enquêtes en cours sur l'acceptabilité des mesures tarifaires en France et dans d'autres pays européens, dans le cadre de deux projets européens.

■

L'INTEROPÉRABILITÉ DES SYSTÈMES BILLETTIQUES DANS LES TRANSPORTS PUBLICS

Gilles de Chanterac
SNCF

L'interopérabilité bancaire, l'interopérabilité des systèmes téléphoniques, la compatibilité des logiciels de façon générale nous ont amenés à parler d'interopérabilité comme d'une chose naturelle, à la fois pour le client et pour leurs prestataires de services, et à la considérer comme une évidence technique. Les perspectives ouvertes aujourd'hui par les cartes multi-applicatives renforcent encore cette impression de facilité.

Peut-être est-ce pour cette raison que les débats se sont pendant plusieurs années concentrés sur les choix techniques, et en particulier sur celui de la meilleure technologie de transmission sans contact.

Les débats techniques ont ainsi longtemps escamoté les débats fonctionnels qui apparaissent aujourd'hui en pleine lumière dans la construction de chaque projet.

La volonté d'intermodalité aujourd'hui partagée par tous les acteurs du monde des transports, depuis les élus jusqu'aux exploitants en passant par les autorités organisatrices, conduisent la SNCF à occuper une place tout à fait particulière dans ces débats sur l'interopérabilité. Contrainte de « s'interfacer » avec chaque projet régional, elle est en effet à la fois soucieuse de l'émergence des solutions qui permettront à la fois de gérer les particularités régionales et d'éviter la diversité des systèmes.

DE LA BILLETTIQUE À LA BILLETTIQUE, OU FROM « TICKETING SYSTEMS » TO « FARE COLLECTION SYSTEMS »

Avec les excuses de l'auteur pour ces entorses à la langue française.

Le mot billettique est indifféremment utilisé pour désigner tous les modes de gestion de l'information destinés à remplacer un « billet ».

Dans la pratique, on peut distinguer deux modes fondamentaux de gestion :

• *L'information est au sol, et la carte porte les identifiants du client ou du « dossier voyage »*. La carte, seule, ne donne aucune information sur les achats ou réservations effectuées par le client. Elle n'est pas en elle-même porteuse de valeur.

On peut en imaginer l'application à tous les systèmes de réservation, ferrés, aériens, spectacles etc.

Ces applications trouvent leur aboutissement dans le « ticketless », lorsque l'accès est suffisamment filtré pour éviter la remise d'un quelconque reçu au client.

Les chemins de fer n'en sont pas au ticketless, mais une applications comme celle de la carte « grand voyageurs » de la SNCF est de ce type.

Billettique se traduit ici plutôt par « ticketing »

• *Toute l'information est dans la carte.* Selon le cas, un « miroir » destiné à gérer la sécurité peut exister ou non au sol. Le sol porte par contre toujours un certain nombre d'informations agrégées destinées à la gestion clientèle ou à tout le « back-office » de l'entreprise.

La carte est l'objet porteur de valeur.

Tel est le cas de la billettique des transports régionaux. Les systèmes centralisés sont mal adaptés au nombre de clients et d'opérations de vente et de validation quotidiennes et au caractère off-line de beaucoup des appareils, qu'ils le soient par nature pour être embarqués dans les véhicules ou par souci de disponibilité ou de sécurité lorsqu'ils sont répartis sur le terrain sans surveillance possible.

Billettique se traduit plutôt ici par « fare collection system ». C'est sur ce type d'applications adapté aux billettiques régionales que se focalise cette intervention sur l'interopérabilité.

L'INTEROPÉRABILITÉ SELON TROIS POINTS DE VUE

L'UTP a ainsi entrepris il y a quelques mois la rédaction d'un document fonctionnel commun sur la billettique, destiné à nourrir les projets dans le cadre de la charte d'interopérabilité billettique diffusée par la DTT.

Ce travail qui est en phase d'aboutissement (début 2000) donne de l'interopérabilité les éléments de définition suivants :

> « L'interopérabilité d'un système de billetterie ou de billettique est la coexistence transparente de différents systèmes de billetterie. On s'en approche d'une part en développant la faculté pour un client de pouvoir accéder à différents services de transport, gérés par différents exploitants, avec le même support de titres de transport, d'autre part en laissant la possibilité pour un transporteur de diffuser chacun de ses titres sur différents supports. Au niveau technique, cela correspond à une indépendance entre le titre et le support sur lequel il peut être inscrit. »

Cette définition introduit les trois aspects essentiels de l'interopérabilité :

Le point de vue du client

L'attente du client en matière d'intermodalité ne se limite bien entendu pas à l'interopérabilité des cartes billettiques.

Inversement, considérer l'interopérabilité billettique comme une offre commerciale conduit à identifier les segments de clientèle, avec le double objectif de répondre aux besoins de chacun d'eux et d'améliorer l'attractivité globale des transports en commun, ce dernier objectif pouvant conduire à cibler les efforts sur les segments d'utilisateurs aujourd'hui les plus occasionnels.

On peut ainsi définir différents niveaux fonctionnels et géographiques de l'interopérabilité :

L'interopérabilité de bassin de déplacement

La notion de bassin de déplacement se traduit dans l'idéal par l'existence d'une communauté tarifaire, visible par le client à travers des tarifs multimodaux.

Elle répond en général bien aux besoins du segment principal de la clientèle des transports publics. C'est également à ce niveau qu'on peut espérer sans doute le plus facilement d'augmenter l'attractivité vis à vis de la clientèle occasionnelle.

L'interopérabilité de bassin apparaît donc indispensable vis à vis des clients dès que des tarifs multimodaux existent ou vont être développés.

Sa mise en place sera la plus facile, car elle regroupe les partenaires locaux habituels.

L'interopérabilité inter-bassins

Ce niveau d'interopérabilité permet au client d'utiliser sa même carte sur deux bassins de déplacement, correspondant par exemple à son bassin de domicile et à son bassin d'activité (travail, études).

Le traitement des relations interurbaines entre ces deux bassins peut selon le cas être prévu ou non.

Au stade actuel, par exemple, le traitement de la billettique TGV sur une carte interbassin entre Tours ou Lille et Paris n'est pas envisagée par la SNCF. Par contre le traitement d'un abonnement Amiens Paris poserait moins de problèmes.

Cette interopérabilité apparaîtra rapidement indispensable autour des grandes agglomérations. Le trafic domicile-travail quotidien entre le grand bassin parisien et l'Ile-de-France représente par exemple 65 000 voyageurs/jour.

L'interopérabilité nationale

L'interopérabilité globale ne pourra être perçue par la clientèle comme un progrès que si elle reste simple d'utilisation. Les procédures de la souscription de la carte, d'habilitation auprès de chacun des sites, de renouvellement ou d'après-vente apparaissent au stade actuel complexes à concevoir en raison des mécanismes de compensation financière et de contrôle sécuritaires qui les conditionnent.

Une gamme de cartes permettrait à un client d'utiliser tous les transports en commun de France (ou d'Europe), et réciproquement dans laquelle chaque titre de chaque opérateur pourrait être contenu sur chaque support, permettant de toucher tous les français susceptibles de l'utiliser un jour.

Cette définition de l'interopérabilité globale est l'objectif cible fixé par la charte billettique établie par la DTT.

La construction de l'interopérabilité globale se fera donc certainement par étapes. Il n'en demeure pas moins nécessaire d'en définir au plus tôt les contours qui esquissent l'enveloppe fédératrice avec laquelle les applications locales doivent se préparer à s'interfacer.

L'APPORT DES PORTE MONNAIE ÉLECTRONIQUES BANCAIRES EN MATIÈRE D'INTEROPÉRABILITÉ

Cet exposé n'est pas le lieu pour exposer les avantages pour les clients et pour les transporteurs des cartes porteuses d'une réserve d'argent ou d'un porte monnaie électronique.

On se contentera de dire de façon synthétique qu'elles permettent au client de prendre son billet et de la payer en une seule opération, que ce soit auprès d'un agent du transporteur ou sur un automate.

Il faut par contre souligner que les cartes à réserve d'argent (dites aussi porte-jeton ou quelquefois porte-monnaie privatif) limitent par nature l'interopérabilité à l'ensemble dans partenaires émetteurs de cette carte. Il s'agit donc au départ d'une facilité limitée aux bassins de transport. L'extension à l'interopérabilité interbassins nécessitera autant d'accords de compensation et trouvera sans doute vite ses limites

La SNCF au contraire, et avec elle un certain nombre d'acteurs du transport et de l'industrie, voit dans le rapprochement de la billettique avec le porte monnaie électronique bancaire, une offre d'interopérabilité accrue.

Le haut niveau de sécurité nécessaire contre la fraude doit en effet s'appuyer sur une clef d'accès nationale, problématique identique à celle du porte monnaie électronique bancaire.

Sous couvert de l'utilisation de l'application PME, il sera donc possible de permettre l'achat et la mémorisation d'un seul titre de transport (ou de plusieurs identiques entre eux) en dehors du ou des bassins de déplacement de base.

Cette limitation de l'objectif d'interopérabilité globale répond aux besoins de la majorité de la clientèle. Elle a le mérite de ne nécessiter aucune gestion de compensation entre les transporteurs, et de pouvoir être facilement standardisée, la description d'un titre étant normalisée.

Le point de vue des exploitants

La gestion communautaire

Accepter l'interopérabilité, c'est accepter de mettre en commun certaines informations et certains processus. La télébillettique ayant des conséquences sur les processus financiers et commerciaux oblige les opérateurs et les autorités organisatrices à monter un projet complexe touchant à des sujets stratégiques.

Le schéma ci-dessous illustre, dans le cas de la télébillettique fonctionnant en pré-débit, les différents sujets qui se présentent au long de la vie de la carte : sécurité, partage de la connaissance de la clientèle, établissement des réseaux de vente, tarification, partage des recettes, règles de confidentialité.

La confidentialité

La confidentialité est un sujet particulièrement difficile Il conduit à définir parmi les données de la carte celles qui sont accessibles par tous et celles dont l'accès est limité et dans quelles conditions.

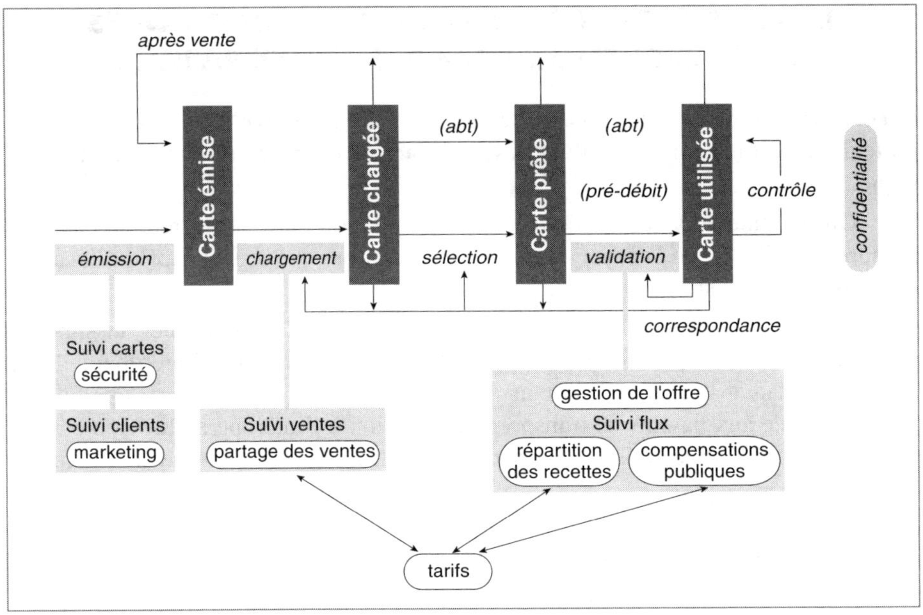

Le souhait de confidentialité a beau être partagé par tous, il se heurte à plusieurs difficultés :

Fonctionnellement, la confidentialité doit ménager suffisamment de possibilités de renseigner le client sur le contenu de sa carte sans l'obliger à aller d'un transporteur à l'autre ; elle doit permettre aux agents de contrôle un accès suffisant à l'exercice de leur fonction y compris dans les déplacements multimodaux ; elle doit permettre d'annuler un contrat périmé d'un autre transporteur lorsque la carte arrive à saturation de mémoire.

Pour le clients aussi, elle complique les démarches pour obtenir des renseignements sur le contenu de sa carte, que ce soit sur un appareil simple personnel, sur les bornes d'information, ou auprès des personnels d'accueil, de contrôle ou de vente des transporteurs.

Techniquement, la confidentialité peut se traduire par une variété des traitements de décodage ; elle entraîne des échanges supplémentaires carte/sol pour sa gestion. Elle est donc facteur de coût sur la carte, sur le sol, et peut être facteur d'allongement de la durée de la transaction.

Le point de vue technique

L'interopérabilité technique ne s'obtient pas seulement par la carte mais par l'ensemble du système. Au niveau de l'utilisation, on peut illustrer sommairement les conditions à réunir pour exploiter simultanément plusieurs cartes. Il conviendrait encore de faire la même analyse pour les fonctions de back-office.

1. Dans la transmission sans contact de proximité utilisée, la carte dialogue par radio avec un « coupleur » dont le champ d'antenne fournit l'alimentation de la carte. La fréquence est normalisée, mais il existe deux types (A et B) normalisés de modulation

radio du dialogue. Les coupleurs sont mixtes, et peuvent donc en théorie dialoguer avec toutes les cartes. Encore conviendra-t-il de s'assurer que la transition s'effectue correctement lorsque deux cartes de type de modulation différents se trouvent dans le champ de la même antenne.

Les ordres élémentaires du dialogue sont également normalisés. Le premier ordre émis par le coupleur permet d'identifier le type de la carte.

2. Après l'identification du type de carte, l'application sol doit s'adapter au logiciel de la carte. Ce logiciel comprend la gestion de la sécurité, la structure des fichiers, et éventuellement des « macro-commandes » qui accélèrent le dialogue et dont le principe n'est pas interdit par la normalisation puisqu'elles pourraient être remplacées par des suites de commandes élémentaires normalisées (lire, écrire, effacer...).

   D'où l'intérêt d'avoir des cartes de la même « famille logicielle ». L'adaptation sera plus simple et le tronc commun logiciel sera plus important.

3. En plus de l'identification du type de carte, le coupleur doit rechercher la référence de l'émetteur (codage de l'autorité organisatrice).

   En effet, dans un même type de carte, chaque émetteur aura encore pu choisir une façon différente de coder certaines données. C'est ce qu'on appelle des « instanciations » différentes (par exemple, l'un aura décidé que l'adresse du porteur est constituée de son code postal, l'autre se sera contenté du département.)

   Les travaux de normalisation visent à leur standardisation, mais il restera sans doute toujours la nécessité et même la volonté de variations locales : la « carte orange » restera francilienne, et le Rhône Pass « ne sera jamais breton ».

   L'application sol doit donc être capable de gérer les tables de transformation des instanciations des données que l'on veut pouvoir utiliser dans les niveaux supérieurs du logiciel.

   Ces trois niveaux rendent le dialogue techniquement possible. Il ne reste alors plus que (!) à savoir quel degré de partage d'information auront choisi les partenaires émetteurs des différentes cartes :

4. L'accès aux différentes données de la carte est verrouillé par des clefs destinées à garantir la sécurité des transactions et à lutter contre la fraude informatique (le logiciel conçu par la SNCF et la RATP et porté sur la carte CD97 utilise par exemple 3 clefs différentes pour l'application billettique selon qu'il s'agit d'une opération de personnalisation, de distribution ou de validation). Ces clefs doivent être connues du coupleur et de la carte, ce qui suppose que les transporteurs qui les ont émises se les soient échangées ou qu'ils aient convenu d'utiliser les mêmes.

   Techniquement, les clefs sont stockées dans des modules de sécurité (SAM pour Security Access Module) semblables aux cartes SIM des téléphones portables. Les coupleurs pourront porter plusieurs SAM, et chaque SAM pourra éventuellement porter plusieurs jeux de clefs.

   Mais l'échange de SAM entre communautés émettrices différentes restera à chaque fois une décision de coopération.

   La solution consisterait à faire porter une clef nationale billettique par certaines cartes et à la faire porter par tous les appareils au sol. Comme déjà indiqué, l'application porte monnaie électronique peut être l'opportunité de le faire en s'appuyant sur la clef unique nationale monétique du PME.

5. Les cartes étant multi-applicatives, chaque gestionnaire d'application peut enfin assurer la confidentialité de son application vis à vis des autres gestionnaires de la carte soit en soumettant leur accès à la présentation d'une autre clé qui lui est personnelle, soit en les cryptant à sa façon.

   Au sein de l'application billettique, il peut en être de même pour chaque contrat de transport. Par convention entre les transporteurs, ceci n'est pas possible pour les données multimodales au sein d'une même communauté tarifaire.

   Les conventions entre opérateurs dépendront sans doute des lieux, voire des produits.

VERS DES SOLUTIONS

On aura compris à ce stade qu'il ne s'agit pas seulement de rendre interopérable des cartes, mais bien des applications complètes et complexes.

On comprend aussi que la volonté d'être capable d'accepter des cartes interopérables ne fera pas obstacle à la mise en service de produits plus simples non interopérables destinés à couvrir les besoins mono ou multimodaux les plus simples à des conditions de prix plus abordables. Aujourd'hui les prix du marché commencent autour de 15 FF (2,5 Euros) pour les cartes à microprocesseur, tandis qu'on pourra bientôt trouver entre 5 et 10 FF (autour d'un euro) des cartes à logique câblée à fonctionnalités très réduites.

Dans ces conditions, avancer vers l'interopérabilité suppose d'avancer simultanément dans plusieurs domaines :

La normalisation technique

Il existe déjà un certain nombre d'éléments de norme sur les transmissions sans contact. La normalisation se poursuit, non sans soubresauts. Les premières décisions de déploiement opérationnel en France seront sans doute d'autant plus déterminantes sur l'avenir même des normes que d'autres technologies pourraient au niveau mondial chercher à concurrencer les normes déjà votées.

La normalisation fonctionnelle

L'apport du DOcument FOnctionnel COmmun (DOFOCO) établi par l'UTP a déjà été évoqué. Ce document trouve maintenant des équivalents en Europe : Allemagne, Angleterre, Pays-Bas. Un groupe de travail européen se constitue pour aboutir à un standard européen, baptisé IOPTA (Interoperable Public Transport Application).

Le GART était parallèlement en charge d'une étude visant à normaliser la définition et les règles de codage informatique sur les cartes des « statuts » des voyageurs (identité et droits tarifaires particuliers). Cette étude vient de commencer, et les experts de la SNCF seront mis à contribution. Les résultats ne seront pas disponibles avant mars 2000.

L'UTP doit lancer dans la foulée de « DOFOCO » une étude, destinée à livrer aux instances de normalisation une première contribution en vue de l'élaboration d'un interface standard construite à partir de la confrontation des expériences acquises en France. La commission de normalisation française « billettique » (CN03 du BNEVT) sera saisie en Avril du résultat de cette étude.

La définition des structures collectives utiles

Bien que le sujet n'ait pas encore émergé de façon claire, on peut penser que la mise en place de l'interopérabilité nécessitera l'invention d'une structure d'homologation. On notera que le Japon a déjà une structure de ce genre pour l'interopérabilité des cartes magnétiques (cf. annexe sur la billettique au japon). Les Anglais auraient créé également une structure baptisée ITSO (Interoperable Transport Smartcard Organisation).

De façon plus générale, le sujet des structures d'intermodalité va faire l'objet d'une journée de travail prochaine organisée par le GART le 21 janvier 2000.

L'OUVERTURE SUR LE MULTI-APPLICATIF ?

Sans avoir l'ambition de traiter le sujet, il est difficile au sein de l'ATEC de ne pas évoquer pour conclure les perspectives d'ouverture sur les autres applications transport : stationnement et péage routier.

Le moyen de transmission sans contact de proximité choisi pour les applications de billettique des transports publics n'est pas adapté au péage routier.

Le stationnement ne s'inscrit pas dans la même logique temporelle que le déplacement individuel : la voiture reste au parking pendant que son propriétaire prend le train ou le bus, si bien que l'entrée au parking ne rentre pas dans la même « pile » d'événements. La voiture est souvent partagée entre plusieurs conducteurs qui ont chacun leur logique de déplacement.

Chacune de ces applications posera ainsi des problèmes de technique ou de logique à l'ingénieur, mais le nombre d'éléments à mémoriser ne semble pas a priori un obstacle insurmontable.

La définition formalisée de l'objectif client et des conditions de gestion commune sont pourtant sans doute le préalable qui nous manque encore aujourd'hui.

■

TRANSCARTE

Un outil billettique régional pour une véritable coopération tarifaire

Michel Kaczmarek et Marc Tailliez
Conseil régional Nord-Pas-de-Calais,
Direction des transports et des projets régionaux

LES TECHNOLOGIES NOUVELLES AU SERVICE D'UNE POLITIQUE DE DÉPLACEMENTS

La stratégie de développement de la multimodalité du Conseil régional Nord-Pas-de-Calais s'appuie sur trois axes :

- le développement de l'offre de transport TER et sa cohérence avec les autres modes ;
- le développement de la billettique multimodale, préparant les évolutions tarifaires indispensables ;
- le développement de l'information voyageur, régionale et multimodale.

La mise en œuvre de cette stratégie se développe à partir d'actions concrètes menées entre la Région et les autorités organisatrices de transport du Nord Pas-de-Calais. L'usage et le développement des nouvelles technologies de l'information et de la communication est un des leviers de cette stratégie.

La mise en place récente du système billettique Transcarte, illustre parfaitement notre action, au service de l'usager des transports collectifs et des autorités organisatrices de transport.

L'idée de TRANSCARTE date du milieu des années quatre-vingt. Il s'agit d'un système de billetterie électronique qui vise à développer l'usage multimodal du transport public et permettre, à terme, des tarifications pertinentes, grâce à la carte à mémoire.

Le système Transcarte a été conçu — en partenariat et avec le concours — du ministère des Transports, du Conseil Régional Nord-Pas de Calais, de la SNCF, du Syndicat des transports urbains de la région de Valenciennes, de la Société anonyme d'économie mixte de stationnement de la ville de Valenciennes et d'URBA 2000.

Le système Transcarte a été pensé pour répondre aux besoins de gestion des exploitants de transport et de ses autorités organisatrices. Son système d'information constitue une base de données statistiques, véritable outil d'aide à la décision pour les autorités organisatrices.

Fonctionnellement, il est basé sur une double logique pour répondre aux différentes catégories d'usagers :

- une carte anonyme pour l'usager occasionnel. Sa mise en œuvre a été différée en attente des développements en matière de porte-monnaie électronique universel et inter-bancaire ;
- une carte personnalisée, nominative, qui applique les tarifs spécifiques aux droits du voyageur à travers les tarifications sociales et commerciales proposées.

Le Système Transcarte est un système ouvert, évolutif, modulable. Sur la base de spécifications, de standards et de règles communes qui doivent être impérativement respectées, les exploitants de transport ont la possibilité de choisir les équipements de distribution correspondant le mieux à leur gestion.

Le système est, aujourd'hui, opérationnel et sa mise en œuvre effective depuis le 1er décembre 1997.

Transcarte et le réseau TER Nord-Pas-de-Calais

En 1996, la SNCF décidait d'expérimenter, le système Transcarte sur la ligne Lille-Valenciennes du Transport express régional. Cette ligne présentait l'intérêt d'être principalement utilisée par une clientèle d'abonnés (10000 voyageurs/jour : environ 50 % d'abonnés de travail, 30 % de scolaires et étudiants, 15 % de billets à l'unité dont 7 % à tarif personnalisé et 5 % de titres divers).

Au vu des résultats de l'expérimentation et sous l'impulsion du Conseil régional Nord-Pas-de-Calais, autorité organisatrice du TER, la SNCF a généralisé le système Transcarte au public « Étudiant », sur l'ensemble du territoire régional. Depuis le 1er décembre 1997, 30000 étudiants sont donc concernés par ce nouvel outil billettique qui simplifie l'accès au transport pour l'utilisateur et la gestion administrative pour l'exploitant.

Courant 1999, le système Transcarte sera étendu aux usagers du TER, abonnés de travail hebdomadaires ou mensuels. Début 2000, 80 % des utilisateurs du TER Nord-Pas de Calais disposeront de Transcarte.

La SNCF a expertisé les spécifications générales du système avant de développer les applications de distribution pour les besoins de son réseau. Plutôt que de développer des logiciels et des matériels spécifiques, elle a opté pour une intégration totale de TRANSCARTE dans son système de billetterie SOCRATE et dans son système de gestion interne (intégration au différents modules informatiques de gestion comptables, financiers, statistiques). Ainsi, tous les terminaux SOCRATE peuvent, sans aucune modification mais après paramétrage, accepter la TRANSCARTE. Il en sera de même pour le DBR, Distributeur de Billet Régional, à compter de septembre 1999.

La mise en œuvre du système (formation des agents, stratégie de communication, installation des matériels informatiques, prépersonnalisation des cartes, etc.) est maintenant intégrée dans l'organisation interne de la SNCF.

Transcarte et le Valenciennois

Le Syndicat des transports public de la région de Valenciennes s'est également engagé dans la mise en œuvre opérationnelle du système TRANSCARTE sur la totalité de son réseau (52000 abonnés Transcarte).

Sous l'impulsion du SITURV, une nouvelle génération de carte à mémoire, à contact et sans contact a été développée. Cette technologie correspond totalement à la problématique de la Billettique Transport et Services Urbains (le contact pour les transactions de personnalisation et de vente au guichet, le sans contact pour les opérations de compostage dans les bus).

Le 1er décembre 1997, TRANSCARTE a donc été mis en œuvre sur le réseau d'autobus du SITURV, couvrant 65 communes desservies par 28 lignes, et sera progressivement étendu au stationnement de la ville de Valenciennes (principalement les zones proches des gares routières et ferroviaires et le centre-ville).

Le SITURV a procédé, par voie d'appel d'offres et à partir des spécifications générales du système, au choix de ses équipements pour couvrir la totalité de son réseau (environ 280 bus) en matériels de vente, de compostage, de contrôle et la réalisation de logiciels spécifiques.

Le déploiement du système Transcarte sur l'ensemble d'un réseau urbain et sur la totalité d'un territoire régional, lui confère un statut de « référence ».

L'usager pourra, fin 1999 avec Transcarte, accéder aux trois réseaux et bénéficier de la totalité des tarifications et prestations personnalisées, sociales ou commerciales. de nouveaux développements sont à l'étude pour ouvrir le système vers la problématique des « cartes villes » qui permettent d'accéder aux prestations de type cantines scolaires, piscines, équipements culturels, etc..

Le Conseil régional Nord-Pas-de-Calais, autorité organisatrice du TER

La Région s'est impliquée, dès l'origine du projet, à travers sa volonté de soutenir la recherche technologique. Aujourd'hui, elle continue d'intervenir dans le développement de Transcarte au titre de sa compétence d'autorité organisatrice du TER Nord-Pas-de-Calais, qui lui a été conférée par l'expérimentation de régionalisation du TER.

En 1999, la Région disposera d'un outil statistique pour accéder, en temps réel et selon un protocole de confidentialité, aux informations de Transcarte pour suivre l'évolution de la distribution de cartes, de titres, et de statistiques de contrôle dans le train. C'est une véritable évolution dans les relations entre une autorité organisatrice et un exploitant que le Conseil régional impulse. Un tableau de bord de suivi des données de distribution et de fréquentation sera disponible, qui débouchera sur des outils de simulation.

La Région participe aux travaux nationaux, sous l'égide de la Direction des Transports Terrestres, et en liaison avec le GART, le STP et l'UTP, de normalisation et de recherche de cohérence pour l'émergence de systèmes inter-opérables.

Les prochaines étapes de Transcarte

La finalité du système repose entièrement sur un concept de système Billettique Multiprestataire. Il est, par définition, paramétrable, ouvert, indépendant des technologies et peut s'appuyer sur différents types de cartes, s'interfacer avec différents systèmes d'informations, spécifiques à chaque exploitant (existant ou à créer). Il définit ses standards fonctionnels de collecte d'informations, soit à destination de l'informatique exploitant, soit pour sa gestion interne.

De nouvelles étapes sont en préparation pour analyser l'intégration dans Transcarte du Porte-monnaie électronique universel et inter-bancaire et prendre en compte les évolutions récentes des travaux européens en matière de normalisation.

Le système Transcarte est à la disposition des Autorités Organisatrices de transport, souhaitant promouvoir la multimodalité et développer l'intégration tarifaire entre les différents modes à travers la modernisation de leur système billettique. Le système Transcarte apporte les garanties d'évolutivité et d'inter-opérabilité futures.

2. « LE SYSTÈME TRANSCARTE »

Le système TRANSCARTE est organisé, à partir de spécifications communes, autour d'une double logique :

- *Les fonctions Multiprestataires d'un système billettique et monétique*

C'est le rôle du « Système de Base », le système d'information des données Multiprestataires. Il gère les informations relatives au suivi des supports utilisés (TRANSCARTE Anonyme et TRANSCARTE Multiprofil), les données financières de répartition entre les exploitants, les données statistiques multimodales, la collecte et les échanges de données entre les partenaires. L'architecture du « système de base » est elle-même répartie sur deux bases de données :

- Le Centre de gestion exploitant regroupe les fonctionnalités TRANSCARTE relatives aux cartes émises par l'exploitant, désigné Émetteur Principal. Il mémorise les transactions opérées sur son réseau. Le CGE est développé à partir de produits standards, sous UNIX et INGRES. Chaque exploitant affilié au système est doté d'un CGE.
- Le Centre de gestion communautaire regroupe les fonctionnalités communes à l'ensemble du système, pour les données devant être consolidées, tous exploitants confondus (répartition financière, gestion de la fraude, gestion des échanges entre exploitants). C'est le cœur de la sécurité globale du système.

- *Les fonctions de distribution*

Vente, compostage et contrôle de titres de transport. C'est le « système usager » qui s'appuie totalement sur les règles de gestion et commerciales des exploitants. TRANSCARTE offre, pour conserver une cohérence des applications Multiprestataires, une « boîte à outils logiciels » constituée de modules informatiques de gestion de données communes (gestion des cartes, gestion de fichiers collectés, gestion de la sécurité sur l'automate).

Ces deux niveaux de spécifications techniques sont interfacés à travers un standard de constitution et de transfert de fichiers pour toutes les opérations touchant à la carte (personnalisation, chargement de profil personnel, achat de titres, remboursements divers) et pour les opérations de paiement (réserve d'argent transport et services associés,

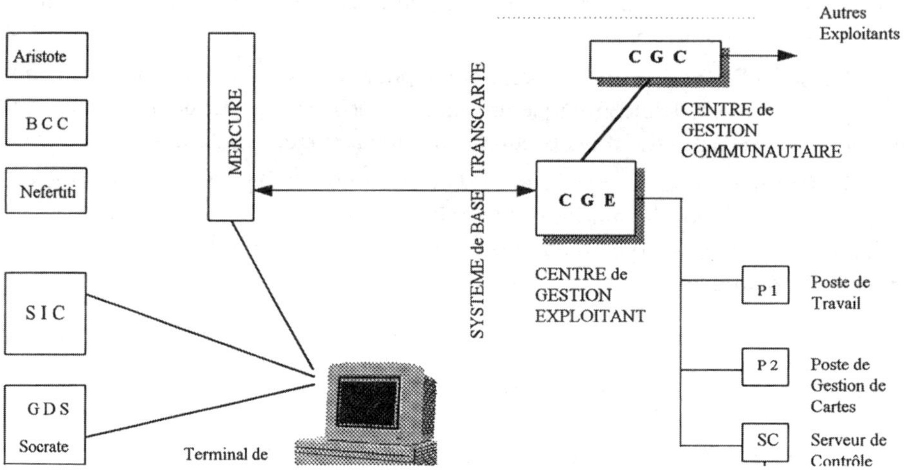

Figure 1. Architecture intégrée TRANSCARTE-SNCF

demande de téléprélèvement, prise en charge tiers-payant). Ces standards TRANSCARTE intègrent également les outils pour constituer les données relatives au suivi des matériels (dysfonctionnements, pannes ou activité des automates).

Une carte à microprocesseur a été retenue dans la cadre d'une consultation. Cette carte est « découpée » en plusieurs parties :

- le répertoire principal comporte les données d'identification générale de l'usager, les titres multimodaux et la réserve d'argent accessible par tous les exploitants ;
- les répertoires de chaque exploitant qui ont ainsi la possibilité de créer les zones profils, titres, compostage nécessaires à leur modes de fonctionnement.

VERS UN STANDARD D'INTERFACE LOGICIELLE DANS LA BILLETTIQUE À CARTES (DÉNOMMÉ IOPTA)

Denys Alapetite
Projet billettique, CERTU

1. CONTEXTE

L'utilisation de la carte pour la billetterie des transports en commun semble se généraliser fortement sur la planète : les premières grandes métropoles équipées ont été plutôt asiatiques, avec Séoul il y a 2 ans, et Hongkong 1 an. Des réseaux sont en cours de construction, avec marchés attribués, à Singapour, à San Francisco, et à Lyon et Strasbourg. Des marchés de délégation de la gestion de la billettique ont également été passés dans plusieurs villes, et prévoient la billettique à cartes (Londres, Rome), avec une introduction plus ou moins progressive. Plusieurs grandes villes ont lancé (Paris, pour les cartes annuelles) ou préparent des consultations (Copenhague, Seattle) voire toute grande ville.

Comme réalisations, il faut aussi citer des villes moyennes et des pilotes :

- villes ou zones de taille moyenne : Valenciennes, Nice, Montpellier, Amiens, et les départements du Tarn, de Meurthe-et-Moselle, du Jura, de l'Hérault, pour se limiter à la France, mais il y a aussi plusieurs villes allemandes (dont la plus significative est sans doute Brême avec une carte à contacts – sans la fonction validation – associée à la monnaie électronique des banques de ce pays) ;
- pilotes : les plus importants (plusieurs dizaines de milliers de cartes) sont ceux de Paris (2e expérimentation depuis 1 an), Berlin et Cologne (toutes 2 depuis octobre 1999).

Ce paysage ne peut que susciter 2 questions :

- pourquoi cette vague, ou cette vogue ? pourquoi aussi ces pilotes et ces hésitations ?
- cette floraison d'essais et de transformations n'est-elle pas désordonnée ? Ne va-t-elle pas générer des incompatibilités excessives ?... de l'ordre et des standards ne sont-ils pas nécessaires ?

Et aussi une troisième question, reliée à la première :

- comment cet outil se relie-t-il à la grande préoccupation fonctionnelle de stimulation de la multimodalité, ou de gestion de la mobilité, et de communautés tarifaires (pour les pays où elles n'existent pas ou peu) ? Autrement dit, ce nouvel outil est-il uniquement poussé par des considérations « techniques » pour le client et l'exploitant :

- meilleur confort pour le client, pour les actes de vente et de validation, et le service après-vente. Objectif de confort au regard duquel il peut y avoir des aspects de régression ; par exemple :
    - du fait de la validation obligatoire à l'entrée (et à la sortie si l'on choisit cette option, dite check-in check-out), obligation nouvelle dans les réseaux non physiquement clôturés,
    - ou de l'absence de trace graphique lisible sans lecteur,
    - ou de la difficulté à manipuler des automates ;
- amélioration de la maintenance (plus de mécanique à maintenir) ;
- lutte contre la falsification ;
- gestion des flux d'argent moins coûteuse ;
- données de gestion plus riches... 5e grande motivation, déjà ouverte sur une amélioration des outils de la gestion de la mobilité ;

Ou contribue-t-il plus stratégiquement à une évolution de la gestion de la mobilité ?

Sur ce dernier plan, il nous semble que le destin de la carte est lié à une première étape, celle des titres combinés et globaux sur une agglomération et ses environs, autrement dit à celui des communautés tarifaires. Même si sur certains « théâtres », ils existent (Ile-de-France, villes allemandes), et cela sans la carte, la variété des opérateurs, stimulée par certaines ouvertures de marché (Pays-Bas...) poussera à avoir des comptabilités plus exactes, que la carte permet. À l'inverse, le consommateur ne comprendra pas que l'outil évolué de la carte ne permette pas du « seamless », du transport « sans coutures ».

Pour clore rapidement le débat sur le contexte, et nous concentrer sur notre sujet, disons que les trois grands éléments de contexte actuels nous paraissent les suivants :

- un débat sur les avantages dont le point d'équilibre semble se déplacer vers la carte, compte tenu d'abaissements de coût « classiques » dans les produits du domaine électronique-informatique, mais avec encore des incertitudes sur les aspects psychologiques (en tous ca pour les réseaux sans clôturage contraignant) ;
- des phénomènes de « point de cycle » : le produit devient plus mûr et donc une offre plus claire, plus rassurante pour l'acheteur est désirée, d'où un besoin de standard ;
- le produit, côté fonctionnel, changera quand même un peu de nature, et des titres plus fluides seront désirés et proposés, ce qui va aussi dans le sens du standard, comme nous allons le voir.

2. RELATION ENTRE INTEROPÉRABILITÉ ET STANDARDS

On segmente généralement un système de collecte tarifaire en 3 morceaux :

- les cartes ;
- les équipements ou lecteurs (mais ils écrivent aussi) ou terminaux ;
- le back office du transporteur.

Ce dernier est éventuellement relié à un back office d'autorités, pour la réalisation des fonctions d'autorité (répartitions, compensations, statistiques de consommation), ainsi que ceux des autres opérateurs du bassin, ou directement à ceux des autres opérateurs, ou à une chambre de compensation (clearing house) commune, boîte noire sans épaisseur.

Les lecteurs sont :

- *Fonctionnellement de 6 natures :*
  1. Personnalisation ou affectation des cartes ;
  2. Chargement des statuts ;
  3. Présélection ;
  4. Vente ;
  5. Validation à l'entrée et/ou à la sortie ;
  6. Contrôle ;
  7. Information.

- *Et physiquement de... plusieurs natures :*
  – poste de guichet, permettant notamment la personnalisation et l'inscription des statuts ;
  – poste de chauffeur ;
  – automate de vente ;
  – automate de présélection et/ou borne d'information ;
  – valideur ;
  – portable de contrôle ;
  – miniportable d'information (étui de carte, porte-clé) ;
  – lecture télématique des cartes.

Comme pour toute communication, la compatibilité entre cartes et lecteurs se décrit par couches, des basses — les plus physiques — aux hautes — les plus « information » (on a gardé le haut au-dessus) : ces rubriques sont pour la plupart, sauf mention contraire, pertinentes pour le mode sans contact mais aussi pour le mode contact :

- *Aspects logiciels applicatifs (indifféremment contact ou sans contact) :*
  – le paramétrage de l'applicatif ;
  – l'applicatif générique, avec ses données, et éventuellement une architecture en dossiers spécifique, des désignations de données ou de dossiers imposés. Cet applicatif sera en partie indépendant du back office ;
  – un système d'exploitation multiapplications, le cas échéant ;
  – un « noyau » de système d'exploitation, constitué d'une structure en dossiers (verrouillables par des clés, vérifiées dans le cadre de défi d'authentification) et de commandes type (Iso 7816-4). Les déverrouillages impliquent le succès des défis, qui sont des cryptages d'un nombre aléatoire commun de part et d'autre,

et qui doivent donner le même résultat. Le choix des algorithmes de cryptage est aussi un sujet de normalisation, mais il est indépendant du reste : la serrurerie est indépendante de l'architecture ;

- *Le protocole de communication (première – en partant du bas — couche essentiellement logicielle ; Iso 14 443-4 pour le sans-contact)*

- *Aspects physiques :*
  - l'initialisation et l'anticollision (ce deuxième sujet n'étant nécessaire que pour le sans contact) de la communication (14 443-3 pour le sans-contact) ;
  - la modulation de l'onde pour véhiculer le code (14 443-2) ;
  - la fréquence de l'onde (pour le sans – contact), l'alimentation en énergie ;
  - les formes de cartes, le positionnement des contacts (pour le contact).

Sur les aspects physiques, un point particulier a beaucoup retenu l'attention : deux modulations possibles ont été retenues par l'Iso : la B, conçue spécifiquement pour le microprocesseur et dans une philosophie plus informatique, et la A, issue de la carte Mikron (société rachetée en 1995 par Philips et dont la carte, appelée Mifare, est une carte câblée – donc sans microprocesseur, mais sécurisée avec un algorithme de cryptage pour les défis d'authentification, propriétaire – est utilisée largement dans les transports), dont la conception est d'inspiration plus radio. Les coupleurs devront alterner toutes les 5 ms de modulation, quand ils sont en recherche de carte : ils pourront donc lire les 2 types de carte [sauf si certains exploitants se restreignent à un type… certaines spécifications d'interopérabilité nationale semblent s'arrêter à un type : celle de l'UTP suédoise au A, celle de la charte billettique britannique (ITSO), et peut-être aussi une spécification privée de Stagecoach, au B… mais nous pensons que ces restrictions ne pourrons pas tenir avec la bouclage de la normalisation]. Les 2 grands fabricants européens de microprocesseurs pour carte, Siemens et ST microelectronics, ont un positionnement un peu différent : Infineon (la nouvelle filiale en voie d'externalisation de Siemens pour les microprocesseurs) fait du A (expérimentation de Cologne) et un chip personnalisable en A ou en B, et ST est le champion du B (il fournit l'expérimentation de Berlin et la CD 97, à Nice et Amiens). Sony a développé une modulation propriétaire proche du B, et pourrait essayer de faire évoluer la normalisation finale du B vers un compromis, mais cela est probablement trop tard

Pour qu'une carte et un lecteur se comprennent, il faut que toutes ses couches soient conformes : pour l'homme ce serait que les sons soient perçus (fréquence de l'oreille, intensité), que la structure de la langue soit connue, et le vocabulaire, et le sens ou plutôt « l'étiquette » des dialogues à mener. Les étages définis ci-avant (physique, protocole, applicatif) sont analogues

Les basses couches sont réglées ou en voie de finalisation à l'échelon mondial par l'ISO, ainsi que le noyau de système d'exploitation, à moins que ce dernier ne soit dépassé par l'évolution technique. Plus précisément, sur ce dernier point, la norme 7 816-4 prévoit un jeu de commandes normalisées, en voie de complément, et dont les intitulés ne sont pas complètement définis. Chaque producteur de logiciels pour carte a cependant actuellement ses commandes complémentaires particulières.

La CEN (Europe à 18) a pris l'initiative de s'intéresser à l'application, et a déjà édité mi-1998 une norme provisoire pour 3 ans sur les données pour le transport, et leur assemblage en structures de données. C'est la norme ENV 1 545-1 (générale transport) et 2 (spécifique TC). Celle-ci est cependant apparue présenter plusieurs insuffisances :

- semble ratisser trop large pour certaines données, car elle a l'ambition de s'appliquer aussi à des cartes d'autorisation et de péage routiers ;
- quelques données manquantes ;
- pas de mode d'emploi clair ;
- insuffisante pour l'interopérabilité : ce point, qui est sans doute l'essentiel, est un peu controversé : l'ambition des auteurs de la 1 545 était de faire l'essentiel du chemin, avec donc un peu la vision technique que le terminal pouvait picorer ses données dans la carte sans devoir appliquer des commandes à la désignation rigide, voire même sans connaître d'assemblage des données ou de succession de données (que la norme définit) en dossier, ou leur « logement » dans des dossiers affectés à certaines fonctions. Cette vision reste en partie juste, mais il semble quand même que les autres volets qui viennent d'être cités sont à définir, et en tout cas il est certain qu'il y a des insuffisances pour l'interopérabilité.

Par ailleurs, les idées les plus nouvelles pour la carte à contact ne sont pas nécessairement applicables pour le contact. Les fonctions qui doivent utiliser le sans-contact à la volée doivent en effet être plus sobres en temps de communication que pour le contact : ergonomiquement, ce passage à la volée ne semble pas devoir dépasser 300 ms, et 200 ou 150 serait peut-être préférable : c'est pourquoi la durée de la transaction sans contact ne permet sans doute pas encore à certaines plate-formes multiapplications, incluant des couches supplémentaires d'interprétation, de s'exprimer sur ce « média », et peut-être pas non plus à des cryptographies très sophistiqués (les cryptographies à clés à moitié publiques, type RSA, qui fonctionnent sur des calculs de décomposition en nombres premiers). Ces limitations dues au sans-contact peuvent néanmoins diminuer si les vitesses de traitement augmentent (ou s'il apparaît que le client peut supporter un passage plus long), l'opération magnétique complète actuelle étant de l'ordre de une seconde… mais la carte doit faire mieux !

En résumé, la fugacité de la transaction sans-contact conduit à utiliser du soft plus sobre et moins gourmand et donc moins nouveau et sophistiqué que le contact

Où en est donc la CEN ? Elle a décidé de relancer la normalisation de l'application carte, de manière qu'elle soit suffisante pour l'interopérabilité : la décision a été prise par le TC 224, responsable des cartes, fin septembre 1999, avec un vote favorable de 9 pays dont les 5 grands et 4 petits (Suède et Danemark, très liés puisqu'ils vont faire des titres combinés à cheval sur le pont Copenhague-Malmö, ferroviaire et routier – le fait est à mentionner dans cette maison de routes et de ponts, et Pays-Bas et Suisse). Une échéance assez rapprochée a été fixée : fin juin 2000. Il est surtout envisagé de travailler avec les 6 pays qui se produisent déjà une spec d'interopérabilité, et qui sont :

- l'Allemagne, sous l'égide du VDV (UTP allemande avec aussi un parfum de Gart) et du forum Kon tiki sur le contactless (ce forum associe transporteurs et industriels, avec un colloque à 100 personnes tous les 4 mois) ;
- le couple Suède-Danemark ;

- la Grande-Bretagne avec l'Integrated Transport Smartcard Organization, qui veut développer son standard ISO, pardon ITSO, mais pourrait se rallier à une démarche européenne ;
- et la France avec la Charte Billettique, accord d'études sur l'interopérabilité, entre DTT, Gart, STP et UTP, animé par le Certu ;
- les Pays-Bas sont également actifs dans le cadre de l'association de transporteurs Mobis.

Et, enfin, le nom, retenu par la CEN fin septembre 1999, est : Interoperable Public transport Ticketing Application, soit en abrégé IOPTA !

3. UTILITÉ ET COMPOSITION D'UN STANDARD APPLICATIF

3.1. Nature logicielle

À la différence des aspects physiques, l'application est logicielle, et ne réclame pas de matériel particulier, si ce n'est pour les modules de sécurité, ou SAM (security access module), qui sont des cartes à microprocesseur à contacts au format SIM, et abritent les clés, et les logements de ces cartes. Des applications cloisonnées sur les cartes nécessitent des clés différentes, qui peuvent être abritées dans des modules différents, ce que les gestionnaires de ces applications peuvent préférer, mais qui peuvent aussi être dans le même SAM

En dehors de cette question particulière, l'applicatif, étant logiciel, peut évoluer, si possible même par téléchargement, sans nécessiter de reprise de matériel. L'applicatif peut aussi être structuré pour que les adaptations à différentes cartes, à microprocesseurs voire câblées (c'est-à-dire la Mifare, car il est peu probable que d'autres constructeurs produisent ce type de carte, ils préféreront passer directement au microprocesseur éventuellement allégé, car la différence de coût baisse) :

- relèvent des plus basses couches du logiciel et soient donc le plus réduites possibles ;
- soient même inexistantes, ce qui est le but du standard.

Son but est même plus large, ou plutôt se décompose en 2 sous-aspects :

- que des cartes de conception différente, et donc en particulier de « masque » différent (le masque est le programme en mémoire non modifiable, qui correspond aux couches basses du logiciel, c'est-à-dire au système d'exploitation, plus certains aspects applicatifs le cas échéant) soient lues, si leur conception respecte des contraintes définies dans le standard ;
- que des cartes de même conception, dont certaines données communes et règles d'utilisation générales ont été installées par un réseau de transport, puissent être lisibles, pour ce qui est utile à l'interopérabilité (et qui sera réduit à un minimum), par un autre réseau. Cela à condition évidemment que les 2 réseaux aient un accord d'interopéropérabilité particulier ou générique.

Il s'agit donc que :

- des cartes de masques différents, et donc produits par des développeurs de masques différents, mais conformes à la norme puissent être lues sur les réseaux conformes, sans devoir mettre en place, en basses couches du logiciel applicatif, des modules logiciels de traduction particuliers pour ce masque ;
- des cartes de même masque mais « installées » par des intégrateurs différents, puissent aussi être utilisées sans modules de traduction ;

Si on considère qu'on a 5 masques (A, B, G, M, S... par exemple) et 3 installations possibles différentes (A, D, E...), en l'absence d'une telle norme, il faudrait gérer dans les équipements 15 modules de traductions, correspondant aux combinaisons possibles sur les différents réseaux... les combinaisons réelles seront plus réduites, mais il paraît difficile d'être en dessous de 6... Les dernières grandes décisions d'équipement en France conduisent à installer déjà, avant le choix des cartes, 2 combinaisons, avec un surcoût de l'ordre du demi-point (de pourcentage) sur l'ensemble du système billettique : mais avec 6, on tombera à 3 points de plus, pour l'investissement, et sans doute plus pour la maintenance : c'est pourquoi l'idée du standard fait son chemin chez les transporteurs et leurs autorités, et que des cartels d'achat nationaux ou continentaux devraient pouvoir l'imposer. Quant aux industriels (intégrateurs et développeurs de masques, donc généralement encarteurs), ils peuvent avoir naturellement tendance à élargir le rayon d'action de solutions propres, développées pour un chantier (parfois subventionné par des autorités dans un but de tester l'acceptance). Mais ils sont également tentés par l'effet rassurant et dopant pour la demande d'un standard.

3.2. À propos de définition fonctionnelle de l'interopérabilité

Une définition fonctionnelle de l'interopérabilité est cependant également nécessaire pour écrire un tel standard de compatibilité logicielle applicative : cette définition doit de plus :

1. Inclure des options et être évolutive.
2. Se référer à 3 étages d'interopérabilité :
   - une agglomération et son périurbain, ce qu'on appelle parfois aussi un bassin ;
   - ajout du commuter bi-agglomération ;
   - une interopérabilité nationale ou européenne, mais avec des fonctionnalités plus limitées.
3. Se référer à une segmentation ou une nomenclature acceptée des fonctions billettiques, et en particulier de celles impliquant :
   - des échanges d'information entre exploitants ;
   - ou un concept de service commun ;
   - ou une compatibilité ergonomique ou de concept de service pour la compréhension par la clientèle.
4. La segmentation généralement retenue, inspirée des appels d'offres récents, colle au cycle de vie ou des opérations de la carte : elle se compose des gestions des aspects suivants, où sont mises en relief les fonctions nécessitant des accords entre exploitants et/ou autorités, et qui sont groupés suivant 10 domaines :

- gamme tarifaire : définition des produits, et des profils (ou « concessions », pour les anglais, ie du couple réductions-statuts élémentaires ou composés donnant droit à réduction) ;
- client : informations clients (inscription et échange d'information client en distinguant l'identité, le statut, des données de consommation et de paiement) ;
- cartes : émission-personnalisation des cartes, compatibilité et richesse en info personnelle du graphisme, accessibilité aux infos de la carte par les bornes, les portables de contrôles, les autres équipements (avec les questions de liberté et de protection des intérêts commerciaux des opérateurs) et existence d'un code PIN à cet effet ;
- ventes, notamment croisées, répartition de recettes, et partage des données de vente ;
- validation : degré d'échange des données correspondantes, incidences du geste ou concept de validation (notamment pour les pour les géographies multizônes, où il faut choisir entre présélection et check out, et où le concept de clôturage plus ou moins contraignant a de l'incidence) ;
- contrôles : informations accessibles au contrôle (dont le nombre de validations du journal accessibles), procédure de vérification de l'identité, accessibilité de l'adresse, et surtout méthode de régularisation (à détailler si carte accessible). Un contrôle commun est envisagé ;
- cartes agent (agents communs, contrôleurs communs, guichets d'information commun : plutôt classé en cartes) ;
- service après-vente et procédures de sécurité : renouvellement des cartes, reconstitution de cartes volées ou perdues, mises en liste noire plus ou moins étendues suivant différent types de causes ;
- statistiques (commerciales, de sécurité) ;
- aide à la maintenance des équipements (échanges d'alarmes – peut être relié à listes noires aussi, acords avec quotas de dysfonctionnement), et à l'exploitation (fourniture d'infos en temps réel pour la gestion des bus ?), et plus généralement liens avec d'autres grands modules du système d'information d'un transport en commun (cf. les 6 grands modules de transmodel, qui est une aide à la conception de ces systèmes).

5. Comme on le voit, les marges dans la définition fonctionnelle de l'interopérabilité, sont à plusieurs niveaux : vente plus ou moins commune, après-vente plus ou moins riche, grille tarifaire plus ou moins intégrée, et prenant ou pas en compte des statuts concessionnels communs, contrôles et alarmes en relation ou pas. De plus, pour un certain niveau de fonction, les échanges de données peuvent être plus ou moins ouverts. Ces points sont en voie d'être précisés dans des concertations entre exploitants par pays, avec des consultants pour les animer, comme Setec et Systra sur ce sujet en France (Tewet en Allemagne, Adjectiev aux Pays-Bas...). Ces études englobent l'aspect définition des données, de leur regroupement logique, de leur position entre les 3 échelons (carte, équipement, système).

3.3. Une digression : les relations avec la monnaie électronique

Le logement d'une telle applicatif sur une carte de monnaie électronique est une option aussi, très intéressante sur le plan commercial et des coûts, mais elle ne permet pas de faire l'économie de la définition d'un dialogue billettique qui reste nécessaire pour plusieurs raisons (s'il doit y avoir tarifs, ie forfaits et réductions ; et contrôles, et statistiques, etc.). (Par contre l'interface des 2 applications doit aussi être regardée). C'est pourquoi après une période de fascination assez forte, entretenue par les gros investissements bancaires dans le PME, et quelques projets de recherche européens très multifonctions, on assiste à un recentrage des transporteurs. Il est vrai que si les PME largement déployés (l'allemand, le néerlandais, le belge…) avaient été des succès commerciaux, ce serait différent. Disons quand même au crédit du monde bancaire qu'il a réussi à sortir une norme privée, CEPS (common electronic purse specification), et que nous n'avons pas encore sorti notre « CETS » qui pourrait s'appeler IOPTA d'ailleurs

3.4. Aspects juridiques

Notons à ce moment que si dans des domaines à la commande plus privée, comme le bancaire, la démarche moderne de consortium de spécification (généralement exploitants + industriels, ou exploitants seuls) débouchant sur une norme privée, payante, ou gratuite pour améliorer sa diffusion rapide, est possible, dans le transport, aux investissements publics ou réglés par les directives secteurs exclus, même avec la déréglementation, seule une norme officielle paraît possible

3.5. Les aspects techniques d'un standard (envoi)

Le relais est ensuite à prendre par des intégrateurs (Ascom, Alcatel et Dassault AT, l'alliance Erg-Motorola, l'américain Cubic, Siemens… et d'autres sociétés plus petites ou se diversifiant, car certains considère que le ticket d'entrée sur ce marché assez faible, quoiqu'il soit une niche assez spécifique) et des encarteurs ou développeurs d'applications pour carte (Ask, Bull, Gemplus, Schlumberger…) qui ont le défi de proposer un standard d'interface cartes-équipement, relativement indépendant des choix de back office, et permettant la richesse et les options des fonctionnalités définies par le document fonctionnel.

La parole est donc aux industriels, en capitalisant sur les expérimentations et les premiers déploiements, qui ont souvent été fortement aidés par les pouvoirs publics, avec l'idée de faire émerger un standard. A priori le standard aura les rubriques suivantes :

- rappel des fonctionnalités à remplir (annexe documentaire) ;
- approfondir les données elle-même, leur hiérarchisation (sélectionner celles qui sont essentielles à l'interopérabilité) et leur encodage (codage, formatage, ordre des structures de données) ou permettre plusieurs encodages, mais cela nécessite du temps supplémentaire ;
- approfondir une architecture du rangement des données en dossiers fonctionnellement spécialisés, telle que la norme de base (Iso 7816-4) des cartes le définit,

avec les conditions d'accès d'une part, et le type technique d'autre part, de chaque dossier à définir… ou opter pour une méthode plus « en vrac », plus moderne mais peut-être encore bien trop gourmande en temps pour le sans-contact à la volée.

3.6. Le concept de service

Mais il est bien évident que le standard, de facilitation technique, ne suffit pas et que des accords sur les éléments de service sont nécessaires. Un jeu d'accord générique à décliner devrait être mis au point dans le cadre de la charte billettique par le Certu, pour décembre 1999, avec l'aide des consultants fonctionnels de la Charte (Setec, Systra), à partir du cahier des charges fonctionnel du standard, déjà évoqué.

■

NAISSANCE D'UN PASSE URBAIN EUROPÉEN : BILLETTIQUE-MONÉTIQUE-SERVICE

André Ampelas
RATP

RÉSUMÉ

Mettant ses capacités d'innovation technologique au service de ses voyageurs, la RATP a engagé dès 1988 un programme de développement et d'expérimentation d'un nouveau système de péage sans contact. Ainsi a été mis au point une première version du Passe Sans Contact, carte à microprocesseur de très haut niveau de sécurité, permettant des transactions sans contact très rapides grâce à l'utilisation d'une transmission inductive. Le Passe Sans Contact a ensuite pris, grâce à l'impulsion de nombreux autres partenaires, une double dimension monétique et internationale :

- *d'une part en France dans MODEUS, avec la SNCF, la Société Générale, La Poste et les Caisses d'Épargne pour réaliser le premier porte-monnaie électronique sans contact au monde ;*
- *d'autre part dans le projet européen CALYPSO, avec Lisbonne, Venise, Constance et la région de Bruxelles pour faire du Passe sans contact un standard dans le domaine des systèmes de billettique, de monétique et de services intégrés.*

Les conditions sont aujourd'hui réunies pour un démarrage à grande échelle de la technologie Passe sans contact en France : Nice, Amiens, Rennes, Bordeaux l'ont d'ores et déjà adopté et Paris a engagé le processus de sa généralisation.

Des millions d'Européens se déplacent tous les jours en métro, bus, train ou bateau. Chaque ville a ses propres titres de transport, une diversité qui complique la vie du citadin. Cette diversité existe aussi dans les moyens de paiement : monnaie, carte bancaire ou chèque, quel mode de paiement utiliser ?

C'est pourquoi, afin de simplifier la vie du citadin, une standardisation des modes d'accès et de paiement voit le jour en Europe : le passe urbain.

Le passe urbain regroupe sur un même support les applications de transport et de monétique, un avantage évident pour l'utilisateur qui bénéficie d'un ensemble de services sur un seul objet.

Le passe se compose d'une carte à microprocesseur qui fonctionne de manière autonome (télé-alimentée) ou insérée dans un boîtier (qui sert alors de support de transmission et de récepteur d'informations).

1. LES OBJECTIFS INITIAUX DE LA RATP

La RATP qui assure pour ses clients 9 millions de voyages par jour, a-été il y a 30 ans, parmi les premières compagnies de transport à installer un système de billettique magnétique. Aujourd'hui, ce système devenu obsolète, doit être remplacé par un système de télébillettique, qui présente les avantages suivants :

- meilleurs coûts d'investissement, d'exploitation et de maintenance (amélioration de la fiabilité du système par rapport au magnétique) ;
- simplification de l'accès au transport et amélioration de l'attractivité ;
- réduction de la fraude ;
- implémentation de tous types de tarification ;
- suppression de la fraude dite invisible (par copie ou contrefaçon des titres de transport) ;
- offre de nouveaux services à la clientèle ;
- établissement de nouvelles relations commerciales.

À première vue, la télébillettique se traduit pour le client par la simple possession d'une carte à puce de la dimension d'une carte de crédit usuelle. En y regardant de plus près, cette carte offre à ses utilisateurs une multitude de services qui vise à faciliter la vie au quotidien.

Plus besoin d'insérer son ticket dans les bornes de contrôle, il suffit de présenter sa carte à moins de 10 cm d'une borne de lecture.

2. LE CHOIX DE LA TECHNOLOGIE

Dès 1988, la RATP étudie la faisabilité d'un système billettique associant des techniques prometteuses : la carte à puce (à microprocesseur, pour plus de flexibilité et de sécurité) et la transmission à distance. Cette association a donné naissance à un nouveau produit : le passe sans contact.

La transmission sans contact par induction

Des équipes d'ingénieurs, entourées de compétences reconnues, CNET-Caen, INRETS et Université de Poitiers, ont mené des études approfondies sur toutes les technologies de transmission. Au terme de ces études, une technologie de transmission à induction a été retenue, car elle permet de :

- maîtriser parfaitement la distance de transmission pour éviter toute interférence entre deux lecteurs ou entre deux transactions de passe ;
- réduire au maximum la taille du passe, favorisant ainsi une appropriation aisée par l'utilisateur.

La carte à microprocesseur

L'avantage de la carte à microprocesseur est d'offrir un haut niveau de sécurité et une capacité de mémoire suffisante pour permettre des applications multiservice. Aujourd'hui, la sécurité d'une carte à microprocesseur bénéficie du savoir-faire des fondeurs de puce, qui ont accumulé dans le cadre de la carte bancaire des années d'expérience. Le haut niveau de sécurité obtenu permet d'éviter la centralisation des transactions de paiement vers des sites centraux, diminuant ainsi la charge des réseaux de télécommunications et garantissant le respect des libertés individuelles[1].

Le Passe Sans Contact

Le Passe Sans Contact, mis au point dans le cadre d'un partenariat avec la société INNOVATRON, société créée par Roland MORENO l'inventeur de la carte à puce, associe donc une carte à microprocesseur et une technologie de transmission inductive. Il peut fonctionner indifféremment en mode à contact (insertion de la carte sur un lecteur de cartes bancaires standard, par exemple, pour tenir compte du parc existant) et en mode sans contact (présentation de la carte à moins de 10 cm d'une antenne fixe). La principale innovation technologique réside dans la conjugaison d'une transaction de lecture/écriture sans contact très rapide (moins de 150 ms) et d'un niveau de sécurité identique à celui de la carte à contact, telle que la carte bancaire.

Conçu à l'origine pour les besoins du transport, le développement du Passe Sans Contact aboutit en 1992 à un passe transport hébergeant :

- des titres de transport (abonnements et/ou tickets) ;
- une réserve d'argent permettant de régler des petits paiements pour les services autour du transport (boulangerie, presse, parking, les distributeurs automatiques...) ;
- et d'autres zones pour des services de proximité (programme de fidélisation, gestion de droit d'accès...).

Dès 1995, la RATP et la SNCF unissent leurs efforts pour que le Passe Sans Contact devienne le premier support sans contact avec un logiciel billettique, conforme à toutes les normes (voir encart technique) et à caractère universel (notion de « progiciel billettique »).

Aujourd'hui, la technologie Passe Sans Contact est fiable, elle bénéficie d'expérimentations techniques et fonctionnelles réalisées depuis 1993[2] avec les agents de la RATP (40 millions de transactions réalisées).

3. EXPÉRIMENTATION ET GÉNÉRALISATION EN ILE-DE-FRANCE

Aujourd'hui, tous les opérateurs de transport Parisiens (SNCF, APTR, ADATRIF, RATP), sous l'égide du Syndicat des Transports Parisiens (STP) étudient l'implémentation d'un système de péage sans contact en Ile de France. Le premier déploiement à grande échelle devrait intervenir dans les mois à venir.

---

1. D'où l'obtention d'un prix attribué par la Commission nationale de l'informatique et des liberté (CNIL) à l'occasion de ses 20 ans.

2. Consulter l'article "L'expérimentation du Passe sans contact", par Philippe Vappereau dans la revue RATP Savoir-Faire, n° 21, mai 1997.

Ainsi, depuis 1997, un programme d'expérimentation du Passe Sans Contact, a été engagé sur tous les modes de transport, métro, RER, bus et trains : le programme « FRANCILE ».

Ce programme, qui a pour but de préciser les procédures d'utilisation du nouveau système du point de vue du client et de l'exploitant, teste notamment deux scénarios fonctionnels :

- sélection du trajet puis validation et paiement en entrée (pré-débit) ;
- validation en entrée et validation-paiement en sortie (post-débit).

La première expérimentation[3], qui a eu lieu sur une partie du métro et sur des bus de la RATP et de la STRAV de mars à fin 1997, a permis d'obtenir des résultats concluants :

FRANCILE a suscité des réactions positives parmi la majorité des expérimentateurs. Le principe a été rapidement assimilé et son utilisation s'est généralement faite sans difficulté majeure. Les résultats des différentes études permettent de conclure à un bon niveau d'acceptabilité du système : geste rapide, simple, intérêt de la réserve d'argent (40 % des expérimentateurs l'ont utilisée), souplesse du système et de l'objet (appropriation). Le geste de validation est fluide, naturel et acquis dès les premières semaines de l'expérimentation de manière quasi instinctive pour 70 % des expérimentateurs.

Pour la généralisation en Ile-de-France, les appels d'offres de 1999 conduisent à livrer en 2001 1 million de cartes pour les abonnés disposant d'un abonnement annuel, type « carte intégrale » et « Carte Imagin'R » pour les étudiants, viendront ensuite les autres abonnements annuels puis les mensuels, carnets de tickets et tickets à l'unité.

4. EN FRANCE, LE MONDE DU TRANSPORT S'ASSOCIE AU MONDE BANCAIRE

Parallèlement, la RATP et la SNCF se sont rapprochées d'organismes bancaires pour associer une fonction de porte-monnaie électronique au Passe Sans Contact. Cette approche monétique a été d'autant plus aisée que le Passe Sans Contact a été conçu dès l'origine avec un haut niveau de sécurité.

Ainsi, en 1998 le groupe Caisse d'Épargne, la Poste, la Société Générale, la SNCF et la RATP ont réuni leurs compétences techniques et commerciales pour créer la société MODEUS. Cette association entre établissements financiers et transporteurs est l'expression de la volonté affirmée par chaque partenaire de faciliter les déplacements et les petites dépenses de la vie quotidienne du citadin.

Ce mariage Transport-Banque a permis d'implémenter dans le Passe Sans Contact un véritable porte-monnaie électronique capable de débit sans contact : le porte-monnaie MODEUS. Dans cette nouvelle version, le Passe est aujourd'hui la première carte sans contact billettique-monétique-service entièrement sécurisée.

3. Consulter l'article "Les voyageurs aiment le Passe sans contact", par Michel Barjansky et Muriel Segurel dans la revue RATP Savoir-Faire, n° 26, mai 1998.

Dans ce développement, chacun des partenaires a apporté sa compétence spécifique :

- billetterie « sans contact » pour la SNCF et la RATP ;
- maîtrise et sécurisation des moyens de paiement pour la Société Générale, les Caisses d'Épargne et la Poste.

L'émission et la garantie de la monnaie électronique sont assurées par la Banque du Porte-Monnaie Électronique, conformément aux recommandations des Banques Centrales Européennes et de la Banque de France.

Ce porte-monnaie électronique, qui respecte les dispositions légales et réglementaires ainsi que les normes en vigueur dans les domaines de l'interbancarité et de la sécurité, prend bien sûr en compte l'introduction de l'Euro.

L'introduction d'un porte-monnaie électronique sans contact présente des avantages pour tous les acteurs :

- Pour les utilisateurs : plus besoin d'avoir l'appoint sur soi ou d'attendre sa monnaie, ils ont une seule carte pour tous les usages de la vie quotidienne ;
- Pour les commerçants : une meilleure gestion des flux aux caisses, la disparition de la fausse monnaie et une gestion moins lourde de la monnaie fiduciaire ;
- Pour les distributeurs de vente par automate (boissons, confiserie…) : plus besoin de collecte de la monnaie, diminution du vandalisme et des coûts de maintenance ;
- Pour les opérateurs de transport : réduction des coûts de gestion de la monnaie fiduciaire, dissuasion face aux agressions (vol de recette) dans les guichets ;
- Pour les banques : enrichissement de leur offre en matière de moyen de paiement.

Une expérimentation a été mise en place depuis janvier 1998, à Noisy-le-Grand (Département de Seine-Saint-Denis).

Elle permet aux agents des sociétés présentes dans MODEUS de tester le passe dans divers commerces :

- achats chez plusieurs commerçants installés sur le site : Relais H (journaux), France Telecom (Publiphones), distributeurs libre-service SELECTA (boissons fraîches et confiseries), Affranchisseur de timbres (La Poste), Tabac, McDonald's, Cafécup, Segafredo, Yves Rocher, Boulangeries Paul et poste de contrôle d'accès au parking du Centre Commercial ;
- passages aux péages des 85 stations de métro et de RER équipées ;
- contrôle d'accès et horaires variables dans les immeubles RATP ;

Le rechargement s'effectue soit auprès de l'agence MODEUS dans la gare de Noisy-le-Grand, soit sur les distributeurs automatiques de Monnaie Électronique (DAME) avec débit sur carte bancaire.

Les premiers résultats montrent une grande acceptabilité du système, à la fois par les porteurs et les commerçants.

Le porte-monnaie électronique a été utilisé par 77 % des expérimentateurs.

Soixante six pour cent d'entre eux l'ont utilisé au moins 15 fois par mois et 30 % au moins 10 fois par semaine (sans tenir compte des contrôles d'accès ou des passages aux péages) avec une moyenne de transaction de 8 F. Il est à noter que 90 % des utilisateurs affirment préférer payer leurs petits achats avec le porte-monnaie électronique chez les commerçants ou sur les distributeurs automatiques plutôt qu'avec des espèces.

5. LE PROJET EUROPÉEN CALYPSO

Les besoins de l'Ile-de-France sont semblables à ceux de la plupart des villes désireuses de promouvoir des solutions modernes, pérennes et adaptées aux besoins de leurs citadins. Qui plus est, ces citadins tendent à se déplacer d'une ville à l'autre : la recherche d'une ergonomie d'usage ou mieux d'un support commun apparut rapidement très séduisante. Elle supposait une réelle mutualisation des travaux et une forte coordination internationale pour avoir un sens concret.

a. La démarche fédératrice des transporteurs

Dès 1995, la RATP et la SNCF se sont associées avec trois autres opérateurs de villes européennes très contrastées, Venise (Italie), Lisbonne (Portugal), et Constance (Allemagne), dans le cadre d'un projet Européen, baptisé ICARE (qui est en fait le prédécesseur du projet CALYPSO limité au domaine du transport).

Leur objectif commun est de :

- promouvoir la même technologie : le Passe Sans Contact;
- mettre au point et expérimenter un unique moyen de paiement et d'accès aux transports, et ultérieurement aux biens et aux services de la ville.

Ce système a l'ambition d'être à la base d'un standard international dans la gestion des opérations de paiement, billetterie, identification, information et sécurité.

b. La démarche CALYPSO

L'objectif de CALYPSO est la généralisation des travaux antérieurs, pour fournir aux citadins un Passe Urbain qui soit à la fois interopérable dans ces 4 villes contrastées et prenne en compte les spécificités nationales en termes de porte-monnaie électronique.

La démarche de CALYPSO consiste donc à réaliser dans chaque pays l'intégration sur le même Passe Sans Contact, des porte-monnaie électroniques locaux, d'une application transport commune, et d'applications multiservices. Le but est de démontrer concrètement la généralité des développements entrepris et de promouvoir un passe urbain le plus transnational possible.

Pour ce faire, les solutions techniques développées sont accessibles à tous les industriels qui le désirent par voie de licence (dont les coûts sont calculés pour traduire une mutualisation des dépenses de Recherche et Développement). Il s'agit donc d'une politique particulièrement ouverte, ne laissant voie à aucun monopole, génératrice d'économies à terme et propice à l'émergence de standards. Déjà 7 industriels (allemands, italiens, coréens et français) ont acquis la licence (Monétel, Dassault, Schlumberger, ASK, Sagem, Orga, Intec).

c. Les partenaires du projet

Le projet européen CALYPSO, qui a débuté le 1er janvier 1998 pour une durée de 30 mois, a reçu le soutien de la Commission Européenne, avec une contribution de 5,35 millions d'Euros, pour un coût total de 13,5 millions d'Euros.

Il regroupe 24 partenaires, issus du monde du transport, des services, des banques, et des centres de recherche.

- Pour Constance, ville en zone rurale qui comporte un réseau de transport régional de bus, bateaux et chemin de fer, les transporteurs de la région, appelés LKRKN, se sont associés à l'organisme bancaire (DSGV) Deutsche Spaarkassen und Giroverband e. V., émetteur du porte-monnaie électronique allemand, Geldkarte déjà diffusé à l'ensemble de la population (plus de 40 millions d'exemplaires) ;
- Pour Lisbonne, capitale de taille moyenne, avec un réseau de transport urbain complexe, avec 14 opérateurs dans 4 modes de transport (bus urbains et extra-urbains, métro, chemin de fer, et ferry), les transporteurs, regroupés sous le nom de OTLIS (Operadores Transportes da Regiao de Lisboa), se sont associés à l'organisme bancaire SIBS (Sociedade Interbancaria Servicios), qui a émis le plus ancien porte-monnaie électronique d'Europe en usage, le PMB (plus d'un million de porteurs actifs et 100 000 accepteurs).
- Pour Venise, ville à forte fréquentation touristique (14 millions de visiteurs annuels), la société de gestion de la mobilité de la ville ASM (Azienda Servizi per la Mobilità) s'est jointe à l'organisme bancaire TSP (Tecnologie e Servizi per il Pulico Spa), émanation de 200 banques italiennes associées à Telecom Italie, qui a émit le porte-monnaie bancaire italien Minipay ; aujourd'hui, 1 million de cartes sont en circulation.
- Pour Paris, capitale de taille importante, qui prépare le renouvellement des systèmes de péage des transports publics et la diffusion d'un porte-monnaie électronique, la RATP et la SNCF se sont associées à leurs partenaires bancaires de MODEUS (la Poste, la Société Générale et la Caisse d'Épargne) ainsi qu'au GIE Carte Bancaire.
- La ville de Bruxelles est un partenaire particulier de Calypso qui a pour objectif d'examiner la transférabilité du système à d'autres sites.

d. Le système et les produits

Le projet CALYPSO a pour objet le développement et l'expérimentation d'un système complet billettique-monétique-service comprenant :

- une gamme de passes ;
- des systèmes monétique et billettique chargés de gérer la monnaie électronique et les titres de transport ;
- des systèmes de gestion des services.

La gamme de passes

Le système CALYPSO est conçu selon une approche marketing par gamme de produits compatibles, afin de couvrir les besoins de toutes les catégories d'utilisateurs des services, depuis le client occasionnel avec le ticket sans contact, jusqu'au client régulier ou fidèle, qui souhaite des services spécifiques.

La gamme comprend :

- Le mini-passe : un ticket sans contact, de très bas coût, pour un usage unique et immédiat ;

– Le passe : une carte au format carte de crédit, utilisable avec ou sans contact et télé-alimentée[4] ;

– Le maxi-passe :

- un « passe écran », composé d'une carte ISO à contact et d'un boîtier de transmission avec écran de visualisation 5 caractères pour consulter les données contenues dans le passe ;
- un « passe écran » dit haut de gamme, semblable dans sa conception au précédent, mais avec un écran de 2 lignes de 16 caractères pour recevoir diverses informations et un clavier à touches.

De plus, il peut être complété d'un dispositif d'appel à distance (jusqu'à 100 m) permettant la localisation de l'appelant

Les systèmes billettique et monétique

Les systèmes monétique et billettique de CALYPSO prennent en compte les 3 étapes principales de circulation de la monnaie électronique et des titres de transport :

- émission lors d'un rechargement de monnaie ou de titres de transport dans le passe ;
- débit lors d'une transaction de paiement ou de validation transport ;
- compensation entre les opérateurs ;

Ils respectent un modèle de circulation sécurisée, dit « en ronde fermée ».

Dans le cas de la monétique, le modèle appelé « ronde fermée de la monnaie électronique » est représenté par le schéma suivant.

Ce développement complet des systèmes monétique et billettique, suivant le modèle « en ronde fermée », a conduit à la réalisation des équipements suivants :

- *Pour la distribution du passe :*
  - Les outils de personnalisation, chargés d'écrire dans le passe les données personnelles du client (nom, prénom.) et l'identité de la carte (numéro, codes secrets).

- *Pour l'émission de la monnaie électronique ou des titres de transport :*
  - Les équipements de vente, pour le chargement de la monnaie ou des titres de transport (ex : les automates bancaires, les automates de billets, les terminaux de vente aux guichets des transporteurs) ;
  - Le serveur d'émission de la monnaie qui garantit l'authenticité de la monnaie émise ;
  - Le serveur des titres de transport qui garantit l'authenticité des titres en circulation.

- *Pour le débit de la monnaie électronique ou des titres de transport :*
  - Les terminaux de paiement, pour débiter la monnaie électronique ;
  - Les lecteurs de contrôle pour valider le titre de transport.

4. Télé-alimentée : la carte est passive, elle n'a ni boîtier, ni pile et n'est alimentée en énergie que par induction lors de son passage devant l'antenne.

Système de répartition billettique monétique transport

Expérimentation fin 1998

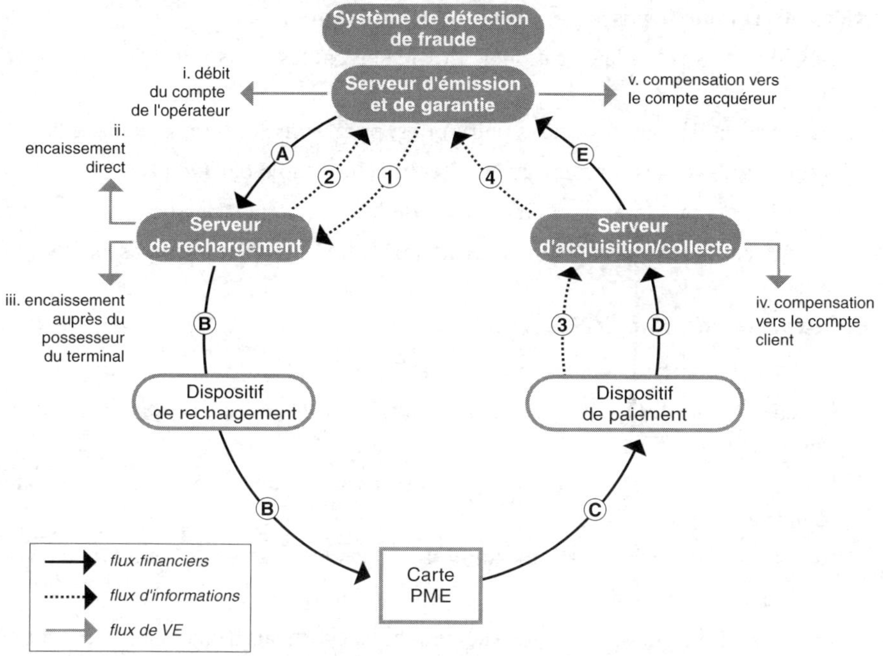

Flux de VE

- **A** Émission de VE du serveur d'émisssion vers un serveur de rechargement ;
- **B** Rechargement d'un PME par un serveur de rechargement via un terminal ou un automate ;
- **C** Paiement du PME sur un terminal commerçant ;
- **D** Collecte des cumuls de VE d'un commerçant vers un serveur d'acquisition /collecte
- **E** Collecte des cumuls de VE d'un serveur d'acquisition/collecte vers le serveur d'émission/garantie.

Flux d'informations

- **1** Transfert de la liste blanche/noire des PME du serveur d'émission vers un serveur de rechargement ;
- **2** Transfert des transactions de rechargement d'un serveur de rechargement vers le serveur d'émission ;
- **3** Transfert des transactions de paiements des terminaux vers un serveur d'acquisition/collecte ;
- **4** Transfert des transactions de paiements d'un serveur d'acquisition/collecte vers le serveur de garantie.

Flux financiers

- i De l'opérateur de rechargement vers le compte de l'émetteur/garant ;
- ii Du compte du porteur du PME vers le compte de l'opérateur de rechargement ;
- iii Du compte du possesseur du terminal vers le compte de l'opérateur de rechargement ;
- iv Du compte acquéreur vers le compte du commerçant ;
- v Du compte de l'émetteur/garant vers le compte de l'acquéreur.

Figure 1. La ronde fermée de la monnaie

- *Pour la compensation :*
  - Un serveur de répartition des recettes entre opérateurs Transport ;
  - Un serveur de répartition de la monnaie entre émetteur de la monnaie et fournisseurs de services.

Les systèmes de gestion des services de la ville CALYPSO prévoit de gérer les services offerts par le passe par les systèmes suivants :

- Gestion des flux et planification de l'offre suivant les statistiques d'utilisation du passe ;
- Réservation de manifestations culturelles, programmables dans le passe ;
- Information sur les services de la ville, téléchargeable dans le passe ;
- Sécurité, grâce à la fonction d'appel et de localisation du passe ;
- Services administratifs obtenus par identification du porteur du passe.

e. Les expérimentations CALYPSO

CALYPSO expérimente les applications suivantes :

- Billetterie pour les transports, les parkings, les musées (à Constance, Lisbonne, Venise et Paris) ;
- Paiement pour les boutiques, le téléphone, les automates (à Constance, Lisbonne, Venise et Paris) ;
- Réservation de manifestations culturelles dans les musées (à Venise) ;
- Information sur les services dans la ville (à Paris) ;
- Services administratifs tels que la délivrance de certificats de naissance, le paiement d'amendes (à Venise) ;
- Sécurité à partir d'une pression sur un bouton d'appel sur le Passe (à Paris) ;
- Assistance et guidage du voyageur dans les réseaux (à Paris).

f. Les premiers résultats de Calypso hors Paris

À Lisbonne, le passe CALYPSO dénommé URBI, est utilisé à titre expérimental dans les transports en commun lisbonnais et de manière opérationnelle pour des menus achats chez les 100 000 commerçants agréés par la SIBS (équivalent au Portugal du GIE Carte Bancaire en France) sur toute l'étendue du territoire national portugais.

Le rechargement du passe Urbi, aussi bien sur la zone transport que sur la zone porte-monnaie PMB est réalisé sur les automates bancaires de la SIBS.

Cette expérimentation, débuté en septembre 1998 concerne :

- 5 000 porteurs clients et agents ;
- Les 4 modes de transport :
  - 8 bus équipés en entrée par des valideurs,
  - 3 stations de métro,
  - 4 gares de chemin de fer,

– 2 gares maritimes de bateaux ;
- Tous les commerces acceptant le porte-monnaie national Portugais PMB.

g. CLUB

Afin de promouvoir l'émergence de systèmes de billettique sans contact et d'en faciliter la standardisation, une association a été crééе.

CLUB (Contact Less Users Board), est né à Constance en Allemagne le 3 mars 1995. Plus de 160 villes, collectivités, fédérations de transporteurs, françaises et mondiales (en Italie, en Espagne, aux Pays-Bas, en Grande-Bretagne, en Suisse, au Japon...), séduites par cette démarche fédératrice, ont ainsi décidé de se regrouper pour promouvoir l'adoption de standards afin que ces produits soient adoptés par un nombre croissant de villes.

L'objectif de CLUB est donc de promouvoir et diffuser la technologie sans contact afin d'aider à l'émergence de standards pour abaisser les coûts de production et faciliter la vie des citadins.

CLUB favorise les regroupements locaux d'opérateurs et l'établissement d'une analyse de besoins et des spécifications dans les domaines de la billettique et du multiservice.

CLUB réalise aussi une veille technologique sur l'offre industrielle.

6.CONCLUSION

En conclusion la technologie Sans contact est promue à un bel avenir et aujourd'hui, les conditions requises pour un démarrage à une grande échelle, de la technologie Passe Sans Contact sont réunies. En effet, les cartes commencent à être produites en grande quantité. Par ailleurs, les bases installées se multiplient. En France, grâce au tandem RATP/SNCF, c'est chose faite à Nice, Amiens, Rennes, et bien sûr Paris. En Europe, déjà 50 millions d'Européens sont concernés au travers du projet CALYPSO et de l'association CLUB.

■

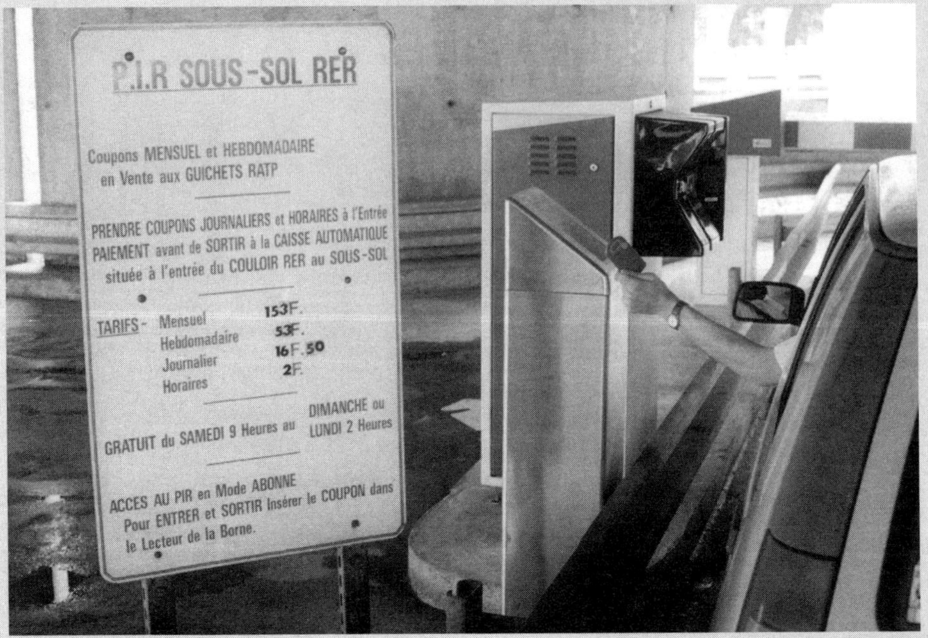

Photo 1. Accès au parking à Noisy-le-Grand

Photo 2.
Cabines de France-Telecom
à Noisy-le-Grand

Photo 3. Porte-monnaie électronique dans une des boulangeries Paul à Noisy-le-Grand

Photo 4. Dans le bus en région parisienne

Photo 5. Programme Francile en région parisienne

Photo 6. Pour les vaporetto à Venise

Encart technique

a. Les normes

Le produit Passe Sans Contact est conforme à l'ensemble des normes européennes et internationales existantes :

- norme internationale ISO 14-443B de la carte sans contact, norme qui a retenu la technologie induction à 13,56 MHz ;
- norme internationale ISO 7816-4, qui définit la structure des données ;
- norme européenne CEN 1 546 du Porte-monnaie électronique (données et modes d'échanges) ;
- norme européenne CEN 1 545 qui définit les données transport ;
- norme européenne santé CEN 50166-2 qui concerne l'exposition humaine aux champs électromagnétiques haute fréquence (10 kHz à 300 GHz).

b. Quelques chiffres

Distance de transmission	:	5 à 10 cm ajustable Possibilité de lecture à distance (1 m)
Vitesse de transmission	:	106 000 bits par seconde
Durée de la transaction	:	moins de 150 millisecondes,
Capacité de stockage actuelle composant (la puce)	:	1 à 8 k octets utiles, suivant la version du
Fréquence de transmission (par couplage inductif)	:	13,56 MHz
Sécurité	:	codage sur 12 clés de 64 bits pour les différentes applications avec algorithme DES

c. Le masque de la carte

Bénéficiant de leurs expériences dans les domaines de la billetterie et de la tarification, la SNCF et la RATP ont mis au point un logiciel de la carte, dit masque « Carte Déplacement » qui prend en compte le maximum des besoins que peuvent exprimer les opérateurs de transport, quels que soient les modes exploités, la dimension des réseaux...

Ce logiciel est en fait une structuration de la mémoire de la carte sous forme de fichiers conformes à la standardisation 7816-4, et une définition des règles d'accès aux différentes zones de la mémoire (règles de sécurité en particulier, mais aussi mécanismes de gestion d'une transaction de péage, synchronisation des transactions). Une mise en œuvre de la norme 1 545 définit le codage des différentes données dans la carte (codage de l'identifiant de la carte, de l'émetteur, de l'application, des contrats de transport, des événements de validation : origine, destination, date, heure...).

En résumé, le masque « carte déplacement » comprend des fichiers pour le porte-monnaie intersectoriel, des fichiers pour l'application transport et des fichiers pour applications multiservices. Chacun de ces trois groupes de fichiers est protégé par des jeux de clés dédiés, pour chaque type d'opération du cycle de vie de la carte : personnalisation, chargement, validation, débit.

Le groupe des fichiers de l'application billettique comprend l'identification du porteur en tant qu'utilisateur du transport, permet la gestion de plusieurs contrats de transport, d'un journal historique, d'une mémoire des trajets les plus souvent effectués, d'événements spéciaux, du comportement de fidélité.

L'operating system de la carte garantit que les transactions impliquant le porte-monnaie intersectoriel et la zone transport sont réalisées en cohérence et qu'elles sont optimisées en terme de temps de transaction pour satisfaire aux exigences des validations sans contact.

exploitation de la voirie et des réseaux de transports urbains

---

Jeudi 27 janvier

09 h 30 à 13 h 00

Président de séance : M. Michel CORNIL
Président de l'Union des transports publics

Jeudi 27 janvier

14 h 30 à 17 h 30

Présidente de séance : Mme Laurence DOUVIN
Conseiller, Déléguée chargée de la voirie et des déplacements, Ville de Paris

---

MOBILITÉ URBAINE ET NTI : LES PERSPECTIVES POUR TUNIS

Souad Chouk
Responsable des études et programmation autobus, SNT

INTRODUCTION

À partir du thème de la mobilité urbaine et son rapport avec les nouvelles technologies de l'information, nous dresserons dans une première partie, l'état des lieux du contexte tunisien en matière de planification, gestion urbaine et transport. Les possibilités de recours aux technologies de l'information pour améliorer le processus communicationnel entre les différents acteurs constitue la seconde partie de notre intervention. L'objectif étant d'explorer des pistes permettant de faire face aux enjeux de l'explosion urbaine.

I. CONTEXTE

Selon des statistiques publiées par les nations unies, l'urbanisation dans le tiers monde s'accumulerait d'ici l'an 2025 pour atteindre des proportions avoisinant les 57 %.

On prévoit pour l'Afrique une proportion de population urbaine de 54,1 % contre 34,7 en 1995 et pour la Tunisie 75,2 contre 59,0 en 1995.

« Une urbanisation aussi importante et rapide n'est pas sans poser des problèmes. La gestion et la résolution des problèmes liés à l'urbanisation font partie des nombreux défis que les pouvoirs publics des pays en développement ont à relever. Mais on peut déjà s'interroger sur la capacité de ces pays à trouver les moyens techniques et financiers nécessaires à ce défi qui n'est pas le seul » (1).

L'explosion urbaine est l'un des problèmes majeurs de l'environnement à côté de l'épuisement des sols cultivables, et des pollutions de toute sorte induites par des densités de peuplement croissantes et par les activités humaines.

Ce souci environnemental qui a été à l'origine du concept de développement durable exporté vers les pays en développement, dont la Tunisie, est aujourd'hui partagé par tous les pays sans différence entre riches et pauvres.

La protection de l'environnement n'est plus perçue comme un luxe réservé aux pays riches. Dans cette optique, des solutions favorables au développement des réseaux de transports en commun, à la mise en place et l'extension des pistes cyclables à l'institution de la circulation alternée etc. sont de plus en plus retenues par les pouvoirs publics pour atténuer les efforts d'une urbanisation de plus en plus massive. Mais la seule volonté politique ne suffit pas pour la réalisation de tels projets dans un contexte où l'État se désengage de plus en plus et où les ressources financières se font de plus en plus rares.

Une gestion correcte de l'espace urbain nécessite de plus en plus d'outils de recueil et de gestion de données, fonctionnant comme des systèmes d'aide à la décision. Bien que les besoins aient été ressentis depuis longtemps les solutions envisagées même pour le moyen et le long terme intègrent peu les nouvelles technologies de l'information dont l'essor saisissant accélère la démocratisation d'outils jusqu'ici accessibles uniquement aux pays nantis.

À travers un examen de l'état des lieux en Tunisie et plus précisément dans la ville de Tunis centre d'une agglomération urbaine évaluée à 2 millions d'habitants nous essayerons d'explorer des pistes pouvant nous permettre de nous inscrire rapidement mais sûrement dans le cercle vertueux du développement durable. Les nouvelles technologies de l'information qui ont favorisé le networking et le partage des ressources et du savoir constituent un excellent levier de développement dans un contexte qui se caractérise par de profondes mutations.

Le cadre géographique du Grand Tunis

Territoire

Vase de 260 000 ha dont 20 000 ha de plan d'eau et 25 000 ha de zones urbaines (près de 10 %.

Administratif

3 gouvernorats ; 29 communes ; 45 délégations.

Population

2 000 000 habitants : 1 828 000 en 1994 ; 2 500 000 en 2010.

Développement urbain

3 387 ha en 1957 ; 5 750 ha en 1975 ; 14 325 ha en 1988 et 25 000 ha en 1996.

Habitat

75 % de l'espace urbanisé (1/3 spontané) ; problème de maîtrise de l'urbanisation.

Diagnostic

Une occupation du sol peu maîtrisée :

- consommation excessive du sol (près de 1 000 ha par an) ;
- recul de l'agriculture périphérique (Séjoumi, Soukra, Mornag) ;
- détérioration du cadre de vie (problème d'assainissement, déficit d'espace vert…) ;

Disfonctionnement urbain :

- déséquilibre urbain ;
- saturation du centre ;
- retard en infrastructure de base.

II. ÉTAT DES LIEUX

Le diagnostic de la situation des transports dans l'agglomération de Tunis, élaboré dans le cadre du plan Directeur Régional de Transport fait état de trois constats :

1. La mobilité de la population s'accroît rapidement grâce à l'essor de la motorisation dont le taux s'accroît annuellement de 5,45 % par an.
2. Les réseaux de transports routiers et en commun seront de plus en plus saturés en cours des prochaines années.
3. La vitesse urbaine diminue de plus en plus en raison d'une congestion qui s'étend rapidement du centre ville vers la périphérie.

À ces constats viennent s'ajouter deux contraintes : La première est technique, et concerne le plan de circulation, basé sur un système centralisé de signalisation de la ville de Tunis favorisant le métro-léger. Ce système semble avoir atteint ses limites et se révèle de plus en plus insuffisant pour maîtriser la circulation dans le centre ville et la première couronne. La seconde est financière, elle est imputable à la rareté des ressources. Les investissements réalisés dans le cadre du VIIIe plan de développement sont très en deçà des besoins identifiés dans le cadre du PDRT de 1990.

Telle qu'elle vient d'être décrite la situation de Tunis est le résultat du changement accéléré qui a eu lieu au cours de la dernière décennie. Ce changement s'est essentiellement traduit d'une part par une croissance économique soutenue au rythme de 5 % et dont l'une des répercussions a été l'amélioration du niveau de vie des Tunisiens. À ce titre le PIB par habitant est passé de 912 dinars en 1984 à plus de 2400 dinars en 1998, et d'autre part par la maîtrise de l'évolution démographique qui a baissé de 2,5 en 1970 à 1,2 en 1998. La combinaison de ces deux facteurs a eu pour résultat l'accès de 80 % des ménages à la propriété individuelle, et plus de 95 % à l'eau potable et à l'électricité (2).

Mais l'amélioration du niveau de vie s'est traduite également au cours de la dernière décennie et surtout depuis 1994, date d'institution de mesures fiscales et sociales favorables à l'équipement des ménages de voitures dite « populaires » de faibles puissances (4 chevaux), par un accroissement annuel moyen du parc de voitures particulières de l'ordre de 5,45 %. Entre 1984 et 1994, date de la dernière enquête ménage, ce par s'est accru d'environ 61,2 %.

La banalisation de l'automobile a en quelque sorte facilité le développement de l'habitat individuel en ouvrant à l'urbanisation de vastes espaces, souvent éloignés des transports en commun.

Cette situation a généré un trafic de voitures particulières inadapté aux aménagements physiques et à la régulation lumineuse au niveau d'un nombre assez important de carrefours situés sur la voirie communale et primaire du Grand Tunis.

III. L'APPORT DES TECHNOLOGIES DE L'INFORMATION

1. Un gisement de progrès pour le transport

La situation de congestion qui s'en est suivi a eu un impact défavorable non seulement sur les conditions de circulation des VP mais aussi sur le fonctionnement des transports en commun dont la qualité du service à tendance à se détériorer notamment en terme de vitesse commerciale.

En matière de transport et grâce au progrès technologique et aux facilités qu'il accorde à la communication, on est en droit de se demander aujourd'hui si l'on a encore besoin de se déplacer à la recherche d'information à partir du moment où on a construit des autoroutes pour leur circulation ? N'est-il pas plus économique ou plus écologique d'exploiter les possibilités offertes par les technologies de l'information pour réaliser des économies de temps, d'énergie et probablement d'argent ?

Les nouvelles technologies de l'information offrent aux pays émergents comme le notre l'occasion de résoudre des problèmes pressants et notamment ceux liés à la rareté des ressources financières génératrice de retard de développement. La disponibilité immédiate de l'information grâce aux nouvelles technologies de l'information et de la communication, la diminution des prix des outils d'accès et des programmes de traitement informatique des données accélèrent et « démocratisent » la diffusion des technologies et partant, augmentent le nombre des utilisateurs. Les nouvelles technologies engendrent un potentiel élevé de services, il suffit dans bien des cas d'un ordinateur et d'une liaison au réseau téléphonique, ce qui les rend plus accessibles aux pays manquant de capitaux.

Les opérateurs de TC dans le district de Tunis

Les transports collectifs urbains dans le district de Tunis se distinguent par rapport au reste du pays par la multiplicité des intervenants et la variété des services offerts. En effet, cinq sociétés publiques et privées opèrent dans le district de Tunis :

- La SNT qui exploite un réseau bus de 163 lignes s'étendant sur une longueur de 5 290 km ;
- La SMLT qui gère un réseau de métro léger de 5 lignes desservant la périphérie proche du centre (Ben Arous, Ariana, Ibn Khaldou, Intilaka et Denden) ainsi qu'une ligne de chemin de fer électrifiée desservant la banlieue nord de Tunis (ligne TGM) ;
- La SNCFT qui exploite une ligne de chemin de fer desservant la banlieue sud de Tunis (Radès-Hammam, Lif, Borj, Cédria) d'une longueur de 23 km ;
- La société TCV exploite actuellement 5 lignes avec un parc de 45 véhicules de capacité totale de 1 745 places assises et effectue un kilométrage journalier global de 8 258 km ;
- La société TUT exploite actuellement 3 lignes avec un parc de 17 véhicules de capacité totale de 678 places assises et effectue un kilométrage journalier global de 3 720 km.

La SNT détient l'offre la plus importante dans le district de Tunis (plus de 60 % de l'offre globale exprimée en PKO) suivie par le réseau du métro (environ 20 %) alors que les deux lignes ferroviaires de banlieue se comportent pratiquement de la même façon en matière d'offre et de fréquentation.

Dans ces pays dotés des même compétences que celle des pays développés, beaucoup de cadres de l'administration et des entreprises ou des universitaires ayant été formés en Europe ou en Amérique, ce ne sont pas les idées ou projets qui manquent mais plutôt les moyens et parfois la volonté de les réaliser.

2. L'expérience de la SNT

À titre d'exemple, au niveau de la Société Nationale des Transports, principal opérateur de transport urbain dans la ville de Tunis, un projet d'étude d'un système d'aide à l'exploitation a été lancé depuis bientôt 10 ans mais les priorités d'investissement d'équipement (matériel autobus) ont retardé voir empêché sa réalisation.

Voici à titre indicatif les objectifs de ce projet tel qu'énumérés dans les termes de références de l'étude élaborée en 1994 :

1. L'amélioration de la qualité de service en assurant une meilleure fiabilité des temps de parcours et des horaires et un traitement rapide des aléas (priorité des bus au feu à la demande).
2. L'amélioration des conditions de travail et de sécurité du personnel roulant (indications des accidents, des incidents et de toutes les anomalies).
3. La diminution de la congestion (modification des dates et/ou heures de voyage ou changement d'itinéraire).
4. Recueil en temps réel des données de trafic pour un usage ultérieur au niveau de la précision de l'offre.

Le système envisagé devait tenir compte de l'existant en matière de régulation du trafic dans la ville de Tunis et l'étude devait entre autres déboucher sur des propositions de modification touchant aussi bien, la stratégie générale de régulation (les axes coordonnés) que les équipements de régulation utilisés par le poste central de la régulation de trafic géré par la Municipalité de Tunis.

Une étude économique justifiant les gains escomptés après la mise en service du système et des simulations des améliorations possibles de la situation des déplacements dans la ville de Tunis, a été également prévue.

Le recours de la SNT aux nouvelles technologies ne s'est pas limité à ces projets. Ainsi et sur un plan nettement moins ambitieux l'entreprise a été l'un des premiers utilisateurs du service Minitel mis en exploitation au début des années quatre-vingt-dix. Elle a accompagné toutes les démarches de vulgarisation de cet outil, et de promotion du réseau TUNIPAC.

En donnant à son public accès à son serveur à travers le 1820 dédié aux services sans valeur ajoutée, la SNT a été en 1993 l'une des 10 institutions pionnières de ce genre de prestations.

Mais la diffusion limitée des terminaux et le recul de ce service bousculé par l'expansion vertigineuse de l'internet, n'ont pas encouragé le développement et la mise à jour de la base qui n'a été consultée que par quelques curieux avertis intéressés non pas par les informations sur le service mais par l'expérience elle même.

Aujourd'hui avec l'expansion d'internet et ses dérivés l'intranet et l'extranet et la large diffusion du GSM, le projet pourrait, être revu et corrigé dans le sens d'une adaptation au nouveau contexte et de l'allégement des coûts d'investissement.

La conversion de la base en site Web est envisageable et techniquement réalisable mais les quelques 300 millions de voyageurs du réseau autobus appartiennent à des catégories sociales moyennes, pour qui on ne peut s'attendre dans le court terme à une appropriation des outils d'accès à l'information. En procédant à une segmentation de cette clientèle, on pourrait peut-être dégager une niche pour laquelle on envisagerait de développer une expérience pilote : Un site web SNT accessible à partir des universités pour les étudiants usagers des services spéciaux scolaires. L'idée est séduisante d'autant plus que la fréquentation du site est garantie d'une part parce qu'il s'agit d'une clientèle familiarisée à de tels outils d'accès à distance, et d'autre part parce que toutes les facultés, collèges et lycées en Tunisie sont reliées à Internet.

L'expérience du Minitel a au moins permis de retenir qu'un projet n'a de chance de réussir que lorsque tous les préalables favorisant son succès sont présents : Dans le cas d'un service d'information accessible à distance, il faut s'assurer d'abord que les clients potentiels disposent où sont capable de s'approprier l'outil d'accès, et que du côté du promoteur du service il existe une équipe permanente mobilisée pour entretenir le système et assurer une mise à jour correcte de la base.

IV. LES PERSPECTIVES DU SECTEUR DES TRANSPORTS

1. L'infrastructure de télécommunication

Un des facteurs de succès de tout progrès dans cette direction, est la performance de l'infrastructure de télécommunication. Ainsi plus les télécommunications s'améliorent et plus les prix baissent. L'intérêt du réseau augmente et les communications se feront en masse.

En Tunisie l'effort entrepris dans ce domaine a permis de mettre à la disposition des utilisateurs une infrastructure présentant la configuration suivante :

- une densité téléphonique de 10 lignes pour 100 habitants avec un taux de digitalisation de 100 % fin 1999, la densité sera portée à 14 lignes pour 100 habitants en l'an 2001 et 20 lignes pour 100 habitants en 2004 ;
- des liaisons par satellite avec Intelsat, Arabsat, Immarsat et Eutelsat ;
- une connexion aux réseaux Internet, GSM, Vidéotex et Audiotex selon les normes internationales 500 ;
- une liaison par câble sous-marin en fibres optiques au continent américain, à l'Asie du Sud-Est, au Moyen-Orient et à l'Europe ;
- une liaison internationale Internet de 7 MBPS et un backbone national avec 7 points régionaux de présence (3) ;

L'effort de sensibilisation à l'appropriation des nouveaux outils de gestion et d'accès à l'information est loin d'être moindre.

2. Les projets en cours

Le secteur de l'industrie a été la cible prioritaire du gouvernement dans le cadre du programme national de mise à niveau lancé depuis 1995 mais le secteur des services concernés par ce programme à partir de l'an 2002 n'a pas attendu cette date pour engager la réflexion, voire lancer des projets d'amélioration de la gestion et la circulation des données entre les différents acteurs en matière de transport et d'aménagement de l'espace urbain.

En 1995, l'Agence de l'urbanisation du Grand Tunis (AUGT) relevant du ministère de l'Équipement et de l'Habitat a organisé des journées d'études dont l'objectif essentiel consistait à apporter un éclairage sur les technologies des systèmes d'information géographique utilisés par les opérateurs urbains en vue d'assurer une meilleure coordination entre les différents SIG utilisés ou en projet et de créer un système d'EDI (échange de données informatisées) permettant de pallier les insuffisances de la base de données urbaine locale en lui permettant de fonctionner comme un outil efficace d'aide à la décision en matière de planification urbaine.

Le débat a été surtout focalisé sur les insuffisances constatées, les besoins d'échanges ressentis par les différents acteurs, et les formes institutionnelles de coopération (comité de pilotage, convention et protocoles d'échanges de données). Les aspects techniques et les modalités pratiques de réalisation d'un tel projet n'ont pas été approfondis, cet aspect n'a été évoqué que dans les communications des intervenants qui ont décrit les configurations existantes et les logiciels utilisés par l'AUGT. La recommandation principale de ces journées d'études pour le court terme a été l'optimisation des moyens informatiques utilisés pour les bases de données urbaines (BDU) et de transport (BDTU) par le recours aux technologies réseau permettant l'alimentation en continue des deux bases et l'échange et croisement de données avec les différents acteurs de l'environnement dynamique des transports urbains.

Sur cette même piste de recherche, le ministère du Transport a organisé le 12 et 13 octobre 1998 un séminaire sur la gestion de l'information et des données dans le secteur des transports. L'objectif de cette action était la mise en place en Tunisie d'un observatoire des transports. À cet effet l'expérience Française de l'OEST (Observatoire Économique et Statistique des Transports) a fait l'objet d'exposés et de débat autour de la transposabilité de l'expérience Française au contexte tunisien compte tenu des résultats d'une enquête menée auprès des opérateurs pour sonder leurs prédispositions et dresser l'état des lieux en matière de gestion et de circulation de l'information.

D'après les résultats d'analyse des questionnaires de 30 répondants, les avis sont globalement favorables à la mise en œuvre d'une base de données transports et à son utilisation pour :

- le développement des échanges entre partenaires ;
- l'utilisation de la base comme outil de coordination ;
- le pilotage d'ensemble du secteur et la détermination des tendance futures ;
- l'analyse de complémentarité intermodale ;
- la comparaison des performances des différents opérateurs ;
- la connaissance des flux de transport ;
- la mise en cohérence des données et leur confrontation : économie/transport, Environnement/transport, Aménagement/transport.

Le problème d'insertion institutionnelle a été abordé en terme de respect des spécificités des différentes structures organisationnelles et institutionnelles. Pour avancer sur ce projet ont été recommandés :

– l'analyse systématique et l'exploitation des analogies ;
– le recours aux nouvelles technologies de l'information en l'occurrence Internet pour la facilitation de mise en place d'interfaces et passerelles entre les différents systèmes et notamment celui de l'AUGT.

La création d'un observatoire des transports répondra à des attentes déjà exprimées notamment de la part de l'AUGT, qui entend jouer un rôle d'observatoire central en matière de planification et suivi d'évolution des transports urbains et ses interactions avec le développement urbain.

L'objectif final étant une meilleure répartition spatiale des activités socio-économiques et l'amélioration de la qualité de vie du citoyen.

La réalisation de ces projets jettera les bases d'un système d'information ouvert avec des bases de données aisément accessibles. Les nouvelles technologies de l'information et des télécommunication offrent de vastes possibilités d'amélioration des transports individuels et publics (voir schéma).

Attribution et missions de l'AUGT

Loi 95-108 du 25 décembre 1995

1. Caractère

Établissement public à caractère administratif.

2. Tutelle

Ministère de l'Équipement et de l'Habitat.

3. Périmètre d'intervention

Les trois gouvernorats du Grand Tunis : Tunis, Ben Arous, l'Ariana.

4. Attributions

- Réalisation des études urbaines ;
- Assistance aux collectivités locales.

5. Missions

- Développement de la fonction d'observation de l'expansion urbaine ;
- Mise en place et exploitation de système d'information géographique ;
- Promotion de la mission de suivi et de contrôle des études d'aménagement ;
- Réalisation des études sectorielles ;
- Suivi de la réalisation des opérations et des grands projets urbains ;
- Promotion de la recherche d'application dans le domaine de l'aménagement urbain ;
- Conception de programmes et cycles de formation et de vulgarisation des techniques de gestion urbaine.

Du fait de son choix d'insertion dans l'espace Euroméditérranien, la Tunisie pourra bénéficier des efforts investis par la commission européenne pour la création d'un cadre légal sur des questions telles que la normalisation, l'interopérabilité, les tarifs et la sécurité des données qui est vitale pour la promotion des applications. Les progrès accomplis dans ce domaine favorisent la mise en œuvre efficace de la télématique dans les transports et l'accélération de l'accès à la société de l'information (4). À l'échelle du pays les engagements sur cette voie émanent d'une volonté politique ferme.

3. L'actualisation des plans directeurs

Au niveau des secteurs de l'aménagement urbain, du transport et de la gestion de la circulation, un ensemble de documents de planification fixant les objectifs et projections d'ici l'an 2016 est prêt :

• Le SDA (Schéma Directeur d'Aménagement du Grand Tunis) repose sur deux objectifs majeurs :

- « le report d'une partie de la croissance sur les villes secondaires » ;
- l'affinage et le renforcement du caractère international de l'agglomération (mettant ainsi à profit le relâchement de la pression démographique et migratoire sur Tunis) en améliorant sensiblement la performance des moyens de communication, les équipements d'accompagnement, les services administratifs, et en attirant les savoir faire de haut niveau (5).

• Le PDRT (Plan directeur régional de transport du Grand Tunis) dont le rapport final a été achevé en 1998. Ce document propose une projection des déplacements régionaux aux horizons 2006 et 2016 sur la base des données socio-économiques de l'INS (Institut national de statistiques) et propose compte tenu de ces projections une série de mesures destinées à assurer une meilleure organisation et une diversification de l'offre de transport avec l'amélioration des bases de données sur les activités des opérateurs.

• Le Plan directeur de transport de la ville de Tunis en cours d'actualisation et qui intégrera le plan de circulation permettra de décliner l'ensemble des objectifs et orientations du SDA et du PDRT et de les traduire dans un système de gestion de la circulation permettant « la réduction de l'impact des transports sur l'environnement ainsi que l'amélioration de l'accessibilité et de la sécurité sur la voie publique dans l'aire métropolitaine » (6).

Pour cela trois scénarios ont été envisagés :

1. un « scénario TI » (transport individuel) basé sur un partage modal en faveur des TI 65 % contre 35 % pour les TC à l'horizon 2016 (les parts actuelles sont égales 50-50 %) ;
2. un « scénario TC » (transport en commun) permettant le maintien du partage modal actuel par des actions volontaristes des promoteurs des transports collectifs et l'organisation de la circulation et du stationnement dans le sens d'une plus grande maîtrise de l'usage de l'automobile ;
3. un scénario intermédiaire avec un partage modal d'environ 57,5 % pour le TI et 42,5 % pour le TC. Il consiste à consentir des investissements importants en matière de voirie tout en améliorant les performances du système actuel de transport collectif.

L'étude favorise le scénario 2 plus conforme aux orientations du SDA et du PDRT, c'est un choix relevant plutôt du bon sens. Mais la tendance des choix politiques penche plus vers le scénario 3, un scénario de coup parti qui semble plus « confortable ». Si telle est l'orientation probable, l'intégration des nouvelles technologies parmi les investissements envisagés comme appui et outil de réduction des nuisances liées à la banalisation voire la domination de l'automobile phénomène caractéristique des villes européennes « des trente glorieuses » (1945-1975) (7), parait plus que nécessaire. La prise en ligne de compte dans les études prospectives de l'impact de la généralisation de leur usage sur les habitudes de déplacement est également utile.

Si le gouvernement Tunisien s'est fixé d'ici le début de l'an 2000, le chiffre de 30 000 abonnés et de 200 mille internautes (8) les projections de l'an 2006 et 2016 réalisés dans le cadre des différents plans d'urbanisation de transport et de déplacement

Schéma du réseau potentiel de coopération et de partage des ressources et données en matière de planification, gestion de l'espace urbain et transport

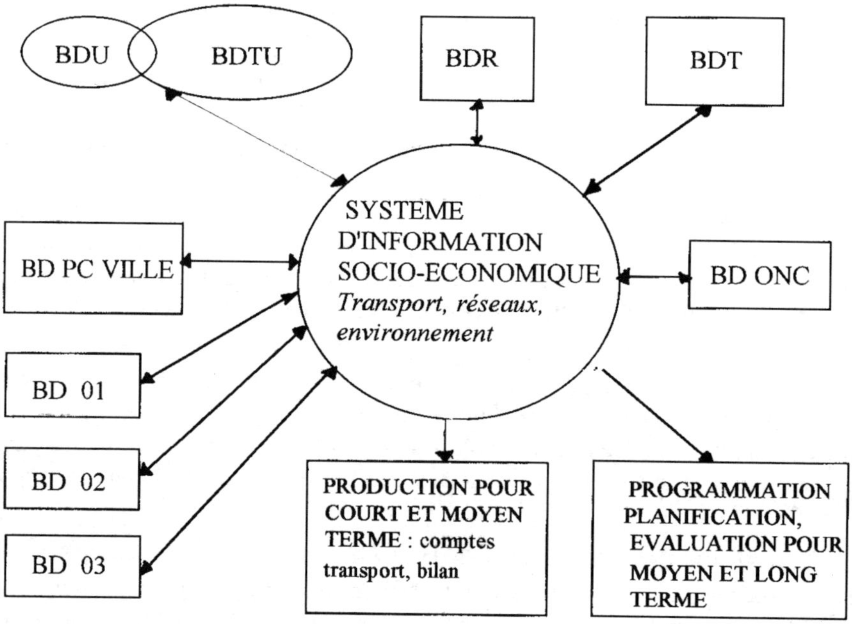

BDU	*banque de données urbaines*
BDTU	*banque de données spécifiques transport*
BDR	*base de données réglementaires*
BDT	*base de données technologiques (logiciels, méthodes et modèles)*
PC	*poste central de régulation du trafic*
ONC	*observatoire national de circulation*
01, 02...	*opérateur1, 2...*

doivent tenir compte de l'évolution de ce nombre d'ici cette échéance. La négligence de l'impact de la société de l'information pourrait fausser les prévisions construites sur la base d'un calcul linéaire occultant les ruptures qui peuvent provenir des changements culturels découlant de l'appropriation des outils télématiques. Parce qu'elles sont génériques et combinatoires les technologies de l'information ont vocation de se répandre partout dans les bureaux, les usines mais également dans les foyers et espaces publics.

4. Un scénario pour une société de l'information

Les technologies de l'information et de la communication figurent parmi les techniques nouvelles les plus promises à un développement rapide au cours des prochaines décennies, la baisse continue des prix des micro-ordinateurs et la découverte de nouvelles formes de rémunération des accès aux réseaux favoriseront « la diffusion des outils d'accès à la société de l'information et leur appropriation même si l'usage qu'on en fait est différent de celui auquel ils ont initialement été conçus » (9).

Même s'il semble difficile d'imaginer un avenir radieux pour le télétravail dans les deux années à venir, en raison de sa remise en cause des habitudes très enracinées dans nos comportements et systèmes de valeurs, la télémédecine, la téléconférence, le téléguidage semblent préparer un univers où les distances seront abolies et le temps comprimé à la nano-seconde.

Bien que le rêve ne soit pas aujourd'hui totalement réalisé, le progrès technique qui ne s'arrêtera pas a permis de le concrétiser en partie dans certaines villes des pays développés où la technologie a fortement imprégné les habitudes de vie des citoyens, et modifié leurs comportements en contribuant favorablement à diminuer les effets néfastes de l'urbanisation massive.

Les pays en développement ont aujourd'hui à leur disposition des outils bon marché d'accès à la société de l'information. Pour faire face aux enjeux de l'urbanisation, il va falloir se les approprier rapidement en mettant en place tout un dispositif incitatif favorisant :

- un meilleur partage des ressources et une meilleure coordination entre les différents acteurs et intervenants en matière de planification et gestion des espaces urbains par le recours au networking ;
- l'amélioration des services de l'administration en instituant pour certaines prestations de service les accès à distance ;
- l'encouragement des entreprises à la systématisation de l'usage des outils de communication à distance et de l'échange des données via sur les réseaux de télécommunication (fax, transfert de ficher, messagerie électronique), au recours au WWW pour la création de sites Web accessibles à distance et pour les partenaires du secteur et pour le grand public ainsi que l'usage du commerce électronique. À titre d'exemple la SNT principal opérateur TC dans le grand Tunis génère chaque années avant la rentrée scolaire plus de 100 000 déplacements d'élèves et étudiants devant se présenter à ses guichets pour l'achat d'un abonnement. Ces 100 000 déplacements sont à multiplier par deux si une pièce manque au dossier et à trois si l'abonné est accompagné, rien que les 300 000 déplacements pourraient être économisés par le recours au téléachat, via les établissements d'attache de cette clientèle ;

- la connexion de toutes les entreprises au réseau des réseaux qui offrent une infrastructure bon marché et rapidement opérationnelle d'échange de données entre elles et avec l'AUGT, la ville de Tunis, l'Observatoire national de la circulation ou tout autre organisme concerné par les problèmes de planification et de gestion de l'espace urbain, de transport ou de circulation et sécurité.

VI. CONCLUSION

En guise de conclusion et en attendant la téléportation qui consiste théoriquement à « capter toutes nos fréquences et d'envoyer notre corps ailleurs par ondes radio », essayons de profiter du progrès technique et de nous projeter dans le futur en détruisant les obstacles culturels qui amputent notre raisonnement et nous conduisent vers des scénarios tronqués qui risquent d'atteindre leur limite peu de temps après leur mise en application. Seule une vision globale de l'environnement et une implication de tous les acteurs dans le processus de planification urbaine pourrait prévenir ce risque. La mise en place d'un système coopératif d'information socio-économique (transport, réseau environnement) basé sur un réseau d'observatoires dotés des outils informatiques et de télécommunication nécessaires à l'échange en temps réel des données, contribuerait à mieux préparer l'avenir, et à faire face aux enjeux de l'explosion urbaine.

La Tunisie a jusqu'ici réuni toutes les chances de succès dans ce domaine et ce grâce à une volonté politique au plus haut niveau et la présence au niveau du secteur du transport de compétences techniques convaincues et mobilisées pour l'intégration efficace des nouvelles technologies de l'information dans la gestion et la planification urbaine.

Bibliographie

(1) « L'explosion urbaine, les tiers mondes », *Cahiers français*, n° 270.

(2) « Les dividendes de l'approche Tunisienne », *Le Renouveau* du 13.09.99, page 2.

(3) « Le commerce électronique en Tunisie. Pourquoi ? Comment ? » *Exporter*, Bimestriel d'information économiques du CEPEX (Centre de Promotion des Exploitations), 10, 14, mai-juin 1999, pp. 17-38.

(4) *Un réseau pour les citoyens, comment tirer parti du potentiel de transports publics des passagers en Europe*. Livre vert de la commission européenne, Luxembourg, 1996, 58 p., 21,0 × 29,7 cm, ISBM 92-827-5813-3.

(5) *Rapport provisoire diagnostic du projet d'actualisation de Plan Directeur de Transport de la ville de Tunis*, octobre 1998, p. 13.

(6) *Note de synthèse de la première phase de l'étude d'actualisation du Plan Directeur de Transport de la Ville de Tunis*, février 1999.

(7) *Énergie, environnement et urbanisme durable*, Pierre Merlin et Jean Pierre Traisnel, PUF, juillet 1996.

(8) « La Tunisie fête l'Internet, Réalités multimédia », supplément gratuit diffusé avec le n° 719 de *Réalités*, septembre 1999, pp 10-11.

(9) « Télématique et transports routiers, l'avenir de la route intelligente », *Futuribles* n° 209, mai 1996, p. 37-51.

Rapport provisoire de deuxième phase de l'Étude du schéma Directeur d'Aménagement du Grand Tunis, février 1997.

Rapport final du Plan Directeur Régional de Transport du Grand Tunis, novembre 1998.

LE TABLEAU DES TRANSPORTS URBAINS À TUNIS

Abdelhamid M'Hedhbi
Chef de service d'exploitation, Société nationale des transprots
Noureddine Laabidi
Chef de division, SNT

La communication qui va suivre a pour objet le tableau des transports urbains à Tunis. Elle constitue en soi une introduction à l'intervention prévue au programme de ce congrès et qui portera sur l'urbanisme et les déplacements à Tunis en 2020.

Pour dresser le tableau des transports urbains à Tunis, nous allons d'abord présenter le contexte socio-économique qui a présidé à leur développement, ensuite retracer l'évolution du système de transport à travers les mutations qui ont touché le secteur et enfin soulever les problèmes liés aux aspects financiers.

I. LE CONTEXTE SOCIO-ÉCONOMIQUE DE L'AGGLOMÉRATION DE TUNIS DURANT LA DÉCENNIE (1988-1998)

A. La population

L'agglomération de Tunis composée de trois gouvernorats (Tunis, Ariana et Ben Arous) compte aujourd'hui plus de deux millions d'habitants soit le cinquième de la population du pays. Ils n'étaient que 1,614 millions fin 1988, soit un taux d'évolution moyen annuel de 2,9 %.

Gouvernorat	Population		Taux d'évolution annuel moyen
	1988	1998	
Tunis	896 000	1 018 000	1,4 %
Ariana	432 000	613 000	5,1 %
Ben Arous	286 000	427 000	4,9 %
Total agglomération de Tunis	1 614 000	2 098 000	2,9 %

L'évolution de la population a été fortement différenciée selon les secteurs géographique. En effet, Tunis a connu un dépeuplement du centre au rythme de 3 % par an, au profit de quartiers périphériques à l'ouest et au nord qui ont connu une grande expansion. L'évolution a touché à la fois la qualité de l'habitat et de l'infrastructure socio-collective qui s'est considérablement améliorée et l'extension spatiale de l'agglomération a vu naître des quartiers nouveaux :

- Évolution très forte au Nord (5,2 % par an) suite à la création des nouveaux quartiers d'Ennasr d'une part et à la poursuite du développement d'El Menzah et d'El Manar d'autre part.
- Évolution forte au Nord ouest (4 % par an) et au Sud ouest (4,2 % par an) reflétant ainsi le développement des zones périphériques telles que Ettadhamen et Douar Hicher au Nord ouest et El mourouj, Mhamdia et fouchana au Sud ouest.
- Évolution modérée dans les secteurs Ouest (Bardo et Manouba) et Sud (Ben Arous et Nouvelle Médina), ainsi que les banlieues Nord et Sud qui ont évolué à un rythme inférieur à la moyenne de l'agglomération.

B. Les emplois

L'agglomération de Tunis offre environ 35 % des emplois de l'ensemble du pays. L'évolution des emplois par secteurs d'activité entre 1988 et 1998 figure au tableau ci après. La part des emplois dans le secteur tertiaire s'est renforcée au détriment des secteurs primaire et secondaire. Ces emplois se sont accrus à un rythme supérieur à celui des emplois totaux.

Secteurs d'activité	1988	1998	Taux d'évolution moyen annuel
Primaire	29000	31000	0,7 %
Secondaire	149000	191000	2,8 %
Tertiaire	248000	340000	3,7 %
Total	426000	562000	3,2 %

La localisation des emplois fait apparaître une grande disparité au niveau des différents secteurs géographiques. L'essentiel des activités se polarise au centre et au sud. Le centre de Tunis concentre environ 30 % des emplois alors que n'y habitent que 8 % de la population. Par contre, le secteur ouest qui totalise 35 % de la population accueille peu d'industrie et reste fortement déficitaire en emplois (12 %).

Malgré les efforts d'implantation des zones industrielles à l'ouest et à l'est de la capitale, il reste beaucoup à faire pour rééquilibrer et harmoniser le tissu industriel autour de la capitale.

II. L'ÉVOLUTION DU SYSTÈME DE TRANSPORT

La dernière décennie se caractérise au niveau du secteur des transports par des orientations marquées de l'amélioration du système des transports urbains. C'est dans ce cadre que s'inscrivent les différentes mutations qu'a connues le secteur.

A. La mobilité

L'accroissement de la population tunisoise et l'amélioration de son niveau de vie ainsi que l'extension de l'espace urbanisé, sa densification en fonction de l'augmentation des postes d'emplois et des équipements socio-collectifs sont de nature à accroître la mobilité par le transport collectif aussi bien qu'individuel.

Le volume des déplacements motorisés est de l'ordre de 2,5 millions par jour pour les deux modes (TC et VP). La répartition modale de ces déplacements s'établit à 50 % pour les TC dont la part se situait à 53,9 % il y a dix ans. l'avantage pris par les VP sur les TC s'explique par l'accession d'une couche plus importante de la population à la possession de la voiture, notamment grâce aux mesures politiques décidées dans ce sens. Le parc automobile est passé d'environ 80 000 véhicules particuliers en 1988 à plus de 132 000 en 1998, soit un taux d'accroissement de 65 %.

La répartition des déplacements par motif fait apparaître qu'environ 32 % des déplacements sur TC sont effectués par la population scolaire. La comparaison

de l'implantation des établissements scolaires (essentiellement de l'enseignement secondaire) avec la population de chaque délégation (45 pour les trois gouvernorats qui constituent l'agglomération de Tunis), reflète que le taux d'équipement du centre des chefs lieux des gouvernorats est nettement plus élevé que dans les régions périphériques.

Ce déséquilibre fait que certaines délégations offrent plus de places dans leurs établissements qu'elles n'en ont besoin et d'autres nettement moins que les besoins nécessités par leur poids démographique. Le ratio (nombre d'élèves/population) varie entre 28 et 3,25. La conséquence logique est un besoin en transport qui augmente avec le déséquilibre.

Par ailleurs, le déséquilibre de l'implantation des institutions et foyers universitaires dans les trois gouvernorats est générateur de mobilité TC.

Le gouvernorat de Tunis qui totalise plus de 75 % des étudiants inscrits n'en héberge que 50 %, alors que le gouvernorat de Ben Arous où le nombre d'étudiants inscrits représente moins de 1 % héberge 24 %. Certains foyers universitaires d'implantation récente sont situés loin des établissements supérieurs à des distances variant entre 15 et 24 kilomètres.

B. Le réseau de voirie

Le réseau viaire est composé de voirie structurante dont la configuration a été conditionnée par le site contraignant de l'agglomération de Tunis (lacs de Tunis à l'Est et Séjoumi à l'Ouest, collines du Belvédère au Nord et de Sidi Bel Hassen au Sud), et une voirie centrale trop exiguë.

- ***Voirie structurante***

Ces axes routiers présentent dans l'ensemble des caractéristiques géométriques assez bonnes. Une bonne partie de ces structurantes (plus de 50 kilomètres) a été mise en 2 × 2 voies. Le nombre d'ouvrages d'art routiers (échangeurs, tunnels et viaducs) est passé de 8 à 20 durant la décennie. Toutefois, au niveau des intersections de certains axes principaux souvent saturés, les emprises disponibles ne permettent pas de tels aménagements nécessitant des espaces importants. Sur certaines artères structurantes les taux de saturation définis comme étant la charge affectée en véhicules à l'heure de pointe sur la capacité du tronçon de la voirie considérée, varient de 1,46 sur la voie de la sortie Sud à 2,29 sur la voie X4-Jugurta.

- ***Voirie centrale***

Le réseau viaire du centre de Tunis et des communes environnantes est généralement exigu et ne permet pas de supporter un trafic véhiculaire de plus en plus important ; de surcroît, la mise en place du Métro Léger sur certaines artères de la capitale a eu pour effet de limiter davantage leur capacité. L'emprise réservée à la circulation a été amputée de 25 hectares environ cédés au métro dans la partie centrale de l'agglomération, là où l'espace public manque le plus.

Malgré le plan de circulation mis en place par la municipalité de Tunis entre 1985 et 1990, parallèlement à l'achèvement du réseau prioritaire du Métro, et ayant pour objectif de donner la priorité aux transports en commun, en limitant l'accès de la voiture particulière au centre, les conflits entre les différents usagers de la voirie centrale se sont aggravés et le problème de la fluidité du trafic reste posé.

C. L'évolution des transports collectifs urbains

Les réseaux de transport collectif dans l'agglomération de Tunis ont connu un développement soutenu au cours de la dernière décennie grâce notamment aux mutations qui ont touché le secteur à savoir essentiellement :

- Le parachèvement du réseau prioritaire du Métro Léger de Tunis.
- La restructuration du réseau Bus, avec un redéploiement de l'offre dégagée, sur la périphérie lointaine.
- La libération des transports en commun traduite par l'entrée sur scène de deux opérateurs privés pour la desserte de quartiers périphériques.
- La mise en service d'une troisième voie sur la ligne de chemin de fer reliant la banlieue Sud à Tunis.
- Le réaménagement de deux stations centrales Bus (Thameur et Belhouane)
- L'aménagement des stations de rabattement Bus-Métro de l'Ariana et d'El Intilaka

1. Présentation des opérateurs gestionnaires

a. Opérateurs publics

Les transports collectifs dans l'agglomération de Tunis sont gérés par trois opérateurs publics :

- La Société nationale des transports (SNT), principal opérateur, assure l'essentiel de l'offre de transport par bus. Elle gère un parc de 924 bus dont 240 articulés et 175 lignes s'étendant sur une longueur cumulée de 5 500 kilomètres.
- La Société du métro léger de Tunis (SMLT), deuxième opérateur de l'agglomération, gère à la fois le réseau du Métro constitué de 5 lignes d'une longueur totale de 33 kilomètres, et une ligne de chemin de fer électrifiée de 20 kilomètres desservant la banlieue Nord de Tunis.
- La Société nationale des chemins de fer tunisiens (SNCFT) exploite une ligne de chemin de fer d'une longueur de 23 kilomètres reliant la banlieue Sud à Tunis.

Le nombre de voyageurs transportés par les opérateurs publics est passé de 292,7 millions en 1988 à 469,4 millions en 1998, soit un taux d'évolution annuel moyen de 6 %. La ventilation par opérateur (en millions de voyageurs) s'établit comme suit :

	1988	**1998**
SNT	230,9	333,3
SMLT	41,9	113
SNCFT	19,9	23,1

b. Opérateurs privés

- La société de Transport en commun de voyageurs (TCV) crée en 1988, gère un réseau bus de 6 lignes desservant quelques quartiers périphériques de la capitale.
- La société de Transport urbain de Tunis (TUT) crée en 1997, gère un réseau bus de 3 lignes desservant la banlieue Sud.

En 1998, ces deux opérateurs ont transporté 5,1 millions de voyageurs (2,9 millions pour la TCV et 2,2 millions pour la TUT).

2. L'adéquation offre/demande

L'offre TC exprimée en véhicule – kilomètre (Veh-km) et en places kilométrique offertes (PKO) pour les deux principaux opérateurs a considérablement évolué entre 1988 et 1998.

SNT			
1988		**1998**	
Véh.-km (en 1 000)	PKO (en millions)	Véh.-km (en 1 000)	PKO (en millions)
33348	2 862	46645	4 292
SMLT			
1994		**1998**	
Véh.-km (en 1 000)	PKO (en millions)	Véh.-km (en 1 000)	PKO (en millions)
6 040	1 877	6 788	2 074

La couverture géographique des réseaux bus et métro est globalement bonne. Toutefois, malgré les efforts d'investissements soutenus pour améliorer qualitativement l'offre, les TC souffrent de plusieurs faiblesses qui limitent leur attractivité :

- Dégradation de la vitesse commerciale des bus et du métro dans le centre de Tunis (respectivement 7 et 12 km/h aux heures d'affluence).
- Saturation du réseau bus qui se manifeste par un taux de charge élevé aux heures de pointe (ce taux dépasse 150 % sur le tronçon et le sens les plus chargés de l'axe Ouest), et par la saturation de la plupart des terminus situés dans le centre.
- Coordination inter-modale limitée : le trafic de correspondance comparé au trafic total reste limité (3 %), la coordination horaire est très insuffisante et l'intégration tarifaire entre les modes TC est quasi-absente, ce qui ne favorise pas la complémentarité entre eux.
- Transfert modal voiture particulière-métro très faible (3 % à 8 % des usagers du métro léger) en raison des conditions difficiles dans lesquelles le rabattement se fait et en particulier les conditions de stationnement au niveau des stations de rabattement.

III. LES PROBLÈMES LIÉS AUX ASPECTS FINANCIERS

Le transport collectif urbain est une activité de service public dont les tarifs, imposés par les pouvoirs publics ne reflètent pas les coûts. Les recettes en provenance directe des usagers ne suffisent pas pour couvrir les charges d'exploitation et d'investissement et les entreprises de transport collectif urbain ont recours à la contribution de l'État aussi bien pour les investissement que pour combler les déficits d'exploitation, ou le manque à gagner dû aux réductions des tarifs scolaires (les scolaires qui représentent 35 à 40 % des voyageurs, ne rapportent que 5 à 10 % des recettes).

Malgré cette contribution, le secteur du transport est globalement déficitaire. Au cours du VIII Plan National (92-96), les entreprises publiques de transport dans l'agglomération de Tunis ont enregistré une évolution des charges à un rythme de 3 % par an, alors que leurs produits (recettes, compensations tarifaires et subventions) n'ont progressé que de 1,8 % annuellement.

Le déficit cumulé après subventions est de l'ordre de 16,6 millions de DT :

- Charges cumulées = 539,220 mDT ;
- Produits cumulés (avec subventions) = 522,657 mDT.

Ce système de financement, basé notamment sur l'intervention directe du budget de l'État, mérite d'être reconsidéré, en vue d'identifier de nouvelles sources de financement pour couvrir les dépenses d'exploitation du secteur et doter les opérateurs des moyens nécessaires pour améliorer la qualité de service et assurer leur développement.

L'une des voies à explorer dans ce contexte est celle des agents économiques dont notamment les collectivités locales, les entreprises, les commerçants et les promoteurs immobiliers qui jouissent indirectement des effets bénéfiques induits par le service transport sans pour autant contribuer à son financement.

CONCLUSION

Le développement du système de transport au sein de l'agglomération de Tunis implique sur le plan institutionnel plusieurs départements sectoriels et parfois plusieurs organismes au sein d'un même département, la multiplicité des intervenants est généralement le résultat du partage sectoriel qui est fait sans que les fonctions de coordination soient assurées d'une manière satisfaisante.

La résolution de ce problème de coordination s'impose de plus en plus, comme une solution urgente pour assurer le développement harmonieux des réseaux de transport collectif.

Par ailleurs la mise en place d'une politique globale, claire et concertée des transports est de nature à répondre aux attentes, tant territoriales qu'environnementales et donc de qualité de vie pour les habitants de l'agglomération.

■

OBSERVATOIRES DU STATIONNEMENT ET MOBILITÉ

Jean Delcroix
Président de SARECO

INTRODUCTION

L'exploitation des réseaux des transports urbains concerne :

– Les réseaux de TC, pour les bus, tramways, etc.

– Les réseaux viaires, pour la circulation individuelle : VP, vélo, marche à pied.

Ce dernier domaine comprend aussi bien :

– Les espaces dédiés à la circulation : voies, trottoirs, pistes.

– Les espaces dédiés au stationnement : sur voirie, en parking de surface, en parking souterrain public ou privé.

Cette mise en perspective du stationnement, ainsi rattaché au Réseau des Transports Urbains, se dégage naturellement dès lors que l'on entreprend de mettre en œuvre des politiques intermodales cohérentes, notamment sous l'angle des Plans de Déplacements Urbains.

L'intermodalité recherchée et souhaitée par les acteurs des déplacements : autorité organisatrice des transports, villes… passe bien entendu par une information qui doit être plurimodale. Or celle-ci repose sur une prise de données qui est spécifique pour chacun des modes concernés :

– Fréquence – intervalle des transports en commun.

– Temps de parcours pour les VP, mais aussi les vélos ou la marche à pied.

– Information « places libres » en parkings, ou difficulté plus ou moins grande de stationner sur voirie…

Il est habituel de distinguer, en matière d'informations des transports pour l'usager, 3 niveaux :

• *L'information structurelle*

il s'agit de décrire l'offre théorique existante de façon permanente :

– réseau routier (cartographie) ;

– parcs de stationnement : localisation, accès ;

– jalonnement vélos, piétons ;

– itinéraires TC, fréquences théoriques.

C'est une information à caractère statique décrivant l'offre théorique en déplacements.

- *L'information événementielle prévisible*
  – déviation sur réseau routier ;
  – fermeture de parcs de stationnement, ou état « complet » ;
  – obstacles cheminement vélos, piétons, météo ;
  – modifications temporaires sur TC.

Niveaux	**VP circulation**	**VP stationnement**	**Modes doux**	**TC**
Info. structurelle = offre théorique	cartes	localisation accès	jalonnement de cheminements, dénivelés	itinéraires fréquences
Info. événementielle = offre prévisible	déviations	fermeture de parc ou état "complet"	obstacles, cheminements météo	modifications temporaires
Info. événementielle en temps réel = offre réelle	temps de parcours	saturation imminente des parkings, temps de recherche de places sur voirie	à définir	durée réelle des trajets délai d'attente

Tableau 1. Informations des transports pour l'usager

C'est une information variable, décrivant l'offre prévisible en transports.

- *L'information événementielle en temps réel :*
  – temps de parcours sur réseau routier ;
  – temps de recherche de places sur voirie, nombre de places vides en parking ;
  – pour les vélos et piétons, (reste à définir) ;
  – durée réelle des trajets, délai d'attente sur TC.

C'est une information dynamique, décrivant l'offre réelle.

On constate que les méthodes de mesures de l'information doivent être très variables selon les modes, et pour certains modes, on est loin de les avoir intégrés, ne serait-ce qu'au niveau mental.

L'exposé d'aujourd'hui vise à définir le rôle potentiel des Observatoires de stationnement dans une telle perspective.

1. ÉTAT ACTUEL DES OBSERVATOIRES DU STATIONNEMENTE

1.1. Exemples

Certaines villes ont décidé de gérer et publier des informations émanant de la gestion du stationnement : Nantes, Brest, Metz, Dijon, Le Havre, etc.

Plusieurs configurations sont aujourd'hui constatées.

a. À Brest, sont ainsi tenus à jour :

- l'état de l'offre : voirie, parkings publics et garages privés ;
- la demande sur voirie, selon durée, grâce à des enquêtes de rotation ;
- l'identification des catégories de demande qui se présentent selon les secteurs et l'interprétation correspondante ;
- la mise en perspective chronologique.

b. À Nantes, Le Havre, Dijon…

Sareco a implanté le concept d'observatoire ANASTA, véritable outil de pilotage du stationnement dans la ville.

L'observatoire de stationnement ANASTA se compose d'un ensemble de ratios décrivant les conditions de stationnement dans un quartier, associés à des clignotants contribuant à formuler des diagnostics (cf. tableau ci-joint).

1.2. Rôle des Observatoires de stationnement

Les Observatoires sont donc des outils d'aide à la décision, reposant sur :

- Un regard périodique et standardisé à intervalles réguliers : on compare des faits mesurés dans les mêmes conditions.

  On peut donc suivre de près l'évolution des conditions de stationnement avec fiabilité, malgré leurs fluctuations mensuelles.
- Des données localisées, permettant le diagnostic différencié selon les secteurs.

Ils s'adressent à des Techniciens du Stationnement, au sens large : Ingénieurs Voirie, Économistes de la Ville, Police Municipale.

ANASTA permet :

- la formulation de diagnostics ;
- la prise de décisions de traitement des dérives ;
- la vérification de l'efficacité des mesures prises ;
- l'anticipation des conséquences des tendances observées ;
- le dialogue avec les usagers sur des bases objectives.

1.3. Limites de tels Observatoires

Ils sont pour l'instant orientés pour les besoins des Techniciens, ce qui se traduit souvent par une limite de communication : un décodage est alors nécessaire.

À ce titre, ils sont même parfois peu visibles dans l'univers municipal.

L'acquisition des premières bases peut se révéler coûteuse : cas du recensement des garages privés sur parcelle par exemple, si on souhaite l'incorporer dans les Observatoires.

Enfin, ils sont bien adaptés au niveau 1 d'information (offre théorique) et assez éloignés de l'événementiel.

NB : Par contre, le jalonnement dynamique, là où il est mis en place, est événementiel.

Pourtant, ces Observatoires constituent une base de données précieuses qu'une société de l'information ne manquera pas d'exploiter.

Observatoire de stationnement ANASTA

Ratios et clignotants

Parmi les ratios

Le taux de respect du stationnement payant sur voie publique ;

Le taux de places vides autorisées ;

Les recettes sur voie publique par place et par an (exprimée en francs ou en places × heures) ;

Le taux d'efficacité (utilisation) d'un parc de stationnement ;

Le temps moyen de recherche d'une place de stationnement.

Parmi les clignotants

La fréquentation horaire des parcs de stationnement de centre ville ;

Pour des stationnements sur voie publique, le taux de respect du péage, qui indique en fait son efficacité.

2. LE RÔLE POTENTIEL DES OBSERVATOIRES DE STATIONNEMENT DANS LA MOBILITÉ

Le gisement de données de l'Observatoire de stationnement dans une ville représente un potentiel pour l'instant dormant, dans la mesure où il reste à l'intérieur d'un cercle de Techniciens « initiés ».

La question qui se pose aujourd'hui est de faire sortir les Observatoires de leur enclos technique et de les utiliser opérationnellement vers d'autres cercles :

- Grand public ;
- Commerçants ;

– Employeurs…

Voici les champs d'application ouverts aujourd'hui :

2.1. Gestion des Déplacements Urbains

a. Utilisation

Les Observatoires peuvent être organisés opérationnellement selon le schéma exposé ci-avant :

- offre théorique ;
- offre prévisible ;
- offre réelle.

De manière à permettre à l'usager de prendre en compte le volet « Stationnement » dans leurs déplacements.

C'est en quelque sorte un côté « mode d'emploi » du stationnement dans une ville, qui aujourd'hui, semble faire défaut, à en juger par la méconnaissance qu'en ont les usagers (60 % des usagers ignorent le tarif horaire).

Toutefois, dans une optique de gestion des Déplacements Urbains, il serait alors intéressant de décliner cette information selon les différentes catégories d'usagers du stationnement, qui découlent des motifs de déplacement vers un secteur urbain donné :

- migrants domicile – travail, pour le stationnement sur le lieu de travail ;
- résidents du quartier, pour le stationnement sur le lieu de résidence ;
- visiteurs, venant plus ou moins occasionnellement dans le quartier, et souvent en posture d'achat potentiel ou de génération de flux d'affaires.

Le contenu des Observatoires peut aussi être orienté vers une meilleure transparence de l'information permettant aux usagers de mieux comprendre les mécanismes du stationnement urbain :

Quel serait par exemple, l'inconvénient qu'il y aurait à livrer au public la courbe horaire de remplissage d'un parc-relais ? ou à lui fournir les données spatiales sur les possibilités de stationnement dans un secteur, couvrant parcs publics, voirie, etc ?

Enfin, dans cette optique, les Observatoires pourraient incorporer une part d'information sur les produits liés :

- voiture partagée,
- voiture électrique,
- places handicapés,
- stationnement vélos,
- agent encaisseur ;

Ou les modes aval : marche à pied, transport hectométrique, TC dans le cas de pôle d'échange.

b. Les difficultés d'application

La mise dans le public de ces informations peut présenter des inconvénients :

- accès du public à des informations quasi-financières, que les opérateurs pourraient souhaiter conserver secrètes ;
- introduction de concurrence modale VP — TC alors que les opérateurs ne sont pas dans cette culture ;
- incitation à prendre la VP, par la publicité de ressources existantes et sans doute méconnues, alors que la Loi sur l'Air se propose d'encourager les TC.

Ici on sera tenté de se référer aux évolutions récentes de la société, où tout ce qui est public est de plus en plus aisément accessible.

Enfin, au plan technologique, la prise de données du stationnement sur voirie se heurte encore à des difficultés non maîtrisées : il est quasi-impossible de savoir à distance si une place en créneau est libre ou occupée, ou de connaître le taux de vides moyen d'un quartier à un instant donné (pour un coût raisonnable).

2.2. Valorisation des centre villes

Un autre impact des Observatoires du stationnement, lié effectivement à la mobilité, concerne la valorisation des centres villes anciens.

Ceux-ci sont en effet concurrencés par les équipements commerciaux périphériques, dont l'un des atouts est l'image du stationnement « facile » :

- gratuité, au moins apparente ;
- profusion de places de stationnement, même si elle ne se traduit pas toujours par la facilité de trouver une place à laquelle on s'attendrait légitimement.

L'un des enjeux des Observatoires serait donc de rééquilibrer, en termes qualitatifs ou quantitatifs, les représentations mentales du stationnement sur les différents lieux d'achat ou de loisirs d'une agglomération, centraux ou périphériques.

Par ailleurs, quelques investigations sommaires ont pu montrer que le « panier moyen » d'un client du centre-ville venu en VP est plus élevé que celui venu en TC : l'approche du stationnement lié à l'appareil commercial en centre-ville est donc porteuse d'une création de richesse potentielle, et on pressent que le rôle d'un Observatoire peut être lui aussi créateur de valeur.

2.3. Institutionnalisation de la communication sur le stationnement dans un quartier

Disposer d'un Observatoire du stationnement peut se révéler précieux dans bien des débats polémiques, grâce à son côté factuel : SARECO a souvent pu ainsi désamorcer une ambiance quasi insurrectionnelle lors d'une réunion entre mairie et commerçants, en montrant séance tenante, quelques chiffres issus de l'Observatoire et disponibles sur le champ.

Le rôle « pacificateur » d'un Observatoire est à cet égard indéniable : on y parle de chiffres, constatables par tous, et non de taux, et les délais de consultations sont tellement courts que personne ne peut en contester la méthode d'obtention.

L'Observatoire du stationnement peut aussi être utilisé de façon permanente pour les débats récurrents sur le stationnement dans un quartier.

L'exemple de la ville de Grenoble est intéressant à cet égard : il a été instauré un véritable processus de communication sur ce thème, avec des objectifs à atteindre en commun par une collectivité.

3. LES OBSERVATOIRES DE DEMAIN

En laissant maintenant planer l'imagination, on peut faire une prospective sur les Observatoires du Stationnement.

3.1. L'implantation

Les Observatoires du stationnement sont initiés et animés par des villes centres.

À l'avenir, les agglomérations pourraient relayer les villes dans cette tâche : le positionnement du thème Stationnement dans les PDU en montre clairement l'opportunité.

Un tel positionnement serait par ailleurs plus neutre vis à vis de la desserte des équipements d'agglomérations qu'une approche de Ville Centre.

3.2. La technologie

Pour accéder au temps réel, la prise de données doit évoluer :

a. Prise en compte des centralisations :

- soit existantes : jalonnement dynamique ;
- soit futures : centralisation des gestions déléguées, des équipements de péage sur voirie (horodateurs).

b. Équipements complémentaires :

- en parking : mesures de remplissage ;
- sur voirie : par des modalités nouvelles à trouver (TV, infrarouge, hyperfréquence).

3.3. La gestion et la commercialisation

Les données sont une matière première susceptible de donner lieu à transactions.

Le groupe ATEC de réflexion sur le thème de l'information plurimodale a remis récemment ses conclusions sur ce sujet.

Il s'agit concrètement de définir :

- Le schéma d'opérabilité du système d'informations.
- Les conditions techniques et financières de mise en forme des données brutes.
- Les conditions de commercialisation et d'usage en aval des données de mise en forme.
- Le rôle d'une Autorité, en vue de la régulation des opérations.

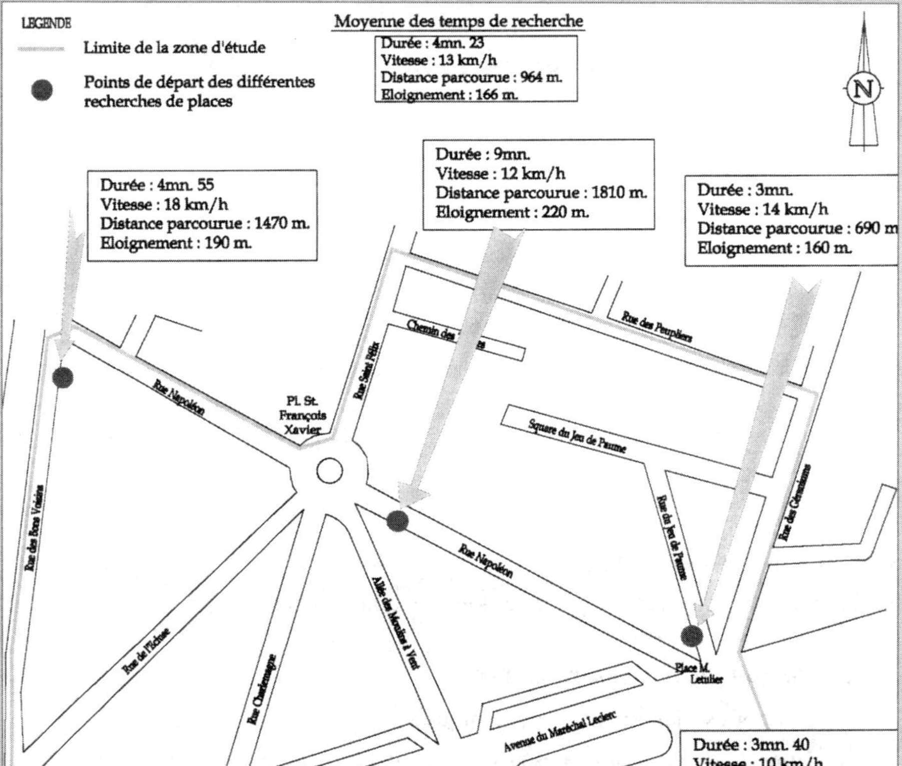
LEGENDE
Moyenne des temps de recherche
Durée : 4mn. 23
Vitesse : 13 km/h
Distance parcourue : 964 m.
Eloignement : 166 m.
Limite de la zone d'étude
Points de départ des différentes recherches de places
N
Durée : 4mn. 55
Vitesse : 18 km/h
Distance parcourue : 1470 m.
Eloignement : 190 m.
Durée : 9mn.
Vitesse : 12 km/h
Distance parcourue : 1810 m.
Eloignement : 220 m.
Durée : 3mn.
Vitesse : 14 km/h
Distance parcourue : 690 m
Eloignement : 160 m.
Rue des Peupliers
Rue Saint Félix
Rue Napoléon
Pl. St. François Xavier
Square du Jeu de Paume
Rue du Jeu de Paume
Rue des Géraniums
Rue des Bons Voisins
Rue Napoléon
Allée des Moulins à Vent
Place M. Letulier
Rue de l'Eclipse
Rue Charlemagne
Avenue du Maréchal Leclerc
Durée : 3mn. 40
Vitesse : 10 km/h
Distance parcourue : 610 m.
Eloignement : 150 m.
Pl. des Chevaliers
Avenue du Maréchal Leclerc
Rue des Cigognes
Rue Le Vaillant
Rue Crève-Coeur
Cité des Primevères
Rue des Tulipes
Rue Dupont
Avenue de la Liberté
Avenue de Paris
0
50
100 m.
VILLE DE ....
Localisation des temps de recherche d'une place de stationnement
Avril 1997
Durée : 1mn. 20
Vitesse : 11 km/h
Distance parcourue : 240 m.
Eloignement : 110 m.
Rue Vivaldi
SARECO 9 rue d'Enghien 75010 PARIS

STATIONNEMENT PAYANT EN OUVRAGE

Document préparatoire
Non diffusable en l'état

ANNEE 1998

Parking	Nombre de places amodiées, vendues ou réservées	Capacité banalisée	tarif abonnés banalisés (permanent)	tarif horaire visiteurs (a)	nombre d'abonnés banalisés (nuit exclus)	Part des résidents	nombre d'entrées visiteurs	recettes des clients horaires (F TTC)	abonnés disponibilité (b)	visiteurs disponibilité (c)	nombre d'heures vendues	durée moyenne visiteurs	part théorique de la capacité banalisée occupée par les visiteurs	coefficient d'usage des places banalisées (d)
Hypercentre														
Parking n° 1														
Parking n° 2														
Parking n° 3														
Parking n° 4														
Parking n° 5														
Parking n° 6														
Parking n° 7														
Parking n° 8														
Parking n° 9														
Parking n° 10														
Sous-total ou Moyenne														
Périphérie														
Parking n° 11														
Parking n° 12														
Parking n° 13														
Sous-total ou Moyenne														
Total ou Moyenne														
(1)	(2)	(3)	(4)	(5)	(6)		(7)	(8)	(13)	(14)	(9)	(10)	(11)	(12)

(a) Tarif de la première heure
(b) Disponibilité des abonnés : O pour abonnements banalisés disponibles, N pour abonnements banalisés non disponibles
(c) Disponibilité visiteurs : O pour affichage complet moins de 5 heures par mois, sinon N.
(d) Compte tenu d'un foisonnement sur abonné de 0,66 place occupée pour une carte.
(e) moyenne pondérée par le nombre d'usagers (abonnés ou horaires)
(f) moyenne pondérée par le nombre de places banalisées

Légende

Zone calculée

Règles de calcul

(9) = (8) / (5)
(10) = (8) / (7) / (5)
(11) = (9) / (3) / 2000
(12) = (11) + [(6) x 0,66 / (3)]

Observatoire du Stationnement | **Ville de *****************************

EVOLUTION DU STATIONNEMENT PAYANT SUR VOIRIE (HYPERCENTRE)

Document préparatoire
Non diffusable en l'état

Année	Nombre de places payantes	Nombre de jours payants	Nombre d'heures payantes / jour	Nombre de tickets (x 1000)	Nombre de tickets / place / jour	Taux d'occupation	Taux de respect apparent	Taux de cas particuliers	Taux de paiement estimé	Tarif 1ère heure	Recettes (en kF)	Taux de paiement réel	Valeur ticket moyen	Taux d'interdits	Nombre de PV pour stationnement interdit	Nombre de PV pour infraction au stat. payant	Nombre de PV pour infraction au stat. payant / place / mois	Nb de PV / place en infraction a stat. payant / mois
1998																		
1997																		
1996																		
1995																		
1994																		
1993																		
Moyenne																		
(1)	(2)	(3)	(18)	(4)	(5)	(6)	(7)	(19)	(8)	(9)	(10)	(11)	(12)	(17)	(13)	(14)	(15)	(16)

Légende

Zone calculée

Règles de calcul

(5) = (4) / (2) / (3)
(8) = (6) x (7) x [1 - (19)]
(11) = (10) / (2) / (3) / (9) / (18)
(12) = (10) / (4)
(15) = (14) / (2) / 12
(16) = (14) / { (2) x (6) x [1 - (7)] } / 12

VERS UN SERVEUR D'INFORMATION EN TEMPS RÉEL

Christian Proult

Chef de projet informatique pour les applications temps réel, RATP

1. PROBLÉMATIQUE

La RATP doit faire face à de nouvelles demandes et contraintes :

1. Les voyageurs se montrent de plus en plus exigeants en matière d'information.
2. Cette information est de plus en plus difficile à gérer par une offre multimodale : il faut acheminer l'information avec le voyageur.
3. Une circulation toujours plus difficile, donc à même d'engendrer des perturbations qu'il faut anticiper.
4. Faire transiter l'information par des chaînes de traitement existantes qui n'ont souvent rien en commun (format des données, protocoles utilisés).
5. Répondre aux besoins de la circulation des données et de leur consolidation en interne.

2. LA PROPOSITION D'ARCHITECTURE

L'idée est d'exploiter au mieux les informations depuis les Postes de Commandement de Lignes. Toutes les données contenues dans la base de données pourront être exploitées en temps réel. Le projet mettra en œuvre une architecture WEB / INTRANET. Les conditions d'exploitation pourront être traduites pour les voyageurs sous forme d'horaires et la consolidation des données en interne permettra la visualisation en temps réel d'indicateurs pertinents.

Supposons le cas — fort improbable... — d'une grève sur un réseau : À chaque gréviste correspond l'action de supprimer les courses qu'il devait effectuer. Grâce à l'architecture mise en place, l'entreprise connaîtra en temps réel le coût des pertes kilométriques, et ces suppressions seront converties pour le voyageur par des informations de départs ou de fréquences (*cf.* figure 1).

3. LA SOLUTION RETENUE

Pour le département BUS (13 000 personnes dont 10 000 machinistes) de la RATP, un projet de recherche a été mené par l'unité Méthodes et Systèmes d'exploitation. Les

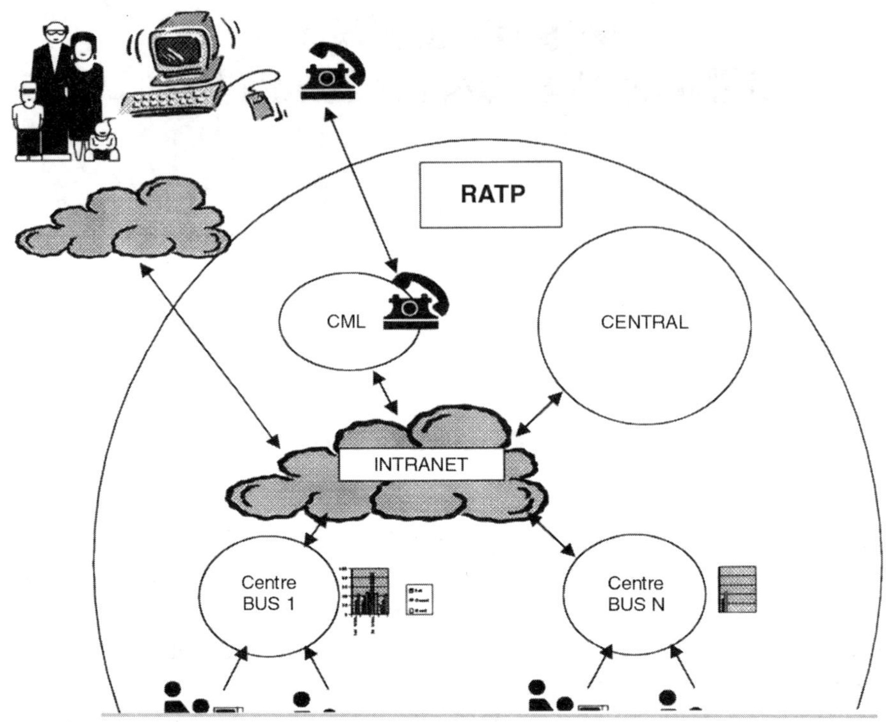

Figure 1. Architecture

études ont commencé en décembre 1998, et le projet doit se terminer au premier trimestre 2000.

Ce projet est articulé autour de trois volets :

1. Une modélisation reprenant les principaux apports de Transmodel version 4 avec une extension portant sur l'Information Voyageurs et la Tarification. Transmodel est la première normalisation des données concernant les réseaux de transport par le consortium européen TITAN. Ce groupe, composé de transporteurs et d'industriels, a travaillé en commun afin de proposer une norme qui soit le résultat de leurs expériences et réflexions.
2. Livraison d'un composant logiciel « métier » intégré dans les systèmes d'aide à l'exploitation (SAE) de type ALTAIR et reposant sur ce modèle.
3. Une proposition d'architecture de l'information issue du temps réel BUS pour sa diffusion en interne comme en externe.

4. LE MODÈLE

4.1. Généralités

Le projet repose sur un modèle informatique (SIOERS ++*) qui puise ses origines dans Transmodel version 4. Pour des raisons de développement informatique, le modèle entité-relation a été traduit en UML (Unified Method Langage) avec l'Atelier de Génie Logiciel Paradigm Plus. Il en découle une meilleure lisibilité du modèle (présentation sous forme de classes) et la possibilité de générer automatiquement du code C ++ (langage objet informatique qui permet de fabriquer des logiciels) et des scripts SQL (Structured Query Language) langage de requêtes en vue de créer/modifier la base de données Oracle.

(*) : Système d'Information Objet pour l'Exploitation des Réseaux de Surfaces (lien URL : http ://www. ratp. fr/rap_q/f_rap. htm)

Le modèle est constitué de 9 sous modèles :

- Topologie ;
- Demande de transport ;
- Temps Alloué ;
- Plan de production ;
- Personnel et Matériel ;
- Événements ;
- Trafic ;
- Information voyageurs ;
- Tarification.

4.2. Métriques

Sous-Système	Package	Nombre de diagrammes	Nombre de composants	Nombre de classes
Topologie	TrmTopo	10	7	54
Demande de transport	TrmDTrans	3	2	9
Temps alloués	TrmTemps	3	2	9
Plan de production	TrmPProd	11	4	54
Personnel et matériel	TrmRes	8	2	24
Événements	TrmEvnmt	21	15	114
Trafic	TrmTrafic	1	0	5
Information voyageurs	TrmInfosV	5	2	19
Tarification	TrmTarif	3*	4*	9*
Classes de base	TrmTools	2	2	13
Totaux	10	67	40	310

Tableau 1. Métriques

(*) : Sous système susceptible d'évoluer

5. LE COMPOSANT LOGICIEL

5.1. Présentation

Malgré la qualité des outils de régulation actuels, il est toujours difficile de mesurer avec précision la répercussion d'une manœuvre de régulation (suppression de course, changement horaire…) sur l'ensemble de la ligne concernée. L'idée est de fournir une vision graphique du tableau de marche telle qu'elle existe dans les outils modernes de construction de l'offre de transport (HASTUS, AUSTRICS et bientôt ALLEGRO). Le composant exploite l'utilisation d'une pente variable pour représenter les courses afin de montrer les déformations des temps de parcours. Cette représentation vient en complément des représentations sous forme de liste. Les actions graphiques permettent de visualiser immédiatement les incidences des manœuvres de régulation sur le tableau de marche courant.

Les fonctionnalités du composant ont été volontairement limitées dans l'immédiat aux trois manœuvres les plus utilisées :

- Modification d'horaire ;
- Suppression de course ;
- Modification de mission ;

5.2. Mise en œuvre

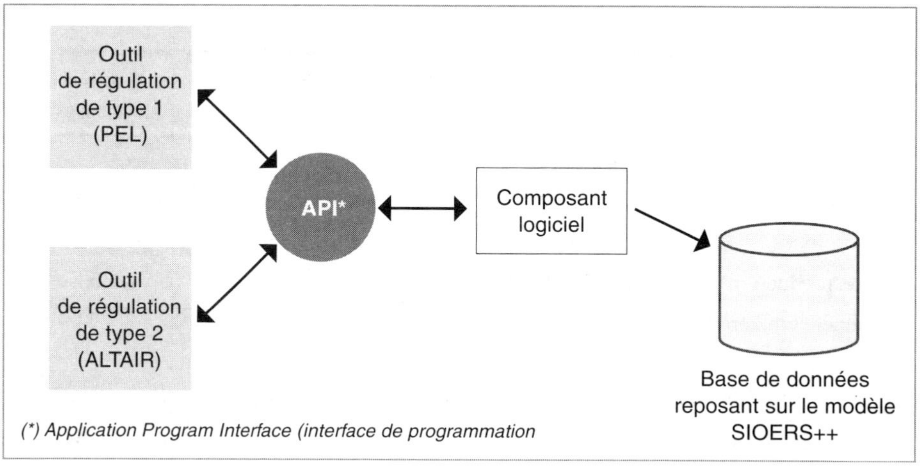

Figure 2. Composant. L'écriture du composant est en C++ avec utilisation des bibliothèques IlogViews (graphisme), DbLink (conversion entre les classes objets et les tables de la base de données).

UN SYSTÈME D'INFORMATION DYNAMIQUE DES VOYAGEURS POUR LE RÉSEAU DES BUS TCL DE L'AGGLOMÉRATION LYONNAISE

Dr Serge Gounant, *ingénieur système, SEMALY*
Richard Darmon, *conducteur d'opération, SYTRAL*
Marc Guasch, *chargé d'affaire, Thomson CSF DETEXIS*
Jean-Louis Quard, *chef de projet, SLTC*

À Pascal Vilge, disparu accidentellement le 8 août 1999

RÉSUMÉ

Le Syndicat mixte des transports pour le Rhône et l'Agglomération lyonnaise (SYTRAL), assisté de SEMALY, met en place un Système d'Information Dynamique des Voyageurs. Ce système est destiné à améliorer les services offerts aux clients du réseau des bus TCL de l'agglomération lyonnaise, réseau exploité par la société SLTC.

Il doit permettre de fidéliser les clients actuels et d'amener de nouveaux clients en simplifiant l'utilisation du réseau de transports collectifs en améliorant le confort d'attente aux arrêts et en contribuant à la ponctualité et à la régularité des passages grâce à des fonctions d'aide à l'exploitation.

Pour cela le Système d'Information Dynamique des Voyageurs offrira aux clients des informations à caractère statique (destination du bus, prochain arrêt...) et des informations à caractère dynamique (temps d'attente restant, perturbations éventuelles...) diffusées en temps réel.

Développé sous la maîtrise d'œuvre industrielle de Thomson-CSF DETEXIS, le système élabore ces informations à partir de la position des bus localisés par satellites GPS, de capteurs à l'estime et des données théoriques du réseau (lignes, horaires) issues d'une base de données centrale.

Ce projet, très ambitieux, verra l'équipement de 1 000 bus, 500 arrêts et plusieurs pôles intermodaux.

Des bandeaux lumineux et une synthèse sonore seront installés dans les bus. Les arrêts seront munis d'une borne d'information dynamique.

Depuis le PCC de chacun des 9 dépôts, les exploitants pourront superviser l'état des bus, l'affichage sur les bornes et envoyer des informations aux clients.

Lyon est l'une des premières agglomération à avoir voté son Plan de Déplacement Urbain (PDU). Ce plan promeut fortement le développement et l'amélioration des modes de transport collectif.

Le réseau de Transports en Commun Lyonnais (TCL) est composé de :

- Quatre lignes de métro (27,2 km et 39 stations), dont une entièrement automatique ;
- Deux funiculaires (1,2 km et 5 stations) ;
- Un réseau de bus avec plus de 100 lignes et environs 1 000 véhicules et 3 400 points d'arrêts ;
- Deux lignes de tramway (18,7 km et 39 stations), qui seront mise en service en décembre 2000.

Le Syndicat mixte des Transports pour le Rhône et l'Agglomération Lyonnaise (SYTRAL) a en charge l'organisation de ce réseau de transport. Le réseau est exploité par la société SLTC.

C'est par une politique volontariste d'amélioration des services offerts à la clientèle et de modernisation du réseau, que le SYTRAL a lancé la restructuration du réseau de surface avec notamment l'arrivée de deux lignes de tramway, le prolongement de la ligne B qui ouvrira en septembre 2000, la mise en place d'un nouveau système de billettique avec carte à puce sans contact en 2001 et dès mars 2000 la mise en service progressive de son Système d'Information Dynamique des Voyageurs (SIDV).

Parmi les projets phares du PDU, le SIDV a été lancé en 1997 par le SYTRAL, sur les bases d'objectifs et de contours définis en commun avec SLTC et l'assistance de la société SEMALY.

Avant d'aborder les objectifs du SIDV, il nous paraît intéressant de restituer dans le temps l'évolution de l'information au point d'arrêt pour montrer l'expérience de SYTRAL et SLTC en matière d'information des voyageurs.

1879 Les tramways à chevaux marquent l'arrêt à la demande (en clair n'importe où).

1896 Électrification des tramways. Les arrêts sont fixes et repérés par une couche de peinture blanche sur le poteau support de caténaires le plus proche.

1910 Des plaques d'arrêts sont suspendues aux caténaires (rouge pour l'arrêt fixe, bleu pour l'arrêt facultatif).

1936 Début des autobus ; Absence de caténaires et de support ; Les premiers potelets d'arrêts avec pour seule signalétique « BUS » apparaissent.

1947 La signalétique fixe s'enrichit du N° de ligne et sur les grands terminus seulement d'information horaire.

1970 Généralisation du cadre horaire à tous les arrêts.

1976 Centre d'échanges de Perrache. Gestion informatisée du trafic. Information clientèle centralisée type aéroportuaire par afficheurs à palettes avec répétition au niveau de chaque accès bus.

1978 Ligne de métro A : création du centre d'échanges de Bonnevay : information théorique à la clientèle par afficheurs à palettes sur chaque emplacement d'arrêt.

1984 Centre d'échanges de Part-Dieu et de Saint Just : Information théorique par afficheurs à diodes monochromes sur chaque emplacement d'arrêt.

1985 Généralisation du « kit info » comprenant horaires, plan ligne, points infos le plus proche, plan quartier à tous les arrêts du réseau de surface.

1990-1992. Ligne D (métro automatique). Création de 5 centres de rabattement : Gorge de Loup, Bellecour, Grange Blanche, Parilly et Vénissieux. Information théorique à la clientèle par panneau individuel à pastilles et information centralisée par écrans vidéos dans les gares métro.

1995 Prolongement du Métro Ligne D à Vaise. Création du centre multimodal de Vaise. Information Clientèle centralisée par moniteurs Vidéos

Aujourd'hui, le réseau de surface TCL est équipé de systèmes d'information des voyageurs dans les principaux pôles d'échanges et gares routières. Ces systèmes sont composés de bornes d'affichages des horaires théoriques de départ des véhicules établis sur la base des tables horaires. L'affichage est réalisé par le biais d'écrans vidéo dans les bâtiments et de bornes à pastilles ou à palette aux arrêts en extérieur.

La mise en place du SIDV doit permettre de fidéliser les clients actuels et d'amener de nouveaux clients :

- en simplifiant l'utilisation du réseau de transports collectifs ;
- en améliorant le confort d'attente aux arrêts ;
- en contribuant à la ponctualité et à la régularité des passages grâce à des fonctions d'aide à l'exploitation.

Il offrira aux clients des informations à caractère statique (destination du bus, prochain arrêt…) et des informations à caractère dynamique diffusées en temps réel.

La connaissance de la position exacte des bus permettra l'élaboration et la diffusion d'informations pertinentes, prenant en compte les perturbations du réseau. Ces informations sont notamment :

- les temps d'attente avant le passage à l'arrêt des deux prochains bus sur chacune des lignes ;
- des messages sur les perturbations du réseau ;
- des messages commerciaux.

Ces informations seront diffusées aux voyageurs :

- Sous forme visuelle aux arrêts par l'intermédiaire de bornes d'informations à cristaux liquides situées aux arrêts principaux du réseau.
- Sous forme visuelle dans les véhicules par le biais de bandeaux lumineux indiquant le prochain arrêt et les principales correspondances.
- Sous forme sonore dans les véhicules par le biais d'une synthèse sonore indiquant le nom des arrêts.

La mise en place d'un tel système doit prendre en compte de nombreuses contraintes et nécessite une étroite coordination des différents acteurs de la vie publique (Communauté urbaine, communes, EDF), notamment du fait de la taille importante du réseau et du périmètre retenu pour dispenser l'information aux voyageurs (32 communes).

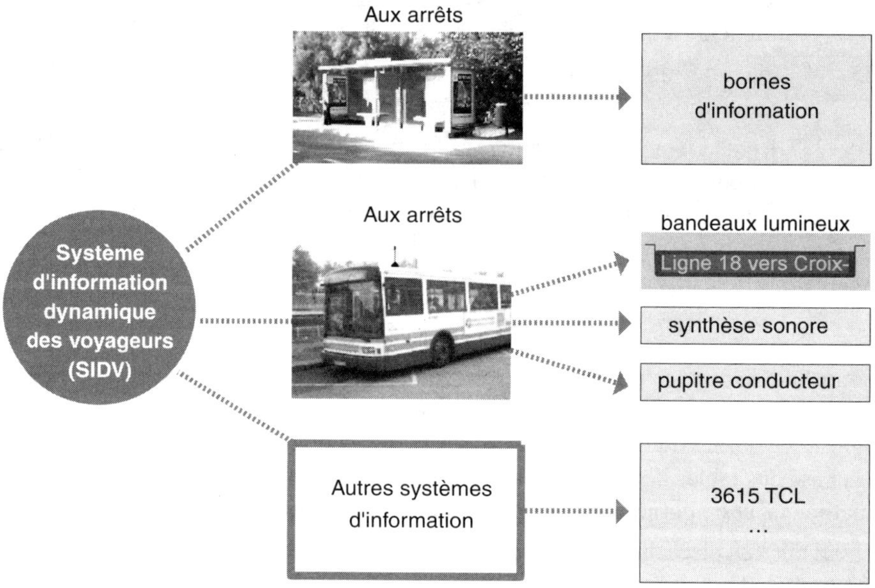

Figure 1. Les informations diffusées par le SIDV

Le système doit s'intégrer aux systèmes informatiques existants, présenter des réserves suffisantes pour accueillir les projets en cours (billettique) et permettre la mise en place de futurs systèmes d'information (mise à disposition de données en direction d'applications Internet, PC sécurité, dispositifs de gestion de priorité aux carrefours…).

Après une phase d'étude de définition, la réalisation du système SIDV a été confiée en juillet 1998 au groupement de sociétés Thomson CSF DETEXIS (ex DASSAULT Électronique), LUMIPLAN et DSNP.

Les principales fonctions offertes par le système sont :

- La présentation de manière synthétique des informations sur l'état du réseau (tableau, graphe, cartographie) ;
- La génération et la surveillance des Départs Sur Ordres ;
- La localisation des véhicules et la détection des éventuels écarts par rapport à la course théorique ;
- La génération des rapports d'exploitations de manière automatique ;
- La mise à disposition d'actions de régulation ;
- L'amélioration des conditions et des délais d'intervention des équipes de sécurité.

Le système proposé est composé d'un système central architecturé autour de serveurs en redondance fonctionnant sous Windows NT. Ces serveurs sont connectés au serveur de communication MOBILOC, assurant la localisation des mobiles, et au réseau informatique de l'exploitant (TCL-Net). La base de données de l'application est construite à l'aide de l'application Oracle client/serveur FailSafe. Les données d'exploitation (Graphicage, Habillage) sont importées de la base de données centrale (base de données TITAN) de l'exploitant durant la nuit.

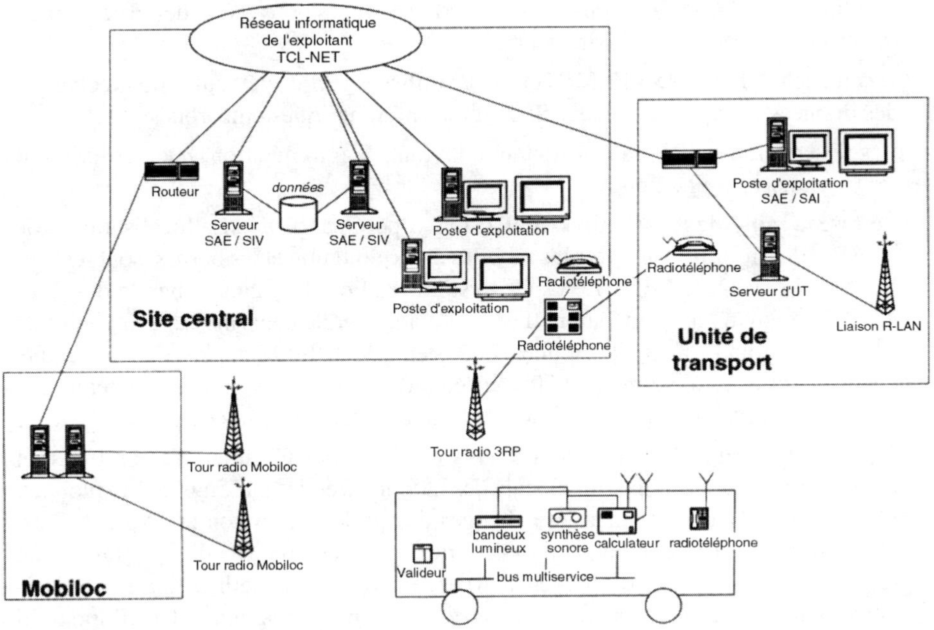

Figure 2. Description de l'architecture générale du système

Pour décharger les serveurs centraux, une troisième machine assure les fonctions de maintenance/configuration et serveur statistique.

Chaque unité de transport est équipée d'une station d'exploitation bi-écran, cliente des serveurs centraux et d'une console radiotéléphone.

Chaque véhicule possède un calculateur SIDV, maître des échanges avec le sol via des liaisons radio, et avec les périphériques embarqués, via un bus de communication standardisé pour les véhicules TCL.

Les bus et les véhicules d'intervention sont localisés à l'aide d'un système hybride comprenant un système GPS (Global Positionning System) assisté de capteurs à l'estime. Lorsque les véhicules sont sous la couverture satellitaire GPS (4 satellites), les coordonnées X, Y du GPS sont utilisées après correction différentielle (comparaison à une station de référence fixe permettant de prendre en compte les singularités atmosphériques). La précision du système est d'environ 20 mètres. Lorsque la couverture satellitaire n'est pas suffisante, il élabore sa position en utilisant le gyromètre (cap du véhicule) et l'odomètre (distance), pour mettre à jour le calcul de sa position (navigation à l'estime). Il existe une incertitude liée au gyromètre et à l'odomètre, cependant ces capteurs à l'estime permettent de conserver une précision inférieure à 30 mètres durant plusieurs minutes.

Les différents moyens de communication pour les transmissions de données au sein du SIDV sont adaptés aux différents besoins de débit d'information, de distance et de mobilité des éléments :

- Des liaisons filaires Ethernet 10 ou 100 Base T utilisées pour le raccordement des équipements informatiques à TCL-Net.

- Des liaisons TRANSFIX France Telecom de 64 Kbit/s pour raccorder le serveur de localisation MOBILOC au site central.
- Des liaisons filaires RS485 à 19 200 bits/s utilisées sur les véhicules pour échanger des données entre le calculateur SIDV et les périphériques embarqués.
- Les réseaux radio 3RP de l'exploitant couvrant l'agglomération. Il est utilisé pour les transmissions phoniques.
- Le réseau radio de localisation MOBILOC (opéré par TDF). La localisation et le transfert des informations, vers les mobiles en exploitation et les bornes, sont réalisés à l'aide du système MOBILOC. Ce système radio situé dans la bande des 430-434 MHz couvre l'agglomération. Il permet d'adresser de petits messages à fréquence fixe vers un grand nombre de mobiles. Le système MOBILOC déployé à Lyon permet de garantir l'interrogation des 1 000 bus en moins de 30 secondes. Ce système sera également utilisé pour la localisation des rames du futur tramway.
- Des Réseaux radios RLAN (Radio Lan Area Network). C'est une liaison Ethernet radio permettant une couverture locale des bâtiments et des parkings de l'exploitant. Il opère à 2,4 GHz et permet des échanges à haut débit (environ 800 kbit/s). Il est utilisé dans les dépôts pour réaliser les transferts des données d'exploitations de références (tracés, horaires, fichiers son) et des données recueillies durant l'exploitation. Chaque véhicule est vu par le système comme un abonné TCP/IP lorsqu'il entre dans la couverture radio des dépôts. Les échanges de données sont réalisés via FTP (File Transfert Protocol).

Aujourd'hui, le SIDV est en cours d'intégration usine. Le système MOBILOC finalise son déploiement pour assurer la couverture de l'agglomération. Début 2000 verra le début de la phase de test sur une ligne pilote pour une mise en service au printemps. Le déploiement du système devrait être achevé fin 2001.

Bibliographie

« Une information de qualité passe par la maîtrise des réseaux de télécommunications », P. VILGE, SEMALY, paru dans *Transport Public*, 02/1997.

Les systèmes Automatiques d'Informations, R. DARMON (ouvrage collectif), 1996, CERTU, ISBN 2-11-089205-6.

LES PMV

Quelques utilisations typiques du milieu urbain...

Jacques Nouvier
CERTU

RESUMÉ

Les panneaux à messages variables (PMV) ont d'abord été introduits en rase campagne, mais ils se sont vite implantés dans les villes et à leur périphérie. Ce sont maintenant des équipements tout à fait indispensables en matière de gestion du trafic et du stationnement, d'information aux usagers, et aussi pour différents autres usages. Mais une question se pose aujourd'hui : sauront-ils rester dans la course face aux système embarquées ?

INTRODUCTION : HISTOIRE DES PMV DANS LES ZONES URBAINES

Il semble que le premier panneau à messages variables installé en Europe l'a été dans une zone rurale, très probablement en 1962, en Angleterre. Un immense signal était équipé d'un cylindre rotatif, portant 3 lettres énormes : A pour accident (fond rouge), I pour verglas (fond bleu clair) et F pour brouillard (fond jaune) !

Aux Pays-Bas, les premiers PMV sont probablement apparus en 1964, avec un curieux signal « stop » variable. En France les premiers PMV ont été installés en 1969 (prismes rotatifs utilisés pour les délestages en milieu interurbain).

Depuis le début des années soixante-dix, la signalisation variable a été utilisée dans les zones rurales aussi bien que dans les zones urbaines : en particulier, les panneaux d'alarme vitesse, rappelant la vitesse maximale autorisée, datent de cette période.

Les années quatre-vingt ont été marquées par le développement de l'information des usagers, en particulier sur les autoroutes, y compris les autoroutes urbaines. Des premiers panneaux alphanumériques exclusivement à texte ont laissé plus tard la place à des panneaux comportant du texte (en général 3 lignes de 15 caractères) et un pictogramme.

Mais des usages spécifiquement urbains sont aussi apparus, par exemple pour indiquer la disponibilité des places dans les parcs de stationnement.

Il est important d'insister sur les spécificités du milieu urbain : tout d'abord la place est en général réduite, ce qui rend difficile l'installation de grands PMV. De plus, à cause de l'éclairage urbain, des panneaux publicitaires, de la taille des panneaux de signalisation de direction, etc., l'évidence (traduction française de « conspicuity ») des PMV n'est pas très grande dans un tel environnement. On serait donc tenté d'en augmenter la taille… mais on retombe sur le problème précédent !

Une autre difficulté est due à des considérations esthétiques ; les élus font généralement très attention à cet aspect des choses mais, jusqu'à maintenant, les PMV ne se sont pas révélés être des équipements particulièrement novateurs dans ce domaine.

Néanmoins, malgré tous ces problèmes, de nombreux PMV urbains existent dans le monde, et en particulier en Europe. N'est-ce pas une bonne preuve que ce sont réellement des équipements indispensables ?

La suite du document abordera très rapidement les technologies, puis les différents usages des panneaux messages variables en milieu urbain : gestion du trafic, gestion du stationnement, information des usagers et autres usages. De plus un aperçu sur de nouvelles perspectives sera également donné.

LES TECHNOLOGIES

Rappelons d'abord que tous les panneaux figurant au bord des rues et des routes doivent être homologués ; il existe d'ailleurs une grande variété de panneaux homologués, contrairement à ce qu'on pense parfois :

- Les technologies utilisant le décor continu (c'est à dire avec des décors ressemblant à ceux des panneaux fixes) : les seuls panneaux homologués sont les panneaux à prismes tournants, horizontaux ou verticaux. Ces panneaux permettent d'afficher trois messages ou deux messages et un message neutre. Ils sont très utilisés pour la signalisation directionnelle variable.
- Les technologies utilisant le décor discontinu, avec un ou plusieurs messages prédéfinis à la construction : on dispose dans cette catégorie des panneaux à fibres optiques ; ces panneaux sont très utilisés pour les alarme-vitesses, par exemple, et plus généralement, pour tous les cas où les messages à afficher sont en nombre limité (une dizaine au maximum).
- Les technologies à décor discontinu et affichage matriciel, lumineux ou non : on dispose de différents types homologués :
  - les éléments électromagnétiques pivotants ;
  - les diodes électroluminescentes (DEL) en matrice régulière (les matrices sont constituées de diodes rouges, jaunes ou vertes ; des essais ont été faits avec des diodes bleues, pour permettre de reconstituer du blanc, mais celles-ci sont encore d'un coût élevé) ;
  - les fibres optiques occultées en matrice régulière. À noter que la conception actuelle va bientôt évoluer et qu'on devrait avoir des points blancs ou rouges, à volonté, sur toute la surface des panneaux, permettant ainsi de créer n'importe quel texte ou pictogramme.

Régulation des vitesses

Sur les autoroutes urbaines, on a remarqué que la vitesse n'est pas homogène sur les différentes voies ; de plus des vitesses excessives sont trop fréquemment constatées, et causent de nombreux accidents. Pour lutter contre cette situation, on a utilisé à Marseille le concept de limitation de vitesse variable depuis les années soixante-dix. Sur l'autoroute Nord menant à cette ville, le système utilise un algorithme très simple : les PMV affichent tout bonnement... la vitesse réellement pratiquée par les usagers ; et ça marche !

Ce concept de limitation (ou indication) variable des vitesses est également utilisé dans d'autres pays comme l'Angleterre (M25), l'Allemagne (A8), les Pays-Bas (A2)...

Chose remarquable, la régulation des vitesses est une technique qui permet aussi d'augmenter (de quelques %, il ne faut quand même pas trop rêver !) la capacité pratique d'une voie rapide.

Itinéraires variables

Ce concept a été imaginé pour les cas où l'on dispose, entre deux points A et B, de deux itinéraires de caractéristiques globalement comparables : pour traverser Lyon, par exemple, on peut utiliser l'autoroute A 6 ou l'autoroute A46, et des panneaux directionnels variables indiquent en permanence le meilleur itinéraire aux usagers (moyennement évidemment quelques règles structurantes, notamment pour les poids lourds).

Ce concept est intéressant dans la mesure où il n'est pas très coûteux ; par contre il est évident qu'il ne permet pas de sensibiliser les usagers habitués, ceux-ci n'accordant généralement pas une grande importance à la signalisation de direction.

Dans cette rubrique, on peut classer aussi les itinéraires « S », bien connus en région parisienne. Certes, ils utilisent un jalonnement fixe, mais un PMV est parfois prévu au site d'entrée.

Photo1. Un PMV vers Chambéry

Affectation variable des voies

Ordinairement, l'affectation des voies est faite grâce à des croix rouges / flèches vertes.

Toutefois il existe d'autres possibilités, comme par exemple celle indiquée sur la photographie, prise vers Chambéry : dans ce cas, la partie centrale est réalisée à l'aide de prismes et l'autoroute peut être alimentée soit par deux voies, soit par une seule voie (c'est ce dernier cas qui figure sur la photo 1).

P + R

Bien que le concept de « P + R » ne soit pas nouveau, il ne s'est pas répandu largement en France, comme cela a été le cas en Allemagne, aux Pays-Bas, en Autriche, etc.

Le concept en question est fondé sur la recommandation faite aux usagers de laisser leur voiture dans des parcs péri-urbains, et d'utiliser les transports collectifs, tout particulièrement en cas de bouchon ou de pollution.

Il est nécessaire de donner aux usagers des informations pertinentes et en tout petit nombre, sinon le message devient trop complexe. On peut imaginer des messages contenant au moins les mentions suivantes : existence du parking et du TC ; on pourrait aussi ajouter des détails sur le problème qui rend nécessaire l'utilisation des transports collectifs, ou bien encore la fréquence de ceux-ci, etc. Par contre, des expériences ont montré qu'il était inopportun d'indiquer l'heure de départ du train ou du bus, car cela conduit, dans les minutes qui précèdent ce départ, à des comportements potentiellement dangereux.

Mesures contre la pollution

Comme indiqué précédemment, les « P + R » peuvent jouer un rôle dans la lutte contre la pollution. D'autres mesures, utilisant également des PMV, peuvent aussi être utilisées, comme par exemple la régulation des vitesses. À noter qu'il s'agit d'un domaine où des recherches sont encore nécessaires.

GESTION DU STATIONNEMENT

Il s'agit là d'un élément essentiel pour l'efficacité du système de transport comme pour le confort des usagers.

On peut distinguer deux grandes familles de solutions :

- Le jalonnement dynamique des P + R ; il convient d'être très attentif aux besoins spécifiques des usagers, que ce type de parking peut engendrer (voir aussi ci-dessus).
- Le jalonnement dynamique des parkings dans les villes. Ce jalonnement est parti d'une constatation simple : de nombreux usagers encombrent les rues, simplement parce qu'ils sont à la recherche d'une place de stationnement, alors que, dans le même temps, certains parkings sont peu utilisés. D'où l'idée de réaliser un jalonnement dynamique des parkings. Toutefois, en l'absence de règle ou même de simples recommandations, de nombreux systèmes de jalonnement variable différents se sont développés en France (la photo 2 montre un exemple de système).

Photo 2.
Jalonnement dynamique des parkings

À noter que le CERTU a lancé une consultation nationale sur le sujet et devrait faire paraître un guide dans les prochains mois. Si on se limite aux aspects concernant la signalisation, quelques unes des recommandations les plus probables seront les suivantes :

- *Messages variables* : l'usage de couleurs est peu souhaitable, et bien entendu il n'est pas question d'utiliser le rouge, qui est interdit sur les PMV.
- *Messages fixes* : la couleur sert souvent d'identifiant des parkings, même si on peut penser que ce n'est pas indispensable. Dans ces conditions, la solution la plus appropriée semble être celle qui associe au nom du parc de stationnement (lui-même éventuellement sur un fond de couleur) le panneau de signalisation traditionnelle de type C1 (P blanc sur fond bleu).
- *Indications directionnelles* : pour des considérations d'ordre esthétique, sur un même mât, la position des flèches de direction est dans la plupart des cas identique sur tous les caissons, d'où une dégradation de la lisibilité des ensembles. Une solution consisterait à placer différents mâts, chacun correspondant aux parkings situés dans une direction donnée (mais cela pose des problèmes de place et de coût) ; une autre solution serait de repenser complètement ce problème, de manière à mieux concilier efficacité et esthétique.
- *Taille des caractères et des caissons* : les règles établies pour les autres types de signalisation peuvent être transposées ici : dans tous les cas, il convient d'interdire la mise en place de messages défilants (malgré les demandes pressantes de certains, qui voient là un bon moyen de réduire la taille des panneaux).

INFORMATION ET AUTRES USAGES

L'information, qu'elle soit dirigée vers les automobilistes ou les piétons, est un champ d'utilisation important des PMV en milieu urbain.

Il faut citer ici en premier lieu l'affichage des temps de parcours, réalisé en Ile-de-France, d'abord sur le boulevard périphérique, ensuite sur de nombreuses voies rapides. Il s'agit là d'un affichage extrêmement intéressant pour les gestionnaire de trafic, et qui est d'ailleurs très apprécié du grand public.

Parfois aussi, cette information rappelle des réglementations existantes (photo 3) ou encore donne de conseils de transfert modal (exemple de message à Strasbourg : OZONE, PENSEZ BUS ET TRAM).

Photo 3. PMV à Lille

Autre utilisation des PMV en milieu urbain : tout ce qui concerne l'information en temps réel des usagers de transports en commun (cette application n'est souvent pas classée dans les PMV, sachant que, la plupart du temps, ces informations ne sont pas visibles du tout par les usagers en voiture).

En rase campagne comme en zone urbaine, les PMV sont également utilisés pour de la publicité, et parfois, il est bien difficile de faire la part des choses : par exemple, quand un gestionnaire d'autoroute vante les mérites de ses formules d'abonnement, il a tendance à considérer qu'il s'agit d'information, alors que, réglementairement, il s'agit de publicité !

Les panneaux d'information municipale, enfin, doivent être cités ici ; il arrive (soyons clairs, c'est presque la règle générale !) qu'ils soient placés de telle manière qu'ils soient visibles par les usagers motorisés. Il faut alors prendre garde à ce qu'ils répondent à toutes les exigences des panneaux routiers.

NOUVELLES PERSPECTIVES

De nouvelles perspectives s'ouvrent, notamment grâce aux panneaux diagrammatiques variables (à la japonaise) ou grâce aux panneaux-thermomètres (à l'australienne).

Dans les deux cas, l'idée est de donner aux usagers une vue d'ensemble sur un réseau. En Europe, des expériences commencent à se monter, notamment aux Pays-Bas (photo 4).

Mais il faut bien voir que ces panneaux posent des problèmes très nouveaux d'ergonomie, comme par exemple :

- Doit-on toujours représenter le Nord en haut ?
- Comment faire pour séparer visuellement les deux sens de circulation ?

Bien entendu, les expériences citées précédemment sont suivies de près par les spécialistes français, de manière à éviter une trop grande hétérogénéité des panneaux à messages variables du futur à travers l'Europe.

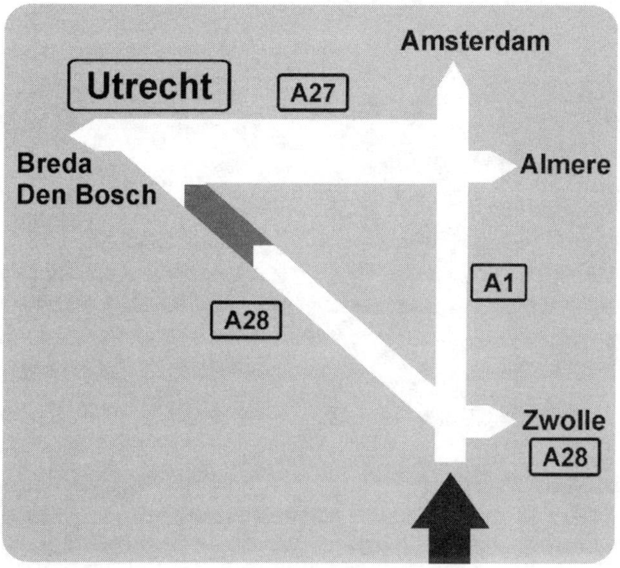

Photo 4. Panneau diagrammatique hollandais

CONCLUSION

En conclusion, on pourrait se poser la question suivante : bien que les panneaux à messages variables soient un moyen puissant de fournir de l'information, les systèmes embarqués les remplaceront-t-ils bientôt ?

La réponse est certainement non dans un futur proche, c'est-à-dire cinq à dix ans. Toutefois la question reste ouverte pour un futur plus lointain et ce n'est pas une question purement technique ; des intérêts économiques considérables, ainsi que des questions plus philosophiques, en particulier la place exacte du secteur public, sont à considérer.

Cependant, les fabricants de panneaux à messages variables devraient envisager ce problème de manière positive et essayer d'améliorer leurs produits (même s'ils sont déjà très performants !) en considérant notamment les différents axes de recherche suivants : satisfaction de nouveaux besoins, lisibilité dans toutes les conditions, meilleure intégration entre la signalisation variable et la signalisation fixe, amélioration de l'esthétique, et bien entendu réduction des coûts.

References

Guide des panneaux de signalisation à messages variables, SETRA, 1994.

La signalisation routière, de 1946 à nos jours, par Marina Duhamel et Jacques Nouvier, AMC Éditions, 58 rue J.-J. Rousseau, 75001 Paris.

« Les relations entre la signalisation et la gestion du trafic », par Jean-Louis Mignard et Jacques Nouvier, article paru dans la *RGRA* en 1996 (et primé meilleur article de l'année).

Nombreuses études étrangères concernant la signalisation variable.

Résultats du projet européen TROPIC (à paraître prochainement, CERTU, en français).

■

TECHNOLOGIES NOUVELLES ET GESTION DES INCIDENTS ROUTIERS

Une évaluation coûts/bénéfices

Simon Cohen
Laboratoire de génie des réseaux de transport et informatique avancée, INRETS

L'émergence de nouvelles technologies de mesure, de traitement de l'information et de communication ouvre dans le domaine de l'exploitation des réseaux routiers des perspectives encourageantes. Les actions de gestion des incidents bénéficient aujourd'hui de nouveaux moyens de détection, de systèmes d'alerte, d'intervention rapide et d'information des usagers.

Des évaluations de politiques de gestion des incidents, déjà esquissées sur certains réseaux, suggèrent des enjeux substantiels pour les usagers et pour la collectivité : diminution de l'insécurité routière, gains de temps et avantages économiques variés.

Cette communication décrit les différentes étapes d'une évaluation socio-économique de cette mesure d'exploitation complexe. Une pratique innovante est mise en œuvre sur un réseau francilien test et fait par suite l'objet d'une analyse comparative de type avant/après. La méthode d'évaluation des enjeux est précisée et son application déclinée sur le réseau test. Sur la base de données réelles mesurées, un ratio coûts/bénéfices de cette pratique innovante est par suite proposé aux décideurs.

UNE PRATIQUE INNOVANTE SUR UN RÉSEAU TEST

La gestion des incidents désigne la chaîne d'activités allant de la détection jusqu'au traitement complet par l'exploitant. Elle inclut la détection et la vérification, la réponse et l'organisation des interventions de secours, le traitement sur place et les mesures de régulation associées. Dans ce processus, l'incident désigne un événement imprévisible réduisant la capacité de la route ou son niveau de sécurité. Le paramètre temps joue un rôle clé dans la chaîne : toute amélioration à un niveau quelconque peut se traduire par des gains pour la sécurité des usagers et pour le niveau de service sur l'infrastructure.

Ces différentes activités impliquent des intervenants multiples comme les exploitants, les forces de police, les unités de secours médicaux et d'aide aux automobilistes. Les enjeux — pour les usagers et pour la collectivité — dépendent alors de la qualité de la gestion de ces opérations.

Pour tester l'apport des nouvelles technologies de détection et de communication dans le domaine de la gestion des incidents, une pratique innovante a été conçue et mise en œuvre avec le concours des exploitants, sur un réseau expérimental francilien. L'ambition assignée à ce « démonstrateur » est d'améliorer l'efficacité du trafic avec des effets favorables espérés sur la sécurité des usagers.

Le réseau expérimental considéré pour cette évaluation a une longueur de 19 km. Il se compose de 3 sections autoroutières, gérées par le SIER et situées sur les autoroutes A4 (7 km), A86 (7 km entre le Pont de Nogent et Rosny) et A3 (5 km).

Plusieurs types d'applications sont développées et implantées dans les postes de contrôle et d'exploitation. Elles visent à améliorer le processus de gestion de l'incident à chacune de ses étapes, depuis la détection jusqu'au déblaiement final sur le terrain.

Deux technologies de Détection Automatique d'Incidents (DAI) sont mises en œuvre. Elles reposent sur le traitement d'images video ou sur les algorithmes conventionnels utilisant données issues des boucles magnétiques du recueil des données.

L'opérateur d'exploitation dispose d'une console « intelligente » lui permettant de visualiser en temps réel la situation du réseau en termes d'incidents et de coordonner le déclenchement et le suivi des interventions. Grâce à cette console, il met en œuvre des moyens d'alerte rapide des secours. Il informe les usagers circulant en amont de la perturbation grâce à l'envoi de messages sur panneaux à messages variables. Les informations relatives aux incidents sont consignées au sein d'une main courante informatisée, aisément exploitable.

Enfin, les postes d'exploitation du trafic sont interconnectés et échangent des informations synthétiques relatives aux incidents se produisant sur le réseau test.

SOCIO-ÉCONOMIE DE LA GESTION DES INCIDENTS

La présente évaluation, fondée sur des observations avant après, est de type a posteriori. Elle a pour objet d'appréhender les impacts réels de la nouvelle pratique de gestion des incidents. Classiquement, divers points de vue peuvent être considérés, selon que l'on s'intéresse aux performances techniques du système mis en œuvre, à son acceptabilité par les exploitants-utilisateurs et les usagers de la route ou encore à ses effets sur les conditions de circulation et de sécurité. Ce dernier éclairage, privilégié ici, est celui de l'analyse d'impact indissociable de l'analyse socio-économique. En matière d'exploitation, l'évaluation socio-économique consiste à confronter les coûts générés par les systèmes mis en œuvre aux avantages découlant de leur fonctionnement. Deux grandes catégories de méthodes d'évaluation peuvent être mises en œuvre. Il s'agit de l'analyse multicritères et de l'analyse coût-avantages.

L'analyse coût-avantage, utilisée ici, s'appuie sur le calcul économique public. Déjà très répandue dans le domaine des investissements routiers, elle s'impose progressivement comme une méthode privilégiée pour les études d'exploitation. Elle est également recommandée, au niveau européen, pour les projets de télématique routière. Elle consiste à qualifier une variante d'exploitation en fonction de la somme de ses effets monétarisés. Toutes les unités de mesure des critères sont converties en une seule valeur unitaire : par exemple l'Euro. L'analyse coût-avantages intègre les avantages et les inconvénients de chaque nature et met en rapport le bilan global avec les coûts consentis. Plusieurs ratios permettent alors de mesurer la rentabilité financière de chaque variante d'exploitation.

Les actions d'exploitation engendrent des effets externes — en dehors de la sphère marchande — n'ayant donc pas de valeur monétaire réelle. Ainsi en-est-il de la sécurité ou du confort. L'internalisation de ces effets externes consiste à leur affecter une valeur monétaire. Elle permet de mesurer l'efficacité d'une pratique d'exploitation au travers de critères de rentabilité.

Parmi les divers effets externes des actions d'exploitation comme la gestion des incidents, on peut notamment citer les accidents, la congestion, la pollution, le « stress ». Des méthodes d'évaluation dites de préférences révélées ou de préférences déclarées permettent de proposer des estimations des valeurs de ces biens hors marché.

Dans la présente recherche, la valorisation des effets externes s'inspire directement des recommandations formulées au niveau européen pour l'évaluation des actions d'exploitation et synthétisées dans le manuel EVA [Bobinger, 1992]. Le tableau 1 présente les critères retenus dans la présente évaluation avec la mention des valeurs tutélaires correspondantes.

Critère	Coût collectif
Temps	74 F / véh. × h
CO	4 500 F / t
HC	16 500 F / t

Tableau 1. Quelques valeurs tutélaires pour l'analyse coûts/avantages

L'ÉVALUATION DES RETARDS

Une pratique efficace de gestion des incidents se traduit, au niveau des conditions de circulation, par une réduction des retards subis par les usagers du réseau en cas d'incident. Pour quantifier et par suite valoriser les gains de temps correspondants, il importe au préalable d'estimer le retard engendré par un incident réduisant fortement la capacité de la route.

Une méthode de calcul

Ce calcul, classique en ingénierie du trafic, peut être abordé selon diverses approches [Mc Shane, Roess 1990]. La méthode « demande et capacité cumulées », appliquée ici, est la plus répandue. Elle repose sur un modèle statique qui suppose l'invariance de la demande de circulation D_0 en amont de l'incident. Elle présente l'avantage d'une formulation analytique simple et reste à ce titre recommandée par le Highway Capacity Manual [HCM, 1994]. Le retard total R s'exprime par la formule :

$$R = [(t_2 - t_1)^2 \times (C - C_r) \times (Q - C_r)] / 2 \times (C - Q),$$

dans laquelle C la capacité normale, C_r la capacité réduite, Q le débit de demande en amont de l'incident, $(t_2 - t_1)$ la durée d'incident jusqu'au déblaiement de la chaussée. La formule montre que le retard total est proportionnel au carré de la durée de l'incident, ce qui souligne l'intérêt des interventions rapides pour les gains de temps.

Les capacités nominales C utilisées sont déterminées expérimentalement à partir du calibrage sur site du diagramme fondamental. Les capacités réduites Cr en cas d'incident s'en déduisent à partir des coefficients correcteurs mentionnés dans le tableau 2.

% Réduction	**Nombre de voies bloquées**				
Nombre de voies	**1**	**2**	**3**	**4**	**5**
2×2	75	95	–	–	–
2×3	60	85	95	–	–
2×4	60	75	90	95	–
2×5	40	65	75	85	95

Tableau 2. Réduction de capacité en fonction du ombre de voies bloquées

Pour être effectif, la calcul du retard supppose que la demande de trafic en amont du point d'incident — supposée constante — est supérieure à la capacité résiduelle. Dans le cas contraire, le retard est naturellement nul. En pratique, on néglige le trafic détourné d'autres itinéraires ou d'autres modes de transport. De plus, on se borne au cas simple d'absence de délestage, en se limitant au seul trafic de la section considérée.

Application au réseau expérimental

La comparaison porte sur 2 pratiques de gestion des incidents sur le même réseau, constitué par les tronçons de A86, A3 et A4. Deux périodes d'observation permettent l'obtention de 2 échantillons d'incidents avec leurs diverses caractéristiques statistiques mentionnées dans le tableau 3.

Un test statistique montre qu'au seuil de significativité de 5 %, les durées moyennes d'incident sont bien différentes. Sur la base des échantillons recueillis avant et après, le gain de temps moyen résultant de la nouvelle pratique des gestion des incidents est donc de 9 minutes Ce gain est, pour l'essentiel, imputable à l'utilisation de la technologie video pour la détection des événements.

	Avant	Après
Période	**10 avril 1997 – 12 mars 1998**	**26 octobre 1998 – 5 février 1999**
Échantillon	136	82
N	130	71
Minimum	2	3
Maximum	160	154
Moyenne	41	32
Écart-type	23	32

Tableau 3. Caractéristiques des durées d'incident observées

L'EXTRAPOLATION AUX VALEURS ANNUELLES

La fréquence d'incidents

La comparaison avant-après porte sur la même unité géographique, constituée par les 19 km du réseau expérimental. Pour le réseau considéré, on utilise les échantillons d'incidents pour les périodes données. Connaissant le nombre de véhicules × km effectués durant ces mêmes périodes, on obtient une fréquence annuelle F de incidents par million de véhicules × km.

Capacité résiduelle et types d'incidents

Les échantillons disponibles donnent des informations sur le nombre de voies bloquées lors de chaque incident. On accède ainsi à une à une répartition des incidents selon le nombre de voies bloquées.

Durée moyenne d'incident

Elle est déduite des échantillons collectés.

Le retard annuel

Le calcul du retard annuel prend en compte trois types de variations :

- celle de la demande D_0 selon le jour et l'heure ;
- celle de l'impact de l'incident sur la capacité, c'est-à-dire la valeur de C_r ;
- celle de la durée de l'incident.

La capacité nominale C étant naturellement constante dans le temps. La méthode retenue ici consiste à :

- prendre en compte intégralement les variations de D_0 au cours d'une année ;
- retenir quelques valeurs typiques de la capacité résiduelle Cr ;
- utiliser la durée moyenne d'incident, déduite des observations.

Ainsi, sur les 19 km du réseau expérimental, le retard annuel s'exprime, en heure, par la formulation numérique :

$$R_{\text{annuel}} \ \# \ 192 \times 10^5 \, (t_{\text{final}} - t_0)^2,$$

dans laquelle $(t_{\text{final}} - t_0)$ désigne la durée moyenne de l'incident pour une pratique de gestion des incidents donnée.

IMPACT SUR CERTAINES ÉMISSIONS DE POLLUANTS

Il repose sur l'utilisation de modèle classiques de calcul des émissions, pour un véhicule moyen du parc, en fonction de sa vitesse moyenne V de parcours. L'évaluation est restreinte à 2 indicateurs : la teneur en hydrocarbures HC et en monoxyde de carbone CO. Les formulations numériques correspondent à

$$\text{HC} = 1{,}2 + 60 \,/\, V$$

$$\text{CO} = 2{,}3 + 310 \,/\, V$$

dans le système d'unités : V en km/h, HC et CO en g/km.

Si l'on compare deux pratiques « avant » « après » de gestion des incidents, la variation des teneurs s'exprime par :

$$\Delta E\,(\text{HC}) = 1{,}2\ \Delta L + 60\ \Delta T$$

$$\Delta E\,(\text{CO}) = 2{,}3\ \Delta L + 310\ \Delta T$$

dans lesquelles E(HC) désigne la quantité d'hydrocarbures exprimée en g, E(CO) celle de monoxyde de carbone également exprimée en g, T le temps de parcours en véh × h, et L la longueur du parcours en véh × km.

La comparaison s'effectuant sur le même site, il est raisonnable de supposer que la longueur des parcours n'est pas modifiée par la pratique de gestion des incidents. Dès lors, on peut admettre $\Delta L = 0$ et par suite les approximations :

$\Delta E\,(\text{HC}) = 60\ \Delta T$ avec $\Delta E\,(\text{HC})$ en g et ΔT en h

$\Delta E\,(\text{CO}) = 310\ \Delta T$ avec $\Delta E\,(\text{CO})$ en g et ΔT en h.

Jointes à la relation exprimant le retard annuel et à une économie moyenne de 9 mn (soit 0,15 h) par incident, ces formulations permettent d'estimer les variations annuelles relatives aux émissions de ces deux polluants. On trouve ainsi :

ΔE (HC) # 26 Tonnes économisées et ΔE (CO) # 134 tonnes économisées.

L'ANALYSE COÛTS-AVANTAGES

Coût total du système

Le coût total inclut les investissements en équipement, les coûts d'implantation du démonstrateur et les coûts annuels de maintenance générés par le nouveau système des gestion des incidents.

Les deux premiers éléments sont de nature strictement comptable. Les dépenses consenties en matière d'équipements et d'installation des systèmes de DAI s'élèvent à 990 918 Euros.

Le dernier élément est calculé sur la base du coût annuel moyen de maintenance d'une autoroute urbaine équipée. Sur ce réseau rapide francilien et sur la base d'estimations fournies par le SIER relatives à l'année 1998, ce coût de maintenance est évalué à 13 720 Euros/km/an (soit 90 000 FF/km/an). Il correspond à 260 680 Euros sur le réseau test.

Finalement, le coût total annuel du démonstrateur s'élève donc à $C = 1\,251\,598$ Euros.

Un ratio Bénéfices/Coût

Les divers bénéfices annuels sont valorisés sur la base des valeurs tutélaires mentionnées précédemment. Ils concernent les seuls critères de temps et d'environnement, le critère sécurité ne pouvant être appréhendé que sur la base de très longues périodes d'observation.

Pour le critère temps, le bénéfice annuel correspond à :

$$\text{B (temps) annuel} \ \# \ 192 \times 10^5 \times 11{,}9 \times (0{,}15)^2 = 513 \times 10^4 \text{ Euros.}$$

Pour les émissions de polluant, il est de :

$$\text{B (environnement) annuel} \ \# \ 15{,}73 \times 10^4 \text{ Euros.}$$

D'où finalement un bénéfice total annuel (hors critère sécurité) :

$$\text{B} = 529 \times 10^4 \text{ Euros.}$$

Un premier bilan de l'analyse coût-avantage peut alors être synthétisé par le ratio Bénéfices / Coût = 4,2. Ce résultat suggère plusieurs réflexions.

Il souligne d'abord, pour les responsables des politiques d'exploitation, l'intérêt des actions concourant à une meilleure gestion des incidents. Des pratiques volontaristes, facilitées notamment par l'emploi de nouvelles technologies de détection et de communication, se traduisent par des gains de temps et par des réductions des émissions de certains polluants. Si en matière de sécurité, les impacts réels sont difficiles à appréhender à court terme, toutes les tendances observées sur d'autres réseaux suggèrent une diminution des accidents secondaires, contribuant ainsi à améliorer le ratio bénéfices/coût précédent.

Comparé aux ratios obtenus sur certains sites routiers, le résultat se révèle moins spectaculaire. Il reste par exemple très en deçà du ratio de 19 trouvé pour l'évaluation du programe MAP (Motorist Assistance Program) dans l'État du Massachussets [Stamatiadis *et al.*, 1998] mais reste en revanche du même ordre de grandeur que la valeur 3.4 trouvée pour le programme FSP (Freeway Service Patrols) en Californie [Skabardonis et al, 1996]. Notons enfin, la valeur B/C = 1,72 suggérée par les évaluations potentielles conduites en Angleterre par le TRL, avec un spectre de variation allant de 1 à 3 [Perrett *et al.*, 1996].

La part de gains de temps dans la valorisation des bénéfices pour la collectivité est prépondérante et représente 97 % du bénéfice total.

DES PERSPECTIVES ENCOURAGEANTES

Une pratique nouvelle de gestion des incidents, fondée sur l'utilisation de technologies innovantes de détection et d'alerte rapide, se traduit par des gains sensibles pour les usagers et pour la collectivité. La durée des incidents est réduite, les retards subis par les usagers diminuent tout comme les émissions de certains polluants. Des expériences similaires suggèrent d'autres conséquences favorables au niveau de la sécurité, comme par exemple la réduction du nombre d'accidents secondaires.

Une analyse socio-économique, restreinte aux critères de temps et d'environnement, fournit un ratio Bénéfices/Coût supérieur à 4, confirmant ainsi les évaluations entreprises sur d'autres réseaux.

Références

Zerguini S (1998), *Contribution à l'analyse économique de l'exploitation de la route*, thèse de doctorat Transport de l'université Paris XII, Institut d'urbanisme de Paris.

Stamatiadis C, Gartner N. H, Winn J, Bond R (1998), « Evaluation of the Massachusetts Motorist Assistance Progam », *Transportation Research Record*, n° 1634, pp. 1-9.

Blosseville J. M, Cohen S, Aulard-Macler J. L (1997), *Évaluation des bénéfices apportés par la gestion des incidents sur autoroute*, Rapport de Convention DSCR-INRETS.

Instruction du 28 juillet 1995 modifiant provisoirement l'instruction de mars 1986 relative aux méthodes d'évaluation des investissements routiers en rase campagne. Ministère de l'Aménagement du territoire, de l'Équipement et des Transports, Direction des Routes, juillet 1995.

Perrett K. E, Stevens A (1996), *Review of the Potential Benefits of Road Transport Telematics*, Volume II : Technical Annex, Part A, TRL Report 220 : Annex.

Skabardonis A, Petty K, Noeimi H, Rydzewski D, Varaiya P (1996), « I-880 Field experiment : Data-base development and incident delay estimation procedures », *Transportation Research Record*, n° 1554, pp 204-212.

Transportation Research Board (1994), *Highway Capacity Manual*, Special Report 209, Third Edition Updated. US Transportation Research Board, Washington. DC.

■

SYSTÈME D'AIDE À LA DÉCISION POUR LES RÉGULATEURS DES SAE

G. Scemama, F. Balbo, *INRETS-GRETIA*
J. Rodriguez, *INRETS-ESTAS*
M. Caruso, *INRETS-DEST*

RÉSUMÉ

Les progrès de la télématique au niveau du transport public de surface se sont traduits par la mise en place progressive de systèmes centralisés de gestion des flottes fondées sur la localisation continue (SAE). Cette première génération de système permet d'élaborer en temps réel des alarmes primaires (avance/retard) au niveau des bus, de mettre en œuvre certaines procédures automatiques de régulation et d'analyser les résultats d'exploitation (temps de parcours, demande voyageurs) afin de mieux planifier l'offre de transport. Cependant face aux nombreuses perturbations affectant les lignes de TC, les régulateurs éprouvent les plus grandes difficultés à détecter les situations à problème et à prendre les bonnes décisions. Les critères d'exploitation fondés uniquement sur la référence par rapport à un horaire théorique s'avèrent inadaptés en conditions perturbées. De plus, les analyses du poste de travail des régulateurs montrent la difficulté des tâches qui leur sont confiées : nombre de lignes à surveiller, aspect spatio-temporel et incomplet des informations relatives aux bus, communications avec les conducteurs, opérations de régulation dont la pertinence dépend de la connaissance des services (agent et voiture) et de la demande de transport. À cet égard, le domaine de la Décision constitue un enjeu majeur à résoudre pour la nouvelle génération des SAE.

Cet article présentera un système d'aide à la décision pour les régulateurs des SAE qui repose sur un modèle de représentation des perturbations non plus au niveau des bus mais au niveau des différents points du réseau. Ce modèle présente l'avantage de revenir au niveau du concept du plan de transport par la connaissance et le suivi des points du réseau où il y a un déséquilibre entre l'offre et la demande. Le modèle de la perturbation identifie la zone critique des points en attente d'un bus en retard où l'offre est déficitaire, ainsi que les zones des points susceptibles d'être en avance ou en retard. Le système effectue un calcul dynamique des horaires ce qui permet au modèle des perturbations d'être contextuel et non plus relatif à un tableau horaire prédéterminé. La représentation graphique de la perturbation permet aux régulateurs d'identifier rapidement les dysfonctionnements des lignes à l'intérieur du réseau. Le modèle propose au régulateur diverses solutions pouvant être utilisées dans le cadre d'une approche multicritère tenant compte de la régularité, de la ponctualité, d'une logique d'enlèvement des voyageurs, de la gestion du personnel.

Cette réalisation s'appuie sur les technologies de l'informatique avancée : modèle objet pour la modélisation conceptuelle des données (inspiré des travaux du Transmodel), paradigme multi-agent pour la représentation d'un réseau virtuel dynamique de transport public, Interface Homme Machine intuitive. On présentera les premiers résultats de son évaluation sur le réseau de transport public de la STIB à Bruxelles.

■

@LLEGR@

Un nouvel outil de conception de l'offre pour les réseaux de transports urbains

Michel Rizzi
Chef de projet, RATP, BUS/MSE

Au milieu des années quatre-vingt, la RATP a mis au point et commercialisé une gamme de logiciels de conception de l'offre de transport pour les réseaux urbains de surface : les outils CHIC (comprenant CHIC GRAPHIC, CHIC SERVICES et CHIC CHRONO). Ces produits qui ont connu un succès national et international important doivent aujourd'hui être remplacés, à la fois en raison de l'obsolescence des matériels qui les supportent et des nouveaux besoins exprimés par les exploitants.

@llegr@ est le nouvel outil d'élaboration de l'offre de service développé par la RATP pour remplacer les logiciels CHIC, en collaboration avec les sociétés Stéria et Euro-Décision.

LES FONCTIONNALITÉS D'@LLEGR@

Dans sa configuration finale, le logiciel @llegr@ comprendra huit modules distincts :

- Description des données du réseau : Ce module permet à l'utilisateur de décrire et de mettre à jour toutes les données structurelles d'un réseau. Ces données incluent les caractéristiques topologiques (itinéraires, points d'arrêt, terminus), les missions des lignes, les dépôts d'exploitation, les types de matériel utilisés, etc.
- Analyse des chronométrages : Pour déterminer les temps de parcours et de battement à allouer, il est nécessaire d'analyser les données enregistrées par n'importe quel système de saisie automatique ou manuelle. Dans ce but, ce module fournit des instruments statistiques d'épure et d'analyse de campagnes de chronométrages et permet de comparer des séries entre elles.
- Définition des paramètres d'un tableau de marche : Ce module permet à l'utilisateur de saisir les différentes données spécifiques à un TM : temps de parcours alloué, temps de battement extrémaux, correspondances avec d'autres modes, temps d'achat tickets, temps d'acheminement…

- Définition des conditions de travail du personnel de conduite : Ce module sert à entrer les règles d'utilisation du personnel pour les différents régimes en vigueur sur le réseau.
- Graphicage : Ce module permet de définir l'offre de service sur une ou plusieurs lignes en représentant graphiquement le mouvement des voitures, avec les courses qu'elles effectuent et les battements aux terminus (graphique à pente variable). Des fonctions d'aide assistent l'utilisateur dans ce travail. Il peut générer automatiquement un graphique optimisé à partir de spécifications concernant les horaires et/ou les intervalles par tronçon.
- Habillage : Ce module fournit une solution automatique optimisée au problème de découpage de l'offre de transport en services agent. Plusieurs offres de transport peuvent être combinées pour être habillées conjointement et différents régimes de conditions de travail peuvent être pris en compte. Des fonctions interactives permettent de modifier le graphicage pour minimiser le nombre de services engendrés.
- Classement des services : L'utilisateur peut avec ce module déterminer l'ordre optimal de classification des services agent. Cette tâche peut être faite de façon manuelle ou automatique.
- Élaboration des roulements : Il s'agit de construire la matrice des roulements qui définit l'enchaînement des services pour un tableau de marche donné. Cette tâche peut être réalisée manuellement ou automatiquement. Dans ce dernier cas, on prend en compte les conditions de travail (nombre mini de jours de repos...) et les préférences des agents.

LES PLUS D'@LLEGR@

Par rapport aux outils CHIC, @llegr@ se veut donc plus complet puisqu'il intégrera des fonctions de classement et de roulements.

@llegr@ offre également davantage de souplesse d'utilisation, étant conçu pour s'adapter à différents types d'exploitation des réseaux. Cette adaptabilité, nécessaire pour permettre à @llegr@ de satisfaire les besoins d'autres réseaux, doit également permettre de faire face à d'éventuelles évolutions des règles de gestion au sein de la RATP.

En particulier, @llegr@ est prévu pour traiter des cas comme : le graphicage en commun de lignes différentes, l'habillage en commun de lignes graphiquées séparément, l'habillage par ligne ou groupe de lignes combiné avec l'habillage global des tâches agent résiduelles, etc.

Au regard de ses concurrents sur le marché des logiciels d'élaboration des tableaux de marche, @llegr@ présente plusieurs innovations majeures :

- Des fonctions inédites d'analyse des chronométrages. C'est notamment le cas avec la comparaison de deux séries de chronométrages permettant à la fois d'étudier l'opportunité d'allouer des temps de parcours spécifiques pour certains types de jours, et de concentrer l'analyse sur les parties de la journée où des différences significatives apparaissent dans les conditions de circulation.

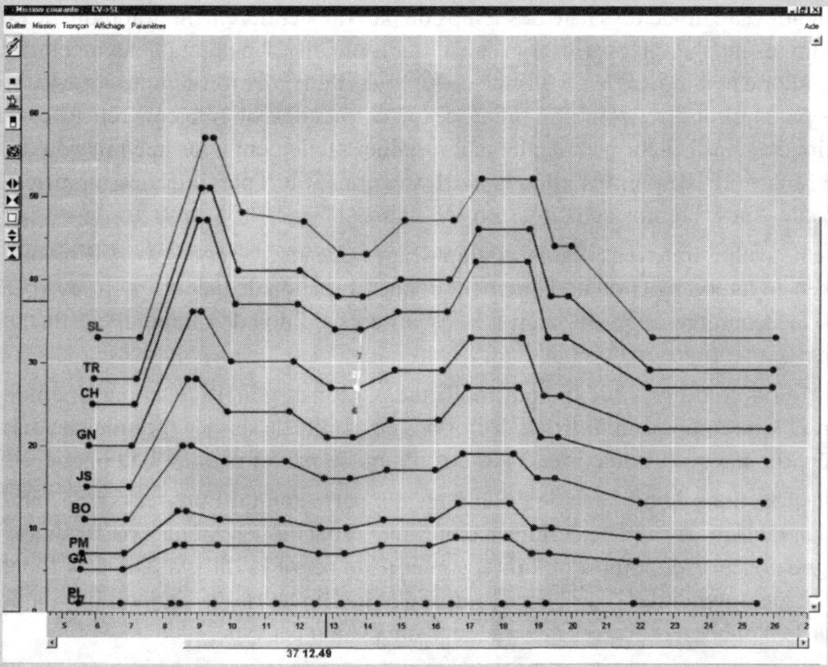

Figure 1. Saisie des temps de parcours alloués

Figure 2. Habillage (graphe des permutations)

- Un nouveau mode de saisie des temps de parcours entièrement graphique. Celui-ci évite les incohérences liées à la saisie traditionnelle dans un tableau de chiffres. Il comporte notamment la possibilité de reporter d'une mission sur une autre les temps de parcours des tronçons communs, ce qui permet d'assurer la cohérence des temps alloués. L'utilisateur peut également modifier facilement pour une mission donnée la répartition des temps alloués entre tronçons, ou répercuter des modifications locales sur les temps de la mission (*cf.* figure 1).
- De nouvelles fonctions d'aide au graphicage : Création de courses ou de révolutions avec un intervalle et/ou un battement donnés, création de n courses sur une période donnée, numérotation automatique des voitures, édition de l'intervalle et du taux de charge théorique en un point, etc.
- Un module de graphicage automatique. Celui-ci génère automatiquement un graphique complet en fonction de normes de qualité de service (premiers et derniers départs, intervalles maximaux) et des temps de parcours et de battement alloués.
- Des fonctions de pilotage de l'habillage qui permettent d'imposer pour l'habillage d'un tableau de marche certaines contraintes spécifiques : règles particulières à la ligne concernée, nombre minimal souhaité de services directs, etc. Ces fonctions sont aussi très utiles pour tester l'impact de modifications des conditions de travail sur le nombre de services agent et leur répartition par type.
- Un module d'habillage automatique extrêmement performant, qui repose sur de nouvelles techniques mathématiques.
- Des fonctions d'interactivité habillage-graphicage permettant de construire des tableaux de marche optimisés. L'utilisateur peut en particulier modifier directement dans l'habillage les raccords des voitures, grâce au « graphe des permutations ». Il peut également relâcher certaines contraintes sur les conditions de travail pour voir comment modifier à la marge le graphique pour améliorer l'habillage (*cf.* figure 2).

LA CONFIGURATION TECHNIQUE

@llegr@ est supporté par des postes de travail fonctionnant sous système d'exploitation NT ou Unix. Configuration PC requise : PentiumII 400 MHz minimum et 256 Mo de mémoire vive ; écran de 21 pouces couleur.

@llegr@ utilise ILOGViews pour les interfaces graphiques, CPLEX pour les modules automatiques de graphicage et d'habillage, et ILOGSolver pour les modules automatiques de classement et de roulement.

@llegr@ peut être interfacé avec une base de données « Offre de transport » (base relationnelle). La structure de cette base a été conçue à partir des réflexions en cours au niveau européen pour déboucher sur un modèle de données standardisé.

LES ÉCHÉANCES D'@LLEGR@

La réalisation d'@llegr@ a été découpée en deux phases.

La phase 1 comprend la réalisation des modules « données du réseau », « paramètres du TM », « graphicage manuel », « habillage manuel et automatique ». Une _-version a été testée fin 1999 dans deux centres RATP, le déploiement de la version définitive sur l'ensemble du réseau parisien étant prévu pour avril 2000.

La phase 2 comprend la réalisation des modules « analyse des chronométrages », « roulements (manuels et automatiques) », « classement (manuel et automatique) », « graphicage automatique ». Elle a débuté en décembre 1999. Les modules seront intégrés au logiciel au fur et à mesure de leur validation.

Une première version de l'outil comportant les principales fonctionnalités sera disponible en mai 2000 pour les réseaux intéressés.

■

PRIORITÉ BUS

Une opportunité pour accroître l'efficacité des transports en commun

Christophe Wolf
MERCUR

Le développement des technologies de la télématique offre aux collectivités locales et aux exploitants des transports collectifs des outils nouveaux, susceptibles d'accroître l'efficacité des transports urbains. Les systèmes qui favorisent les bus lors du franchissement de carrefours à feux en font partie. En effet, la localisation et la détection des bus lorsqu'ils s'approchent d'un carrefour, comme les transmissions d'informations entre des véhicules mobiles et des stations fixes, sont des fonctionnalités que les outils télématiques maîtrisent davantage chaque jour.

Sur l'initiative du Syndicat des Transports Parisiens, MERCUR a réalisé un guide technique des systèmes de priorité bus aux carrefours à feux, qui soit à la fois un outil d'aide à la décision, un outil d'accompagnement dans le lancement du projet, un outil d'aide à la conception, et enfin, un outil référentiel, en listant les solutions techniques potentielles ainsi que leurs avantages et leurs défauts respectifs.

Cette communication se propose de présenter le guide à travers ses aspects essentiels ainsi que les premiers résultats de la mise en œuvre d'un outil informatique de simulation de la priorité bus, mis au point avec la société ATN.

I. QU'ATTENDRE D'UN SYSTÈME DE PRIORITÉ BUS AUX CARREFOURS À FEUX ?

La prise en compte des bus aux carrefours à feux est un outil parmi d'autres d'une politique de transport. Elle s'inscrit dans l'ensemble des mesures destinées à améliorer quantitativement et qualitativement l'offre des transports en commun et par conséquent, leur attractivité et leur compétitivité par rapport aux voitures particulières.

Les usagers-clients des transports collectifs apprécieront la diminution du temps de parcours, l'amélioration de la régularité des dessertes et un confort accru induit par des décélérations et des accélérations moins fréquentes. L'autorité organisatrice, quant à elle, peut espérer assurer un service équivalent en minimisant les investissements.

Toutefois, avant de s'engager dans la réalisation de ce type de systèmes, il est préférable d'approcher globalement les difficultés rencontrées par les véhicules de transport en commun, pour définir a priori ce que l'on attend de la priorité bus.

I.1. Définition

Un système de priorité bus aux carrefours à feux est un ensemble coordonné d'actions tendant à favoriser les véhicules de transport en commun par rapport aux véhicules particuliers dans le franchissement de carrefours à feux.

Cet « avantage » peut être accordé aux bus, qu'ils soient ou non intégrés dans la circulation générale. En effet, même s'il n'existe pas de couloir bus, le système de priorité peut distinguer les bus des autres véhicules. En favorisant le bus, il favorisera aussi les véhicules qui circulent sur le même axe que ce bus.

I.2. Décomposition du temps de course

Le champ d'action des systèmes de priorité bus aux carrefours à feux est réduit. En effet, ils agissent uniquement sur le déroulement des cycles des feux. Pour évaluer l'impact des feux sur le temps de conduite ou plus précisément sur le temps de course des véhicules de transport en commun, la décomposition suivante est intéressante :

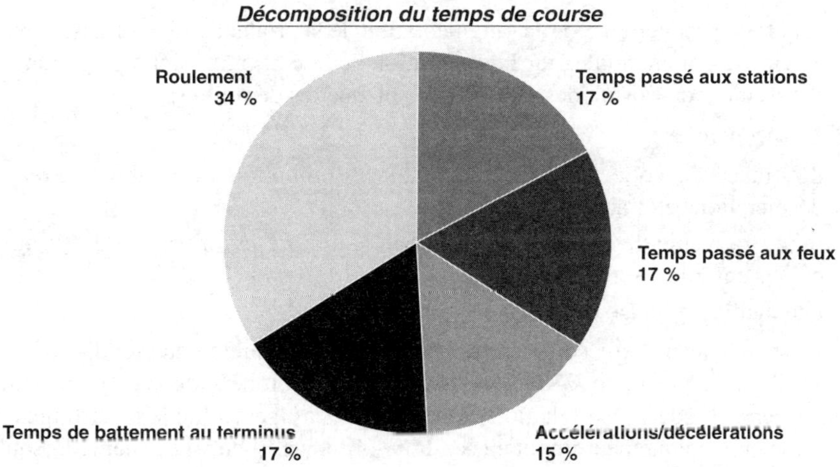

Source : « Des mesures, des équipements et des aménagements pour améliorer la productivité externe des transports publics urbains » CETUR

Cette décomposition est donnée à titre d'ordre de grandeur, car elle varie bien sûr d'un réseau à l'autre, d'une ligne à l'autre, suivant les périodes de la journée et les jours de la semaine. Elle permet toutefois de mettre en évidence la part du temps de conduite, sur laquelle va porter le système de priorité bus. Ce dernier, en agissant sur les feux, diminuera le temps passé aux carrefours mais également le temps perdu lors des décélérations et accélérations liées à ces carrefours. De plus, toute action améliorant la régularité d'une ligne, permettra aussi de réduire le temps de battement aux terminus. En effet, ce dernier est généralement compris entre une à deux fois l'écart-type du temps passé en ligne. En réduisant cet écart-type, on diminuera le temps de battement requis. C'est donc environ 40 % du temps de course qui est concerné par la priorité bus.

I.3. Les gains potentiels et les coûts

La finalité du système de priorité bus est d'améliorer l'attractivité, la qualité et la compétitivité des transports collectifs. La priorité bus concourt ainsi au rééquilibrage du partage modal entre les transports collectifs et les voitures particulières, rééquilibrage qui permet de lutter contre les pollutions atmosphériques, les pollutions sonores et le temps perdu dans les congestions.

La mise en place d'une régulation des feux favorable aux transports collectifs est d'ailleurs préconisée par la loi sur l'air du 30 décembre 1996. De plus, le diagnostic préalable au Plan de Déplacements Urbains a constaté que pour l'heure, ces systèmes étaient trop peu développés en Ile-de-France.

Les effets de la priorité bus sont multiples :

- des transports collectifs plus rapides ;
- des retards moins fréquents et moins importants ;
- un service renforcé et des temps d'attente plus courts (si la diminution du temps de parcours est traduite en augmentation de l'offre de transport) ;
- des coûts de production réduits (augmentation de la productivité par l'amélioration de la vitesse commerciale, par la diminution de la consommation énergétique, un ralentissement de l'usure des pneus et des plaquettes de freins) ;
- effets secondaires :
  - des transports collectifs plus confortables (diminution du nombre d'arrêts, de décélérations et d'accélérations),
  - moins de véhicules bondés (la régularité équilibre la répartition des usagers-clients entre les véhicules),
  - une meilleure image de marque.

Les coûts quant à eux sont dépendants des choix technologiques et de l'existant. En effet, il est fréquent que le système de priorité bus soit développé en même temps que le système d'aide à l'exploitation (SAE), auquel cas il est difficile de distinguer les investissements uniquement imputables à la priorité bus. Il en va de même lorsqu'un SAE est déjà en place et que l'on réutilise certaines de ses fonctionnalités. Pour évaluer les coûts il faut savoir que les principaux postes d'investissements sont le matériel embarqué dans chaque bus, le matériel relié au(x) système(s) de régulation des carrefours, les éventuels travaux de génie civil et les logiciels informatiques. À titre indicatif, on peut supposer que l'investissement moyen est de l'ordre de 25 000 FF par bus.

I.4. Quelques exemples

I.4.1. Grenoble

Au printemps 1998, la SEMITAG engage un projet ambitieux de redynamisation et de mise en accessibilité totale de la ligne 8, axe structurant du réseau. La redynamisation

Gains observés

L'attente moyenne aux feux, sur l'ensemble de la ligne 8 (rebaptisée ligne 1) est passé :

- de 9 mn 16 s à 4 mn 15 s dans le sens Pont Rouge — Trois Dauphins ;
- de 7 mn 58 s à 3 mn 01 s dans le sens Trois Dauphins — Pont Rouge ;
- de 6 mn 53 s à 1 mn 24 s dans le sens Pont Rouge — Jaurès/Berriat ;
- de 5 mn 56 s à 1 mn 43 s dans le sens Jaurès/Berriat — Pont Rouge.

Alors que l'attente aux feux représentait précédemment 27 % du temps de parcours, elle ne représente plus aujourd'hui que 6 %.

La vitesse commerciale est passée de 15,44 km/h à 18,25 km/h dans le sens Pont Rouge — Trois Dauphins et à 20,67 km/h dans le sens Pont Rouge Jaurès/Berriat.

Le confort des passagers a été nettement amélioré puisque à tous les carrefours équipés du système de priorité absolue, le nombre de décélérations et d'accélérations a fortement décru.

se traduit par la refonte complète du fonctionnement des carrefours, par la mise en place d'une priorité absolue pour les bus et la création de couloirs bus.

I.4.2 Nancy

Le système de priorité bus est basé sur les communications entre le système d'aide à l'exploitation (SAE) et le PC Trafic (système de régulation centralisé). Le SAE demande la priorité au PC trafic lorsqu'un bus s'approche d'un carrefour. Ensuite, ce dernier accorde systématiquement une priorité en allongeant la phase verte ou en amputant la

Gains observés

Résultats de la campagne du CETE :

- Respectivement 4 et 5 % de réduction de temps de parcours par rotation sur les lignes 3 et 6 ;
- Respectivement entre 55 et 72 % de réduction du retard moyen au terminus pour la ligne 3 et entre 21 et 37 % pour la ligne 6 ;
- 15,3 % de gain de productivité en kilomètres annuels parcourus par conducteur ;
- 5,8 % de gain global de temps de parcours, qui peuvent théoriquement se traduire par une diminution de 3 trolleybus et 7 autobus ;
- Diminution de l'ordre de 2,2 % de la consommation énergétique de l'ensemble du réseau ;

En termes financiers, ces gains sont estimés à 4,55 MF/an (valeur 12/83) pour les gains en temps de parcours et à 0,23 MF/an pour les gains énergétiques. Globalement, le gain annuel d'exploitation se monte à 4,20 MF pour un coût d'investissement de 13,08 MF.

Estimations de l'exploitant en février 1999 :

- Augmentation de 16 % de la vitesse commerciale sur l'ensemble des lignes
- Sur la ligne 3, le système de priorité associé au couloir réservé a permis aux véhicules de parcourir 30 % de kilomètres supplémentaires.
- Le couplage SAE-PC Trafic permet d'atteindre le niveau de 70 % de bus à l'heure (le SAE seul permet de monter à 55 %).

phase rouge d'une durée fixée en fonction du trafic moyen de l'axe emprunté. Il s'agit donc d'un système centralisé global, car l'ensemble du réseau profite de la priorité et non une ou plusieurs lignes déterminées. Les gains présentés ci-après sont issus d'une évaluation du SAE par le CETE de l'Est entre avril et mai 1985 et des statistiques de l'opérateur de transport.

I.5. La priorité bus et le trafic général

Les relations entre le système de priorité bus aux carrefours à feux et la circulation générale sont encore mal connues. Les connaissances dans ce domaine, se restreignent aux évaluations qualitatives des personnes ayant mis en place une priorité bus et aux études effectuées dans le cadre de programmes de recherche, essentiellement européens. Plusieurs principes se dégagent :

1. Pendant les heures creuses, les systèmes de priorité bus n'affectent pas le temps de parcours des voitures particulières.
2. Pendant les heures de pointe, les temps de parcours des V.P. varient en fonction des itinéraires, du système de régulation du trafic et du système de priorité bus. Dans l'ensemble, il semble qu'il existe, pour les V.P., un prix à payer.
3. La qualité des plans de feux originaux (sans aucune priorité) est déterminante.

II. LES DIFFÉRENTS TYPES DES SOLUTIONS TECHNIQUES

Pour distinguer les types de systèmes de priorité bus, plusieurs critères sont utilisés :

- La priorité peut être absolue ou non : dans le premier cas, l'objectif est de donner systématiquement le vert aux bus qui se présentent alors que dans le second cas, tous les bus sont pris en compte par le feu et bénéficient d'avantages (raccourcissement du temps de rouge…), mais ils ne disposeront pas systématiquement d'un feu vert.
- Le système peut être décentralisé ou centralisé : dans le premier cas, l'organe qui décide d'accorder une priorité au bus est physiquement proche du carrefour, dans le second cas, cet organe est généralement le système central de régulation du trafic.
- La priorité peut être active (ou encore dynamique) ou passive : une priorité bus est dite active ou dynamique lorsque les actions sur les feux sont effectuées en temps réel, quand les bus s'en approchent. Par opposition, une priorité passive désigne la prise en compte des bus lors de l'établissement des plans de feux. Dans ce cas, une fois que ces plans de feux sont en service, aucune action n'est plus effectuée.

Dans la suite, nous ne nous intéresserons qu'à la priorité active. Dans ce cas, quelle que soit la technologie adoptée, le système remplit trois fonctions principales :

1. Recueillir l'information « le bus s'approche du carrefour »,
2. Transmettre cette information au système de régulation du carrefour,
3. Choisir une stratégie de régulation adaptée au résultat attendu.

On remarquera que le caractère centralisé ou non se rapporte essentiellement à la deuxième fonction et que le caractère absolu ou non de la priorité se rapporte plutôt à la troisième fonction. Dans cette communication, nous présenterons les principales solutions techniques qui répondent à la première fonction, à savoir : Recueillir l'information « le bus s'approche du carrefour ».

II.1 Les systèmes de radiolocalisation des bus

Ces systèmes s'appuient sur une localisation à l'estime (odomètre, gyroscope...) et une localisation basée sur des infrastructures extérieures comme les systèmes satellitaires (GPS, GLONASS et bientôt GALILEO...)

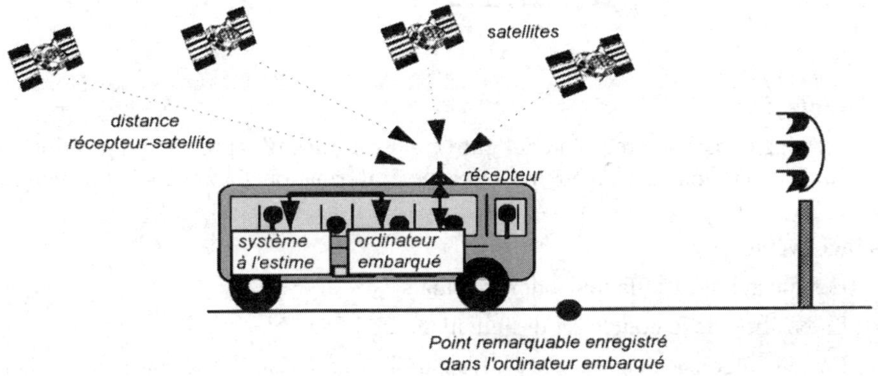

Les avantages :

- Tous les composants sont embarqués. Aucune installation n'est à effectuer sur les infrastructures routières.
- La position des points remarquables est aisément modifiable.
- Les potentialités d'évolutions sont importantes, comme les applications dérivées. En effet, la localisation des bus étant continue sur toute la ligne, d'autres applications, comme le suivi des bus ou le recueil de données à des fins statistiques, sont développables.

Les inconvénients :

- Le système et les informations nécessaires (description topologique des lignes, ordinateur embarqué) sont surdimmensionnés si l'unique application est de recueillir l'information d'approche d'un carrefour.

II.2. Les systèmes utilisant des boucles intégrées à la chaussée

Une boucle inductive, placée en amont du carrefour, détecte le bus lorsque ce dernier passe dans son champ électromagnétique. De plus, si le bus est équipé d'un transpondeur (balise), alors il peut se faire reconnaître par la boucle. Ce dispositif est indispensable lorsque les bus partagent la voirie avec les autres véhicules.

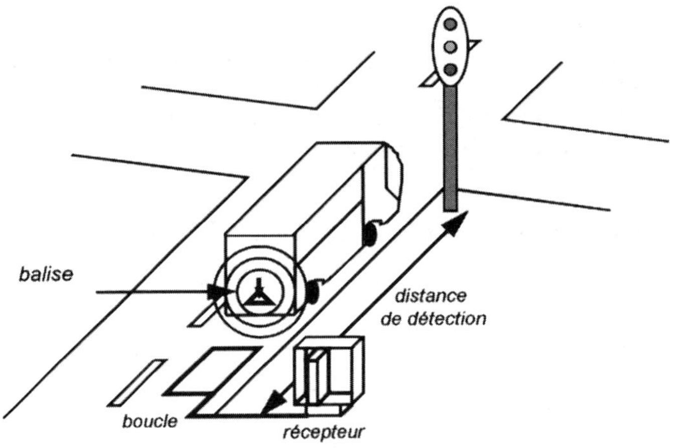

Les avantages :

- La boucle marque précisément l'entrée dans la zone d'approche. La position du bus est donc connue au mètre près lorsque l'information d'approche est recueillie.

Les inconvénients :

- Les travaux d'installation sont importants.
- La position de la boucle est difficilement modifiable.
- En général, on ne dispose pas d'information continue sur la présence du bus dans la zone d'approche du carrefour, d'où la nécessité d'utiliser une seconde boucle d'acquittement en sortie de carrefour.

II.3. Les balises

Une balise, placée généralement sur le poteau des feux, communique avec une seconde balise embarquée dans les bus. Cette communication commence lorsque la balise embarquée entre dans le champ de la balise fixe. Deux médias sont utilisés : les hyperfréquences et les ondes infrarouges.

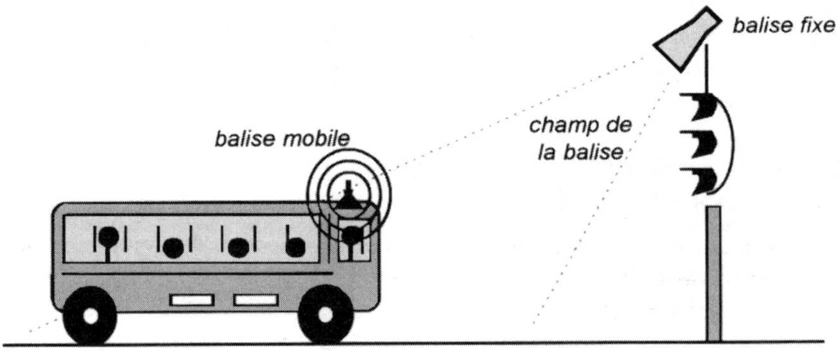

Les avantages :

- Les travaux d'installation sont limités.
- Tant que le bus se trouve dans le champ de la balise, il est détecté.

Les inconvénients :

- Tout obstacle entre les balises interrompt la communication.
- Les conditions climatiques influent la précision de la détection.
- La maintenance doit être effectuée régulièrement car certains composants sont fragiles.

III. UN OUTIL DE SIMULATION DES SYSTÈMES DE PRIORITÉ BUS

III.1 Objectifs

Répondre aux questions suivantes :

1. Est-il opportun de mettre en place un système de priorité bus aux carrefours à feux.
2. Si oui, quel système choisir et quels paramétrages effectuer (intégration ou non d'un carrefour particulier, quelles actions sur les feux, où détecter le bus).

III.2. Principes

Cet outil aborde la priorité bus sous l'aspect de l'exploitation des transports urbains. Il n'analyse pas finement chaque carrefour et les véhicules particuliers qui s'y présentent, mais des lignes complètes. Il permet de mesurer les grandeurs caractéristiques de la performance de chaque ligne (temps de parcours, retards aux stations, temps moyen passé à chaque feu, temps moyen passé aux feux sur l'ensemble du parcours...) et ainsi, il est possible d'évaluer la performance du système de priorité bus. Il calcule également des variables caractérisant l'influence de la priorité sur chaque feu, variables qui peuvent ensuite être utilisées pour évaluer les effets de la priorité bus sur les débits des véhicules particuliers.

III.3. Résultats de la mise en œuvre de cet outil

Nous avons exploité cet outil de simulation pour étudier l'opportunité de mettre en place une priorité bus sur la ligne A du réseau de Melun. Après avoir vérifié que la simulation sans priorité bus donnait des résultats semblables aux mesures effectuées par Opthor, nous avons défini puis testé plusieurs scénarios (priorité bus à tous les feux, site propre sur l'avenue Thiers, priorité bus aux feux les plus influents...). Les premiers résultats obtenus étant encourageants, le projet va faire l'objet d'une présentation aux élus locaux, qui s'appuiera sur la démarche menée et la simulation.

Bibliographie

• *Ouvrages :*

« Des mesures, des équipements et des aménagements pour améliorer la productivité externe des transports publics urbains », CETUR, *Dossiers du CETUR*, 1991.

« Les capteurs de trafic routier — Guide technique », *SETRA*, 1995.

« Les équipements dynamiques routiers — Guide technique », *SETRA*, 1994.

« Matériels et techniques de coordination », CETUR, Les *Dossiers du CETUR*, n° 24, 1984.

• *Rapports et articles :*

« Le projet Quartet Plus à Toulouse (1996-1997) ; Présentation des résultats », 1998.

« Impact analysis of priorities to public transport strategies », Drive II Project ; The LLAMD Euro-Project ; Sub-Project LEADER, CERT, 1993.

■

Exploitation des réseaux routiers et transports interurbains

Jeudi 27 janvier

14 h 30 à 18 h 00

Président de séance : Charles DARGENT
Directeur général adjoint, SAPRR
Président du comité n° 3

NOUVEAUX OUTILS DE GESTION D'UN RÉSEAU AUTOROUTIER MAILLÉ

Raymond Fèvre et Joël Petrucci
SAPRR

I. INTRODUCTION

Le réseau SAPRR comprend aujourd'hui 1 800 km d'autoroutes interconnectées formant un réseau maillé interurbain. Ce maillage ouvre à la gestion du trafic des possibilités nouvelles très importantes. En effet, sur une infrastructure linéaire, les perturbations importantes du trafic impliquent presque toujours des délestages souvent massifs sur les réseaux routiers parallèles. Les plans de gestion de trafic visent à une gestion rationnelle de ces perturbations. Dans un réseau autoroutier maillé, cet aspect de la gestion du trafic ne disparaît pas, mais il peut être considérablement allégé en utilisant des délestages sur d'autres branches autoroutières du réseau. L'exposé qui suit décrit les moyens développés et mis en œuvre par la S.A.P.R.R pour aboutir à une gestion optimale de son réseau (*cf.* figure 1).

II. PRÉSENTATION SOMMAIRE DES MOYENS TECHNIQUES DÉVELOPPÉS PAR LA SAPRR POUR GÉRER SON RÉSEAU :

2.1. Le système REGA

REGA désigne le système d'ensemble comprenant :

- des dispositifs de recueil de données (stations de comptage et météorologiques) ;
- des panneaux à messages variables (en section courante et aux accès sur le réseau) ;
- le système informatique de centralisation et de visualisation des données, ainsi que le système de commande des panneaux à messages variables.

Ce système a été crée en 1984 et constamment développé et amélioré depuis qualitativement et quantitativement. L'objectif visé (et proche d'être atteint) et une couverture complète du réseau à raison d'au moins une station de comptage et un PMV par section élémentaire (comprise entre deux diffuseurs) ainsi qu'un PMV à tous les accès importants.

2.2. Les moyens complémentaires

Ces moyens concernent essentiellement :

- la communication avec les usagers : la radio 107.7 (Autoroute-Info) couvre maintenant l'ensemble du réseau ;

– le recueil des données : des caméras vidéo sont en cours d'installation dans les bifurcations et les autres points stratégiques du réseau. Leurs images sont transmises aux PC au moyen des fibres optiques ;
– les dispositifs spécifiques : de détection d'incidents et de régulation du trafic sur les sections à très fort trafic et les tunnels.

2.3. Les moyens techniques et l'organisation de la SAPRR

L'organisation de la SAPRR a été déterminante pour définir la structure de REGA. Cette organisation repose sur les districts, les PC régionaux et un PC central dont les attributions, pour ce qui concerne le système REGA, sont schématiquement les suivantes :

Districts

– recueil de l'information événementielle ;
– programmation des travaux d'entretien ;
– mise en œuvre des actions physiques de déviation.

PC régionaux :

– information du client par télépanneaux et radio ;
– information de l'Administration préfectorale pour décision ;
– coordination régionale des actions d'information et de circulation des clients ;
– communication avec les systèmes mitoyens (CORALY – SIRIUS).

PC central :

– information de la Tutelle et des CRICR ;
– coordination interrégionale des actions d'information et de circulation ;
– correspondant des PC décisionnels PALOMAR ;
– gestion du PGM (Plan de Gestion du trafic en réseau Maillé).

III. PLANS DE GESTION DE TRAFIC

Les moyens techniques décrits ci-dessus ne sont évidemment pas une fin en soit, ils ont pour objectifs :

– la sécurité : détecter aussi rapidement que possible les événements et alerter les automobilistes ;
– l'aide au déplacement : informer au mieux les clients des conditions de circulation, de toute nature ;
– la gestion du trafic : limiter le plus possible la gêne créée par les perturbations du trafic.

Ces trois objectifs sont très interdépendants. Les plans de gestion de trafic (PGT) sont des moyens méthodologiques permettant de gérer les perturbations. Ils s'inscrivent dans la politique définie par la DSCR sous l'appellation de SDER (Schéma directeur d'exploitation routière).

Ces plans comprennent :

- les PGT propres à chaque autoroute définissant les mesures à mettre en place pour organiser les délestages sur les réseaux routiers voisins,
- le PGM définissant les mesures relatives aux délestages d'une autoroute à une autre sur le réseau maillé (*cf.* figure 2),
- Les plans PALOMAR, qui sont mis en place pendant les périodes de fort trafic, sous l'égide des Préfets.

Un événement perturbateur est caractérisé par différents éléments dont sa durée prévisible, la restriction de capacité imposée, le niveau de trafic, sa localisation. C'est l'ensemble de ces caractéristiques qui conditionne le choix du scénario associant en général, différentes mesures, apte à traiter au mieux cet événement.

IV. LE DÉVELOPPEMENT D'UN SYSTÈME D'AIDE À LA DÉCISION

L'expérience acquise par la SAPRR montre que les moyens techniques et méthodologiques décrits ci-dessus ne sont pas suffisants pour optimiser la gestion du trafic. Une des difficultés importantes est dans le choix du meilleur scénario possible face à un événement donné. Le « bon choix » suppose en effet d'apprécier notamment les conséquences de sa mise en application en terme, de charge du réseau en aval (ne pas engendrer, par exemple, une perturbation pire que celle qu'on cherche à réduire).

Les objectifs fixés à un système d'aide à la décision sont de plusieurs ordres. Il s'agit, selon l'exemple ci-dessus, de fournir une aide à la décision en cas de perturbation aux cadres d'astreinte et opérateurs chargés de gérer le trafic en temps réel. Mais il doit permettre également d'anticiper sur l'évolution d'une situation en cas de fort trafic, au moyen d'une prévision précise à court terme, afin d'éviter les bouchons de sous-capacité (par rapport à la demande de trafic).

Il doit permettre également d'évaluer les temps de parcours prévisibles selon différentes méthodes.

Ce système, dénommé MAESTRO, est en cours de développement. Il intégrera une quantité importante de données relatives au trafic. Leur modélisation devra permettre d'atteindre les objectifs fixés en simulant la propagation des flux de trafic à travers le réseau maillé.

Le système d'aide à la décision comportera des propositions de messages sur les panneaux lumineux, adaptés à la situation à traiter.

V. ESTOC : LA MÉTHODE SPÉCIFIQUE SAPRR DE CALCUL DES TEMPS DE PARCOURS

Parmi les différentes méthodes envisageables pour évaluer les temps de parcours en cas de perturbation, la plus fiable actuellement consiste à mesurer les vitesses moyennes selon des intervalles rapprochés et à en déduire le résultat souhaité grâce à des traitements statistiques appropriés.

Cette méthode suppose donc une densité forte de stations de mesures de vitesse (moins de 10 km) sinon les extrapolations faites pour évaluer la situation entre deux stations ne plus valables.

Les caractéristiques du réseau SAPRR ainsi que la fréquence des perturbations constatées ne justifient pas les investissements nécessaires pour appliquer une telle méthode. C'est pourquoi a été mise au point avec la société ISIS une autre méthode qui ne nécessite en général que deux stations de comptages implantées de part et d'autre d'une section élémentaire comprise entre deux diffuseurs.

La méthode consiste à mesurer par soustraction des comptages entre les deux stations, la quantité de véhicules accumulés. L'évaluation du temps de parcours s'obtient simplement en divisant ce stock par le trafic sortant de la section considérée.

Bien qu'élémentaire dans un principe, cette méthode requiert un logiciel élaboré de traitements des données et une précision suffisante des stations de comptages. Elle est sur le point de passer au stade opérationnel (*cf.* figure 3).

VI. ÉQUIPEMENT DES BIFURCATIONS DU RÉSEAU

Les bifurcations autoroutières ou du moins certaines d'entre elles, constituent des points stratégiques du réseau, justifient des équipements adaptés au rôle « d'aiguillage » de la circulation qu'elles remplissent lors des délestages.

L'équipement en caméras vidéo a été évoqué ci-dessus, il a pour but de surveiller le bon fonctionnement des bifurcations et de modifier par exemple une mesure de gestion de trafic en cas de surcharge.

Cependant l'aspect le plus important est la signalisation de ces points de choix.

Les PMV et la radio autoroutière permettent de conseiller les automobilistes sur les itinéraires alternatifs, mais l'expérience montre qu'une signalisation spécifique en jaune explicitant le début de l'itinéraire alternatif est particulièrement utile. La SAPRR expérimente ce type de signalisation sur plusieurs des bifurcations de son réseau (*cf.* figure 4).

Figure 4. Exemple de signalisation d'un itinéraire alternatif à une bifurcation.

Figure 1. Plan du réseau SAPRR

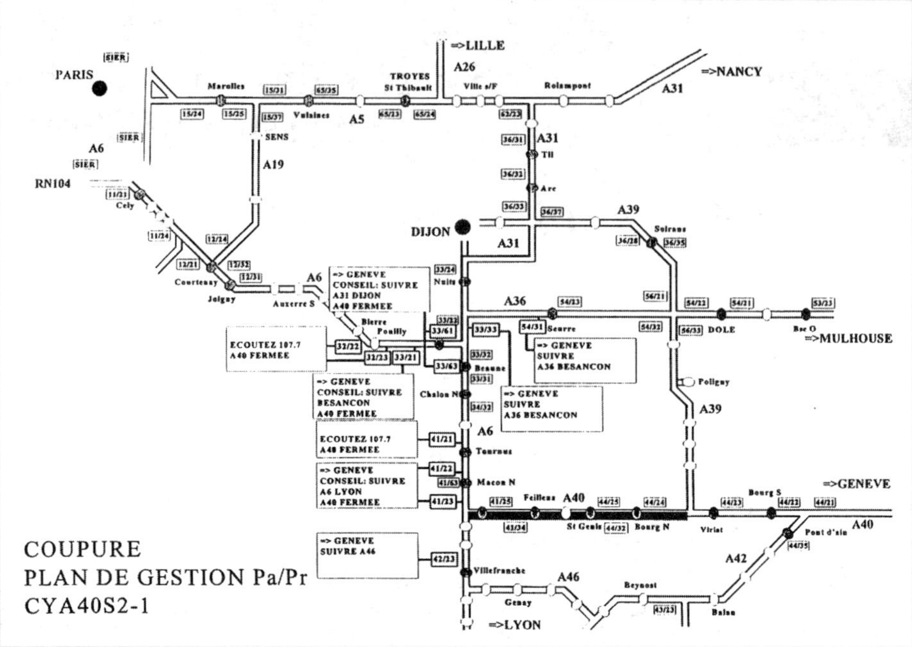

Figure 2. Exemple de fiche du plan de gestion de trafic en réseau maillé.

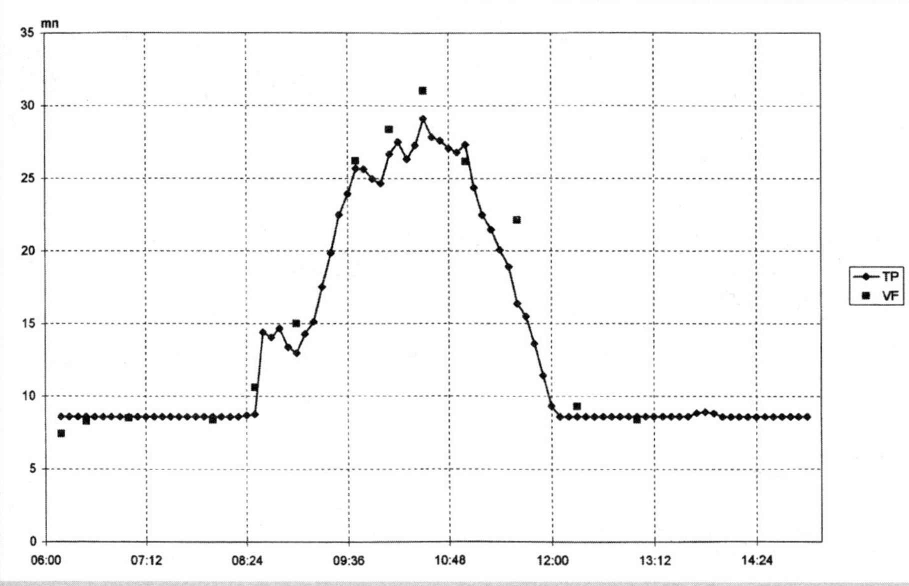

Figure 3. Exemple de courbe montrant l'évolution du temps de parcours lors d'une perturbation, fournie par le logiciel ESTOC. Les points carrés correspondent au temps de parcours d'un véhicule "flottant", circulant à vitesse moyenne. L'adéquation entre modèle et réalité est satisfaisante.

LA PRÉVISION DES TEMPS DE PARCOURS PAR MODÉLISATION DE L'ÉCOULEMENT DU TRAFIC

Le cas de l'autoroute A13

Jean-Marc Morin
ISIS
François-Régis Olivier
SAPN

LES BESOINS DE L'EXPLOITANT

La SAPN exploite un réseau de 360 kilomètres dont l'axe principal est constitué de l'autoroute A13 entre Orgeval et Caen (200 km), qui supporte un trafic moyen de 22 000 v/j sur certaines sections du Calvados jusqu'à 96 000 v/j à Orgeval.

L'autoroute A13 est en particulier très fréquentée le week-end par une population francilienne et normande se rendant sur la côte entre Caen et Honfleur, pour une grande part composée d'habitués (33 % des clients utilisent l'autoroute A13 plusieurs fois par mois).

La forte concentration de trafic revenant sur la Région Parisienne le dimanche soir, l'absence de réserves de capacité sur les itinéraires alternatifs à l'autoroute A13, engendrent des difficultés de circulation récurrentes hors et sur le réseau de la SAPN. L'information sur le temps de parcours est ainsi apparue comme un moyen d'information et d'aide à l'organisation de son voyage de retour, pour un client fortement imprégné des pratiques mises en œuvre sur le boulevard périphérique de Paris et sur les grands axes de la Région francilienne.

La SAPN a souhaité disposer d'un outil exploitant au mieux les équipements mis en place : une station de comptage (débits, TO, vitesse toutes les 6 minutes) sur chaque section d'autoroute, soit 28 stations au total sur l'autoroute A13 et ses bretelles, ce qui correspond à une station en section courante tous les 12 km, ainsi que les équipements de détection comme les 50 caméras de vidéosurveillance couvrant les sites les plus exposés du réseau, et permettant :

- Une prévision à court terme des trafics, s'appuyant sur l'historique des données connues et les recalages en temps réel autorisés par les stations de comptage, et sa comparaison à la capacité offerte par l'infrastructure.

Exemples : connaissance immédiate des conséquences d'un accident avec neutralisation de voie (usage en ligne) ;

aide à l'exploitant pour le déclenchement d'un chantier plusieurs heures ou plusieurs jours à l'avance (usage hors ligne).

• Une information au client sur son temps de parcours sur l'autoroute en cas de difficultés.

Exemples : temps de parcours sur un itinéraire donné : entre Orgeval et Rouen ;

temps de franchissement d'une perturbation isolée : message du type : « Bouchon à 5 km, Traversée 15 minutes »,

Information diffusée par les deux principaux outils que sont :

- les panneaux à messages variables (15 PMV sur A13) ;
- la radio Autoroute FM émettant sur 107.7.

• En outre, SAPN souhaitait pouvoir effectuer des simulations de stratégies de gestion du péage pour optimiser l'usage de la capacité de son infrastructure.

LA SOLUTION MISE EN ŒUVRE

Pertinence de l'approche MITHRA/SIMRES

L'outil MITHRA/SIMRES, développé sur le réseau A7/A9 d'ASF dans le cadre du programme Recherche Développement de l'ASFA, était une solution particulièrement adaptée dans la mesure où cet outil répondait à la plus grande partie des besoins exprimés, par l'association d'une prévision de la demande et d'une simulation de l'écoulement du trafic, et où il avait été validé opérationnellement.

Description de la solution

Rappel des caractéristiques de MITHRA/SIMRES

Le module MITHRA génère les matrices entrées-sorties de l'autoroute actuelles et prévues à 1 et 2 heures à partir des comptages et d'un traitement statistique effectué sur des matrices et des comptages historiques. Plus précisément, une classification des données historiques en « modalités » est d'abord faite (exemple : modalité du samedi, des jours ordinaires, etc.), puis les matrices moyennes modales et les lois de prévision des débits à 1 heure et 2 heures sont élaborées. En temps réel, le calcul est effectué toutes les 6 minutes et produit donc 3 matrices (actuelle, à 1 heure et à 2 heures) qui sont transmises au module SIMRES.

SIMRES est un module de simulation de l'écoulement dit « du 2e ordre » basé sur le modèle METANET (équations de Payne et Papageorgiou) et largement éprouvé. Il propage les courants entrées-sorties le long de l'autoroute et calcule des états de trafic actuels et prévus sur un horizon de 2 heures (débit, vitesse, densité) par cellules d'environ 1 km dans lesquelles le trafic est supposé homogène. Il calcule en outre des temps de parcours de 3 types : « instantanés » (en fonction des vitesses actuelles), reconstitués en sortie (en fonction des vitesses passées), prévus en entrée (en fonction des vitesses prévues). C'est cette dernière valeur qu'il convient de transmettre aux usagers, particulièrement sur des itinéraires longs, compte tenu des modifications d'états de trafic pouvant advenir tandis que l'usager parcourt son itinéraire. La prévision à 2 heures est représentée sous forme d'une cartographie espace-temps représentant les régimes de vitesse le long de l'autoroute depuis l'instant courant t jusqu'à t + 2 heures (*cf.* figure 1 l'interface graphique de l'outil).

SIMRES tient compte des incidents se produisant sur l'autoroute dès lors que leurs caractéristiques (instant de survenue, localisation, nombre de voies neutralisées, durée probable de la restriction de capacité) sont saisies par l'opérateur. Ce dernier a tout loisir de modifier ces caractéristiques à mesure que des informations actualisées lui proviennent du terrain.

Enfin, SIMRES possède une fonction de simulation de stratégies de contrôle d'accès permettant à l'opérateur d'apprécier l'impact de sa stratégie, avant de la mettre en œuvre, par comparaison des cartographies avec et sans contrôle. De plus, une estimation du débit détourné est donnée, qui permet à l'exploitant de coordonner son action avec celle des gestionnaires du réseau de surface.

Adaptations et développements réalisés

L'application a demandé plusieurs adaptations et développements :

- **Recueil de données** : l'implantation du recueil de données a été conçue sur l'autoroute A13 de manière à minimiser le nombre de points de comptage : il existe en général un point de comptage entre échangeurs et la plupart des échangeurs sont équipés de points de mesure, ces mesures se limitant à un demi-échangeur (entrée et sortie homologues, vers PARIS ou vers CAEN). Cette disposition permet de déduire par différence les débits d'entrée et de sortie du demi-échangeur manquant. Pour tenir compte de cette particularité, un module spécial a été développé, qui reconstitue les débits manquants sur échangeur. Utilisé en temps différé sur la base des débits horaires historiques, il a permis de reconstruire sur ces bretelles des débits horaires pour tous les jours de l'historique et de constituer des débits horaires modaux (cf. infra). Utilisé en temps réel sur la base des débits 6 minutes, il permet de reconstruire les débits d'entrée actuels et prévus servant à constituer les matrices entrées-sorties utilisées dans SIMRES.

- **Matrices entrées-sorties** : l'autoroute A13 étant gérée en péage ouvert, nous n'avions pas de base historique de matrices entrées-sorties. Toutefois, compte tenu de l'application envisagée (prévision des temps de parcours), il n'était pas nécessaire de connaître les véritables matrices et l'on pouvait se contenter de matrices « compatibles », c'est-à-dire cohérentes avec les comptages (de façon à obtenir un nombre de véhicules dans les tronçons correct). Sur la base des débits horaires historiques des bretelles d'entrée et de sortie, ainsi que des stations en section courante, de tous les jours des années 1997 et 1998, on a alors généré des matrices entrées-sorties créant une base historique de matrices analogue à la base de matrices du réseau ASF (connues, elles, sans erreur grâce aux cartes de péage). La méthode utilisée est la méthode dite « de May », dans laquelle le trafic T_{ij} de l'entrée i vers la sortie j est donné par la formule suivante :

$$T_{ij} = E_i \ \Pi_S (1 - k_{lj})\, k_j,$$

avec : E_i = débit de l'entrée i ;

S = ensemble des indices lj des sorties situées entre l'entrée i et la sortie j ;

k_{lj} = pourcentage de sortie de la sortie lj (rapport entre le débit de sortie et le débit section courante amont) ;

k_j = pourcentage de sortie de la sortie j ;

Cette méthode fait l'hypothèse que la probabilité d'un usager d'emprunter une sortie donnée est indépendante de son entrée.

Cette base une fois constituée, la procédure de calibrage de MITHRA a été mise en œuvre.

- **Calcul des temps de traversée de bouchon** : un module de calcul des temps de traversée des bouchons créés par les incidents a été développé. La méthode a consisté à identifier les cellules congestionnées par l'incident et à lancer un mobile fictif depuis l'entrée de la cellule amont jusqu'à l'endroit de l'incident. Il s'agit donc bien d'un temps de traversée prévu (et non pas instantané, comme dans d'autres méthodes). Ainsi, par exemple, lorsque la chaussée est dégagée, le temps de traversée va-t-il tenir compte de la remontée de la tête de bouchon, et fournir un temps de traversée plus juste (inférieur à ce que donne le calcul d'un temps instantané). La valeur du temps de traversée est affichée sur l'interface graphique.
- **Modélisation des barrières de péage pleine voie** : les barrières pleine voie ont été traitées comme des « incidents permanents » munis de capacités réduites variables, calculées en temps réel à partir du débit des voies de péage.
- **Calcul des temps d'attente au péage** : un module de calcul des temps d'attente au péage a été développé sur le même principe que le module de calcul des temps de traversée. Ces temps figurent sur l'interface graphique en regard des barrières.
- **Simulation de stratégies péage** : SAPN souhaitait pouvoir simuler des stratégies d'exploitation sur la barrière de BEUZEVILLE dans le sens 2 (vers PARIS) et pour la partie de l'autoroute située entre cette barrière et l'échangeur de Maison Brûlée (près de ROUEN). Ceci était en effet possible, en dépit de la non connaissance de la matrice entrées-sorties exacte, étant donné qu'il n'existe qu'une seule sortie, négligeable, sur cette section. Une interface de saisie de la configuration de voies à simuler a été développée et une fonction analogue à la simulation de contrôle d'accès a été implémentée (comparaison cartographique des états de trafic en amont et en aval de la barrière avec et sans la stratégie testée).
- **Réalisation des interfaces temps réel** : les interfaces avec le SSA (Système de surveillance autoroutier) ont été réalisées en ce qui concerne l'acquisition des données trafic et comptages péage, l'acquisition des données de la MCI (Main courante informatisée) permettant la saisie automatique des incidents dans l'outil MITHRA/SIMRES et la transmission des divers temps de parcours vers le SSA pour affichage sur PMV et diffusion à la radio.

Évaluation de l'application Temps de Parcours

MITHRA/SIMRES a été configuré et calibré sur le réseau A13 à partir des données de trafic historiques et de mesures particulières de temps de parcours (enquêtes par véhicules flottants) faites pendant les retours de l'Ascension et de la Pentecôte 1999 (24 et 30 mai 1999). L'outil complet a été installé et recetté fin août 1999.

Certains résultats obtenus sur les journées tests sont donnés figures 2 et 3. À l'heure où le présent article est écrit, il est trop tôt pour donner des résultats significatifs depuis sa mise en service. Des résultats plus complets devraient pouvoir être fournis au cours de la présentation orale prévue au programme du Congrès.

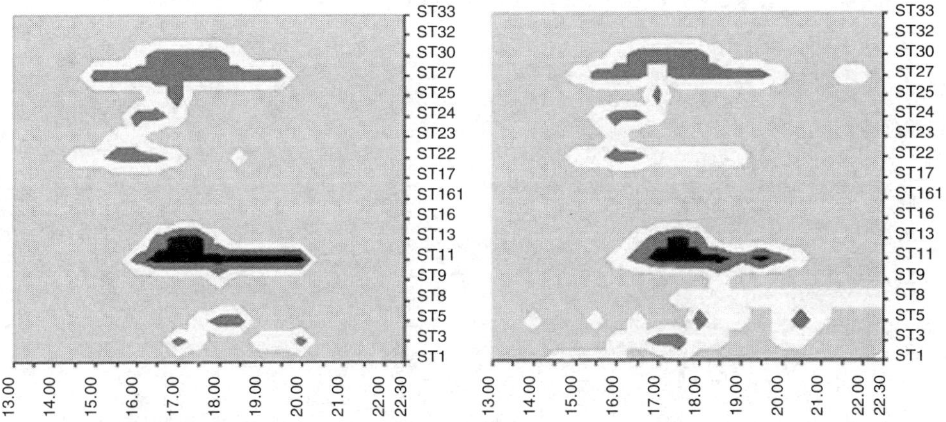

Figure 2. Cartographies comparées simulation/mesures sur la journée du 24 mai 1999 (sens vers PARIS). Base 30 minutes Régimes : « arrière-plan » gris = $v > 100$ km/h ; plages gris clair : 70 km/h $< v <$ 100 km/h ; plages gris foncé : 30 km/h $< v <$ 70 km/h ; noir = $v < 30$ km/h.

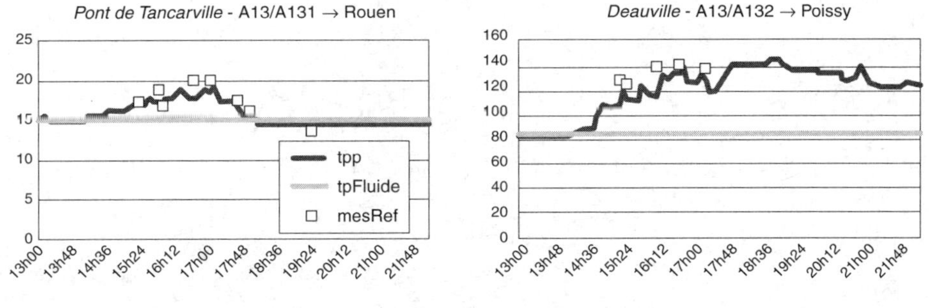

Figure 3. Exemples de courbes de temps de parcours prévus sur grands itinéraires : Pont de Tancarville — Rouen et Deauville — Poissy. Comparaison avec les mesures par véhicules flottants.

CONCLUSIONS

La technique de prévision/simulation mise en œuvre par ISIS constitue une avancée importante et innovante dans le domaine de l'exploitation des réseaux autoroutiers.

Elle permet non seulement d'apporter une aide à l'opérateur en lui indiquant l'évolution prévisible de la circulation sur son réseau (y compris en cas d'incident) ou en lui permettant de simuler l'impact de certaines actions d'exploitation avant leur mise en œuvre, mais elle permet également de déterminer automatiquement des stratégies d'exploitation telles que le calcul et l'affichage d'informations de temps de parcours (application MITHRA/SIMRES sur A13) ou de conseils de guidage dans les réseaux maillés (application OPERA opérationnelle sur le réseau des autoroutes écossaises et développé autour du même module SIMRES de simulation d'écoulement).

■

SYSTÈME D'AIDE A L'EXPLOITATION ET SYSTÈME AUTOMATIQUE D'INFORMATION DU RÉSEAU AUTOROUTIER EN GRÈCE

Le cas de la VIA IGNATIA

Christos Taxiltaris, Georges Mintsis
Université Aristote de Thessalonique - Grèce
Constantin Koutsoukos
Ignatia SA - Grèce

1. LA VIA IGNATIA : Une insertion difficile dans un environnement physique et socioéconomique problématique

Le tracé autoroutier de la Via Ignatia suit le tracé de la frontière nord du pays et assure la liaison de la Mer Adriatique et par là même de l'Europe occidentale avec l'Asie mineure et la mer Noire au travers du territoire grec.

Ce nouveau tracé s'inscrit sur un relief très diversifié, qui dans la partie ouest présentera souvent des déclivités élevées et un degré de sinuosité également très important. La longueur totale atteindra 700 km. La chaussée-type (2 × 2 voies avec accotements) sera divisée pas séparateur central, à l'exception d'un petit tronçon en tunnel, près de Metsovo, où le profil en travers considérablement réduit n'aura qu'une voie par sens. La chaussé à 2 × 2 voies sera construite à partir de deux profils-types alternatifs comme suit :

- relief régulier : largeur de 24,5 m et vitesse de référence V_r = 120 km/h ;
- relief accidenté : largeur de 22 m et vitesse de référence V_1 = 80-100 km/h.

Un grand nombre de viaducs et de tunnels, sera réalisé. Sur une longueur représentant plus que la moitié du tracé, les conditions climatiques sont souvent extrêmes : neige fréquente et abondante, verglas, brouillard et pluviosité forte.

La Via Ignatia sera interconnectée aux grandes portes frontalières moyennant neuf axes autoroutiers perpendiculaires aussi bien qu'à l'autoroute cardinale PAThE qui relie principalemant Athènes à Thessalonique. En fin l'autoroute Ignatia desservira directement toutes les métropoles et les principaux ports, aéroports et gares ferroviaires de l'arc nord du pays. Toutefois des disparités fortes entre les parties est, centre et ouest subsistent en ce qui concerne la densité des activités et l'importance des centres urbains desservis, constituant ainsi autant de contraintes pour la réalisation et surtout l'exploitation de la nouvelle autoroute.

Ignatia SA est le maître d'ouvrage. Il s'agit d'une entreprise publique, dont seul actionnaire est le ministère des Travaux publics.

L'exploitation sera soit directement assumée par Ignatia S.A. soit concédée à des groupes privés, du moins pour la moitié Est du tracé, qui présentera un certain intérêt en termes de rentabilité. En tout cas l'Ignatia sera exploitée de bout en bout comme autoroute à péage.

Or, compte tenu des trafics prévisibles, la viabilité de l'ouvrage n'est pas assurée a priori [6]. En effet le débit journalier prévisible pour l'an 2000 sur le tronçon le plus chargé, situé à proximité de Thessalonique, ne dépasse pas 11 000 UVP. Sans aborder en détail le problème fondamental de l'opportunité de réalisation de l'Ignatia, il est indéniable que le tracé tel que finalement décidé, reflète un choix plutôt géopolitique que technique, régionaliste-national qu'international, volontariste que rationnel, qui tend à surévaluer les effets, dits structurants [5]. Bref l'impact réel de l'autoroute en question sur le désenclavement de certaines régions du pays aussi bien que sur l'interconnexion avec l'Europe occidentale et les Balkans reste à prouver.

2. VERS UN SCHÉMA OPÉRATIONNEL D'EXPLOITATION D'AUTOROUTES ET D'INFORMATION AUX USAGERS

Les deux tiers de la contribution communautaire au développement de la Grèce (2e et 3e programmes cadres, couramment appelés plan Delors et plan Santer) sont dirigés au développement des infrastructures de transport et très naturellement ils sont gérés par le ministère des Travaux Publics. La réalisation et l'équipement des deux axes autoroutiers PAThE et Via Ignatia figure parmi les quatorze projets prioritaires des réseaux transeuropéens [4] avec tout ce que de positif cela entraîne pour le niveau et la qualité de service que ces deux infrastructures doivent assurer aux usagers.

L'internationalisation croissante des trafics prévisibles, la multitude des cas à gérer, compte tenu de la diversité du tracé, des conditions météorologiques, des territoires traversés et notamment de l'insécurité routière très préoccupante, plus le souci d'ajustement de l'exploitation aux normes autoroutières européennes font apparaître la nécessité d'élaboration d'un schéma opérationnel d'exploitation d'autoroutes et d'information aux usagers. Fort encouragé par la commission [3] le ministère grec des Travaux publics, comme d'ailleurs ses homologues des autres pays-membres de l'UE, bien que l'absence d'une cellule grecque spécialisée en matière de télématique complique un peu la tâche, a pris l'initiative d'une concertation avec d'autres autorités concernées (ministères de l'Économie, des Transports, de l'Industrie etc.) pour définir les principes d'un Shéma Opérationnel d'exploitation et d'information pour autoroutes. Conformément aux directives de la Commission [3] il n'en est plus question de simple exploitation des autoroutes pour assurer juste la capacité des infrastructures dans les limites réglementées de la vitesse. Le gestionnaire doit dorénavant procéder à la gestion integrée de la mobilité et du réseau autoroutier qui la dessert. À partir du schéma opérationnel on peut concevoir et étudier les détails d'un système d'exploitation et d'information pour répondre aux objectifs suivants :

a) Le maintien d'un régime d'écoulement fluide du trafic et l'assurance du bon état de l'infrastructure moyennant un programme d'entretien en continuu. La surveillance et la police des conditions de circulation, voire l'intervention, le cas échéant, pour la régularisation du fonctionnement de l'autoroute. Il s'agit évidemment d'opérations classiques et traditionnelles du gestionnaire d'autoroute au niveau régional.

b) La gestion de la demande en amont du déplacement et de la formation de flux de véhicules sur l'autoroute.

c) L'information des usagers et l'assistance routière, y compris l'indication d'itinéraires alternatifs.

Il s'agit là (points b et c) de services nouveaux réservés prioritairement aux usagers ayant accès à un réseau télématique. Il va de soi que ces fonctions et services ont un sens pratique si le recueil et l'exploitation des données et la transmission de l'information se font en temps réel.

3. LE SYSTÈME AUTOROUTIER D'AIDE À L'EXPLOITATION ET D'INFORMATION AUTOMATIQUE : LE SOUS-SYSTÈME DE LA VIA IGNATIA

3.1. Les objectifs

Conformément aux principes et objectifs du schéma opérationnel un système intégré est à concevoir à base de deux sous-systèmes interconnectés, à savoir le sous-système de l'autoroute nord-sud (PAThE) et celui de la Via Ignatia.

Dans ce qui suit nous axons l'exposé au sous-système de l'Ignatia, sans pour autant laisser supposer que les deux sous-systèmes pourraient varier sensiblement.

Le sous-système de l'Ignatia devrait alors satisfaire les objectifs suivants :

a) Améliorer les conditions de circulation et optimiser la capacité d'écoulement des véhicules par :
   - L'ajustement de la vitesse aux variations du tracé et aux incidents du fonctionnement de l'autoroute.
   - L'information sur les itinéraires alternatifs à proximité des grandes agglomérations.
   - Le contrôle des entrées.
   - Le maintien de la fluidité par l'offre de voies supplémentaires en cas de saturation.

b) Faciliter la mobilité par :
   - La diffusion d'informations sur le déplacement.
   - L'information sur l'état de circulation.
   - L'information sur des incidents survenus soit sur l'itinéraire soit à la destination.
   - L'information sur les services annexes.
   - Le fonctionnement de services spécialisés pour handicapés, personnes, âgées etc.

c) Promouvoir la sécurité :
   - À l'entrée d'autoroute et sur les tronçons difficiles.
   - Par la conduite sûre en cas d'urgence.
   - Par l'alerte et le déplacement rapide et sûr des services d'urgence.
   - Par le contrôle de vitesse et :
     - le contrôle des poids lourds ;
     - la surveillance du transport de matières dangereuses.

d) Contribuer à l'amélioration de l'environnement et à la réduction de la consommation de carburants par :
   - L'information sur les possibilités d'utilisation de modes alternatifs de transport.
   - La gestion de la demande.
   - La garantie d'intervention rapide des services d'urgence.
   - La surveillance du transport de matières dangereuses.

e) Contribuer au développement économique régional par :
   - L'assistance technique à la planification des TC et du transport de marchandises.
   - La diffusion d'informations touristiques.

f) Soutenir l'effort national pour le développement des échanges avec les partenaires européens et les Balkans par :
   - La diffusion multilingue d'informations.
   - L'amélioration des conditions de la circulation de transit.
   - La réduction du temps des contrôles frontaliers.

Notons à ce propos que le système du péage fera l'objet d'une approche à part, non examinée ici [1].

3.2. Les hypothèses de base pour la conception du sous-système de la Via Ignatia

Suivant les hypothèses de base pour l'étude du sous-système de la Via Ignatia, celui-ci est défini dans l'espace et par rapport à la forme du réseau, en fonction des usagers potentiels, des applications envisageables, des aspects institutionnels, le tout projeté à l'horizon programmé.

3.2.1. L'horizon de réalisation et la morphologie du réseau autoroutier

Il apparaît réaliste, vu les conditions économiques et technologiques relativement précaires du pays, d'examiner deux scénarios de développement du sous-système de l'Ignatia, à savoir un scénario à l'horizon de cinq ans et l'autre à l'horizon de dix ans.

À l'horizon de cinq ans le réseau sera encore inachevé. Il continuera de traverser des agglomérations plus ou moins importantes et de comprendre une variété de profils en travers-types et des croisements à niveau.

À l'horizon de dix ans l'Ignatia sera une autoroute en site séparé et donc accessible sous contrôle (échangeurs, péages). Elle constituera alors avec l'autoroute PAThE et les axes perpendiculaires de liaison avec les pays voisins un réseau d'autoroutes de type fermé. Il va de soi que certaines applications projetées à l'horizon de cinq ans seront à terme (horizon de dix ans) modifiées ou complètement retirées.

3.2.2. Le réseau territorial

Le sous-système de l'Ignatia ne concernera pas strictement le tracé homonyme. Autrement dit il sera nourri de données et diffusera des informations concernant un environnement de transport beaucoup plus large et multimodal, dont l'Ignatia fait partie, offrant des services intermodaux. Ainsi le sous-système fournira des informations sur toute infrastructure de transport interconnectée à l'Ignatia, c'est à dire l'autoroute PAThE, les ports et aéroports de Kavala et de Thessalonique et le port d'Igoumenitsa (sur la Mer Ionienne, qui est en quelque sorte le vestibule de la mer Adriadique) plus les axes perpendiculaires de liaison avec les portes frontalières au nord. Par ailleurs le sous-système sera en phase avec les SAE-SAI urbains à développer à moyen terme, notamment celui de Thessalonique, ville importante et siège naturel de la Via Ignatia. À noter que dans la périphérie de Thessalonique la Via Ignatia croisera l'autoroute PAThE.

3.2.3. Aspects institutionnels

Le maître d'ouvrage, c'est à dire Ignatia SA et par là même le ministère des Travaux publics sera le propriétaire de la nouvelle autoroute, dont le fonctionnement sera financé directement par les usagers individuels et les bénéficiaires, à savoir les transporteurs, l'office du tourisme, les prestataires de services divers (stations-services, hôtels etc.) voire l'exploitant de l'autoroute nouvelle.

Quant au caractère du système, le Schéma Opérationnel favorise des applications et services destinés au plus grand nombre d'usagers. Il en découle un caractère d'utilité publique incontestable, sans pour autant exclure la possibilité de développer des services spécialisés et sectoriels intéressant tel on tel groupe d'usagers, variant d'une région à l'autre suivant même la saison.

3.3. La démarche de l'étude

Pour avoir un aperçu global de la démarche de l'étude du sous-système d'exploitation et d'information automatique sur la Via Ignatia, nous proposons le schéma suivant (*cf.* annexe 1).

3.4. Les résultats : services et impacts

La présentation des résultats de l'étude du système est organisée à l'aide de tableaux récapitulatifs permettant une lecture rapide (*cf.* annexes 2 à 5).

Concluons avec la présentation sommaire des impacts positifs escomptés :

- Impacts directs
  - Réduction du nombre et de la gravité des accidents.
  - Confort.

– Réduction de la durée des déplacements.
– Amélioration des conditions de sécurité de la circulation en cas d'urgence ou de changement brusque du régime d'écoulement.
– Amélioration des conditions de sûreté pour le transport de marchandises.

• Impacts indirects
  – Encouragement de formes nouvelles de partenariat pour l'exploitation d'autoroutes.
  – Amélioration de la coordination et de l'efficacité dans la gestion d'autoroutes.
  – Normalisation de l'équipement et définition plus fiable des coûts d'équipement.
• Impacts stratégiques
  – Création de nouveaux types d'emploi.
  – Contribution au développement touristique.
  – Réduction du coût de transport et notamment du transport de marchandises.
  – Contribution à l'amélioration des relations avec les Balkans.

Références bibliographiques

1. Secrétariat Général des Travaux Publics Direction d'étude de projets routiers et Cabinet d'Ingénierie A. Tillis : « Étude de gestion de la circulation sur les autoroutes », juillet 1999

2. ITS Handbook 99. PIARC-C16, février 1999

3. CEC : « Community strategy and framework for the deployment of road transport telematics in Europe and proposals for initial action ». COM (97)

4. Project 7-1997 : « Greek motorways, PAThE and Via Egnatia, TEN 14 priority transport projects », Brussels, 1997

5.F. Plassard « Axes autoroutiers et développement des régions » Cahiers scientifiques du transport, No 22, 1990

6. Ch. Taxiltaris et al. : « Schéma opérationnel autoroutier grec : vers l'achèvement d'un réseau inachevé », Actes INRETS n°60, juin 1997

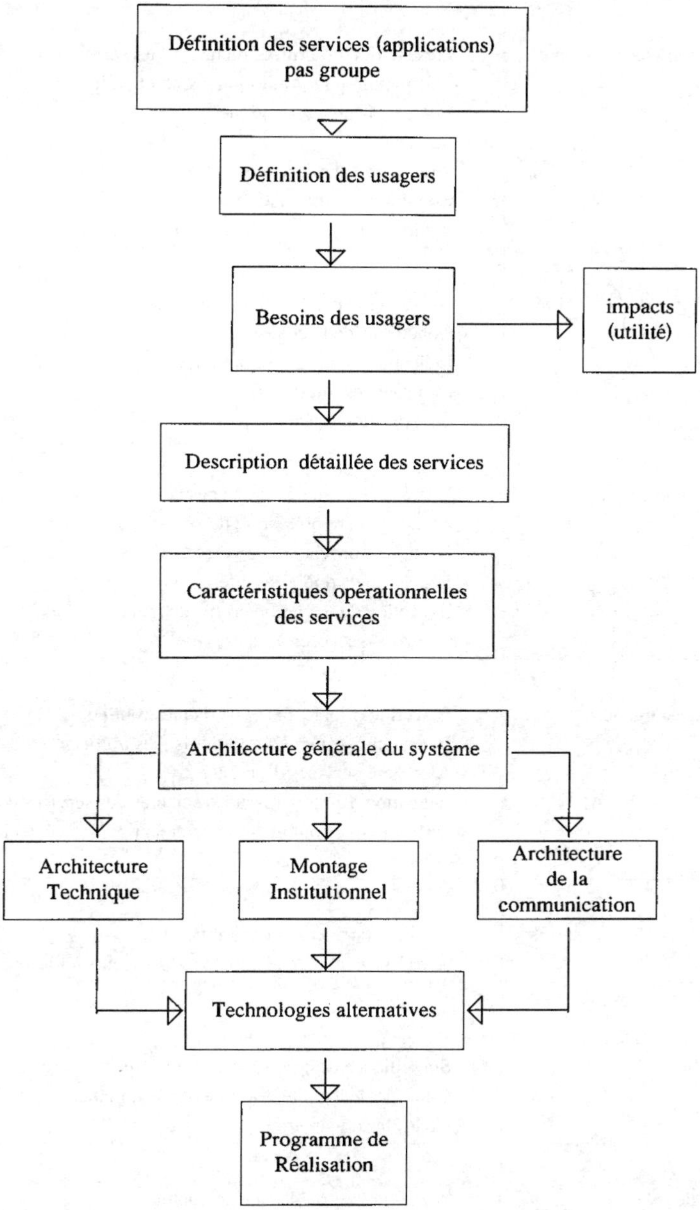
Définition des services (applications) pas groupe
Définition des usagers
Besoins des usagers
impacts (utilité)
Description détaillée des services
Caractéristiques opérationnelles des services
Architecture générale du système
Architecture Technique
Montage Institutionnel
Architecture de la communication
Technologies alternatives
Programme de Réalisation

Annexe 1.

Services par groupe	Servises à destination de l'usager
Groupe 1	
Informations sur le voyage	Présentation de l'infrastructure et des services Information pour limitation éventuelle d'usage Conditions météorologiques Incidents Situations d'urgence Conditions de circulation Environnement multimodal et intermodalité
Groupe 2	
Amélioration de la sécurité de transport	Avertissement pour non-dépassement Conditions de la chaussée Indication de la vitesse optimale Contrôle des vitesses Signalisation dynamique
Groupe 3	
Gestion de la circulation	Vitesses recommandées en cas de congestion Aménagement provisoire de voies à contre- sens Fermeture provisoire de voies Indication d'itinéraires alternatifs Indication de déviation en cas d'urgence Contrôle des accès à l'autoroute
Groupe 4	
Gestion des urgences	Détection d'incidents et de risques routiers Vérification d'incidents et de risques routiers Alerte des services d'urgence Indication d'itinéraires aux véhicules des services d'urgence Utilisation de couloir sur accotement par les véhicules des services d'urgence
Groupe 5	
Services pour les transports en commun	Horaires (arrivées et départs) Avertissement au machiniste : « voyageurs à l'arrêt »
Groupe 6	
Services au transport de marchandises	Pesage en marche de PL Surveillance des transports de matières dangereuses Contrôle de légalité des transports de matières dangereuses Contrôles douaniers
Groupe 7	
Service de gestion de l'infrastructure	Aide à la gestion de l'infrastructure (entretien, renouvellement, prolongements etc.)

Tableau 1. Les services d'aide à l'exploitation et d`information automatique sur la Via Ignatia

	Avant le déplacement			Lors du déplacement							
	Niveau stratégique			Niveau stratégique			Niveau local		Point fixe	
Service à destination de l'usages	**à bord**	**Infrastrucure**	**point-info**	**à bord**	**infrastrucure**	**point-info**	**à bord**	**infrastrucure**	**à bord**	**point-info**
Présentation de l'infrastructure et des services	-	-	+	-	-	+	-	-	-	-
Information pour limitation éventuelle d'usage	+	±	+	+	+	+	±	±	-	-
Conditions météorologiques	+	±	+	+	+	+	+	+	-	-
Incidents	+	±	+	+	+	+	+	+	-	+
Situations d'urgence	+	±	+	+	+	+	+	+	-	+
Conditions de circulation	+	±	+	+	+	+	-	-	-	-
Environnement multimodal et intermodalité	-	±	+	+	+	+	+	+	-	-
Avertissement pour non-dépassement	-	-	-	-	-	-	-	-	-	+
Conditions de la chaussée	-	-	-	-	-	-	-	+	-	+
Indication de la vitesse optimale	-	-	-	-	-	-	-	+	-	+
Contrôle des vitesses	-	-	-	-	-	-	-	-	-	+
Signalisation dynamique	-	-	-	-	-	-	+	-	+	-
Vitesses recommandées en cas de congestion	-	-	-	-	-	-	-	+	-	+
Aménagement provisoire de voies à contresens	-	-	-	-	-	-	-	-	-	+
Fermeture provisoire de voies	-	-	-	-	-	-	-	-	-	+
Indication d'itinéraires alternatifs	±	±	+	+	+	+	+	+	-	+
Indication de déviation en cas d'urgence	-	-	+	-	-	+	+	+	-	+
Contrôle des accès à l'autoroute	-	-	-	-	-	-	-	-	-	+
Détection et vérification d'incidents et de risques routiers	-	-	-	-	-	-	-	+	-	+
Vérification d'incidents et de risques routiers	-	-	-	-	-	-	-	-	-	+
Alerte des services d'urgence	-	-	-	-	-	-	-	-	-	-
Indication d'itinéraires aux véhicules des services d'urgence	assuré par les services d'urgence									
Utilisation de couloir sur accotement par les véhicules des services d'urgence	-	-	-	+	+	+	+	+	-	+
Horaires (arrivées et départs)	-	-	-	-	-	-	-	-	-	+
Avertissement au machiniste : « voyageurs à l'arrêt »	-	-	-	-	-	-	-	-	-	+
Pesage en marche de P.L.	-	-	-	-	-	-	-	-	-	+
Surveillance des transports de matières dangereuses	-	-	-	-	-	-	-	-	-	+
Contrôle de légalité des transports de matières dangereuses	-	-	-	-	-	-	-	-	-	+
Contrôles douaniers	-	-	-	-	-	-	-	-	-	+
Aide à la gestion de l'infrastructure (entretien, renouvellement, prolongements etc.)	diffusion interne									

Tableau 2. La diffuson de l'information suivant le temps et l'espace

Service	Recueil						diffusion							
	banque données	centres tiers	caméras boucles	bornes ou GPS-GSM	détecteurs divers	ligne téléph.	Internet	kiosques info	RDS	PMV	bornes	GPS GSM	signa-lisation	autre
Présentation de l'infrastructure et des services	+	±	-	-	-	-	+	+	-	-	-	-	-	+
Information pour limitation éventuelle d'usage	+	+	-	-	-	-	+	+	+	+	-	-	-	+
Conditions météorologiques	+	+	-	-	+	-	+	+	+	+	-	-	-	+
Incidents	+	+	-	-	+	+	+	+	+	+	-	-	-	+
Situations d'urgence	+	+	-	-	-	+	+	+	+	+	-	-	-	+
Conditions de circulation	+	±	-	-	-	-	+	+	+	+	-	-	-	+
Environnement multimodal et intermodalité	-	+	-	-	-	-	+	+	+	+	-	-	-	+
Avertissement pour non-dépassement	-	-	-	-	-	-	-	-	-	+	-	-	-	-
Conditions de la chaussée	-	+	-	-	+	-	-	-	-	+	-	-	-	-
Indication de la vitesse optimale	-	-	+	-	-	-	-	-	-	+	-	-	-	-
Contrôle des vitesses	-	+	-	-	-	-	-	-	-	-	-	-	-	-
Signalisation dynamique	-	-	-	+	-	-	-	-	-	-	+	+	-	-
Vitesses recommandées en cas de congestion	+	-	-	-	-	-	-	-	±	+	-	-	-	-
Aménagement provisoire de voies à contresens	+	-	-	-	-	-	+	+	-	+	-	-	-	+
Fermeture provisoire de voies	+	-	-	-	-	-	-	-	-	+	-	-	-	-
Indication d'itinéraires alternatifs	+	-	-	-	-	-	+	+	+	+	-	-	-	+
Indication de déviation en cas d'urgence	+	-	-	-	-	-	±	±	+	+	-	-	-	+
Contrôle des accès à l'autoroute	-	-	+	-	-	-	-	-	-	-	-	-	+	-
Détection et vérification d'incidents et de risques routiers	-	-	+	-	-	-	-	-	-	-	-	-	-	-
Vérification d'incidents et de risques routiers	-	-	+	-	-	+	-	-	-	-	-	-	-	-
Alerte des services d'urgence	+	-	-	-	-	-	-	-	-	-	-	-	-	+
Indication d'itinéraires aux véhicules des services d'urgence	+	-	-	-	+	-	-	-	-	±	+	+	-	+
Utilisation de couloir sur accotement par les véhicules des services d'urgence	+	-	-	-	-	-	-	-	+	+	-	-	-	+
Horaires (arrivées et départs)	-	-	-	+	-	-	-	-	-	+	-	-	-	-
Avertissement au machiniste : « voyageurs à l'arrêt »	-	-	-	-	+	-	-	-	-	+	-	-	-	-
Pesage en marche de P.L.	-	-	+	-	-	-	-	-	-	-	-	-	-	-
Surveillance des transports de matières dangereuses	-	-	±	+	-	-	-	-	-	-	-	-	-	+
Contrôle de légalité des transports de matières dangereuses	-	-	+	+	-	-	-	-	-	-	-	-	-	-
Contrôles douaniers	-	-	+	+	-	-	-	-	-	-	-	-	-	+
Aide à la gestion de l'infrastructure (entretien, renouvellement, prolongements etc.)	suivant les services						réseau interne d'ordinateur							

Tableau 3. Technologies de recueil de données et de diffusion de l'information

Le tracé de la VIA EGNATIA et les axes perpendiculaires

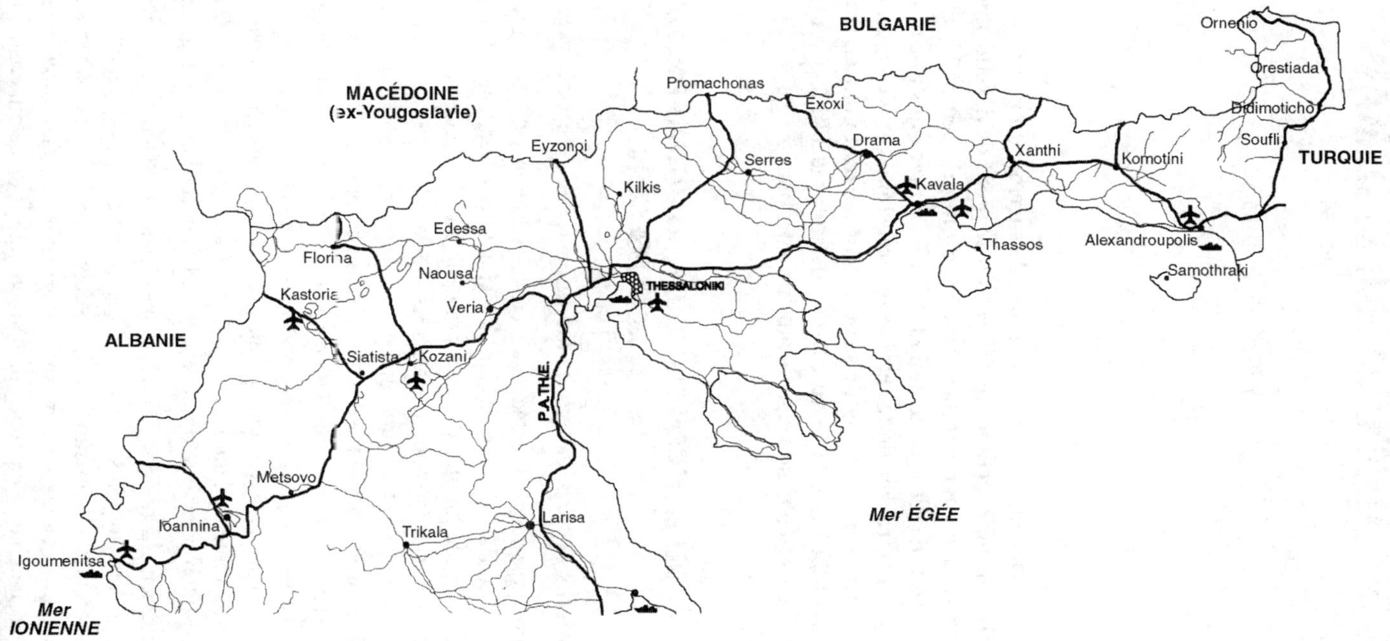

LE TÉLÉPÉAGE INTER SOCIÉTÉS (TIS) AUJOURD'HUI ET DEMAIN

Michel Burdeau
ASFA

Après s'être fait attendre, au point de susciter un peu de scepticisme voire d'ironie chez certains, le TIS est sur le point de devenir une réalité. Mais, signe des temps modernes, il est à prévoir qu'à peine né il devra se préparer à évoluer, ce qui ne sera pas le moindre défi à relever dans une opération de cette envergure. On retracera donc cette aventure, sinon cette épopée, en considérant d'abord les différentes phases de sa gestation, surtout pour en tirer les enseignements, puis en présentant ce qu'est effectivement le TIS à la veille de sa mise en service, avant de jeter des regards plus prospectifs.

I. DU LANCEMENT D'UN « GRAND PROJET » À SA RÉALISATION

Les premières expérimentations locales

La première expérience de télépéage a été conduite en 1987 par la SANEF. Mais les responsables de l'association des sociétés d'autoroute avaient dès le départ pressenti l'intérêt et les potentialités de cette nouvelle technique de collecte du péage, et sa dimension nécessairement collective. Des industriels ont été consulté dès 1987, pour la conception et la réalisation d'un système de télépéage commun à l'ensemble des sociétés d'autoroute. Ils ont estimé ne pas être en mesure de financer par eux-mêmes les investissements nécessaires à un projet d'ambition nationale. On en est donc resté là, et les expérimentations se sont progressivement étendues à l'ensemble des sociétés exploitantes, mais avec des équipements par la force des choses parfaitement incompatibles. Les premiers clients de ces systèmes étant pour l'essentiel des abonnés locaux, le besoin d'interopérabilité d'une société à l'autre n'était pas unanimement ressenti.

L'expérience acquise avec les systèmes locaux de télépéage a au demeurant permis au personnel des sociétés de se familiariser avec les problèmes spécifiques qu'ils soulèvent, et aussi de les faire évoluer, depuis les systèmes à simple identification (lecture seulement) aux systèmes dits de deuxième génération (à lecture écriture). D'utiles enseignements en ont également été retirés en ce qui concerne la localisation et la signalisation des voies, la vitesse de passage des véhicules, le maintien ou non des barres levantes, la répression des tentatives de fraude.

L'internationalisation de l'approche

Pour ne pas rester dans des limites hexagonales, une première coopération s'établit à la fin des années quatre-vingt entre les « 3 A », c'est à dire les 3 associations d'autoroutes Italienne (AISCAT), Espagnole (ASETA) et Française (ASFA), débouchant sur le document VITA, première esquisse des spécifications communes à un futur système Européen de télépéage. Cette coopération devait rapidement s'élargir à d'autres pays, et en particulier les Pays-Bas, afin notamment de favoriser l'inscription des activités de recherche développement correspondantes dans les programmes DRIVE successifs. Les projets se situant dans ce cadre ont eu nom TARDIS, HADES, CASH, autant d'acronymes montrant l'inventivité de leurs promoteurs. Ils ont permis, sinon d'aboutir rapidement à des spécifications communes, encore que quelques débats brûlants à l 'époque (tel le choix hyperfréquence, infrarouge) aient ainsi trouvé, au moins provisoirement, leur solution, du moins à une communauté d'experts parlant le même langage de se constituer progressivement,

Au début des années quatre-vingt-dix, la France a pris l'initiative d'organiser un grand colloque mondial sur l'ETTM, Electronic Toll and Traffic Management, montrant que l'on ne s'en tenait pas aux aspects péage du lien électronique de courte portée. Le coup d'envoi à des développements de grande ampleur était donné. Mais aux États-Unis comme en France et ailleurs, on allait se heurter à la multiplicité des exploitants et à la diversité de leurs « exigences ».

Le lancement du TIS

C'est en 1991 qu'une étude de faisabilité économique et financière d'un télépéage inter sociétés (on disait alors télépéage poids lourds) a été conduite, donnant les grandes lignes de l'équation financière, quoi que plus que discrète sur le coût des équipements embarqués. Un dossier de consultation des entreprises a alors été établi, pour un lancement au premier semestre de 1992. Après plusieurs étapes sur lesquelles nous ne reviendrons pas, deux groupements devaient être sélectionnés pour la qualification de leurs prototypes, puis un seul, Alcatel CGA Transports, pour la présérie industrielle.

Avec le recul, on peut mettre en évidence certains faits marquants de cette période de gestation :

D'abord, ce que l'on pourrait appeler le mirage technologique : passage à grande vitesse sans barre levante, mémorisation de plus de cent transactions, exigences performancielles très élevées, a contrario, une relative indifférence au coût.

En second lieu, mais c'était un choix délibéré, une option en faveur du partenariat maître d'ouvrage – entreprise, conduisant lui aussi à donner le primat aux questions techniques. Ce partenariat était censé favoriser la prise en compte de la dimension industrielle et internationale du projet. On ne peut pas dire que l'expérience ait été entièrement probante à cet égard.

Troisième caractéristique : une évolution dans le « vécu » et la gestion du TIS, depuis une démarche « top down » où le TIS a été ressenti comme une opération imposée par « Paris » jusqu'à sa prise en compte par les sociétés elles-mêmes, dès lors que le seuil d'irréversibilité était considéré comme atteint. Aujourd'hui, le TIS est bien un projet partagé par tous, et son succès ressenti comme un grand défi qu'il s'agit de relever au mieux. Mais pour en arriver là, il aura fallu surmonter de multiples obstacles.

Les principaux points de débat

Le choix d'une organisation décentralisée : Par définition, la seule difficulté véritable du TIS tient à la multiplicité des opérateurs. S'il n'y avait qu'une société exploitante, ou si l'une d'entre elles était très largement dominante comme c'est le cas en Italie, la question de l'interopérabilité ne se poserait même pas. Une organisation centralisée de type GIE aurait permis de ramener à ce cas de figure. Ce n'est pas le choix qui a été fait. Le TIS sera géré par chacune des 8 sociétés, en relation avec les autres, donnant naissance à 28 relations bilatérales, impliquant parfois (dans le cas des réseaux maillés) des sociétés tierces. Les échanges d'information se feront de manière normalisée, dans le cadre d'un « contrat intersociétés ». Il a été tenu compte de l'inégale performance des systèmes de traitement propres à chaque société pour définir le calendrier de référence fixant les différentes étapes : envoi des fichiers, émission des factures, débit des comptes clients, compensation financière entre sociétés.

L'intégration aisée du système dans l'organisation actuelle des gares : Le TIS ne conduira pas à une reconfiguration d'ensemble du système de collecte des péages. Aux équipements près, les voies qui lui seront dédiées ne seront pas différentes des autres. Les barres levantes seront maintenues et, sauf exceptions, la vitesse de passage sera modérée (moins de 40 km/h).

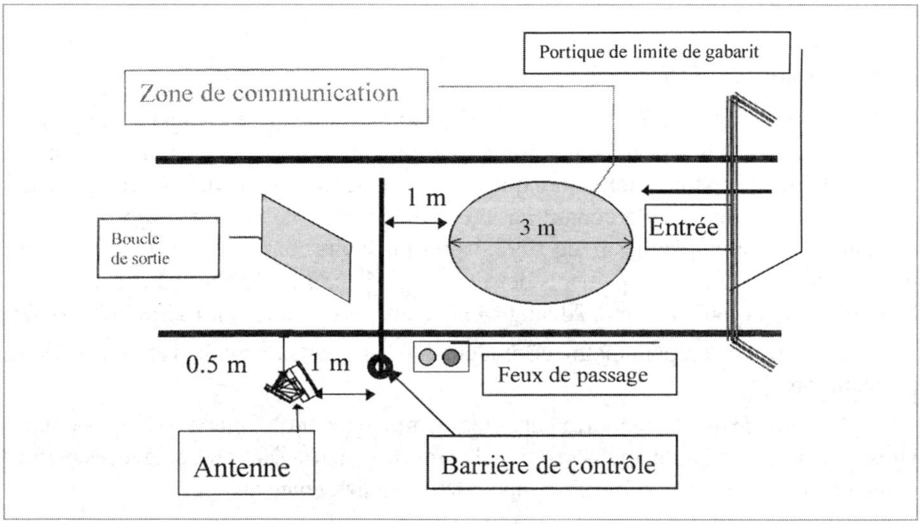

Figure 1. Configuration type d'une voie de télépéage

L'équilibre économique de l'opération, la maîtrise des coûts : Le cahier des charges originel orientait les offres des industriels vers un équipement embarqué bi-composant, avec une carte à puce permettant un traitement facile en mode dégradé, et favorisant l'ouverture à d'autres applications. Il débouchait inévitablement vers des solutions coûteuses, qui ont été récusées par les sociétés lorsqu'il s'est agi d'envisager des commandes. Le TIS actuel permettra d'accepter de tels badges, mais les sociétés ont unanimement fait le choix du monolithique, nettement moins cher, pour leurs premières commandes.

La coexistence avec les systèmes locaux actuellement en exploitation : Elle posait des problèmes techniques, économiques et surtout commerciaux. Les premiers seront aisément surmontés, les systèmes locaux opérant, à de rares exceptions près, dans une gamme de fréquence différente de celle du TIS. Il a par ailleurs été prévu que les systèmes en place pourraient être maintenus le temps nécessaire à leur amortissement. S'agissant enfin des conditions commerciales, les sociétés ayant d'ores et déjà un grand nombre d'abonnés à des conditions d'accès avantageuses souhaitaient naturellement que celles du TIS ne s'en écartent pas trop. Celles qui privilégiaient l'équilibre économique de l'opération penchaient pour des coûts plus élevés. Des enquêtes auprès des usagers potentiels ont permis d'éclairer ce débat. Le prix proposé ne devrait pas être cause de rejet de la part des utilisateurs, et les conditions offertes localement pourront être aménagées pour faciliter la transition d'un système vers l'autre.

II. TIS : ARCHITECTURE GÉNÉRALE ET FONCTIONNEMENT DU SYSTÈME

II.1. Le protocole d'accord inter-sociétés

Sa signature à l'été 1996 a marqué le véritable tournant du projet. Il n'a cessé ultérieurement d'apparaître comme les tables de la loi, dont on ne s'écarterait qu'en cas d'absolue nécessité. C'est à partir de lui qu'ont été précisées les fonctionnalités générales du TIS.

Les engagements du protocole d'accord

- Toutes les gares de péage accepteront le TIS comme moyen de paiement au 30 juin 2000 ;
- Un même contrat national, sans réduction tarifaire, sera offert par l'ensemble des sociétés ;
- Le contrat national est à post-paiement, avec débit d'un compte central ; un justificatif est envoyé chaque mois à l'usager ; il y a un contrat par usager ;
- Des contrats locaux (comportant éventuellement des avantages tarifaires) peuvent être offerts aux usagers, en addition du contrat national ;
- Les systèmes locaux pourront rester en exploitation après la « date d'acceptation », jusqu'à leur amortissement ;
- La fourniture et l'exploitation de ce nouveau service sera le fait des sociétés elles-mêmes, sans intervention d'une tierce partie ;
- Le TIS sera conforme aux normes Européennes, afin d'autoriser une évolution ultérieure vers l'interopérabilité à cette échelle, et d'assurer la pluralité des sources.

On présentera successivement :

- l'architecture générale du système, selon une double approche contractuelle et fonctionnelle ;
- l'équipement embarqué et ses enregistrements ;
- le déroulement de la transaction de télépéage et le traitement des exceptions ;

- la sécurisation du système ;
- quelques aspects techniques, notamment relatifs à l'interopérabilité des équipements.

II.2. L'architecture du système

Elle résulte des engagements du protocole d'accord qui établissent :

- une symétrie complète entre les sociétés ;
- l'absence de structure fédératrice des SCA ;
- leur autonomie en ce qui concerne les abonnements locaux.

Elle se décline selon deux approches, l'une contractuelle, l'autre fonctionnelle.

Approche contractuelle : unicité du contrat de l'usager et mandats réciproques entre sociétés

Les opérateurs autoroutiers se sont entendus, au terme du protocole intersociétés, pour accepter sur leurs réseaux les clients abonnés de chacun des autres opérateurs. Ainsi, un client contractant avec une société G le fait virtuellement avec chacune des sociétés d'autoroute A. (cf. figure 1). Cela signifie qu'il pourra bénéficier du service du télépéage sur l'ensemble des réseaux des sociétés signataires du protocole.

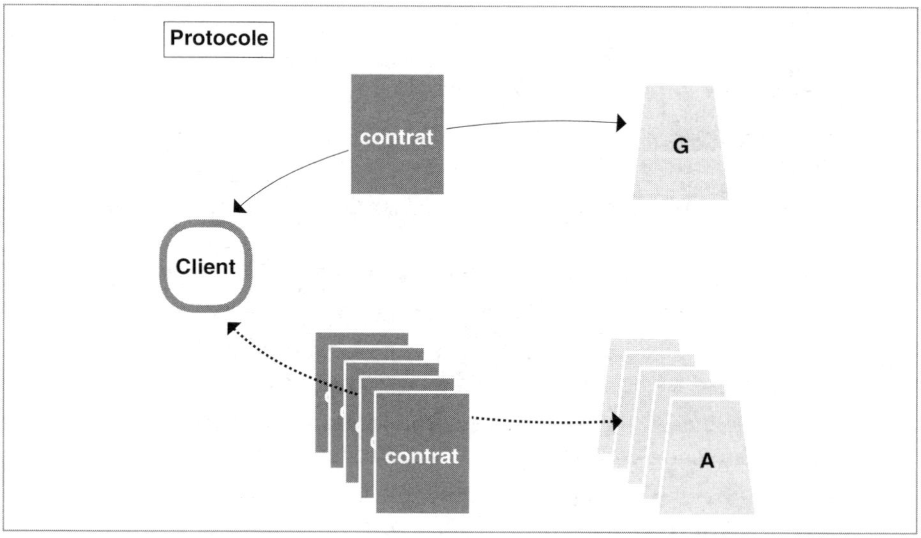

Figure 2. Protocole

Ainsi décrit, ce dispositif n'est pas complet : pour que la société émettrice G puisse émettre une facture unique correspondant aux passages de son client sur tous les réseaux, il faut que toutes les autres sociétés lui aient donné mission, par un mandat spécial, de facturer son client, assurer le recouvrement des sommes dues, et enfin procéder au reversement des sommes revenant à chacun des opérateurs A.

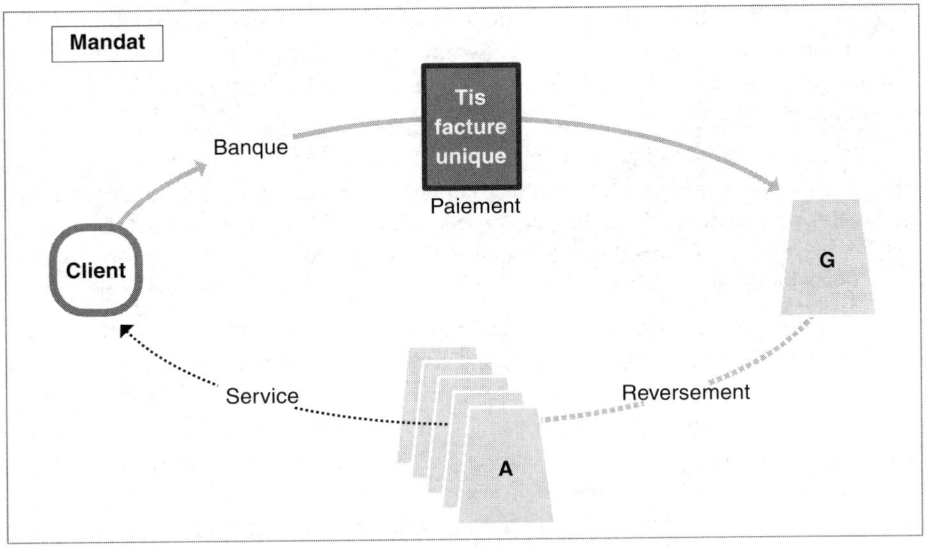

Figure 3. Mandat

Le mandat organise les relations de façon que l'opérateur G agissant en tant que le mandataire ne soit qu'un intermédiaire transparent et non un revendeur de péage : ainsi, le chiffre d'affaires de la société gestionnaire ne se trouve pas augmenté du montant des transactions réalisées par ses clients sur les réseaux des autres sociétés.

Le mandat précise également les engagements de l'opérateur G en cas de non-recouvrement des sommes auprès du client : la société gestionnaire est responsable des encaissements, et supporte les conséquences des impayés. Cette solution est logique dans la mesure où seule la société gestionnaire a des relations de clientèle avec son abonné : elle seule est donc à même d'apprécier les risques particuliers générés par chaque client.

Bien entendu, et comme expliqué précédemment, les obligations sont complètement symétriques : le mandataire G peut être l'une quelconque des sociétés autoroutes, et chacune d'elles joue le rôle de mandant.

Approche fonctionnelle : échanges des transactions et facturation.

Le client s'adresse tout d'abord à une société émettrice (ou gestionnaire) G, auprès de laquelle il souscrit son contrat. La société émettrice lui remet un badge qui lui permettra de circuler sur les réseaux de toutes les sociétés signataires du protocole intersociétés. Ce badge est personnalisé dans un terminal d'encodage relié au système de gestion de la société émettrice.

Muni de ce badge, le client peut effectuer des trajets qui peuvent le conduire, dans le cas de systèmes fermés et maillés, à entrer sur le réseau de la société E et sortir sur le réseau de la société S. Dans ce cas, la société S qui constate le passage de sortie envoie à la société gestionnaire les données de transaction réalisée par le client, limitée à la partie concernant son réseau. Simultanément, elle adresse à la société d'entrée E les données de la transaction complète, afin que la société E puisse en extraire la partie de transaction la concernant et envoyer les données correspondantes à la société gestionnaire G.

La société gestionnaire dispose alors de toutes les données lui permettant d'élaborer la facturation, de procéder au recouvrement des sommes dues par le client, et de reverser les sommes correspondantes à chaque société sur lesquels des passages du client ont été constatés.

Dans le cas où le client rencontre les difficultés de fonctionnement concernant son badge, il peut s'adresser à l'une quelconque (société D sur la figure 3) des sociétés signataires du protocole, laquelle peut procéder à certaines opérations de vérification grâce à un terminal d'encodage. Les anomalies constatées sont communiquées à la société gestionnaire G.

Le principe est donc que la société auprès de laquelle un usager a souscrit un abonnement, dite société gestionnaire, est en charge du service de paiement sur la totalité de la chaîne, et est l'interlocuteur privilégié de l'usager. Cela implique de multiples échanges entre sociétés, échanges qui existent d'ores et déjà pour les abonnements CAPLIS qu'utilisent la majeure partie des poids lourds ; la différence est que dans ce dernier cas, chaque société procède à sa propre facturation, les échanges se limitant à des fichiers abonnés, alors que dans TIS, ce sont les fichiers transactions qui sont échangés.

Les échanges de données dans le cadre de la facturation unique :

Les données échangées doivent :

- permettre à la société gestionnaire de verser son dû à la société dite circulée, et d'établir les justificatifs à adresser aux clients ;
- donner la possibilité de contrôles systématiques ;
- donner les informations nécessaires au traitement des réclamations.

Elles sont soit constantes (gare, voie, point d'enregistrement, type d'équipement), soit stables sur une période assez longue (tarif), soit créées au moment même de la transaction par le RSE ou par traitement des données échangées au point de passage. Au total, chaque transaction TIS de sortie ou en péage ouvert (car les enregistrements TIS en entrée ne sont pas transmis au-delà du local de surveillance) donne lieu à la production d'un message comportant 320 caractères numériques ou alphanumériques. Ce volume important est lié à la fois au décompactage des données des transactions et à la nécessité de s'inscrire dans le cadre normalisé des échanges intersociétés, indépendamment du mode de paiement concerné. Chaque message fait naturellement l'objet de contrôles de la part de la société gestionnaire, dont certains pourront occasionner des rejets, dans des conditions qui sont en cours de définition.

Ces contrôles sont soit purement formels, soit de logique interne, soit effectués par confrontation avec des fichiers détenus par la société gestionnaire. Chaque société se trouvant à la fois potentiellement circulée et gestionnaire, les contrôles ne devraient engendrer des rejets qu'en référence à des éléments détenus par la seule société gestionnaire. Il ne s'ensuit pas nécessairement un rejet.

Ainsi vérifiés et triés par clients, les fichiers sont stockés, et les factures adressées aux abonnés à M + 7 J pour le mois M. Les comptes clients sont débités une quinzaine de jours après, et les ordres de virement au bénéfice des sociétés circulées passés simultanément, assortis d'un compte-rendu d'exécution du mandat.

II.3. L'équipement embarqué et ses enregistrements

Chaque opérateur reste libre des moyens qu'il met en place pour assurer la commercialisation des contrats TIS : cette commercialisation pourra se faire soit dans des points de vente existants, soit dans des points de vente spécialement créés pour le TIS, soit par correspondance.

En revanche, le texte du contrat sera rédigé selon un modèle type mis au point par l'ensemble des sociétés signataires du protocole. Ce texte précisera, notamment, le coût de l'abonnement annuel et du dépôt de garantie, les conditions d'utilisation du télépéage et une clause de résiliation.

Le client devra fournir un relevé d'identité bancaire associée à une autorisation de prélèvement, ou communiquer un numéro de carte bancaire.

Il lui sera remis un badge comportant d'une part des données fixes et non réinscriptibles, sauf par la société émettrice, et d'autre part des données pouvant être modifiées dynamiquement dans les voies de télépéage.

Données fixes

- **Identifiant porteur**

Cette donnée permet de connaître à la fois la société émettrice, l'identifiant du client donné par la société émettrice, ainsi que l'identifiant proprement dit du porteur chez le client (un client peut disposer de plusieurs badges).

- **Identifiant produit**

Cette donnée permet de connaître les conditions commerciales dont bénéficie l'abonné. Du fait de l'accord commercial intervenu entre les sociétés françaises d'autoroutes, cette donnée n'est utile que sur le réseau de la société émettrice, dans le cas où l'abonné aurait contracté un abonnement local.

- **Identifiant du badge**

Cette donnée est utile pour la gestion technique du badge. ; elle comprend la date de mise en place des piles d'alimentation.

Données modifiées dynamiquement en voie de télépéage.

- **Données d'observations**

Cette donnée, qui comprend un compteur d'anomalies et des bits d'anomalies, permet de noter certains états spécifiques du badge. La mise en liste noire, notamment, entraîne le positionnement du bit correspondant.

- **Dernier point de passage**

Cette donnée caractérise le dernier point de passage en télépéage et comprend divers champs, parmi lesquels : identifiant de la gare de péage, date et heure, ainsi que le codage des anomalies éventuellement survenues lors de la transaction.

• **Enregistrement historique**

Il s'agit de l'enregistrement historique des 16 derniers points de passage. Ces données peuvent être utilisées par les exploitants en cas de dysfonctionnement, ou de tentative de fraude.

II.4. Le déroulement de la transaction de télépéage

Pour l'essentiel, une transaction sans anomalie en système fermé se traduit par les échanges suivants :

• *En entrée* : inscription dans l'OBE de toutes informations utiles sur le point de passage ; réciproquement, fourniture au RSE de toutes informations sur l'OBE (ces données, auquel l'exploitant peut avoir accès en cas de nécessité, ne vont en principe pas au-delà du local de surveillance).

• *En sortie* : restitution par l'OBE des données sur le précédant point de passage, inscription des données de la transaction, remontée des données de la transaction pour traitement au centre de gestion de la société.

Le déroulement de la transaction est entièrement piloté par des services présents dans la couche 7.

Le message INIT. req contient la BST (questionnement primaire du badge) et permet d'établir la communication en utilisant le service INIT de la couche 7. Le message en retour INIT. res contient la VST qui caractérise l'équipement embarqué (émetteur, type de contrat, version du contexte), et contient à titre optionnel des données de sécurité.

Le message GET. req permet de lire des attributs dans l'équipement embarqué, en en indiquant la liste. Le message GET. res en constitue la réponse à partir du service de la couche 7 GET. Il comporte des données d'observation, d'identification, et relatives au dernier point de passage.

Le message SET. req permet de modifier, dans l'équipement embarqué, les attributs relatifs aux observations, au dernier point de passage et à l'historique des transactions. Noter que les données applicatives ne sont pas gérées directement par EVE, et qu'elles doivent donc être incluses dans des attributs. Le message SET. resp est envoyé en retour par EVE, en acquittement de la commande précédente.

Le service ACTION, qui permet une action spécifique dans l'équipement distant, est utilisé pour différentes fonctions de la couche AFC : ADD et SUBSTRACT lorsqu'il s'agir de modifier la valeur d'un attribut, SET MMI, pour agir sur les interfaces homme/machine, ECHO pour retransmettre une chaîne de caractères (notamment pour tester les chaînes émission et réception des équipements), TRANSFER CHANNEL, pour lire et écrire les 3 types de paramètres du badge (de configuration générale, de configuration de la communication DSRC, de configuration mémoire).

Enfin, le dernier service de la couche 7, EVENT-REPORT, est utilisé pour annuler le lien de communication entre les équipements et mettre en veille le badge, et assurer l'acquittement de cette commande.

II.5. La sécurisation des transactions

Les experts sont divisés sur le degré de sécurité à prendre en compte. Les exigences ne sont naturellement pas les mêmes selon que l'on opère en multivoie, ou encore que l'équipement embarqué contient de la monnaie électronique utilisable pour d'autres applications, ou que l'on se situe dans la configuration du TIS.

Pour le TIS, on s'est principalement protégé contre deux menaces :

La remise en circulation de badges volés, avec modification de l'identifiant : la personnalisation du badge est protégée par un algorithme spécifique nécessitant la connaissance d'une clé, elle-même modifiable par l'exploitant.

La modification, par le client, de ses propres données : les conditions d'accès aux attributs sont du type lecture et écriture interdites, lecture autorisée et écriture interdite, lecture et écriture autorisées. Il est impossible de passer outre à une opération interdite, sauf à reprendre une phase de personnalisation.

Bien sûr, l'utilisation en l'état d'un badge volé reste possible dans la courte période où il n'est pas mis en opposition. On peut aussi imaginer que se fabriquent de faux badges, dont les identifiants seraient périodiquement modifiés, ou même qu'un exploitant indélicat présente de fausses transactions à ses collègues… Aucun mode de paiement n'est à l'abri de toutes les menaces.

II.6. L'interopérabilité

Le TIS doit garantir, comme indiqué plus haut, l'indépendance des SCA ; cette exigence joue également pour l'achat des équipements. Même si des actions peuvent être décidées à tout moment par les SCA pour opérer des achats en commun, toute SCA doit disposer de la faculté de choisir ses fournisseurs, ce choix fut-il réduit à deux ou trois fournisseurs seulement pour chaque type d'équipements.

Il faut donc, dans le développement du projet, concilier les deux objectifs suivants :

- offrir l'indépendance des approvisionnements ;
- autoriser la commercialisation d'un service commun porté par un support technique commun (badge).

Ces objectifs ne peuvent être conciliés que par le recours à des produits normalisés permettant une totale interopérabilité. Ainsi, la normalisation apparaît comme une condition nécessaire à la liberté d'approvisionnement des SCA pour un support technique assurant un service commun.

Cette nécessité de recourir à des produits normalisés a été reconnue dès les premières études de TIS, et a servi de guide d'action tout au long du développement du projet. Le prix payé pour satisfaire cet objectif est élevé en terme de durée du projet, de coût de qualification pour les industriels, et de vérification d'interopérabilité pour les opérateurs. Il constitue un investissement qui se retrouvera sur le long terme dans la souplesse des procédures d'achat et d'évolution du système.

III. LES ÉVOLUTIONS FUTURES DU TIS

Pour lancer le TIS de manière opérationnelle, il a bien fallu en figer les caractéristiques. Mais chacun sait bien que le système devra rapidement évoluer sous l'effet d'exigences nouvelles dont on citera :

- la nécessité d'en faire bénéficier toutes les catégories de véhicules,
- l'ouverture du DSRC vers d'autres services que le télépéage,
- l'évolution (possible mais non certaine) vers le « multivoie »,
- l'émergence possible d'autres médias, tel le couplage GPS/GSM.

III.1. Le TIS « toutes catégories »

Ce fut l'objet de débats animés au sein de la collectivité autoroutière. Si l'on a finalement renoncé à offrir le TIS dès sa mise en service aux poids lourds, c'est que des discussions à caractère commercial étaient en cours avec les organisations de transporteurs concernant le contrat particulier d'abonnement CAPLIS. Le mélange des genres aurait pu créer une certaine confusion. Mais ce n'est que partie remise, si l'on considère la volonté affichée au niveau Européen de favoriser l'interopérabilité des réseaux. Techniquement, moyennant un dispositif de pré DAC, rien n'interdit une telle extension du TIS.

S'agissant des autres catégories de véhicules, essentiellement les voitures tractant des caravanes, les abonnés TIS pourront utiliser leur badge comme moyen de paiement.

III.2. Les autres services

Il est naturellement tentant d'utiliser le lien de communication bidirectionnelle à haut débit que constitue le DSRC. C'est ce que fait déjà AIDA, dans le prolongement des premiers essais ADAMS. Les projets de normes européennes tiennent compte de cette multiplicité d'applications possibles.

Les applications concevables sont limitées par la quantité d'informations qu'il est nécessaire de transmettre. Pour un véhicule circulant à 120 km/h et sachant que la longueur de la zone de communication est d'environ 4,5 m, la durée de son passage dans le faisceau sera de l'ordre de 120 ms, autorisant le transfert de 6 à 7 koctets, la moitié s'il y a deux véhicules en présence. Pour autant, la messagerie personnelle, qui supposerait la consultation d'une base de données, paraît exclue pour les véhicules en mouvement.

Une étude conduite pour le compte de l'ATEC a permis de distinguer, parmi les services envisageables lorsque le véhicule est en mouvement, ceux qui peuvent être implémentés avec les balises de télépéage : connaissance des temps de parcours et retour sur les usagers des temps de parcours prévisionnels, transmission aux véhicules d'informations sur des événements perturbants (pluie, brouillard, etc.), localisation de véhicules de flottes professionnelles, information sur les services offerts sur l'autoroute, présignalisation des sorties. L'implantation de balises additionnelles permettrait d'affiner les informations précédentes et surtout de proposer de nouveaux services, particulièrement ceux qui sont orientés vers la sécurité : alerte, par les usagers témoins d'un accident ou d'une anomalie quelconque, d'un poste central ; répétition de la signalisation à bord du véhicule ; affichage d'une vitesse recommandée voire, si cette pratique doit voir le jour, plafonnement autoritaire de la vitesse.

La vraie question est de savoir pour quels services ou « bouquets de services » le DSRC pourra s'imposer compte tenu des autres moyens de communication mobiles. Sa spécificité est d'autoriser une communication bidirectionnelle très fiable, de grand débit, et à vitesse élevée. Son point faible est dans le caractère très limité de la zone de communication qui parait interdire toute personnalisation poussée du service. D'autres utilisations des balises additionnelles devront probablement être trouvées, notamment pour le recueil des données du trafic, pour que ces services puissent se développer dans des conditions économiquement acceptables. Par ailleurs, on doit s'attendre à une double évolution dans la gamme des badges offerts d'une part, vers une intégration de plus en plus poussée avec les équipements du véhicule (ordinateur de bord, batterie, odomètre) d'autre part. Le badge n'a plus alors qu'une fonctionnalité de transmission.

III.3. Vers le multivoie ?

Les pays qui n'ont pas, dès l'origine fait le choix d'exploiter à péage leurs réseaux autoroutiers imaginent mal de soumettre leurs usagers à de nouvelles contraintes. Encore cela serait-il à nuancer si l'on considère la solution (système semi-ouvert) vers laquelle s'oriente un pays comme l'Autriche. Le multivoie est dans ces conditions très attractif.

Si les problèmes posés par la réalisation de la transaction elle-même paraissent à peu près maîtrisés, il n'en va pas de même du contrôle, surtout pour des pays de transit qui voient passer des véhicules pouvant provenir de dizaines de pays différents. La lecture des plaques minéralogique offre théoriquement une solution, mais outre son caractère imprécis, elle se heurte à d'autres difficultés sur les plans juridique et opérationnel. Les recherches se tournent alors vers l'identification électronique des véhicules, autre domaine plein d'embûches…

III.4. Les autres technologies de télépéage

C'est pourquoi, de plus en plus, on évoque l'idée d'utiliser un couplage GPS/GSM comme support de la transaction. Son avantage est de rendre théoriquement possible la perception d'une redevance quelque soit la nature du réseau emprunté, ce qui sonne agréablement aux oreilles de la Direction Générale des transports de Bruxelles, pour qui l'essentiel est d'imputer de manière fine les coûts là où ils sont occasionnés, et non d'assurer la rémunération d'un service de qualité.

À supposer même que soit résolue la redoutable question du contrôle, peut-on encore parler de péage dans un tel système ? il s'agit plutôt d'un mode d'imputation généralisée des charges d'infrastructures, et plus largement des coûts marginaux sociaux. L'économie d'infrastructures qui le caractérise, la cible visée qui est d'abord les poids lourds, la logique de la Commission font que le couplage GPS/GSM a très vraisemblablement un bel avenir.

On doit donc s'attendre, pour la prochaine décennie, à la concomitance des deux technologies, reflet de la concomitance de deux logiques, celle de l'imputation des coûts, celle du péage proprement dit. Les systèmes, tel le TIS utilisant le DSRC, doivent s'attendre à subir de rudes assauts. C'est pourquoi les projets comme DELTA, tendant à l'installation en première monte des véhicules de la partie communicante de l'équipement embarqué, ont un caractère tout à fait stratégique.

En attendant, il faut réussir le TIS. Et l'on sent bien que les aspects commerciaux dont on a finalement assez peu parlé dans cette communication primeront sur tous les autres. Le succès du TIS sera aussi celui d'une conception du péage à laquelle la France, mais aussi tous les pays qui ont fait ce choix dès le départ, resteront toujours attachés. ■

LE SERVICE INFOLIGNES

Solution innovante pour l'information essentielle des voyageurs au point d'attente

Vincent Lelong
VIA GTI
Laurent Gault
LUMIPLAN

LE CONSTAT

L'attente au point d'arrêt est vécue comme le principal point noir du service de transport de voyageurs.

Face au manque d'information, notamment en situation perturbée, les clients ont le sentiment légitime d'être abandonnés à leur sort. Cette situation est inacceptable, à l'heure où l'accès à l'information devient global, grâce à des systèmes de communication en pleine mutation.

Les systèmes actuels d'information dynamique aux arrêts, indiquant une estimation du temps d'attente, sont d'une efficacité limitée en cas de forte perturbation. De plus, le coût élevé de ces équipements limite leur installation aux lignes les plus fréquentées des grandes agglomérations urbaines.

LES ATTENTES

Il devient urgent de réduire l'incertitude sur des questions essentielles :

Quelle heure est-il ?

Le bus, le car est-il déjà passé ?

La ligne fonctionne-t-elle normalement aujourd'hui ?

Il y a un problème : quelle sera l'ampleur du retard ?

Puis-je téléphoner, obtenir de l'aide ?

Peut-on me conseiller une autre solution de transport ?

VIA GTI et LUMIPLAN ont développé ensemble un système, capable de fournir l'information essentielle aux arrêts et d'un coût accessible à une large gamme de réseaux urbains et interurbains : le service Infolignes aux arrêts.

LA PROMESSE AU CLIENT

Pour le client au point d'arrêt, Infolignes garantit les engagements suivants :

Préciser les horaires théoriques et l'heure courante :

- Je peux trouver et lire sans difficulté les horaires du jour.
- Je peux vérifier que j'ai la même heure que le réseau.

Dire si le bus, le car est passé :

- En arrivant à l'arrêt, je peux savoir si mon bus (mon car) vient de passer.

Renseigner sur l'état du service :

- À tout moment, je suis rassuré sur le bon fonctionnement de ma ligne…
- En cas de perturbation entraînant un retard ou un arrêt du service, je suis rapidement alerté par un signal qui attire mon attention.
- Je reçois des indications utiles pour décider, en fonction de la gravité du problème, si je peux patienter quelques minutes, ou si je dois me reporter vers une autre solution de transport.

Donner une possibilité de communication

- Un interphone me permet d'obtenir des informations plus complètes et de réagir en cas de perturbation comme en cas de danger.
- Ou à défaut : je peux m'orienter facilement vers un téléphone public.

LES MÉTHODES ET PROCÉDURES

Grâce au service Infolignes la société de transport témoigne à ses clients une prise en considération dès leur arrivée au point d'arrêt : il rassure, peut alerter en cas de problème, et permet éventuellement un contact téléphonique direct.

Dans l'organisation Infolignes, les moyens sophistiqué et coûteux des systèmes d'aide à l'exploitation classiques sont remplacés par des procédures simples, qui donnent une nouvelle dimension à la relation commerciale entre les conducteurs et les clients.

Une information permanente claire et à jour

- L'information de base au point d'arrêt reste un préliminaire indispensable à un dispositif de qualité. L'affichage papier des horaires théoriques, du plan de réseau et de son mode d'emploi, fait l'objet d'une conception et d'un renouvellement rigoureux.

La synchronisation des heures sur le réseau

- Dans un réseau de transport, les dispositifs équipés d'horloges sont multiples : arrêts, véhicules, conducteurs, billetterie, dépôt, poste de contrôle. Leur parfaite synchronisation sur l'heure de référence réseau est impérative. Elle fait l'objet de vérification et de recalages réguliers.

L'annonce des passages aux arrêts

- Les conducteurs veillent à ne pas passer en avance à un point d'arrêt.
- Un signal « le bus (ou le car) est passé » est déclenché au passage de chaque véhicule de la ligne, et reste affiché pendant une durée paramétrable.
- Au départ de chaque course, le conducteur doit veiller à ce que l'émetteur de son véhicule soit actif et positionné sur la bonne ligne.

L'état du service en temps réel

- Les conducteurs se sont engagés à signaler au poste central les retards au-delà d'un seuil déterminé et connu par les clients (ex. : 10 minutes).
- Le poste central traduit les informations en « niveau de perturbation » (orange, rouge) et les diffuse aux arrêts concernés en aval du véhicule. Si nécessaire, il peut enrichir l'information ou donner un conseil sous la forme d'un message texte court.
- En contrepartie, les conducteurs bénéficient d'une meilleure régulation de la ligne, et accueillent des clients avertis, donc plus sereins.

Une gamme de services d'information et d'assistance sur borne d'appel

L'usage de la borne d'appel est entièrement modulable en fonction de la disponibilité de personnel, et des situations client pour lesquelles le réseau veut pouvoir intervenir :

- messages de perturbations pré-enregistrés sur un répondeur ;
- dialogue téléphonique avec un opérateur de régulation, autorisée uniquement en situation perturbée ;
- accès au central téléphonique d'information du réseau, le cas échéant à la centrale de mobilité pour déclencher des services de remplacement ;
- appel d'urgence, directement relié aux services d'intervention (police, pompiers), selon la réglementation appliquée aux téléphones publics.

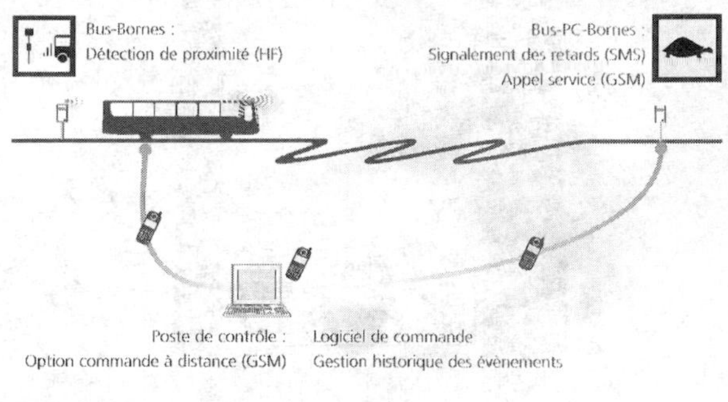

Figure 1. Schéma des communications Infolignes

LES SOLUTIONS TECHNIQUES

Le dispositif développé avec la société LUMIPLAN, simple et robuste, fait appel aux dernières technologies en matière de télématique et de transmissions.

La borne CITUS :

- caisson anti-vandalisme et étanche ;
- espace réservé à l'affichage des horaires ;
- sérigraphies personnalisées…
- des solutions d'intégration à des mobiliers standards (poteaux, abris) ;
- afficheurs d'état de service : cubes pivotants à facettes colorées ;
- gestion de quatre lignes maximum par borne ;
- afficheur d'informations complémentaires : écran LCD (cristaux liquides) ;
- borne d'appel : bouton-poussoir, micro et haut-parleur ;
- module de communication GSM : modem, antenne externe ;
- récepteur de signaux de proximité IR/HF.

L'équipement embarqué à bord des véhicules :

- émetteur de signaux de proximité IR/HF.

Figure 2. Aperçu de la borne Infolignes/Citus en images de synthèse

Le poste de contrôle INFOLIGNES :

- module de gestion des communications GSM…
- logiciel de commande des bornes ;
- historique des perturbations ;
- option « SAE en temps différé » : historique des passages aux arrêts.

UN PROJET PREDIT 1996-2000

La conception et l'expérimentation du service INFOLIGNES sont soutenues par le PREDIT (Programme national de recherche et d'innovation dans les transports terrestres), initiative des ministères de la Recherche, des Transports, de l'Environnement et de l'Industrie, de l'Ademe et de l'Anvar.

Le programme de développement prévoit :

- les expérimentations des bornes de pré-série dès janvier 2000, pour une durée d'un an sur des sites pilotes choisis parmi les réseaux VIA GTI. Cette phase fera l'objet de publications et d'une publicité d'envergure nationale et européenne ;
- la commercialisation d'équipements en série à partir de la fin 2000, vers les réseaux et collectivités dans le cadre de leurs plans de modernisation.

Tant sur le plan économique que fonctionnel, les service INFOLIGNES est particulièrement destiné :

- au transport interurbain par autocar ;
- aux réseaux des bus urbains des petites et moyennes villes ;
- la desserte des secteurs périurbains des grandes agglomérations ;
- aux lignes et arrêts secondaires des réseaux urbains de grandes villes.

INFOlIGNES est d'ores et déjà perçu comme un outil précieux pour la mise en œuvre d'une véritable assurance-qualité dans les transports de voyageurs.

■

table des matières

TRANSPORT DE MARCHANDISES

CONDUCTEUR, VÉHICULE ET INFRASTRUCTURE

QUELS SYSTÈMES ET MOYENS DE TRANSPORTS EN 2020 ?

MOBILITÉ ET INTERMODALITÉ

EXPLOITATION DE LA VOIRIE ET DES RÉSEAUX DE TRANSPORTS URBAINS

EXPLOITATION DES RÉSEAUX ROUTIERS ET TRANSPORTS INTERURBAINS

index des auteurs

INDEX DES AUTEURS

Mise en page : Catherine Martin, PAGIMAGE, tél. 03 86 26 49 63

Achevé d'imprimer sur les presses de Dumas Imprimeur – 42100 Saint-Étienne
Dépôt légal : Janvier 2000
N° d'imprimeur : 35609

Imprimé en France